2. AUFLAGE

SEO mit Google Search Console

Webseiten mit kostenlosen Tools optimieren

Stephan Czysch

Stephan Czysch

Lektorat: Ariane Hesse
Korrektorat: Sibylle Feldmann
Fachgutachten: Cathrin Tusche
Herstellung: Susanne Bröckelmann
Umschlaggestaltung: Michael Oréal, www.oreal.de, unter Verwendung
eines Bildes von © iStock by Getty Images, Stock-Fotografie-ID:93211231
Satz: III-satz, www.drei-satz.de
Druck und Bindung: Media-Print Informationstechnologie,
mediaprint-druckerei.de

Bibliografische Information der Deutschen Nationalbibliothek
Die Deutsche Nationalbibliothek verzeichnet diese Publikation in der Deutschen Nationalbibliografie;
detaillierte bibliografische Daten sind im Internet über *http://dnb.d-nb.de* abrufbar.

ISBN
Print: 978-3-96009-031-1
PDF: 978-3-96010-087-4
ePub: 978-3-96010-088-1
mobi: 978-3-96010-089-8

Dieses Buch erscheint in Kooperation mit O'Reilly Media, Inc. unter dem Imprint »O'REILLY«.
O'REILLY ist ein Markenzeichen und eine eingetragene Marke von O'Reilly Media, Inc. und wird mit
Einwilligung des Eigentümers verwendet.

2. Auflage 2017
Copyright © 2017 dpunkt.verlag GmbH
Wieblinger Weg 17
69123 Heidelberg

Die vorliegende Publikation ist urheberrechtlich geschützt. Alle Rechte vorbehalten. Die Verwendung der
Texte und Abbildungen, auch auszugsweise, ist ohne die schriftliche Zustimmung des Verlags urheber-
rechtswidrig und daher strafbar. Dies gilt insbesondere für die Vervielfältigung, Übersetzung oder die Verwendung in elektronischen Systemen.

Es wird darauf hingewiesen, dass die im Buch verwendeten Soft- und Hardware-Bezeichnungen sowie Mar-
kennamen und Produktbezeichnungen der jeweiligen Firmen im Allgemeinen warenzeichen-, marken- oder
patentrechtlichem Schutz unterliegen.

Die Informationen in diesem Buch wurden mit größter Sorgfalt erarbeitet. Dennoch können Fehler nicht
vollständig ausgeschlossen werden. Verlag, Autoren und Übersetzer übernehmen keine juristische Verantwortung oder irgendeine Haftung für eventuell verbliebene Fehler und deren Folgen.

5 4 3 2 1 0

Inhalt

Vorwort. IX

Teil I: Einführung in die Suchmaschinenoptimierung

1   Einführung in die Suchmaschinenoptimierung   3
Suchmaschinenmarketing durch SEO- und SEA-Maßnahmen   4
SEO-Maßnahmen für bessere Positionen in den unbezahlten
Suchergebnissen 12
Relevante Inhalte für Suchintentionen erstellen 25
Google ändert sich kontinuierlich: Google-Updates im Überblick 27
Google-Richtlinien: die Spielregeln für Webmaster 30
Durch Onpage-Optimierung die Relevanz der eigenen Inhalte
verbessern 37
Den Aufbau von Suchtreffern verstehen und optimieren 47
Offpage-Optimierung: durch relevante Verweise mehr Besuche
erzielen 72
Auf zur Google Search Console 83

Teil II: SEO mit Google Search Console

2   Erste Schritte und Einrichtung 87
Andere Ressourcen 94
Google Search Console einrichten: So bestätigen Sie eine Property 99
Mehr Daten durch die Bestätigung relevanter Hostnamen und
Verzeichnisse 105
Was Sie sonst noch über die Einrichtung wissen müssen 105
Sets erstellen: Properties kombinieren 111

| | Das Dashboard: der zentrale Einstieg | 113 |
| | Zusammenfassung des Kapitels | 115 |

3 Darstellung der Suche ... 117
	Strukturierte Daten	118
	Rich Cards	121
	Data Highlighter	124
	HTML-Verbesserungen	132
	Accelerated Mobile Pages	137
	Zusammenfassung des Kapitels	140

4 Suchanfragen ... 143
	Suchanalyse	143
	Links zu Ihrer Website	162
	Interne Verlinkung	168
	Manuelle Maßnahmen	170
	Internationale Ausrichtung	173
	Nutzerfreundlichkeit auf Mobilgeräten	179
	Zusammenfassung des Kapitels	184

5 Google-Index ... 187
	Indexierungsstatus	188
	Blockierte Ressourcen	192
	URLs entfernen	197
	Zusammenfassung des Kapitels	201

6 Crawling ... 203
	Crawling-Fehler	203
	Crawling-Statistiken	212
	Abruf wie durch Google	214
	robots.txt-Tester	218
	Sitemaps	221
	URL-Parameter	225
	Zusammenfassung des Kapitels	232

7 Konfiguration ... 235
	Search Console-Einstellungen	236
	Website-Einstellungen	236
	Adressänderung	239
	Google Analytics-Property	241
	Nutzer und Property-Inhaber	242
	Überprüfungsdetails	242

	Partner	243
	Zusammenfassung des Kapitels	244
8	**Sicherheitsprobleme**	**247**
	Sicherheitsprobleme mit Google Search Console erkennen	250
	Zusammenfassung des Kapitels	251
9	**Disavow Tool**	**253**
	Links über das Disavow Tool für ungültig erklären	254
	Zusammenfassung des Kapitels	257
10	**Google Search Console mit Analytics und AdWords verknüpfen**	**259**
	Verknüpfung mit Google Analytics	259
	Verknüpfung mit Google AdWords	266
	Zusammenfassung des Kapitels	268
11	**Google Search Console API**	**269**
	Die Funktionen der API in der Übersicht	269
	SEO-Tools mit API-Anbindung	273
	Zusammenfassung des Kapitels	277
12	**Google Search Console für Apps und mobile Websites**	**279**
	Google Search Console für Apps	280
	Google Search Console für separate mobile Websites	285
	Zusammenfassung des Kapitels	285
13	**Bing Webmastertools**	**287**
	Bing Webmastertools einrichten	287
	Das Website-Dashboard	288
	Der Index-Explorer	290
	Eingehende Links	292
	Crawlinformationen	294
	SEO-Berichte	295
	SEO-Analysator	297
	Weitere interessante Funktionen der Bing Webmastertools	299
	Funktionen der Google Search Console und der Bing Webmastertools im Vergleich	301
	Zusammenfassung des Kapitels	302
14	**Serplorer**	**305**
	Die Funktionen von Serplorer im Überblick	305
	Das Serplorer-Dashboard	306
	SERP-Visibility	306

Keywords	308
URL Ansichten	309
Ranking-Verlauf	310
Verteilung	311
Mehrfach-Ranking	312
Switcher	313
Zusammenfassung des Kapitels	314

Teil III: Anhänge

A   Google Search Console-Exporte mit Excel verarbeiten **317**

B   Weiterführende Quellen **321**

C   Glossar **325**

    Index **331**

Vorwort

Als ich mich im Frühjahr 2012 dazu entschied, ein E-Book über die SEO-Toolsammlung von Google zu schreiben – damals noch *Google Webmaster Tools* genannt –, ahnte ich nicht, dass ich dieses Werk vier Jahre später in der zweiten und umfassend überarbeiteten Auflage zusammen mit O'Reilly als Printausgabe herausbringen würde. Doch genau dieses Werk halten Sie jetzt in den Händen.

Mobile Internetnutzung und Suchmaschinen

In den letzten vier Jahren ist in der Suchmaschinen- und Onlinewelt viel passiert. Die Marktanteile der Suchmaschinen in Deutschland und Europa haben sich zwar nicht geändert – d. h., Google ist weiterhin der alles dominierende Suchdienst –, aber das Web selbst hat sich stark verändert. So ist beispielsweise das Thema *Mobile* präsenter denn je, und viele von mir beratene Unternehmen erhalten heute signifikant mehr Zugriffe über Smartphones und Tablets auf ihre Websites als über klassische Desktopgeräte. Gleichzeitig hat das Thema *Apps* zusätzlich an Fahrt aufgenommen.

Inhalte werden heute nicht mehr nur auf idealerweise direkt mobiloptimierten Webseiten veröffentlicht, sondern auch in Apps – für Google und Webmaster gleichermaßen eine neue Herausforderung. Denn was passiert, wenn Inhalte nur in Apps zu finden sind? Wie lassen sich solche Inhalte über Suchmaschinen finden? Und wäre es nicht sinnvoll, einem Nutzer immer möglichst direkt die Darstellung eines Inhalts zu zeigen, die am besten zu dem von ihm genutzten Endgerät passt?

Diese Herausforderung hat Google angenommen und ermöglicht über das sogenannten *App-Indexing*, dass für Apps exklusive Inhalte als Suchergebnis infrage kommen können. Zudem können Nutzer – aus den Google-Suchergebnissen kommend – direkt zum Inhalt einer installierten App gelangen. Und dieser Trend geht noch weiter: Über die *App Streaming* genannte Technologie können Nutzer App-Inhalte auf einem Mobilgerät anzeigen, ohne die dazugehörige App installiert zu haben.

Wäre es bei diesen neuen möglichen Zugriffszenarien auf eigene Inhalte für einen Content-Anbieter nicht eine interessante Information, zu sehen, für welche Suchbegriffe ein Inhalt in der Google-Suche angezeigt wurde – und das unabhängig von App oder Website? Dies bietet Ihnen die Google Search Console.

Aus Google Webmaster Tools wird Google Search Console

Dieses Buch widmet sich der Frage, wie Sie Webinhalte mit Unterstützung der kostenfreien *Google Search Console*, ehemals Google Webmaster Tools, im unbezahlten Bereich der Suchergebnisse sichtbarer machen können. Warum Google ein solches Tool kostenfrei zur Verfügung stellt? Jede Suchmaschine ist selbstverständlich daran interessiert, genügend hochwertige Webseiten, die Nutzerbedürfnisse befriedigen, zur Verfügung zu stellen. Das erleichtert Suchmaschinen die Präsentation relevanter Suchtreffer, um zufriedene Nutzer immer wieder auf dem eigenen Service begrüßen zu können.

Als ich im Mai 2015 das erste Mal über den Begriff »Search Console« im Web gestolpert bin, vermutete ich einen Fehler. Wo ist »Google Webmaster Tools« im Seitentitel geblieben? Warum sollte sich der Name eines bekannten Tools auf einmal ändern? Und klingt »Konsole« nicht zu technisch? Aber Google war es anscheinend wichtig, dass die Tools durch den Begriff »Webmaster« nicht mehr mit »ist nur für Websites wichtig« assoziiert werden. Schließlich können in der Search Console inzwischen eben auch Apps bestätigt und analysiert werden.

Für wen dieses Buch geeignet ist

Ich wollte mit diesem Buch und speziell dem Einführungskapitel »nicht noch ein SEO-Buch« schreiben, sondern verständlich das praxisrelevante Wissen aufbereiten. Sie müssen kein SEO-Guru oder Technikexperte sein, um den Inhalt dieses Buchs zu verstehen und anwenden zu können.

- *Entwicklern* hilft die Google Search Console, (technische) Website-Fehler zu identifizieren und zu beheben. Zudem hilft das Einführungskapitel dabei, Suchmaschinen die Analyse der eigenen Webinhalte zu vereinfachen.
- *Marketingverantwortlichen* dient es dazu, das Mysterium Google (endlich) besser zu verstehen.
- *Online-Marketer* jeglicher Fachrichtung profitieren, da SEO jeden anderen Marketingkanal beeinflusst – und umgekehrt.
- *Redakteure* können, besonders in der Kombination von Google Analytics und Google Search Console, herausfinden, zu welchen Suchbegriffen Inhalte gefunden werden, welche Themenaspekte in bestehende Inhalte eingearbeitet werden müssen und vieles mehr. Zudem wird das notwendige SEO-Grundwissen vermittelt.
- *SEOs*, ob operativ oder strategisch arbeitend, kommen an der Google Search Console ohnehin nicht vorbei. Warum sollte man direkt von Google gelieferte

Daten über die eigene Website ignorieren, wenn Google ein wichtiger Lieferant von Besuchern ist?

- *Shopbetreiber* sehen jeden zusätzlichen relevanten Besucher gern, und viele Transaktionen haben schließlich in Suchmaschinen ihren Ursprung.
- Für *Usability-Experten* ist es wichtiger denn je, Inhalte so gut wie möglich für die eigene Zielgruppe aufzubereiten und dabei auch an Suchmaschinen und über Suchmaschinen kommende Nutzer zu denken.
- *Webanalysten* werden an den Daten der Suchanalyse ihre Freude haben und über die Verknüpfung von Google Search Console mit Google Analytics mehr darüber herausfinden können, ob Nutzer auf Seiten das finden, was sie suchen.

Wenn Ihnen dieses Buch gefällt und Sie sich dediziert mit den technischen Feinheiten der Suchmaschinenoptimierung beschäftigen möchten, sei Ihnen das Buch *Technisches SEO*, ebenfalls im O'Reilly Verlag erschienen, ans Herz gelegt.

Über den Aufbau dieses Buchs

Immer wieder steht die Frage im Raum, inwieweit ein Buch innerhalb einer solch schnelllebigen Branche aktuelles Wissen vermitteln kann. Schließlich arbeiten Suchmaschinenkonzerne kontinuierlich daran, ihre Suchergebnisse zu verbessern und neuen (technischen) Herausforderungen zu begegnen. So verstärkt sich beispielsweise der Trend hin zur mobilen Internetnutzung immer mehr, wodurch einzelne sogenannte »Ranking-Faktoren« an Gewicht gewinnen und andere an Bedeutung verlieren.

Bis in diese einzelnen Nuancen hinein – sei es der von Google kommunizierte Ranking-Faktor »HTTPs« oder seien es neue Entwicklungen zur Verbesserung der Ladegeschwindigkeit – werden gedruckte Werke nicht durchgehend den jeweils aktuellen Stand darstellen können. Doch so sehr sich die Ausprägungen der Suchmaschinenoptimierung in den letzten Jahren im Detail auch geändert haben und zukünftig ändern werden, so hat sich doch im Kern nichts an der Anforderung an eine (Suchmaschinen-)optimierte Website geändert: Es geht darum, hochwertige Informationen zur Verfügung zu stellen, die für die anvisierte Zielgruppe relevant sind.

In dieser zweiten Auflage finden Sie in Teil I eine Einführung in das Thema *Suchmaschinenoptimierung*, die praxisnah das relevante Wissen zum Thema SEO bereitstellen möchte. Dieser Teil des Buchs ist für alle diejenigen besonders interessant, die sich bisher noch nicht intensiv mit dem Thema Suchmaschinenoptimierung beschäftigt haben oder bestehendes Wissen vertiefen und auffrischen möchten.

Teil II – der Hauptteil des Buchs – dreht sich um die *Google Search Console*, zuvor Google Webmaster Tools genannt. Am Beispiel echter Daten stelle ich Ihnen die einzelnen Funktionen und Berichte vor, erläutere die Hintergründe und zeige Ihnen, wie Sie die Funktionen und Daten der Berichte für Ihren SEO-Erfolg nutzen können.

Wir werden aber auch über den Tellerrand der Google Search Console schauen und uns die Funktionen der ebenfalls kostenfreien *Bing Webmastertools* genauer ansehen. Zwar ist der Marktanteil der Bing-Websuche im deutschsprachigen Raum gering, doch die Webmastertools von Bing bieten einige innovative Funktionen, die Ihnen zu einem besseren Ranking in jeder Websuche verhelfen können.

Feedback und Fragen

Natürlich freue ich mich über Feedback jeglicher Art. Was hat Ihnen gut gefallen? Wodurch kann dieses Buch besser werden? Und welche Erfolge konnten Sie feiern, weil Sie das vermittelte Wissen angewendet haben?

Auch Rückfragen sind immer willkommen. Soweit ich die Zeit finde, werde ich auf Ihre Nachrichten reagieren. Schreiben Sie mir gern an *buch@czysch.net*.

Danksagung

Ich möchte mich bei allen bedanken, die mich während der Arbeit an diesem Buch unterstützt und mir den Rücken freigehalten haben. Das gilt besonders für Kathleen, die nicht nur meine Laune ertragen, sondern selbst einen Teil zu diesem Buch beigesteuert hat. Ohne dich hätte es das E-Book und meine Bücher nicht gegeben!

Erwähnen muss ich unser *Trust Agents*-Team (*www.trustagents.de*), das mir seit 2012 die beruflich beste Zeit meines Lebens ermöglicht und durch Anmerkungen und Rückfragen bei der Weiterentwicklung des Buchs geholfen hat. Ich bin sehr dankbar dafür, mit euch zusammenarbeiten zu können und für unsere Kunden täglich neue Lösungen zu entwickeln. Danke!

Besonderer Dank gebührt den engagierten Onlinekollegen, die mir Feedback zu den ersten Versionen der zweiten Auflage gegeben und erlaubt haben, Daten ihrer Websites zu verwenden. Ihr seid spitze!

() TEIL I
Einführung in die Suchmaschinenoptimierung

KAPITEL 1
Einführung in die Suchmaschinenoptimierung

In diesem Kapitel:
- Suchmaschinenmarketing durch SEO- und SEA-Maßnahmen
- SEO-Maßnahmen für bessere Positionen in den unbezahlten Suchergebnissen
- Relevante Inhalte für Suchintentionen erstellen
- Google ändert sich kontinuierlich: Google-Updates im Überblick
- Google-Richtlinien: die Spielregeln für Webmaster
- Durch Onpage-Optimierung die Relevanz der eigenen Inhalte verbessern
- Den Aufbau von Suchtreffern verstehen und optimieren
- Offpage-Optimierung: durch relevante Verweise mehr Besuche erzielen
- Auf zur Google Search Console

Täglich werden neue Inhalte im Internet veröffentlicht und warten darauf, entdeckt und genutzt zu werden. Hinter der Erstellung von hochwertigen Webseiten steckt ein beachtlicher Aufwand. Und welcher Website-Betreiber möchte dann nicht, dass sich dieser Aufwand in Form von regelmäßigen Zugriffen auszahlt?

Allein mit Zugriffen ist es bei Websites mit kommerziellen Zielen aber nicht getan. Es sollten möglichst relevante Zugriffe sein, die dabei helfen, die Website-Ziele zu erreichen: zum Beispiel in Form von Kontaktaufnahmen, Produktkäufen oder Klicks auf Werbemittel.

Für die Vermittlung solcher Zugriffe sind Suchmaschinen wie Google oder Bing ein spannender Kanal.

Denn ob man es als Suchmaschinennutzer will oder nicht: Über die Suchanfrage gibt man Informationen über das aktuelle Interesse oder (Informations-)Bedürfnis preis. Ob »Französische Revolution«, »Hörbuch Abonnement« oder »Volkswagen« – die Suchanfrage liefert Hinweise darauf, was eine Person momentan interessiert und was sie über Suchmaschinen finden möchte.

Aus Marketingsicht bietet die Trefferliste in Suchmaschinen ein interessantes Umfeld, weil sie die Ansprache von Nutzern über Keywords, die zum eigenen Angebot passen, mit potenziell geringeren Streuverlusten ermöglicht. Im Umfeld der Suchmaschinen findet aus der Marketingperspektive ein Wechsel von »Push-« zu »Pull-

Marketing« statt. Es sind die Nutzer, die aktiv nach möglichen »Problemlösern« suchen, und nicht die Unternehmen, die Nutzer mit ihren Botschaften zu erreichen versuchen, ohne zu wissen, ob das offerierte Produkt oder die angebotene Dienstleistung im Moment überhaupt für den Nutzer relevant ist.

Push- und Pull-Marketing

Beim Push- und Pull-Marketing geht es vereinfacht gesagt um die Frage, wer der aktive Part ist. Bei Push-Marketing-Aktionen (engl. to push: etwas drücken, anstoßen) ist es der Anbieter eines Produkts oder einer Dienstleistung, der seine Botschaft verbreitet.

Im Internet kann das etwa in Form von Bannern stattfinden, in der Offlinewelt sind z. B. Werbespots, Plakatwerbung oder Wurfsendungen klassische Push-Marketing-Aktivitäten. Es ist nicht gesagt, dass die Person, die mit der (Werbe-)Botschaft konfrontiert wird, sich aktuell für diese Themen und Aussagen interessiert. Entsprechend hoch sind die Streuverluste. Beim Push-Marketing befinden sich potenzielle Interessenten also in einer eher passiven Rolle.

Beim Pull-Marketing (engl. to pull: zu sich ziehen) ist die Situation anders. Interessenten sind aktiv auf der Suche nach den Anbietern bestimmter Informationen, Produkte, Serviceleistungen etc. Da ein Bedarf besteht, der sich im Suchmaschinenmarketing durch die Suchanfrage ausdrückt, werden Werbebotschaften eher als Unterstützung und weniger als Werbung angesehen.

Suchmaschinenmarketing durch SEO- und SEA-Maßnahmen

In den meisten Suchmaschinen gibt es voneinander getrennte Bereiche für die unbezahlten (organischen) sowie die bezahlten Suchtreffer. Beide Bereiche werden unter dem Begriff *Suchmaschinenmarketing* zusammengefasst. Der englische Fachterminus hierfür lautet *Search Engine Marketing*, abgekürzt SEM. Durch entsprechende Maßnahmen ist es möglich, die Sichtbarkeit eigener Inhalte in den Suchergebnissen zu verbessern.

Während Maßnahmen der *Suchmaschinenoptimierung* (engl. *Search Engine Optimization*, kurz SEO) auf eine gute Positionierung im Bereich der unbezahlten Suchtreffer abzielen, wird mit *bezahlter Suchmaschinenwerbung* (engl. *Search Engine Advertising*, kurz SEA) versucht, relevante Werbeanzeigen für ausgesuchte Suchbegriffe zu schalten. An dieser Stelle sei angemerkt, dass fälschlicherweise der Bereich der bezahlten Anzeigen regelmäßig als SEM bezeichnet wird, obwohl hierunter sowohl SEO- als auch SEA-Maßnahmen fallen.

Suchmaschinen-Advertising

Große Suchmaschinen haben eigene Programme, über die bezahlte Anzeigen in den Suchergebnissen platziert werden können. Aufgrund von Googles hohem Marktanteil bei Websuchen weltweit, vor allem aber in Europa, gehört *Google AdWords* (*https://www.google.de/adwords/ – http://seobuch.net/605*) zu den bekanntesten SEA-Werbeprogrammen.

Bei Google AdWords werden die Positionen innerhalb einer Auktion vergeben. Werbetreibende bieten per Klickgebot auf Suchanfragen und hinterlegen auf die Suchanfragen abgestimmte Anzeigentexte.

Allerdings ist das Gebot nicht das einzige Kriterium. Google berechnet die Relevanz der Werbeanzeige zur Suchanfrage und belohnt relevante Anzeigen mit einem hohen »Qualitätsfaktor«. Aus dem Qualitätsfaktor und dem Gebot berechnet sich der sogenannte Anzeigenrang. Die werbende Website mit dem höchsten Anzeigenrang erhält die beste Position innerhalb der bezahlten Suchergebnisse. Alle weiteren folgen absteigend nach Anzeigenrang, bis die zur Verfügung stehenden Werbeflächen belegt sind.

Für die Darstellung innerhalb der bezahlten Ergebnisse ist keine Gebühr zu zahlen. Erst mit dem Klick auf eine Anzeige ist der Klickpreis zu entrichten. Dieser entspricht maximal dem eigenen Gebot für die Suchanfrage, ist in den meisten Fällen allerdings niedriger. Denn bei der Berechnung des zu zahlenden Klickpreises kommt der Anzeigenrang ins Spiel. Google ermittelt, wie hoch das Gebot sein müsste, um im Zusammenspiel von Gebot und Qualitätsfaktor einen höheren Anzeigenrang als der folgende Konkurrent zu halten.

Die meisten anderen Systeme zur Platzierung bezahlter Anzeigen in Suchergebnissen funktionieren ähnlich. Bei Bing, der Suchmaschine von Microsoft, können bezahlte Werbeanzeigen mit *Bing Ads* geschaltet werden (*http://advertise.bingads.microsoft.com/de-de/start – http://seobuch.net/490*).

Denken Sie daran: Neben allgemeinen Suchmaschinen wie Google und Bing gibt es viele weitere Spezialsuchen, wie zum Beispiel lokale Branchenbücher, die Ihre Zielgruppe vielleicht noch häufiger nutzt.

Für die Nutzer von Suchmaschinen ist es häufig nicht einfach, bezahlte und unbezahlte Suchergebnisse zu unterscheiden. Und es ist nicht verwunderlich, dass Suchmaschinenanbieter versuchen, ihre Umsätze durch (mehr) bezahlte Werbeklicks zu erhöhen. Auf der Suche nach zusätzlichen Erlösquellen testen Google, Bing und andere Suchmaschinen wie Yandex oder Baidu regelmäßig, wie sich (kleine) Änderungen in der Ergebnisdarstellung, meist SERP (engl. Search Engine Result Page: Suchmaschinenergebnisseite) genannt, auf das Klickverhalten von Nutzern auswirken.

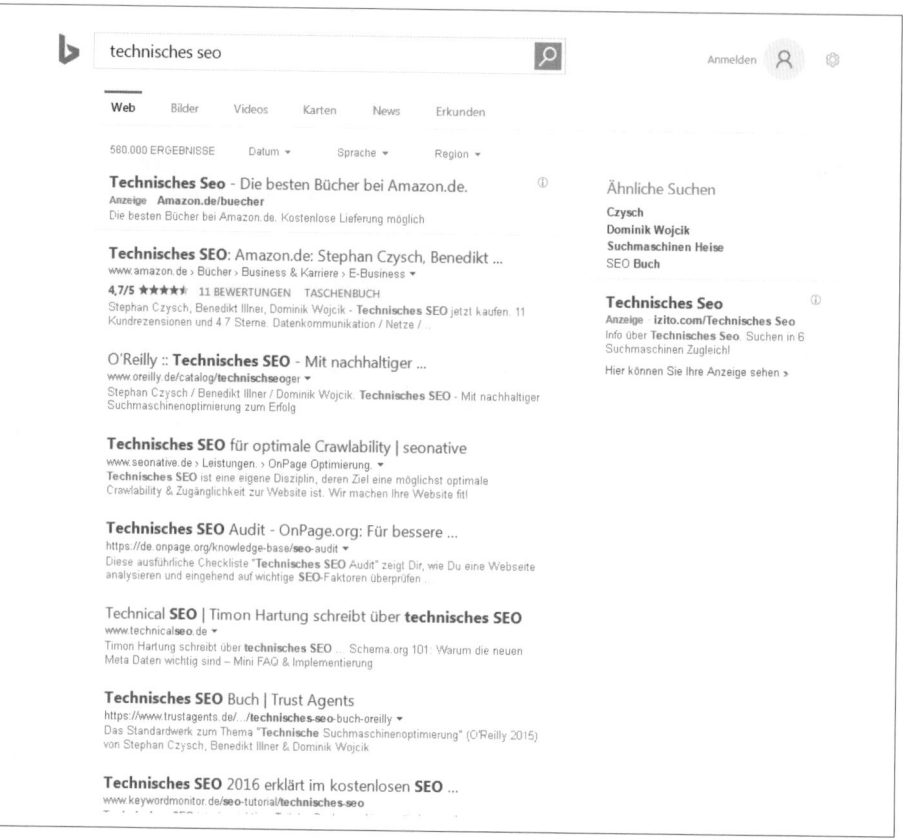

Abbildung 1-1: Eine typische Suchergebnisseite mit bezahlten und organischen Suchtreffern bei Bing

In Zeiten, in denen immer mehr Suchanfragen nicht von Computern und Laptops, sondern vermehrt über Smartphones und Tablets oder gar Geräte wie »Smart Watches« gestellt werden, wird klar, dass Suchmaschinen (und Webmaster!) die Darstellung der Ergebnisse an die verwendeten Geräte anpassen müssen.

Aufgrund der kleineren Displaygröße ist es bei mobilen Endgeräten regelmäßig der Fall, dass unbezahlte Suchergebnisse nur nach Scrollen sichtbar werden. Zudem lassen sich Unterschiede bei den Suchtreffern feststellen. So werden bei der Suche auf Tablets und Smartphones verstärkt passende Apps zur Suchanfrage angezeigt.

In Kapitel 4 über die Suchanalyse werde ich Ihnen zeigen, wie Sie herausfinden, ob Ihre Inhalte auf Mobilgeräten besser oder schlechter gefunden werden als in der Desktopsuche.

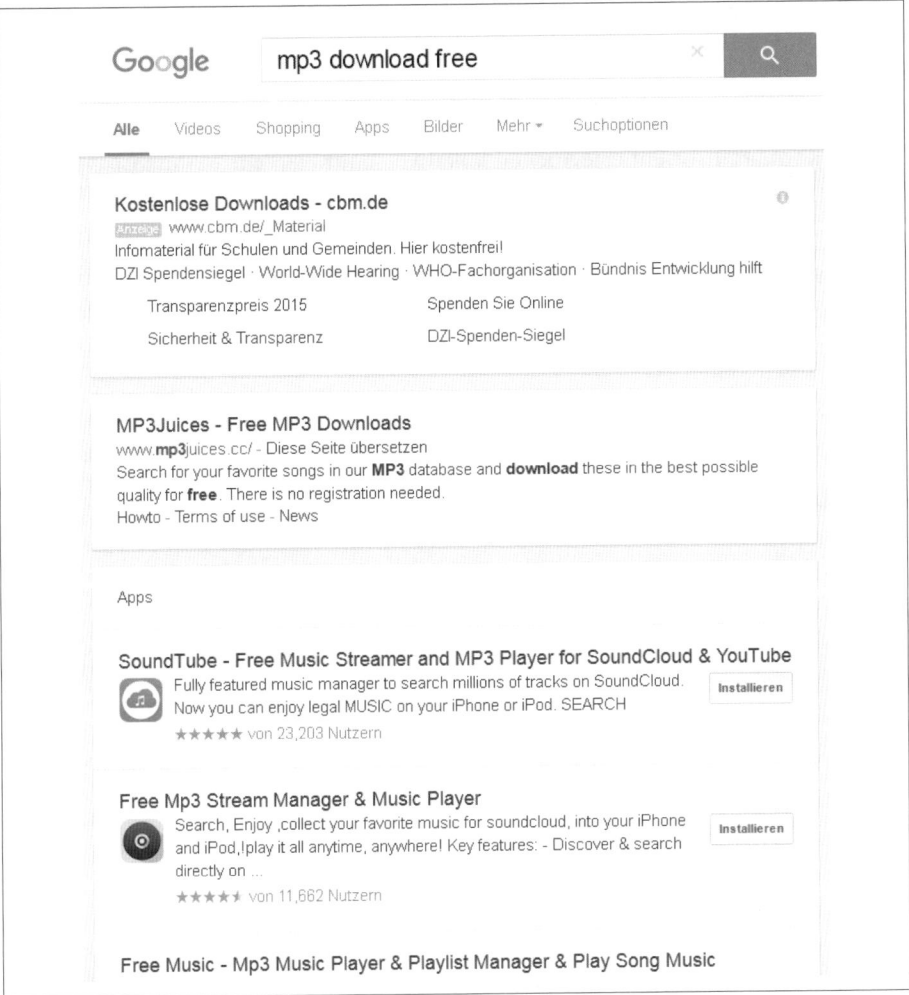

Abbildung 1-2:   Bei der Suche auf einem Tablet werden Apps als Suchergebnisse prominent angezeigt.

Unterschiedliche Suchintentionen und die Darstellung der Suchergebnisse verstehen

Über die gestellten Suchanfragen werden unterschiedliche Nutzerintentionen deutlich, die ebenfalls eine angepasste Ergebnisdarstellung erfordern.

Suchanfragen werden in die folgenden drei Suchtypen unterteilt:

- informationsorientierte
- transaktionsorientierte
- navigationsorientierte

Allerdings lassen sich einige Suchanfragen durchaus mehreren Suchtypen zuordnen.

Informationsorientierte Suchen

Unter informationsorientierte Suchen fallen Suchanfragen wie »Französische Revolution«, »was ist Onlinemarketing«, »google penguin update« oder »wie funktioniert eine Suchmaschine«.

Bei diesem Typ steht die »Information« im Vordergrund, was sich auch in der Darstellung der Suchergebnisse widerspiegelt. So sind bei solchen Suchanfragen bezahlte Suchtreffer eher selten anzutreffen, regelmäßig erscheinen dagegen Newseinträge sowie Bilder.

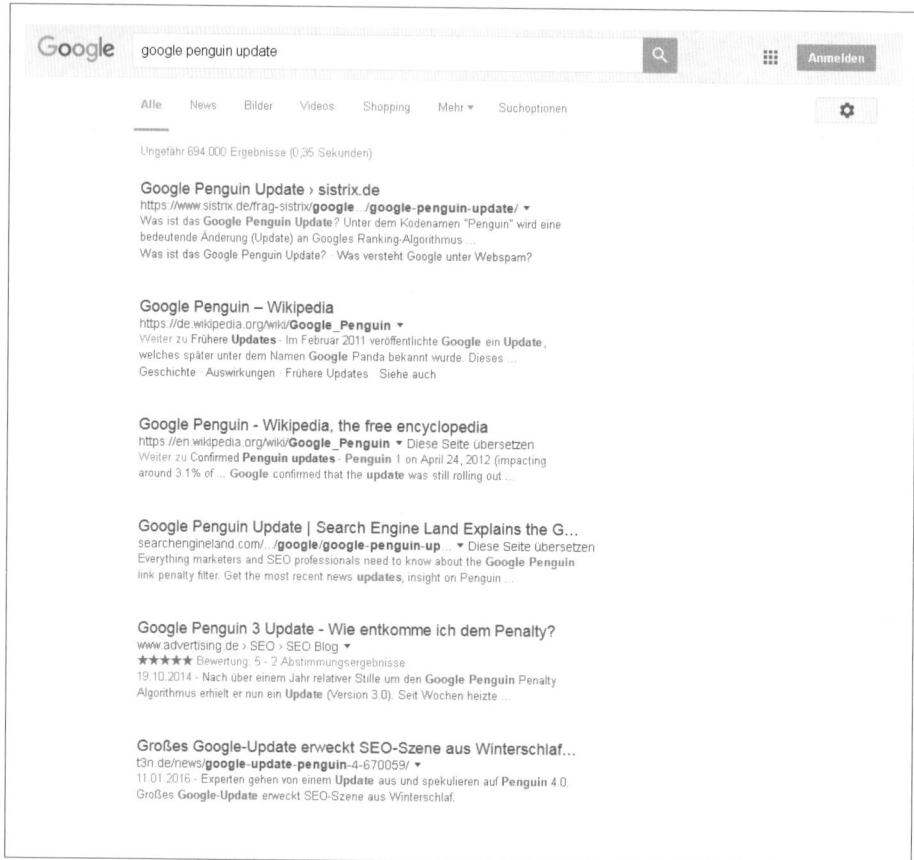

Abbildung 1-3:   Bei informationsorientierten Suchanfragen sind Anzeigen seltener anzutreffen.

Informationsorientierte Suchanfragen werden von Google teilweise direkt in den Suchergebnissen beantwortet. Interessiert man sich beispielsweise für das Geburtsdatum bekannter Personen, so wird die Antwort prominent oberhalb der organischen Suchtreffer angezeigt.

Abbildung 1-4: Die Antwort auf die Frage nach dem Geburtsdatum von George Lucas liefert Google selbst.

Transaktionsorientierte Suchen

Suchanfragen, über die sich eine (direkte) Kauf- oder Transaktionsabsicht ableiten lässt, werden als transaktionale oder transaktionsorientierte Suchanfragen bezeichnet. Beispiele für diesen Typ sind »Hörbuch Abonnement«, »Lebensversicherungsvertrag abschließen«, »Tagesgeldkonto anlegen« oder »Lederjacken«.

Aufgrund der hohen Wahrscheinlichkeit, dass sich diesen Suchanfragen eine Transaktion anschließt, sind in der Ergebnisdarstellung besonders viele bezahlte Anzeigen zu finden.

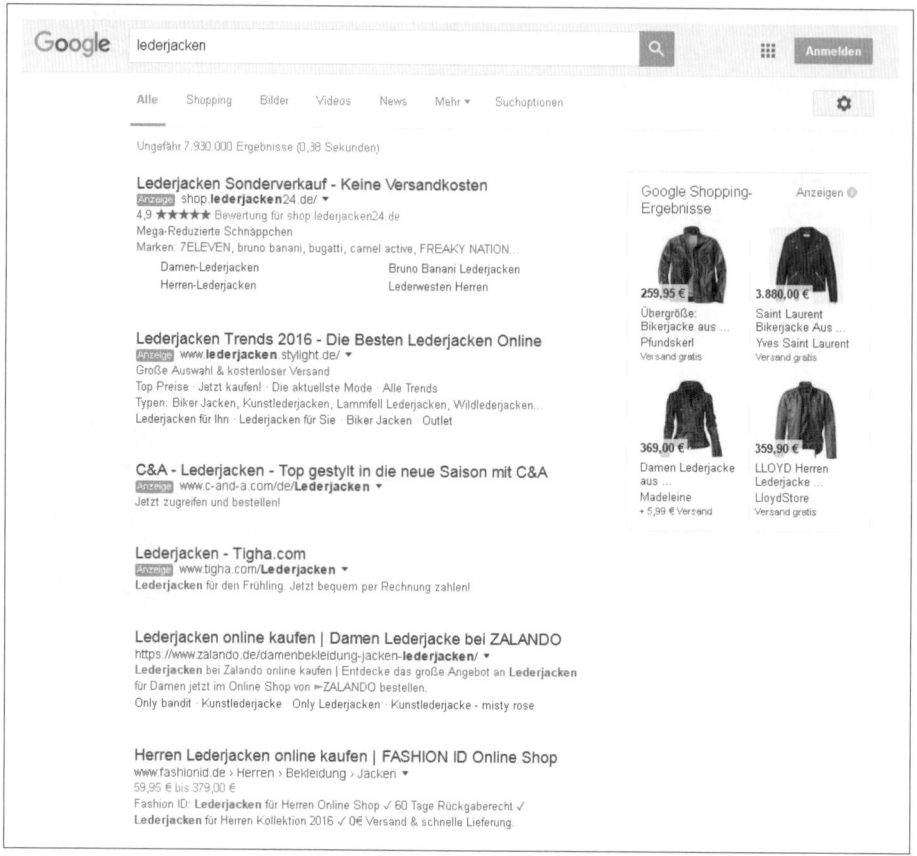

Abbildung 1-5: Für eher transaktionsnahe Suchanfragen wie Lederjacken erscheinen viele bezahlte Anzeigen.

Navigationsorientierte Suchen

Suchmaschinen werden regelmäßig dazu verwendet, um zur Website einer bestimmten Marke beziehungsweise zu einem bestimmten Webauftritt zu gelangen. Wer beispielsweise nach »Volkswagen«, »audible«, »peek und cloppenburg jobs« oder »web.de« sucht, ist vermutlich auf der Suche nach einer offiziellen Website. Entsprechend werden solche Suchanfragen als navigationsorientiert bezeichnet.

Auch bei diesem Typ Suchanfrage gibt es eine spezifische Darstellungsform. So zeigt beispielsweise Google prominent den Direkteinstieg zu häufig angefragten Unterseiten eines Webauftritts an. Diese werden als Sitelinks bezeichnet.

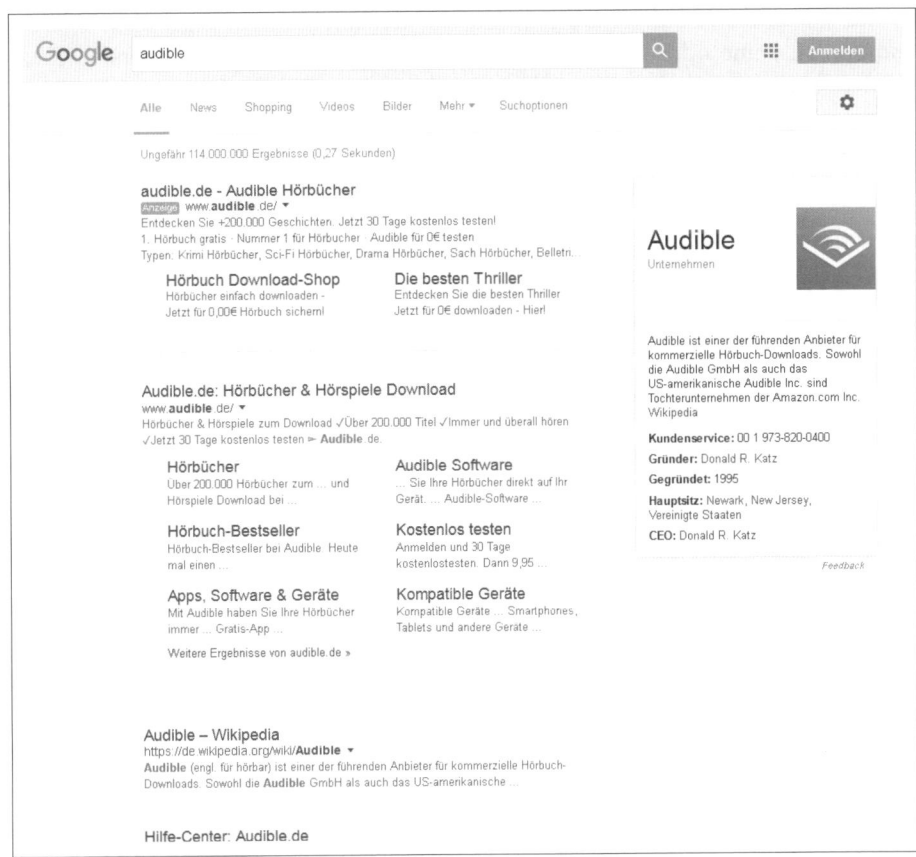

Abbildung 1-6: Beziehen sich Suchen auf eine einzelne Website, erscheinen eingerückte Sitelinks.

Mischformen dieser Suchanfragen

Wie eingangs erwähnt, lassen sich Suchanfragen nicht immer zweifelsfrei einem der drei vorgestellten Typen zuordnen. So ist eine Suchanfrage wie »kleider peek und cloppenburg kaufen« sowohl navigationsorientiert (Peek und Cloppenburg ist ein Anbieter) als auch transaktionsorientiert (kleider kaufen). Ähnlich verhält es sich mit »media markt gutschein einlösen«. Hier geht es vermutlich um das »Wie«, also um eine informationsorientierte Suchanfrage, aber auch um einen speziellen Anbieter.

Die (ungefähre) Typisierung von Suchanfragen ist zum einen interessant, um den Seiteninhalt möglichst gut auf die vermutete Nutzerintention auszurichten, und zum anderen, um die zu erwartende Klickrate auf die unbezahlten Ergebnisse einschätzen zu können.

Es liegt nahe, dass häufiger auf Position eins der unbezahlten Ergebnisse geklickt wird, wenn keine oder wenig bezahlte Suchergebnisse oberhalb des ersten SEO-Treffers angezeigt werden. Denn nehmen die organischen Suchtreffer mehr Raum oben im Display des Suchenden ein. Bei transaktionalen Suchanfragen sind wenige bezahlte Anzeigen die Ausnahme.

SEO-Maßnahmen für bessere Positionen in den unbezahlten Suchergebnissen

Im Bereich der unbezahlten Suchergebnisse verfolgen alle Suchmaschinen das Ziel, zur Suchanfrage passende Seiten anzuzeigen. Denn der Erfolg einer Suchmaschine steht und fällt mit der Qualität der Ergebnisse. Wenn Nutzer über eine Suchmaschine wiederholt nicht das Gesuchte finden, dann nutzen sie zukünftig vermutlich das Angebot eines anderen Anbieters. Das hätte natürlich negative Folgen für die Erlössituation einer Suchmaschine, die sich vor allem über die im Umfeld der Suche platzierten Anzeigen finanziert. Wird weniger (Such-)Nachfrage von einer Suchmaschine bedient, sinkt die Relevanz der Suchmaschine für Werbekunden.

Wenn Sie bei den für Sie relevanten Suchanfragen dauerhaft Top-Platzierungen erreichen möchten, sollten Sie der Nutzerintention, die sich in den Suchanfragen ausdrückt, mit *relevanten und gut aufbereiteten Inhalten* entsprechen. Nutzer finden dann, was sie suchen. Entsprechend haben Sie aus Sicht einer Suchmaschine das Anrecht auf eine gute Position und viele kostenfrei vermittelte Zugriffe.

Doch wie lässt sich Relevanz eigentlich möglichst objektiv von Computern bewerten? Welche Kriterien machen den Unterschied zwischen einer Platzierung auf dem ersten Platz und »unter ferner liefen« aus? Laut Aussage von Google fließen »über 200 Faktoren« in die Ranking-Bestimmung ein. Und diese Faktoren sind auf keinen Fall statisch: Neue Faktoren kommen hinzu, und einzelne Faktoren erhalten innerhalb der Ranking-Berechnung eine neue Gewichtung. Die Algorithmen der Suchmaschinen werden kontinuierlich weiterentwickelt, auch um Manipulationen entgegenzuwirken.

Im Kern gibt es zwei Bereiche, die Suchmaschinen zur Ranking-Berechnung heranziehen. Zum einen sind es Informationen, die durch die Analyse einer Webseite gewonnen werden. Das sind die sogenannten *Onpage-* oder *Onsite-Faktoren*. Zum anderen analysieren Suchmaschinen, wie eine Webseite mit anderen Webseiten verbunden ist. Die Faktoren dieses Bereichs werden als *Offpage-* oder *Offsite-Faktoren* bezeichnet.

Bei der Onpage-Bewertung geht es vor allem um die Frage der *Relevanz*, also vereinfacht gesagt: Worum geht es auf einer Seite? Richten Suchmaschinen den Blick auf Offpage-Faktoren, geht es darum, die *Popularität* einer Webseite oder eines Webauftritts insgesamt zu berechnen. Vereinfacht gesagt: Je mehr Wege und Verlinkungen es zu einer einzelnen (Unter-)Seite gibt, desto wichtiger scheint diese zu sein. Offpage-Signale können in der Regel als objektiver angesehen werden, da hier

Dritte die Relevanz von Inhalten dokumentieren, indem sie auf diese Inhalte verlinken. Es ist deshalb sinnvoll, dass Offpage-Signale einen (vermutlich) großen Einfluss auf das Ranking haben.

Jeder kann für sich reklamieren, der beste Suchmaschinenoptimierer Deutschlands zu sein. Sagen das hingegen Außenstehende, bekommt diese Aussage mehr Gewicht. Eine Top-Position in einer »SEO-Bestenliste« erscheint dann angemessen.

Mit den Faktoren Relevanz (durch die Onpage-Optimierung) und Popularität (mittels Offpage-Maßnahmen) im Hinterkopf lässt sich Suchmaschinenoptimierung einfach umsetzen. Habe ich relevante Inhalte zu einem Thema? Wird sowohl Nutzern als auch Suchmaschinen klar, worum es auf der dazugehörigen Seite geht? Und sagen andere Webinhalte, dass ich zu einem bestimmten Thema relevante Inhalte biete? Dann bestehen gute Chancen auf ein gutes Ranking in den unbezahlten Suchergebnissen.

Den unbekannten Ranking-Faktoren auf der Spur

Wie Google und andere Suchmaschinen die Suchergebnisse genau ermitteln und berechnen, ist nicht bekannt. So sehr man sich als Website-Verantwortlicher eine einfache Liste der Ranking-Faktoren wünscht: Google & Co. tun gut daran, nur wenige Informationen über ihre Ranking-Berechnung preiszugeben.

Ansonsten würden sich Mitbewerber im Suchmaschinenmarkt diese Informationen zunutze machen und Webmaster die eigenen Inhalte vollständig auf die Algorithmen der Suchmaschinen ausrichten. Inhalte, die perfekt suchmaschinenoptimiert sind, müssen aber nicht unbedingt für Nutzer hilfreich sein.

Immerhin geben Google & Co. Hinweise darauf, welche Faktoren sie (vermutlich) in ihre Ranking-Berechnungen einbeziehen. Diese Hinweise findet man nicht nur in den Webmaster-Tools der Suchmaschinen, sondern auch in offiziellen Dokumenten wie Patentschriften und Präsentationen.

So bietet Google mit »Einführung in die Suchmaschinenoptimierung« ein kostenfreies PDF zum Download an (*http://static.googleusercontent.com/media/www.google.de/de/de/webmasters/docs/einfuehrung-in-suchmaschinenoptimierung.pdf – http://seobuch.net/328*), in dem Punkte genannt werden, auf die Webmaster bei der Erstellung von Webseiten achten sollten. Zudem lassen sich Ranking-Faktoren vermuten.

Diverse SEO-Toolanbieter geben jährlich anhand erhobener Daten, beispielsweise aus Expertenbefragungen oder durch Korrelationsanalysen, White Paper zur Bedeutung einzelner angenommener Ranking-Faktoren heraus. Bekannt sind in diesem Zusammenhang die Auswertungen von Searchmetrics (zu finden unter *http://www.searchmetrics.com/de/knowledge-base/ranking-faktoren/ – http://seobuch.net/498*) sowie die englischsprachige Erhebung von Moz.com (siehe *https://moz.com/search-ranking-factors – http://seobuch.net/383*). Eine umfassende englischsprachige Auflistung von vermuteten Ranking-Faktoren finden Sie unter *http://backlinko.com/google-ranking-factors* (*http://seobuch.net/403*).

 **Tipp** Ob Expertenbefragungen oder Korrelationsanalysen: Die Ergebnisse können den tatsächlichen Ranking-Faktoren und deren Gewichtung höchstens näherungsweise entsprechen. Womöglich sind manche Annahmen von Experten oder einzelne Gewichtungen auch vollkommen falsch.

So erfassen Suchmaschinen (neue) Inhalte

In der frühen Phase des Internets waren es vor allem Webkataloge, die zur Recherche neuer Informationsquellen herangezogen wurden. Doch die Katalogisierung von Webseiten stellte sich schnell als schwer skalierbarer Prozess dar. Denn immer mehr Inhalte wurden im Web veröffentlicht und mussten in vordefinierte Kategorien einsortiert werden.

Wie fein oder granular sollten diese Kategorien sein? Wo sollte eine Hörbuchseite auftauchen? Unter »Büchern«? Oder unter »Audio«? Oder unter »Musik«? Oder in allen Kategorien? Und wäre es nicht sinnvoll, eine eigene »Hörbuch«-Kategorie anzulegen, wenn es zu diesem Thema immer mehr Seiten gibt? Aber ist »Hörbuch« mehr mit der Kategorie »Audio« verwandt oder mehr mit »Büchern«? Sollte die Kategorie dann entsprechend als Subkategorie von »Audio« oder von »Bücher« angelegt werden?

Doch nicht nur die Ersterfassung stellte Webkataloge vor Probleme: Wie kann man idealerweise automatisiert feststellen, ob ein bereits kategorisierter Inhalt überhaupt noch erreichbar ist? Und nach welchem Kriterium sollen die Seiten sortiert werden? Ist ein neues Dokument relevanter als ein altes und somit die Sortierung von »Neu nach Alt« sinnvoll? Oder ist die Textlänge ein guter Indikator für Relevanz? Oder die absolute Anzahl an Klicks, die ein Dokument bisher gesammelt hat? Haben bei einem solchen Sortierkriterium ältere Dokumente nicht einen kaum aufholbaren Vorsprung? Oder ist es der Titel der Dokumente, der einfach von A nach Z sortiert werden müsste?

Bereits diese Fragen zeigen, dass sich ein immer stärker wachsendes Internet per Katalogisierung nicht sinnvoll erfassen lässt. Die Lösung: Computerprogramme sollten (neue) Dokumente automatisch erfassen, anhand definierter Algorithmen untersuchen und anschließend sortieren.

Um überhaupt Dokumente miteinander vergleichen und sortieren zu können, müssen sie erst einmal erfasst werden. Dazu setzen Suchmaschinen die sogenannten Crawler ein, die Webdokumente abrufen und zur weiteren Verarbeitung zur Verfügung stellen. Alternative Bezeichnungen für Crawler sind Spider oder auch Robots.

Den Aufbau einer Suchmaschine verstehen

Suchmaschinen bestehen – vereinfacht betrachtet – aus mehreren miteinander interagierenden Komponenten.

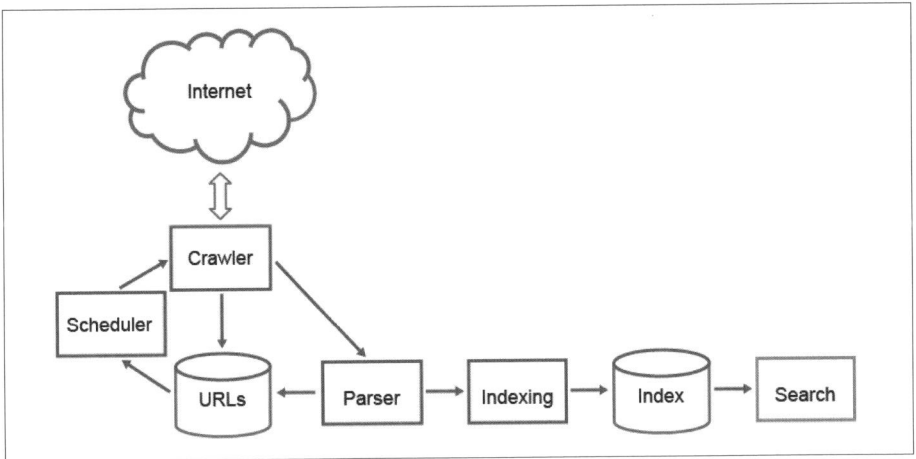

Abbildung 1-7: Schematischer Aufbau der Komponenten einer Suchmaschine

Crawler fragen Adressen ab

Die Aufgabe des Crawlers ist es, Adressen, die der Suchmaschine bekannt sind, (wieder) aufzurufen und deren Inhalt sowie deren Statuscode zur weiteren Verarbeitung zu ermitteln.

> ## HTTP-Statuscodes
>
> Um Webinhalte darstellen oder im Fall von Suchmaschinen auswerten zu können, werden Ressourcen (HTML-Seiten, Bilder, Videos ...) beim Server des Webauftritts angefragt.
>
> Möchten Sie beispielsweise die Adresse *https://www.trustagents.de/blog* besuchen, wird von Ihrem Browser die Adresse beim Webserver von *https://www.trustagents.de* angefragt. Einfach gesagt, fragt der Browser den Webserver, ob dieser einen Inhalt unter der Adresse */blog* kennt. Auf diese Anfrage antwortet der Server unter anderem mit dem HTTP-Statuscode.
>
> Ist ein Dokument unter der angefragten Adresse vorhanden, wird die Anfrage mit dem Statuscode 200 (»OK«) beantwortet. Ist das Dokument nicht mehr unter dieser Adresse zu finden, kann der Browser über die neue Adresse mittels einer Weiterleitung, beispielsweise mit dem Statuscode 301 (»Moved permanently« – deutsch: permanent umgezogen) oder 302 (»Moved temporarily« – deutsch: temporär umgezogen), benachrichtigt werden.
>
> Ist unter der angefragten Adresse keine Ressource bekannt, antwortet der Webserver mit einem der Statuscodes 4xx. Der bekannteste HTTP-Statuscode für Fehler dürfte 404 (»Not found« – deutsch: nicht gefunden) sein. Wenn der Webserver die Anfrage gar nicht verarbeiten kann, wird diese mit einem Statuscode 5xx beantwortet, beispielsweise dem Statuscode 500 (»Internal Server Error« – deutsch: interner Serverfehler).
>
> Alles Wichtige zu HTTP-Statuscodes finden Sie bei Wikipedia (*https://de.wikipedia.org/wiki/HTTP-Statuscode* – *http://seobuch.net/424*).

Vor der Anfrage einer URL muss der Crawler ermitteln, ob eine Adresse durch die Datei *robots.txt* (siehe Infokasten unten) vom Crawling ausgeschlossen ist. Eine solche Einstellung wird beispielsweise bei sensiblen Daten wie privaten Bildern oder Dokumenten vom Webmaster vorgenommen.

Wenn ein Crawling-Ausschluss über die `Disallow:`-Direktive vorliegt, greift der Crawler nicht auf diese Adresse zu. In diesem Fall liegen der Suchmaschine keine internen Signale des Dokuments vor. Der Statuscode und der Inhalt der Seite sind einer Suchmaschine folglich nicht bekannt.

Ist das Crawling einer Adresse erlaubt, wird der Quelltext der analysierten Adresse durch den Crawler abgefragt und zur weiteren Analyse an den Parser übergeben.

---

robots.txt

Über die *robots.txt*-Datei können Sie das Crawling einer Website beeinflussen. Dazu muss die Datei direkt im Hauptverzeichnis unter dem Hostnamen (dem sogenannten *root*-Ordner) abgelegt und als *robots.txt* benannt werden. Im Fall des Webauftritts *https://www.google.de* muss die *robots.txt* folglich unter *https://www.google.de/robots.txt* erreichbar sein.

Es ist nicht notwendig, Suchmaschinen den Zugriff auf eine Adresse explizit zu erlauben. Crawler gehen davon aus, dass alles, was nicht über die *robotst.txt* vom Crawling ausgeschlossen ist, analysiert werden darf.

Mögliche von Google unterstützte Angaben in der *robots.txt* sind:

- `User-Agent:`
- `Disallow:`
- `Allow:`
- `Sitemap:`

User-Agent

Jeder Crawler von (seriösen) Suchmaschinen hat eine eigene Kennung, den sogenannten User-Agent. Diese Kennung wird bei jedem Zugriff auf die Ressource eines Webservers übertragen. Über den User-Agent können Webmaster dem jeweiligen Crawler mitteilen, welche Inhalte des Webauftritts er nicht abrufen darf. Dazu wird der User-Agent über die *robots.txt* direkt angesprochen.

Google verwendet separate User-Agents für das Crawling unterschiedlicher Inhalte, beispielsweise für mobile Inhalte, Bilder oder News. Jeder dieser unterschiedlichen Crawler hat seine eigene Kennung und kann somit separat über die *robots.txt* angesprochen werden. Der normale Googlebot crawlt vor allem HTML-Dokumente und verwendet den User-Agent »Googlebot«. Dieser Crawler wird über `User-Agent: Googlebot` direkt adressiert. Die Auflistung der unterschiedlichen Google-Crawler finden Sie unter *https://support.google.com/webmasters/answer/1061943?hl=de* – *http://seobuch.net/624*.

Anstatt Crawler separat über die Crawling-Vorgaben zu informieren, kann über die Angabe `User-Agent: *` das Crawling für alle Suchmaschinen festgelegt werden.

→

Disallow

Über die Disallow-Angabe werden einzelne URLs oder URL-Muster vom Crawling durch Suchmaschinen ausgenommen. Durch die Angabe `Disallow: /` wird jeglicher Zugriff für die unter `User-Agent` definierten Crawler eingeschränkt.

Um den Zugriff auf alle URLs des Verzeichnisses /bilder/ zu sperren, muss `Disallow: /bilder/` verwendet werden.

Allow

Eigentlich müssen Sie keine Crawling-Freigaben erteilen. Warum also die Allow-Angabe? Mit dieser können Sie gezielt vorherige Disallow-Angaben überschreiben.

Nehmen wir an, dass Sie für eine einzelne Datei des /bilder/-Ordners eine Freigabe erteilen möchten. Dann lässt sich das wie folgt lösen:

```
User-Agent: *
Disallow: /bilder/
Allow: /bilder/freigegebenes-bild.jpg
```

Sitemap

Über diese Angabe können Sie Suchmaschinen über die Adresse von beliebig vielen (XML-)Sitemaps auf dem Hostnamen informieren. Dazu muss die vollständige Adresse angegeben werden:

```
User-Agent: *
Disallow: /bilder/
Allow: /bilder/freigegebenes-bild.jpg
Sitemap: https://www.google.de/sitemap/sitemap.xml
```

Wissenswertes

Die meisten Webmaster müssen sich nicht detailliert mit der *robots.txt* auseinandersetzen. Eine Crawling-Einschränkung über diese Datei ist für viele kleine bis mittelgroße Websites kein SEO-Optimierungshebel. Die *robots.txt* kann aber ein sehr mächtiges Werkzeug für Webauftritte sein, die über mehrere Hunderttausend Adressen verfügen.

Achten Sie bei *robots.txt*-Befehlen darauf, dass Suchmaschinen zwischen Groß- und Kleinschreibung unterscheiden. Die Angabe `Disallow: /Verzeichnis/` blockiert den Zugriff auf /verzeichnis/ nicht. Andersherum ist es genauso.

In der *robots.txt* ist es möglich, mit Mustern zu arbeiten. Dazu steht vor allem der Platzhalter * zur Verfügung. Dieser entspricht 0 bis zu unendlich vielen Zeichen. Mehr dazu finden Sie in der Google-Hilfe unter *https://support.google.com/webmasters/answer/6062596?hl=de* (*http://seobuch.net/167*).

Um die *robots.txt*-Einstellungen für Google-Crawler zu überprüfen, steht in der Search Console der *robots.txt-Tester* zur Verfügung. Diesen stelle ich Ihnen im Crawling-Kapitel (Kapitel 6) vor.

Parser lesen den Quelltext aus

Der englische Begriff »to parse« bedeutet so viel wie analysieren. Die Aufgabe des Parsers ist es, den vom Crawler gelieferten Quelltext einer Seite zu verarbeiten.

Dabei wird der Quelltext anhand der suchmaschinenspezifischen Ranking-Kriterien untersucht.

Um das Thema der Seite zu bestimmen, achtet der Parser möglicherweise darauf, welche Begriffe in HTML-Überschriften oder im Seitentitel vorkommen.

Die im Quelltext enthaltenen Adressen verlinkter Dokumente, sowohl interne Links also auch Links zu externen Websites, werden an den sogenannten Scheduler übermittelt, um (neue) Dokumente finden zu können.

Indexer bereiten Dokumente für den Index auf

Nur indexierte Dokumente können über die Websuche gefunden werden. Aus diesem Grund schaut der Parser beispielsweise, ob ein Dokument vom Webmaster möglicherweise nicht für die Indexierung freigegeben ist. Wie Sie als Webmaster diese Angabe vornehmen, erfahren Sie in diesem Kapitel unter »Metatags«, zu finden im Abschnitt »Wichtige Elemente der Onpage-Optimierung«.

Die Aufgabe der Indexer (engl. to index: indexieren) besteht darin, Dokumente für den Suchmaschinenindex aufzubereiten, das Dokument also »suchbar« zu machen.

Scheduler steuern die Crawler

Der Scheduler (engl. to schedule: etwas planen) ist dafür verantwortlich, dass bekannte Adressen erneut oder erstmalig aufgerufen werden. Er übernimmt die Steuerung der Crawler.

Wenn man sich die Größe des Netzes vor Augen führt, wird ersichtlich, warum nicht jede Webseite im gleichen zeitlichen Abstand analysiert werden kann und sollte. Denn wenn sich ein Dokument selten ändert, kann eine Suchmaschine ihre endlichen Ressourcen besser auf die Analyse anderer Dokumente verwenden: beispielsweise solche, die sich regelmäßig ändern und in der Suche prominent auftauchen, oder für die Entdeckung neuer Inhalte. Bei der Findung neuer Inhalte helfen Suchmaschinen unter anderem XML-Sitemaps. Deren Vorzüge stelle ich Ihnen im Abschnitt über Sitemaps in diesem Kapitel vor (Seite 64 f.).

So funktioniert die Suche

Wenn Sie tiefer in das Thema einsteigen möchten, werfen Sie einen Blick auf die von Google frei im Netz verfügbaren Informationen unter *So funktioniert die Suche*. Diese finden Sie unter http://www.google.com/insidesearch/howsearchworks/thestory/ (http://seobuch.net/246).

Keyword-Recherche: die richtigen Suchbegriffe finden

Als Website-Betreiber oder -Verantwortlicher möchten Sie im Rahmen Ihrer SEO-Maßnahmen in den Trefferlisten zu den Suchanfragen, die für Ihr Website-Angebot relevant sind, eine gute Platzierung erreichen. Hierfür ist es notwendig, sich darüber Gedanken zu machen, mit welchen Wörtern ein Nutzer das beschreibt, was er auf Ihrer Seite findet. Hier gibt es immer wieder gravierende Unterschiede in der verwendeten Terminologie von Experten, häufig vertreten durch die Website-Inhaber, und Laien.

Ein Beispiel: Auf der Website eines Herstellers wird das neue Produkt »dneasy« vorgestellt. Dieses wird zur Extraktion von DNA verwendet. Vermutlich sucht ein potenziell interessierter Käufer eher nach »DNA Extraktion« als nach »dneasy«. Das Produkt ist ihm möglicherweise noch kein Begriff. Der Hersteller sollte deshalb auch die generische Umschreibung »DNA Extraktion« auf seiner Seite verwenden.

Kunst- oder Markenbegriffe wie im Beispiel oben bekommen für einen Laien nur dann eine Bedeutung, wenn diese erlernt wird. Das findet beispielsweise über klassische Marketingmaßnahmen wie TV-Werbung oder Anzeigen in Zeitungen statt.

Im Suchmaschinenmarketing möchte man selbstverständlich nicht nur über eigene Markenbegriffe gefunden werden, sondern auch über generische Gattungs- oder Produktbegriffe. Durch eine Optimierung auf generische Begriffe können Besucher erreicht werden, die noch keinen speziellen Anbieter oder ein spezielles Produkt im Kopf haben – oder denen Anbieter und Produktname gerade nicht einfallen.

Es gibt eine Reihe von Quellen, die bei der Recherche nach passenden Suchwörtern herangezogen werden können. Nachfolgende Möglichkeiten geben Ihnen einen ersten Überblick darüber, wie Sie vorgehen können:

Keyword-Brainstorming

Es ist wichtig, sich selbst intensiv damit auseinanderzusetzen, wie man die Inhalte der eigenen Website beschreiben oder mit welchen Wörtern man nach ihnen suchen würde. Hilfreich ist es in diesem Zusammenhang außerdem, Experten und auch (potenziell am Angebot interessierte) Laien in Bezug auf ihre Keywords zu befragen.

Google AdWords Keyword-Planer: die Quelle für Ideen und Suchvolumina

Mit dem Keyword-Planer stellt Google ein kostenfreies Tool zur Verfügung, über das sich die (ungefähre) Suchwortnachfrage bestimmen lässt. Das Tool ist Teil von Googles Werbeprogramm Google AdWords. Es liefert nicht nur Suchvolumina für abgefragte Keywords, sondern auf Wunsch auch Keyword-Ideen.

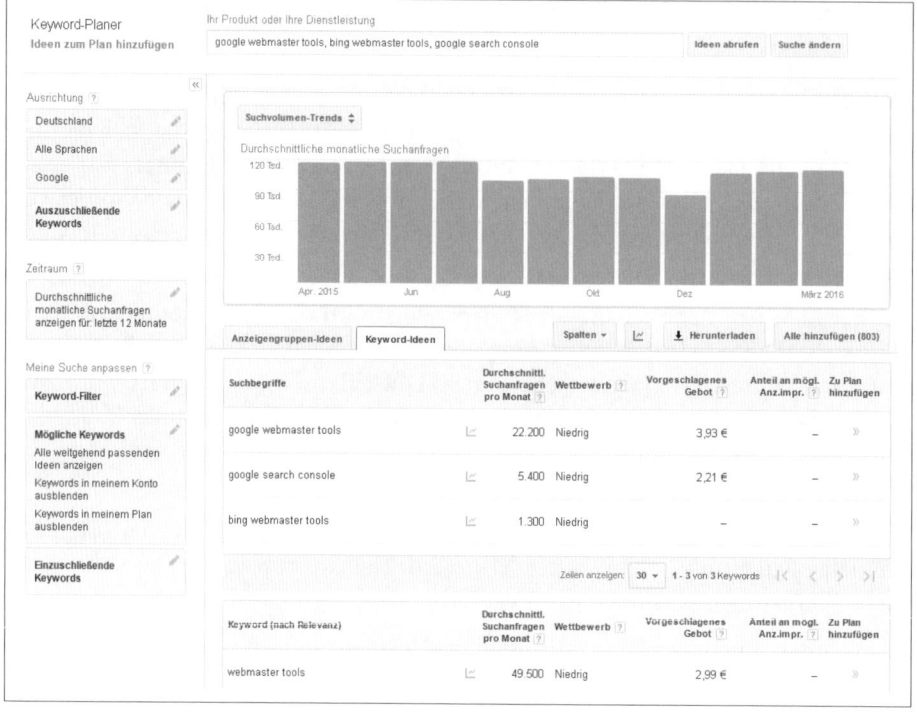

Abbildung 1-8: Informationen zu Suchvolumina einzelner Keywords pro Monat bei Google

Tipp — Beachten Sie die Möglichkeit, eine Webadresse einzutragen. Google liefert Ihnen Suchanfrageninformationen – in diesem Fall anhand der auf der Seite enthaltenen Wörter.

Um Keyword-Informationen basierend auf einer Adresse zu erhalten, wählen Sie im Keyword-Planer unter *Neue Keywords finden und Daten zum Suchvolumen abrufen* den Punkt *Mithilfe einer Wortgruppe, einer Website oder einer Kategorie nach neuen Keywords suchen* und tragen die Adresse im zweiten Eingabefeld unter *Ihre Zielseite* ein.

Ganz gleich über welche Methode Sie Keywords recherchieren, der Keyword-Planer wird Sie stets begleiten. Leider gibt es einen großen Wermutstropfen: Google hat im Sommer 2016 die Datenverfügbarkeit für AdWords-Konten mit geringen Werbeausgaben (ohne genauer zu spezifizieren, was das in Rechnungsbeträgen ausgedrückt bedeutet) eingeschränkt. Anstatt wie bisher einzelne Suchvolumina zu sehen, sehen die betroffenen Konten nur noch grobe Wertebereiche wie 1Tsd bis 10Tsd. Abhilfe können kostenpflichtige Tools leisten, die Suchvolumina weiterhin dank entsprechender eigener Werbeausgaben bei Google AdWords abfragen und Ihnen zur Verfügung stellen können. Einige dieser Tools stelle ich in diesem Kapitel vor.

Google Suggest als Keyword-Quelle

Wenn Nutzer eine Suchanfrage eingeben, versucht Google, anhand der bisherigen Zeichenfolge die Suchanfrage zu vervollständigen. Doch nicht nur das, auch die Suchergebnisse werden bereits im Hintergrund anhand der aktuellen Suche geladen.

Es gibt drei Faktoren, die entscheidend beeinflussen, welche Begrifflichkeiten in Google Suggest erscheinen:

- die Suchhäufigkeit
- der Nutzerstandort
- die Suchhistorie des Nutzers

Google ist in der Lage, aktuell besonders stark nachgefragte Suchbegriffe schnell in die Suchvorschläge zu integrieren. Das wird besonders bei »Trending Topics« deutlich. Ist ein Thema gerade besonders nachgefragt, erscheint es sehr schnell in den Suchvorschlägen.

Da Google Suggest von den (bisherigen) Nutzereingaben beeinflusst wird, geben die Suchvorschläge einen Hinweis darauf, welche Themen regelmäßig nachgefragt werden. Die Ergebnisse können deshalb ein sinnvoller Teil der eigenen Content-Strategie sein.

Schauen Sie sich für die Generierung von Keyword-Ideen hilfreiche Tools wie Keywordtool.io (*http://keywordtool.io/* – *http://seobuch.net/015*) oder Ubersuggest (*https://ubersuggest.io/* – *http://seobuch.net/810*) an, die sehr viele auf (Google-)Suchvorschlägen basierende Daten zur Verfügung stellen.

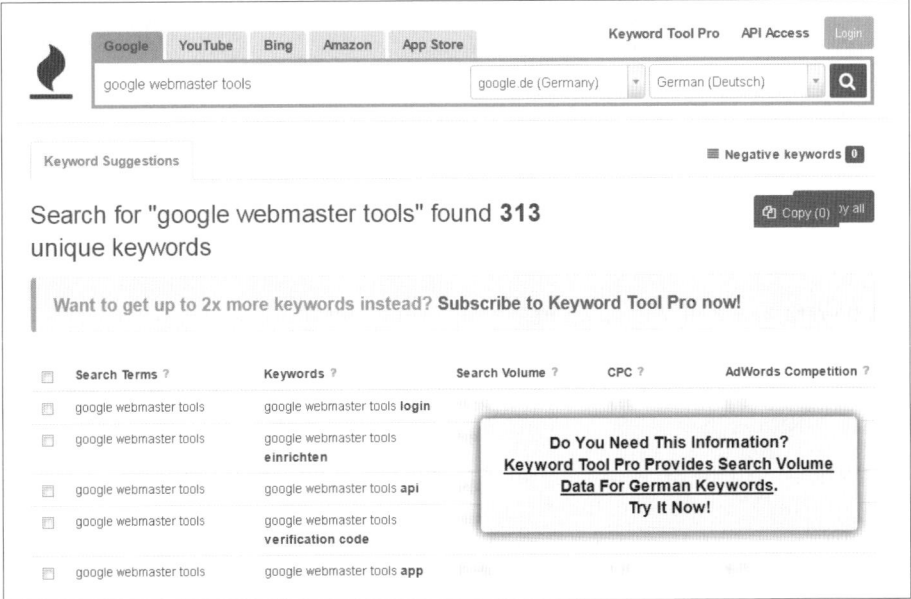

Abbildung 1-9: Das Tool Keywordtool.io hilft bei der Keyword-Recherche, indem es Suggest-Suchvorschläge zum abgefragten Keyword anzeigt.

Die interne Suche als Keyword-Quelle nutzen

Es gibt gute Gründe dafür, auch die internen Suchanfragen auszuwerten. Neben der Möglichkeit, auf diesem Weg neue Suchanfragen zu identifizieren, kann die Analyse der internen Suchen dabei helfen, den Aufbau der Website zu verbessern. Denn wenn ein Nutzer aktiv sucht, hat er den gewünschten Inhalt nicht auf Anhieb gefunden.

Tipp   Neben dem »Was wurde gesucht?« ermöglicht auch das »Was wurde gefunden?« wichtige Einsichten. Denn womöglich liefert eine interne Suchanfrage irrelevante oder eben gar keine Ergebnisse, obwohl passende Ergebnisse zur Anfrage auf der Website zu finden wären. Besonders bei Onlineshops ist die Ergebnisqualität interner Suchen regelmäßig ernüchternd.

Verwandte Suchanfragen

Viele Suchmaschinen zeigen der abgegebenen Suchanfrage ähnelnde Begriffe an. Auch diese häufig als verwandte Suchanfragen bezeichneten Darstellungen können Ihnen weitere Keyword-Ideen liefern.

In der Google-Suche werden ähnliche Suchanfragen (engl. Related Search) am Ende der Suchergebnisseite angezeigt.

Abbildung 1-10:   Am Seitenende zeigt Google zur Suchanfrage verwandte Begriffe an.

Wettbewerbsanalysen: Worauf optimiert mein Konkurrent?

Die Webauftritte von Konkurrenten zu analysieren ist ein legitimes Vorgehen, um die eigene Onlinestrategie zu verbessern. Das gilt selbstverständlich auch für die Keyword-Recherche.

Schauen Sie sich an, welche Themen Ihre Wettbewerber auf ihren Websites bedienen. Welche Themen werden in der Hauptnavigation verlinkt? Welche Untergruppen bildet ein Wettbewerber? Versuchen Sie, das Thema der einzelnen Seiten abzuleiten und in passende Suchanfragen zu übertragen. Wenn diese Themen zu Ihrem Angebot passen und für Sie wichtig sind, sollten Sie sie mit Ihrer Website ebenfalls abdecken. Hilfreich sind in diesem Zusammenhang SEO-Tools, da sie

Ihnen sagen können, zu welchen (vom Tool erfassten) Suchanfragen eine Konkurrenzseite gefunden wird. Mehr dazu im nächsten Abschnitt.

SEO-Tools zeigen Ihnen ähnliche Begriffe und Keywords der Konkurrenz

Beim Aufspüren von Suchbegriffen mit (hohem) Suchpotenzial können Ihnen aber auch SEO-Tools, beispielsweise Sistrix, Searchmetrics oder SEMrush, helfen, denn diese zeigen Ihnen ein paar der Begriffe an, zu denen die Websites Ihrer Wettbewerber in der unbezahlten (und bezahlten) Google-Suche erscheinen.

Dazu werden regelmäßig, in der Regel einmal pro Woche, die ersten 100 Ergebnisse für die vom Toolanbieter definierten Suchbegriffe abgefragt. Durch die Kombination aus Suchvolumen und Position stellen SEO-Tools dar, wie sich eine Domain in der Google-Suche entwickelt.

Üblicherweise werden die von den Tools erhobenen Zahlen als »Sichtbarkeitswerte« bezeichnet. Vereinfacht gesagt: Zu je mehr Suchbegriffen mit einer möglichst hohen regelmäßigen Nachfrage (dem Suchvolumen) eine Website auf den vorderen Plätzen gefunden wird, desto sichtbarer ist sie.

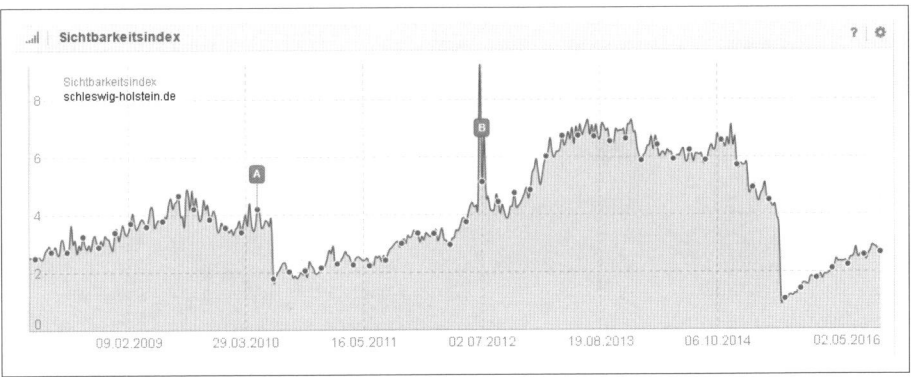

Abbildung 1-11: Im SEO-Tool Sistrix ist Mitte 2015 ein deutlicher Sichtbarkeitsverlust bei der Website schleswig-holstein.de zu sehen. (Quelle: sistrix.de)

Mit diesen Tools können Sie jede beliebige Website analysieren, die zu mindestens einem der vom Tool kontrollierten Begriffe gefunden wird. Aber Achtung: Das müssen nicht zwingend alle oder die relevanten Suchanfragen für Ihre Website sein.

Dank der breiten Streuung der überwachten Begriffe ergibt sich dennoch ein aussagekräftiges Bild über die verschiedensten Branchen hinweg.

Da jedes Tool andere Suchbegriffe auswertet und andere Faktoren sowie eine andere Gewichtung für seine Sichtbarkeitsberechnungen verwendet, sind die Zahlen verschiedener Tools nicht untereinander vergleichbar.

Die nachfolgend genannten SaaS-Tools (SaaS – Software as a Service) zählen zu den bekanntesten in Deutschland. Die monatlichen Kosten belaufen sich in der Regel auf rund 100 Euro, abhängig vom gewünschten Funktionsumfang können die Kosten aber steigen.

- Sistrix (*www.sistrix.de* – *http://seobuch.net/578*)
- Searchmetrics (*www.searchmetrics.de* – *http://seobuch.net/376*)
- SEMrush (*de.semrush.com* – *http://seobuch.net/621*)
- Xovi (*www.xovi.de* – *http://seobuch.net/680*)

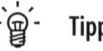

Tipp SEO-Tools bieten etwas, das Google Search Console nicht leisten will und kann: den Blick auf die Konkurrenz. Mit der Search Console können nur eigene Websites analysiert werden. Daten über Ihre Konkurrenten erhalten Sie nicht.

Suchtrends mit Google Trends ermitteln

Unterschiedliche Ereignisse sind in der Lage, das Suchvolumen stark zu beeinflussen. Um Suchtrends zu identifizieren und zu analysieren, kann Google Trends (*https://www.google.de/trends/* – *http://seobuch.net/922*) verwendet werden. Auch dieses Tool wird kostenfrei von Google zur Verfügung gestellt.

Zu bestimmten Themen bietet es detaillierte Themenseiten, wie beispielsweise die in Abbildung 1-12 gezeigte Aufbereitung des Themas »Blitzer-Marathon«.

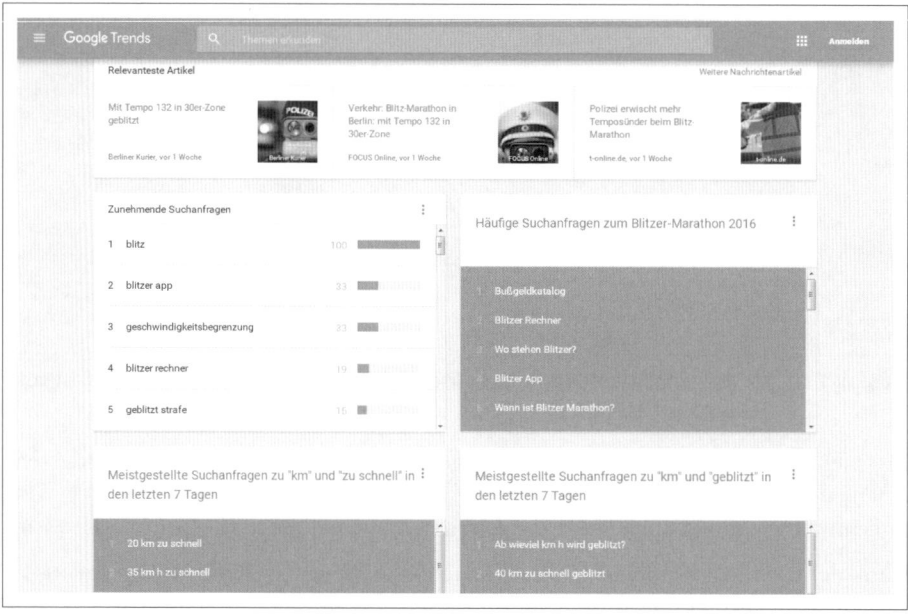

Abbildung 1-12:   Google Trends-Seite zum Thema Blitzer-Marathon

Doch auch einzelne Begriffe können ausgewertet und mit anderen verglichen werden. Zwar erhält man über Google Trends keine absoluten Suchvolumina (wobei auch die Suchvolumenangaben des Keyword-Planer von Google, wie bereits beschrieben, eher Richtwerte als absolute Zahlen darstellen), aber die Nachfrage nach unterschiedlichen Begriffen wird ins Verhältnis gesetzt, und regionale Unterschiede können verglichen werden.

So lässt sich aus Abbildung 1-13 ablesen, dass »Brötchen« bundesweit gesehen der relevanteste der drei abgefragten Begriffe ist und »Semmel« in Bayern die stärkste regionale Nachfrage genießt.

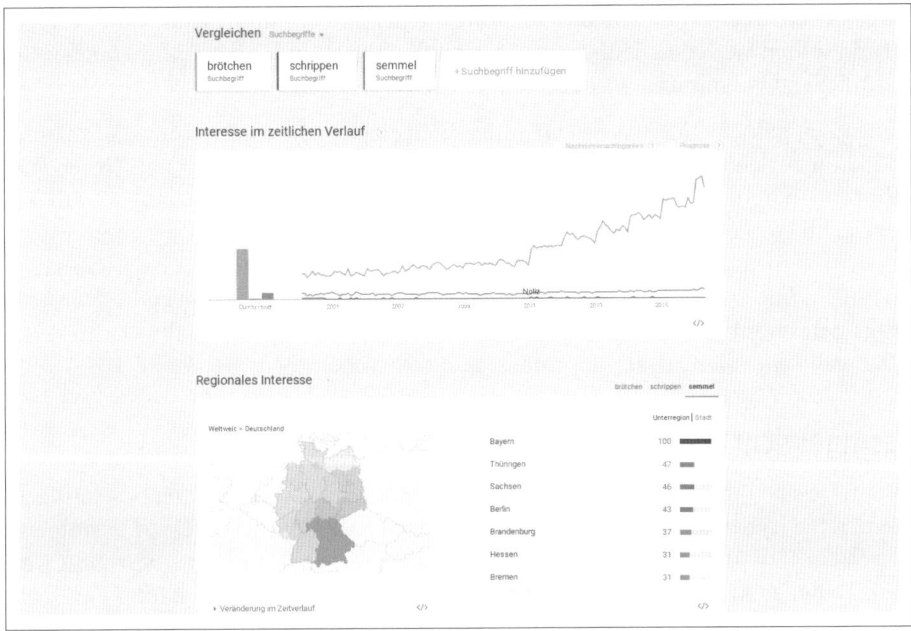

Abbildung 1-13: Die Suchanfragen »Brötchen«, »Schrippen« und »Semmel« im regionalen Vergleich

Relevante Inhalte für Suchintentionen erstellen

Eine Keyword-Recherche und die Bewertung der einzelnen Suchthemen ist ein wichtiger Schritt der Suchmaschinenoptimierung. Vor der Erstellung oder Aktualisierung vorhandener Inhalte ist es wichtig, sich über die Nutzerintention Gedanken zu machen. Ansonsten erstellt man Inhalte an der Intention der Nutzer vorbei.

So wird sich ein Nutzer, der »Unboxing«-Themen (also das Auspacken von Produkten und deren Beschreibung) interessant findet, wahrscheinlich weniger für die Lektüre langer Texte begeistern können, sondern vermutlich eher Videoinhalte als relevanten Inhalt ansehen. Auch andere Suchanfragecluster lassen sich viel besser mit Bildern oder Videos aufbereiten als mit geschriebenem Text.

Bei der Erstellung von textlichen Inhalten können Sie typische Fragen als Inspirationsquelle für Ihre Texte verwenden. Beispielsweise *Answerthepublic http://answerthepublic.com/ – http://seobuch.net/188* zeigt Ihnen Fragestellungen rund um ein Thema. Alternativ können Sie bei Google nach sogenannten »W-Fragen-Tools« suchen.

Bei der Formulierung von Texten können Sie auf Textanalysetools wie das von Wortliga (*http://wortliga.de/textanalyse/ – http://seobuch.net/221*) oder Schreiblabor (*http://www.schreiblabor.com/textanalyse/ – http://seobuch.net/730*) zurückgreifen, um die Formulierung Ihrer Texte zu optimieren.

Der Mythos Keyworddichte

Selbstverständlich hat das Auftreten der im Zusammenhang mit dem optimierten Seitenthema besonders häufig gesuchten Begriffe einen Einfluss auf die Relevanz Ihrer Seiten und damit auf das Ranking in der unbezahlten Suche. Aus diesem Grund sollten Sie versuchen, die wichtigsten Keywords im Text zu nennen und – im natürlichen Umfang – zu wiederholen.

Lange Zeit galt eine *Keyworddichte* (oder auch Keyword-Density) von 3 % als guter Indikator für eine solide textliche Optimierung. Innerhalb von 100 geschriebenen Wörtern sollte das Hauptsuchwort dreimal vorkommen. Von solchen starren Regeln nehmen Sie aus meiner Sicht besser Abstand. Ein sehr gut optimierter Text wiederholt nicht eisern wichtige Begriffe, sondern hilft Nutzern dabei, das Gesuchte zu finden, und zwar in der Sprache der Zielgruppe. Als Daumenregel gilt: Wenn ein Wort beim normalen Lesen wegen zu vieler Wiederholungen auffällt, dann ist der Text wahrscheinlich zu stark optimiert und sollte überarbeitet werden.

Termgewichtung mit WDF*IDF

Wenn Sie sich intensiv mit der textlichen Optimierung von Webseiten beschäftigen, werden Sie früher oder später über die Termgewichtung mittels *WDF*IDF* stolpern. Mit WDF*IDF-Analysen kann das (Haupt-)Thema eines Dokuments bestimmt werden. Dabei steht WDF für *Within Document Frequency*, also wie häufig ein Suchbegriff im analysierten Dokument vorkommt, und IDF steht für *Inverse Document Frequency*. IDF beschreibt das Verhältnis aller (bekannten) Dokumente zu den Dokumenten, die den gesuchten Suchbegriff (oder Term) enthalten.

Da WDF*IDF-Analysen den gesamten Textkorpus untersuchen und sich nicht nur auf einen einzelnen Begriff fokussieren, bekommt man einen guten Überblick darüber, welche Themen miteinander in Verbindung stehen.

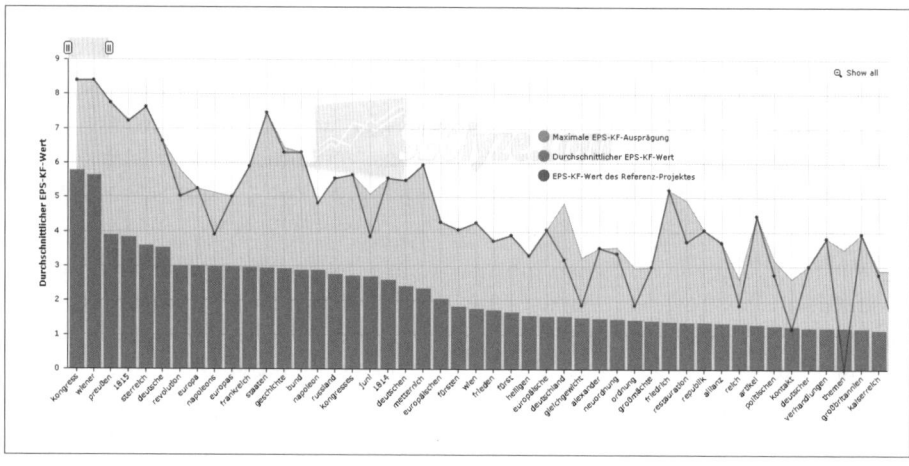

Abbildung 1-14:   In Texten zum »Wiener Kongress« scheinen unter anderem die Begriffe Preussen und Napoleon relevant zu sein. (Quelle: seolyze.com)

Eines darf man bei der Diskussion nicht vergessen: Es ist nicht klar, ob diese Termgewichtungsmöglichkeit von Suchmaschinen wie Google eingesetzt wird. Zudem ist unbekannt, inwieweit einzelne Begriffe bei der Berechnung berücksichtigt werden. So wäre es möglich, dass Suchmaschinen am Anfang eines Texts vorkommende Wörter oder solche, die durch HTML-Angaben anders ausgezeichnet sind, anders bewerten. Wie dem auch sei: WDF*IDF kann Textern helfen, bessere (und thematisch umfassendere) Texte zu erstellen.

Am Markt gibt es eine ganze Reihe von Tools, die WDF*IDF-Analysen anbieten. Dazu zählen allgemeine SEO-Tools wie Xovi (*www.xovi.de* – *http://seobuch.net/680*), Searchmetrics (*www.searchmetrics.de* – *http://seobuch.net/376*) oder Onpage.org (*https://de.onpage.org* – *http://seobuch.net/929*).

Google ändert sich kontinuierlich: Google-Updates im Überblick

Im deutschsprachigen Raum hat Google einen erdrückenden Marktanteil bei allgemeinen Websuchen. Das führt letztendlich dazu, dass viele Websites von dem durch Google vermittelten Nutzerstrom abhängig sind. Eine schlechte Auffindbarkeit über Googles Suche bedeutet, dass diese Webseiten für viele Internetnutzer quasi unsichtbar sind.

Der Algorithmus von Google wird wie der vieler anderer Suchmaschinen ebenfalls ständig überarbeitet und in Form von Updates aktualisiert. Neue Faktoren kommen hinzu, alte verlieren oder gewinnen an Gewicht oder entfallen. Google führt jedes Jahr unzählige Tests (mit kleinen oder größeren Testgruppen) der Suchergebnisse und ihrer Berechnung durch.

Von Zeit zu Zeit gibt es größere Aktualisierungen, die sogenannten Google-Updates, die zu deutlichen Verschiebungen in den Suchergebnissen führen. Viele dieser Anpassungen wurden von Google entwickelt, um eine bestimmte Herausforderung bei der Ergebnisqualität abzumildern oder zu beseitigen, beispielsweise exzessiver Linkaufbau.

Nachfolgend sind einige signifikante Anpassungen der letzten Jahre aufgelistet. Die angegebene Jahreszahl bezieht sich auf das Jahr, in dem das Update erstmalig von Google kommuniziert wurde. Die meisten Updates werden in unregelmäßigen Abständen aktualisiert oder sind heute Teil des Kernalgorithmus von Google geworden.

Der Unterschied zwischen einem Update und dem Kernalgorithmus besteht darin, dass sich Ranking-Veränderung durch ein Update immer so lange auf eine Website auswirken, bis das Update selbst aktualisiert wurde. Dafür sind meistens umfassende Neuberechnungen notwendig, die Google separat anstoßen muss. Die Zeiträume zwischen Aktualisierungen von Updates sind dabei unterschiedlich lang. Auch das Ausrollen eines Updates kann mehrere Wochen dauern.

Wird ein ehemaliges Update Teil des Kernalgorithmus, ist eine manuell angestoßene Aktualisierung nicht mehr notwendig, und eine Ranking-Verschlechterung entfällt, sobald der Grund für die Verschlechterung behoben wurde.

 **Tipp**   Der SEO-Toolanbieter Sistrix bietet kostenfrei eine schöne Übersicht von Google-Updates unter *https://www.sistrix.de/google-updates/* (*http://seobuch.net/212*) an.

Hier ist es auch möglich, für eine beliebige Domain abzufragen, ob sich deren SEO-Sichtbarkeit auf Grundlage der vom Tool kontrollierten Suchanfragen im Zeitraum eines Updates stark verändert hat.

Panda (2011)

Bei der Berechnung der inhaltlichen Relevanz war Google eine ganze Zeit lang stark darauf fixiert, dass ein Dokument möglichst genau zur eingegebenen Suchanfrage passt. So kam es, dass Websites für jede Suchwortvariante eine eigene Seite anlegten, in der es um genau dieses eine Keyword ging.

Die Folge: Es gab auf Websites Dokumente zu »Schuhe«, »Schuhe online«, »online Schuh«, »Schuhe online kaufen« und so weiter. Das Problem an diesen Dokumenten war deren starke thematische Überschneidung beziehungsweise Redundanz, häufig kombiniert mit einer eher mäßigen inhaltlichen Qualität.

Die Kombination aus diesen exakt auf eine einzelne Suchanfrage optimierten Dokumenten und einem starken externen Linkprofil hatte dazu geführt, dass inhaltlich bessere Dokumente kaum eine Chance auf eine gute Platzierung hatten. Mit dem Panda-Update hat Google dieses Problem zu lösen versucht – und es an vielen Stellen auch geschafft.

Panda ist laut Aussage von Google seit Anfang 2016 kein Update mehr, sondern ein fester Bestandteil des Algorithmus (siehe *http://seo.at/qualitaetsfilter-panda-nun-fester-bestandteil-des-core-algorithmus/* – *http://seobuch.net/108*).

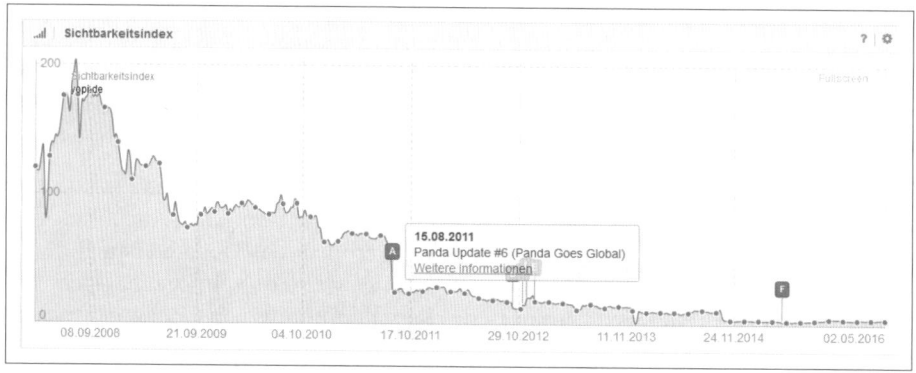

Abbildung 1-15:   Die Testbericht- und Preisvergleichsseite yopi.de verlor beim Launch des Panda-Updates in Deutschland deutlich an Sichtbarkeit. (Quelle: sistrix.de)

Penguin (2012)

Verlinkungen von externen Seiten waren und sind einer der (vermutlich) wichtigsten Ranking-Faktoren. Lange Zeit galt: »Je mehr Links ich habe, und seien sie völlig ohne eine inhaltliche Verbindung zur Zielseite, desto besser.« Suchmaschinenoptimierer waren auf der verzweifelten Suche nach jeder erdenklichen Linkquelle, um Google mehr Popularitätssignale an die Hand zu geben.

Es entstanden viele Seiten, die zwar von Nutzern selten bis nie besucht wurden, dafür aber von Suchmaschinen. Es ging nur darum, mehr Verlinkungen zu erhalten: ob über wahllos mit Inhalten befüllte Artikelverzeichnisse, missbräuchlich genutzte Social-Bookmark-Dienste, die Veröffentlichung irrelevanter Kommentare in thematisch nicht passenden Blogs oder den Linkkauf im großen Stil. Jedes Mittel war recht.

Neben der Veröffentlichung von Links auf jeder erdenklichen Website war eine der am häufigsten genutzten Taktiken die Verwendung von optimierten Ankertexten. Als Ankertext oder Linktext werden die Wörter bezeichnet, nach deren Anklicken eine neue Seite geöffnet wird. Suchmaschinen werten den Ankertext aus, um einen (zusätzlichen) Hinweis auf das Thema der verlinkten Webseite zu erhalten.

Hat man eine Webseite zum Thema Kleider in der Vergangenheit mehrfach mit *Kleid* oder *Kleider* als Ankertext von externen Websites verlinkt, wirkte sich dies auf das Ranking für eben genau diese Suchanfragen positiv aus.

Allerdings ist es sehr ungewöhnlich, wenn unterschiedliche Personen exakt die gleichen Begriffe verwenden, um den Inhalt einer anderen Seite zu beschreiben. Durch den hohen Einfluss des Ankertexts auf das Ranking einer Webseite entstanden viele von Webmastern selbst gesetzte oder gekaufte Verlinkungen, die Suchmaschinen signalisieren sollten, welche Suchanfragen besonders gut zum verlinkten Inhalt passen.

Obwohl ein solches Vorgehen gegen die Webmaster-Richtlinien verstieß (diese stelle ich Ihnen auf den folgenden Seiten vor), war Google vor dem Penguin-Update nur bedingt in der Lage, diese Verstöße im großen Stil zu identifizieren und zu sanktionieren.

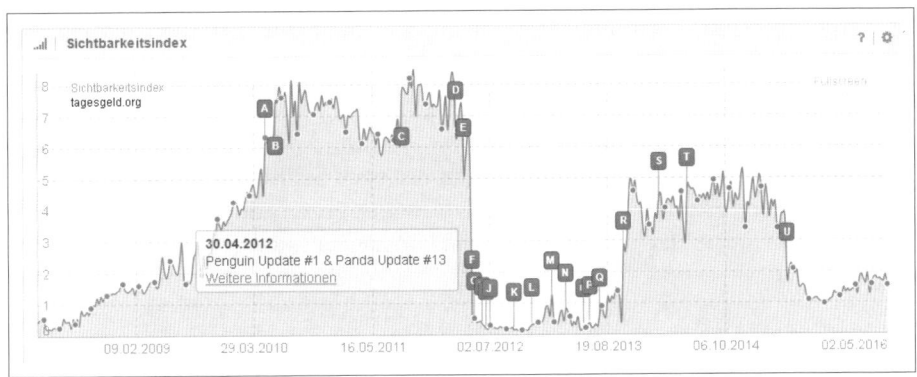

Abbildung 1-16: Die Domain tagesgeld.org hat laut Sistrix-Daten zum Zeitpunkt des Pinguin-Updates deutliche Ranking-Verluste erlitten.

Mit dem Penguin-Update wollte Google echte (oder auch: freiwillig gesetzte) von manipulierten Empfehlungen beziehungsweise Verlinkungen unterscheiden und

Websites, die bisher ungestraft gegen die Richtlinien für Webmaster verstießen, aus den Top-Positionen der organischen Suche verbannen. Das ist Google in vielen Fällen sehr gut gelungen.

Im September 2016 hat Google das Penguin-Update nach langer Zeit überarbeitet und als Komponente in den Algorithmus integriert (siehe *https://webmaster-de.googleblog.com/2016/09/penguin-teil-unseres-kernalgorithmus.html* – *http://seobuch.net/377*).

Hummingbird (2013)

Haben Sie schon mal an der Bushaltestelle gestanden und Google mit der Frage »Wann kommt der Bus?« konfrontiert? Während ein ebenfalls auf den Bus wartender Mensch diese Frage beantworten könnte, war eine solche Suchanfrage für Google eine große Herausforderung, denn der Kontext der Suche konnte nicht in der notwendigen Tiefe mit einbezogen werden. Wo ist die Person gerade? Wo möchte sie (wahrscheinlich) hin?

Mit Hummingbird versucht Google, natürliche Sprache besser zu verstehen und relevantere Ergebnisse zu per Spracheingabe abgegebenen Suchanfragen auszugeben. Wenn man davon ausgeht, dass zukünftig vermehrt Suchanfragen per Mikrofon statt per Tastatur eingegeben werden, ist dies ein kluger und auch notwendiger Schritt.

Auch mit Folgefragen kann Google nun besser umgehen. Wer zum Beispiel nach dem Namen einer (bekannten) Person sucht und anschließend die Suchanfrage »Wie alt ist er?« hinterherschickt, wird vermutlich das Alter der gesuchten Person meinen.

Rankbrain (2015)

Natürliche Sprache besser interpretieren zu können, ist ein zentrales Anliegen von Google. Suchanfragen können schon seit Längerem über Mikrofone eingesprochen werden; durch digitale Assistenten auf mobilen Geräten wird dieser Trend noch verstärkt.

Das Hummingbird-Update war hier bereits der erste Schritt. Doch mit Rankbrain verkündete Google im Oktober 2015, noch weiter zu gehen und mithilfe von maschinellem Lernen (engl. Machine Learning) und künstlicher Intelligenz die Suchalgorithmen weiter zu verbessern.

Google-Richtlinien: die Spielregeln für Webmaster

Während Google grundsätzlich nichts gegen Suchmaschinenoptimierung einzuwenden hat, sieht die Haltung des Konzerns gegenüber der Suchmaschinenmanipulation natürlich ganz anders aus.

Haben Suchmaschinen etwas gegen Suchmaschinenoptimierung?

Suchmaschinenoptimierung hat nicht immer den besten Ruf. So wird im Zusammenhang mit SEO-Maßnahmen häufig davon gesprochen, dass es sich mehr um Manipulation denn um Optimierung handele. Schließlich versuche man durch gezielte Maßnahmen, Suchmaschinen dahin gehend zu beeinflussen, die eigenen Inhalte besser zu bewerten.

Aus diesem Grund ist es interessant, etwas über die Sicht von Suchmaschinen auf das Thema zu erfahren. In der Google-Webmaster-Hilfe gibt es zu diesem Thema den Beitrag »Benötigen Sie einen SEO?« (*https://support.google.com/webmasters/answer/35291?hl=de* – *http://seobuch.net/708*).

Dort steht unter anderem:

»Wenn Sie sich dafür entschieden haben, die Dienste eines SEOs in Anspruch zu nehmen, gilt: Je früher, desto besser. Die Inanspruchnahme eines SEOs eignet sich besonders, wenn Sie gerade die Umgestaltung Ihrer Website oder die Erstellung einer neuen Website planen. So können Sie gemeinsam mit dem SEO sicherstellen, dass Ihre Website von Grund auf suchmaschinenfreundlich gestaltet ist. Ein guter SEO kann aber auch dazu beitragen, eine bestehende Website zu verbessern.«

Aber auch:

»Zwar können SEOs durchaus wertvolle Leistungen erbringen, es gibt jedoch einige schwarze Schafe, die der Branche durch übermäßig aggressive Marketingstrategien und unfaire Manipulation von Suchmaschinenergebnissen schaden.«

Findet die Optimierung in Einklang mit den Suchmaschinenrichtlinien statt, sind SEO-Aktivitäten gern gesehen. Denn durch die Optimierung werden Suchmaschinen unterstützt, relevante Dokumente zu finden und Nutzern bessere Suchergebnisse zu liefern.

Google listet unter der Adresse *https://support.google.com/webmasters/answer/35769?hl=de* (*http://seobuch.net/071*) folgende Grundprinzipien für eine richtlinienkonforme Suchmaschinenoptimierung auf:

- Erstellen Sie Seiten in erster Linie für Nutzer, nicht für Suchmaschinen.
- Täuschen Sie die Nutzer nicht.
- Vermeiden Sie Tricks, die das Suchmaschinen-Ranking verbessern sollen. Ein guter Anhaltspunkt ist, ob es Ihnen angenehm wäre, Ihre Vorgehensweise einem konkurrierenden Website-Betreiber oder einem Google-Mitarbeiter zu erläutern. Ein weiterer hilfreicher Test besteht darin, sich folgende Fragen zu stellen: »Ist dies für meine Nutzer von Vorteil? Würde ich das auch tun, wenn es keine Suchmaschinen gäbe?«
- Überlegen Sie, was Ihre Website einzigartig, wertvoll oder einnehmend macht. Gestalten Sie Ihre Website so, dass sie sich von anderen in ihrem Bereich abhebt.

Doch Google beschreibt nicht nur, worauf Sie sich bei der Suchmaschinenoptimierung konzentrieren müssen, sondern natürlich auch, welche Maßnahmen Sie ergreifen sollten. Diese Informationen finden Sie ebenfalls unter der Adresse *https://support.google.com/webmasters/answer/35769?hl=de* (*http://seobuch.net/071*). Als Verstöße gegen die Webmaster-Richtlinien listet Google folgende Vorgehensweisen auf:

- **Automatisch generierte Inhalte**

  Hierbei geht es vor allem um wahllos aneinandergereihte Wörter, die für Nutzer keinen Mehrwert bieten. Mehr Informationen zu diesem Punkt sind unter *https://support.google.com/webmasters/answer/2721306?hl=de* (*http://seobuch.net/719*) zu finden.

- **Teilnahme an Linktauschprogrammen**

  Eingehende Verlinkungen sind weiterhin ein wichtiger Ranking-Faktor. Nach Googles Auffassung stellt eine Verlinkung eine freiwillige Empfehlung eines Inhalts dar. Zwar spricht Google in diesem Teil der Richtlinien nur von »Linktausch«, doch auch Linkkauf, also die Vergütung des Webmasters für die Platzierung eines Links, wird natürlich als Verstoß gewertet.

  Eine Auflistung der nicht erlaubten Linkaufbaumaßnahmen ist unter *https://support.google.com/webmasters/answer/66356?hl=de* (*http://seobuch.net/804*) nachzulesen.

- **Erstellen von Seiten ohne oder mit nur wenigen eigenen Inhalten**

  Hier gibt es durchaus Überschneidungen mit dem ersten Punkt »Automatisch generierte Inhalte«. Als Webmaster sollten Sie es vermeiden, Inhalte mit geringem oder keinem Mehrwert auf der eigenen Website zu haben. Die x-te Kopie eines Artikels aus Wikipedia beeindruckt Google nicht.

  Weitere Informationen können Sie unter *https://support.google.com/webmasters/answer/66361?hl=de* (*http://seobuch.net/276*) nachlesen.

- **Cloaking**

  Mit Cloaking (engl. to cloak: verschleiern, verhüllen) wird eine Technik bezeichnet, die Suchmaschinen andere Website-Inhalte anzeigt als Nutzern, obwohl diese auf exakt dieselbe Adresse und somit dieselben Inhalte zugreifen. Statt Google einen Text über Katzen zu zeigen und echten Besuchern Inhalte über Hunde, sollte besser beiden derselbe Inhalt gezeigt werden. Alles andere verstößt gegen die Webmaster-Richtlinien.

  Weitere Informationen gibt es unter *https://support.google.com/webmasters/answer/66355?hl=de* (*http://seobuch.net/947*).

- **Irreführende Weiterleitungen**

  Dieser Verstoß geht regelmäßig mit Cloaking-Techniken einher. Auch hier wird Crawlern und Nutzern unterschiedlicher Seiteninhalt zurückgeliefert. Ein Beispiel: Während Suchmaschinen beim Aufruf eines Dokuments den Inhalt bekommen, wird ein Nutzer beim Aufruf derselben Adresse auf eine komplett andere Webseite mit anderen Inhalten geleitet.

Unter *https://support.google.com/webmasters/answer/2721217?hl=de* (*http://seobuch.net/779*) sind weitere Informationen zu diesem Verstoß gegen die Webmaster-Richtlinien zu finden.

- **Verborgener Text/verborgene Links**

  Eine ehemals beliebte »Spam-Taktik« war es, weißen Text auf weißem Hintergrund zu platzieren. Dieser war für Menschen quasi unsichtbar, wurde aber von Suchmaschinen ganz normal im Seitenquelltext gefunden und ausgewertet. Auch andere Spielereien wie kleine Schriftgrößen oder das Überdecken des Texts beispielsweise mit einem Bild zählten hierzu.

  Weitere Details finden Sie unter *https://support.google.com/webmasters/answer/66353?hl=de* (*http://seobuch.net/452*).

- **Brückenseiten**

  In der englischen Version des Google-Hilfeartikels werden Brückenseiten als »Doorway-Pages« bezeichnet. Ähnlich wie beim Cloaking und den irreführenden Weiterleitungen bekommen Suchmaschinen und Nutzer unterschiedliche Inhalte auf diesen Brückenseiten zu sehen. Häufig wird dabei Suchmaschinen ein Inhalt angezeigt, der auf ein bestimmtes Suchwort optimiert wurde, während ein Nutzer bei Aufruf der Adresse direkt zu einem anderen Angebot geleitet wird.

  Weitere Informationen finden Sie hier: *https://support.google.com/webmasters/answer/2721311?hl=de* (*http://seobuch.net/663*).

- **Kopierte Inhalte**

  Bereits in der Schule wurde das Abschreiben nicht gern gesehen. Aus Sicht einer Suchmaschine bringen kopierte Inhalte keinen Mehrwert, da sie in exakt gleicher oder nur geringfügig veränderter Form auf verschiedenen Websites zur Verfügung stehen. Wenn ein Webauftritt zu großen Teilen nur kopierte Texte oder Textausschnitte anbietet, kann ein Verstoß gegen diese Richtlinie vorliegen.

  Weitere Informationen bietet der Hilfeartikel unter *https://support.google.com/webmasters/answer/2721312?hl=de* (*http://seobuch.net/265*).

- **Teilnahme an Affiliate-Programmen ohne ausreichenden Mehrwert**

  Beim Affiliate-Marketing wird ein Webmaster für seine Werbeleistung, beispielsweise in Form von Banner- oder Textlinks, vergütet, wenn eine Transaktion wie ein Kauf innerhalb eines definierten Zeitraums nach Klick auf ein Werbemittel stattgefunden hat.

  Wer Website-Inhalte nur aus bereits anderswo verfügbaren Informationen aufbaut, bietet aus Sicht einer Suchmaschine nicht den notwendigen Mehrwert, der zu einem guten Ranking führt.

  Selbstverständlich ist es kein Problem, an Affiliate-Programmen teilzunehmen. Nur sollte die Website insgesamt, beispielsweise durch selbst verfasste fundierte Artikel, einen Mehrwert für Nutzer bereithalten.

Informationen zu diesem Richtlinienverstoß sind unter *https://support.google.com/webmasters/answer/76465?hl=de* (*http://seobuch.net/322*) nachlesbar.

- **Laden von Seiten mit irrelevanten Keywords**

  In der Vergangenheit wurden viele Texte im Web veröffentlicht, die keinerlei Mehrwert für einen Nutzer boten und Keywords einfach wahllos im Text wiederholten.

  Google bietet dazu ein gutes Beispiel im Hilfeartikel unter *https://support.google.com/webmasters/answer/66358?hl=de* (*http://seobuch.net/901*): »Wir verkaufen individuelle Humidore für Zigarren. Unsere individuellen Humidore für Zigarren sind handgemacht. Wenn Sie einen individuellen Humidor für Zigarren kaufen möchten, wenden Sie sich an unsere Spezialisten für individuelle Humidore für Zigarren unter individuelle.humidore.zigarren@example.com.«

- **Erstellen von Seiten mit schädlichen Funktionen, durch die beispielsweise Phishing-Versuche unternommen oder Viren, Trojaner oder andere Badware installiert werden**

  Mittels Phishing wird versucht, in den Besitz persönlicher Daten eines Nutzers zu gelangen. Aber auch Viren und andere Schadsoftware werden regelmäßig über das Web verbreitet. Google möchte vermeiden, dass Nutzer über die Google-Suche auf Websites gelangen, die einen Nutzer oder sein Endgerät (be-)schädigen.

  Mehr Informationen sind unter *https://support.google.com/webmasters/answer/2721313?hl=de* (*http://seobuch.net/897*) zu finden.

- **Missbrauch von Rich-Snippet-Markup**

  Wenn zusätzlich zu den normalerweise in Suchergebnissen angezeigten Informationen beispielsweise Bewertungen, Preise oder Eventdaten erscheinen, spricht man von *Rich Snippets*. Diese basieren auf strukturierten Datenauszeichnungen (mehr dazu im Abschnitt »Durch strukturierte Daten die Semantik verbessern« auf Seite 52 ff.), entweder über Auszeichnungsschemata wie *schema.org* im Seitenquelltext oder über den in Google Search Console enthaltenen *Data Highlighter*.

  Customer Ratings and Reviews Pro + Google Rich Snippets
  addons.prestashop.com › ... › Traffic & Sichtbarkeit › SEO (Suchmaschinenranking) ▼
  ★★★★ Bewertung: 4,5 - 152 Rezensionen
  Conversion rate increase guaranteed: The most complete and powerful customer rating & review system, plus Google **Rich Snippets** functionality.

  Abbildung 1-17: Die auf der Seite vorhandenen Bewertungen wurden für Suchmaschinen strukturiert ausgezeichnet.

  Durch die auffällige Darstellung von Rich Snippets lassen sich mitunter spürbare Verbesserungen bei den Klickraten erzielen. Aus diesem Grund versuchen manche Websites, die strukturierten Datenauszeichnungen, die zu Rich Snippets führen, zu »erschummeln«.

  Häufig werden zum Beispiel Bewertungen ausgezeichnet, die gar nicht mit dem Inhalt der Seite in Zusammenhang stehen. Regelmäßig zeichnen Onlineshops auf jeder Seite die Bewertungen des Shops insgesamt aus, obwohl sich Bewertungen auf einen bestimmten Inhalt, z. B. ein einzelnes Produkt, beziehen sollten.

Zum Thema Rich-Snippet-Spam gibt es leider nur einen englischen Hilfeartikel. Dieser ist unter *https://developers.google.com/structured-data/policies* (*http://seobuch.net/114*) zu finden.

- **Senden von automatisierten Anfragen an Google**

  Die Verarbeitung von Suchanfragen bindet bei Google wertvolle Ressourcen. Diese sollen nicht dafür verschwendet werden, dass Webmaster automatisiert Informationen wie die Position der eigenen Website für ein Keyword abfragen.

  Informationen zu dieser Richtlinie sind unter *https://support.google.com/webmasters/answer/66357?hl=de* (*http://seobuch.net/950*) zusammengefasst.

Die Folgen von Verstößen gegen Google-Richtlinien verstehen

Google begegnet Verstößen gegen die Richtlinien sowohl individuell beziehungsweise manuell als auch algorithmisch. In die Bewertungskriterien der Suchmaschine sind Logiken eingebaut, die den sogenannten »Spam« automatisch herausfiltern und eine Platzierung auf den vorderen Plätzen verhindern sollen. Zusätzlich kümmert sich das Google-Webspam-Team um Auffälligkeiten, die algorithmisch (noch) nicht identifiziert oder herabgestuft werden können. Dazu wird unter anderem auf das Feedback von Nutzern über die sogenannten *Spam Reports* zurückgegriffen.

Wenn Sie der Ansicht sind, dass eine Webseite gegen die Webmaster-Richtlinien verstößt, kann dieser Verstoß über ein Formular direkt an Google gemeldet werden. Das Formular finden Sie unter *https://www.google.com/webmasters/tools/spamreport* (*http://seobuch.net/023*).

Doch was sind die Folgen, wenn Google algorithmisch oder manuell gegen eine Website vorgeht? Die Bandbreite reicht von kleineren Ranking-Verlusten für einzelne Seiten oder die ganze Website bis hin zur vollständigen Entfernung eines Webauftritts aus dem Suchmaschinenindex. Je nach Schwere der Verfehlung führt ein bestrafter Verstoß zu einem kurz- oder längerfristig schlechteren Abschneiden in der Google-Suche.

Im Fall einer verhängten manuellen Maßnahme gegen eine Website versendet Google über die Search Console eine Benachrichtigung. In diesem Fall besteht die Möglichkeit, einen »Antrag auf Wiederaufnahme«, einen sogenannten *Reconsideration Request*, zu stellen. Mehr zum Thema manuelle Maßnahmen und Reconsideration Requests finden Sie in Kapitel 4 unter »Manuelle Maßnahmen«.

Ein interessanter Einblick in Googles Spam-Klassifizierung ist unter *http://www.google.com/insidesearch/howsearchworks/fighting-spam.html* (*http://seobuch.net/032*) zu finden. Dort zeigt Google Seiten an, die den Google-Ansprüchen nicht entsprechen und deshalb entfernt wurden.

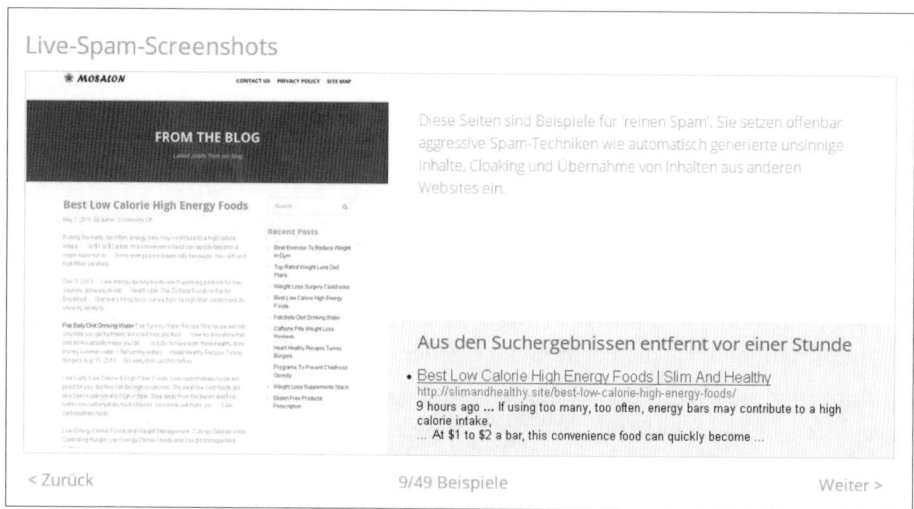

Abbildung 1-18: Ein Beispiel für eine von Google als Spam eingestufte Webseite

Tipp Unter der Überschrift »How we fought webspam in 2015« (auf Deutsch: Wie wir Webspam im Jahr 2015 bekämpft haben) hat Google einen Artikel veröffentlicht, der Einblick in den Kampf gegen Spam bietet. So hat Google im Jahr 2015 insgesamt 4,3 Millionen (manuelle) Maßnahmen gegen Websites verhängt. Den Artikel finden Sie unter *https://webmasters.googleblog.com/2016/05/how-we-fought-webspam-in-2015.html* (*http://seobuch.net/714*).

Google Quality Rater Guidelines: Verstehen, worauf Google wert legt

Suchmaschinen liegt viel daran, dass Nutzer regelmäßig auf ihr kostenfreies Angebot zurückgreifen. Denn je höher ihre Reichweite ist, desto attraktiver wird es für Werbekunden, im Umfeld des Angebots zu werben.

Google ist deshalb bemüht, stets eine hohe Qualität bei den Suchergebnissen zu gewährleisten. Bei deren Bewertung verlässt sich Google nicht nur auf eine maschinelle Einschätzung, sondern setzt sogenannte »Quality Rater« ein (Quality Rater könnte man übersetzen mit Qualitätskontrolleur). Deren Aufgabe ist es, die Qualität ausgewählter Suchergebnisse anhand eines (Fragen-)Katalogs zu analysieren.

Ein schlechtes Feedback der Quality Rater fließt in zukünftige Verbesserungen der Suchergebnisse ein, sowohl durch Anpassung des Algorithmus als auch durch manuelle Eingriffe in Form von manuellen Maßnahmen gegen einzelne Websites. Diese manuellen Maßnahmen können – wenn vorliegend – für die eigene Website in der Google Search Console eingesehen werden.

Google gibt seinen Quality Ratern ein Dokument an die Hand, anhand dessen die Qualität von Webseiten und Suchergebnissen bewertet wird. Lange Zeit waren diese englischsprachigen Dokumente nicht frei erhältlich, nachdem sie aber immer wieder auf inoffiziellen Wegen in die SEO-Szene gelangten, machte Google im November 2015 die Quality Rater Guidelines öffentlich (siehe die Ankündigung im Google-Blog unter *https://webmasters.googleblog.com/2015/11/updating-our-search-quality-rating.html* – *http://seobuch.net/938*).

Aus Sicht von Suchmaschinenoptimierern ist ein Blick in dieses Dokument natürlich ausgesprochen interessant. Aufschlussreich sind beispielsweise die Angaben zu den Qualitätsmaßstäben und zu einer guten Aufbereitung von Inhalten für mobile Geräte.

Das Dokument steht unter *https://static.googleusercontent.com/media/www.google.com/de//insidesearch/howsearchworks/assets/searchqualityevaluatorguidelines.pdf* (*http://seobuch.net/237*) in der aktuellen Version zum Download zur Verfügung.

Durch Onpage-Optimierung die Relevanz der eigenen Inhalte verbessern

Suchmaschinenoptimierung beginnt immer mit der Erstellung und Veröffentlichung von Webadressen, den sogenannten URLs. URL ist das Akronym für *Uniform Resource Locator*, auf Deutsch mit »einheitlicher Quellenanzeiger« zu übersetzen. Ranking-relevante Signale, beispielsweise die auf der Seite vorkommenden Wörter oder eingehende und ausgehende Verweise, beziehen sich bei der Suchmaschinenoptimierung immer auf Webadressen. Die zentrale Frage ist hierbei, ob sich die Signale auf das Dokument selbst oder von diesem ausgehend auf andere Dokumente beziehen.

Bei den sogenannten Onpage- oder Onsite-Faktoren geht es den Suchmaschinen vor allem darum, das Thema einer Seite herauszufinden und die Relevanz des Dokuments zu Suchanfragen zu bestimmen. Die Signale, die sich auf andere Dokumente beziehen, werden als Offpage- oder Offsite-Faktoren bezeichnet. Dabei geht es also um Verweise zwischen verschiedenen Webseiten, und zwar entweder innerhalb desselben Webauftritts (»interne Links«) oder zwischen verschiedenen Websites (»externe Links«). Mit der Offpage-Optimierung werden wir uns in einem separaten Abschnitt in diesem Kapitel beschäftigen (»Offpage-Optimierung: durch relevante Verweise mehr Besuche erzielen«).

Suchmaschinen analysieren folglich mit ihren Crawlern Webadressen und dabei vor allem HTML-Dokumente. Sie versuchen zum einen, das Thema einer Webseite zu bestimmen, und zum anderen, herauszufinden, in welcher Beziehung Dokumente über Verweise zueinander stehen.

Da Relevanz über die Onsite-Optimierung direkt vom Webmaster beeinflusst wird, sind solche Signale zwar sehr wertvoll, aber auch einfach(er) zu verbessern beziehungsweise zu optimieren. Folglich sind Onsite-Signale wesentlich weniger belastbar als die aus der Offsite-Analyse verfügbaren Daten. Es sind deshalb insbesondere die externen Signale, die das Ranking von Dokumenten maßgeblich beeinflussen.

Wenn Sie es verpassen, für Nutzer und Suchmaschinen gleichermaßen relevante Dokumente zu erstellen, wird es sehr unwahrscheinlich, ein gutes Ranking in der unbezahlten Websuche zu erreichen. Ihnen fehlt es einfach an Relevanz. Es ist also unerlässlich, dass Sie sich auch im Rahmen einer Keyword-Recherche darüber Gedanken darüber machen, welche Themen Ihre Zielgruppe interessieren und welche Themen Sie deshalb auf der eigenen Website anbieten möchten. Worum es auf einer Webseite geht, sollte Nutzern innerhalb weniger Sekunden klar sein, denn Konkurrenzangebote sind im Web nicht weit entfernt.

Wie bereits gesagt: Durch die Analyse des HTML-Quelltexts einer Seite versuchen Suchmaschinen, das Thema der Seite zu bestimmen.

Tipp   Der Quelltext eines Dokuments lässt sich in vielen Browsern durch einen Rechtsklick und die Auswahl eines Befehls wie *Quelltext anzeigen* darstellen. Auf Windows-Geräten ist die Anzeige des Quelltexts alternativ über die Tastenkombination ⌈Strg⌉+⌈U⌉ (beziehungsweise ⌈⌘⌉+⌈alt⌉+⌈U⌉ auf Apple-Geräten) in den meisten Browsern möglich.

Mit durchdachtem URL-Aufbau Duplikate vermeiden

Da sich Ranking-Signale immer auf eine einzelne Webadresse beziehen, sollten Sie sich bereits und gerade auch bei der Erstellung von Webadressen darüber Gedanken machen, wie Sie diese aufbauen. Denken Sie daran, dass Adressen in der Google-Suche dargestellt und die URLs regelmäßig geteilt werden. Vielfach ist beim Teilen von Inhalten die URL die einzige Informationsquelle, die ein Nutzer vor dem Seitenaufruf sieht. Je mehr die URL also über den Inhalt aussagt, desto besser.

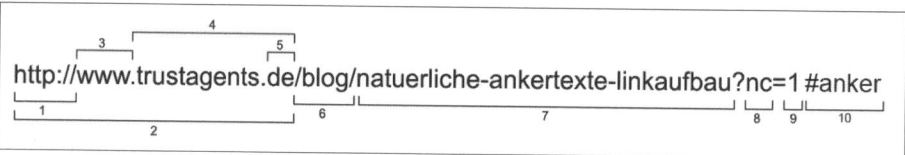

Abbildung 1-19:   Aufbau und Bezeichnung einzelner Teile einer URL

Die Bestandteile sind:

1. Protokoll: *http*
2. Hostname: *http://www.trustagents.de*
3. Subdomain: *www*
4. Domainname: *trustagents.de*
5. Top-Level-Domain (TLD): *.de*
6. Verzeichnis: *blog*
7. Dateiname: *natuerliche-ankertexte-linkaufbau*
8. Parameter: *nc*

9. Parameterwert: *1*

10. Anker: *#*

Zwar ist es aus Sicht einer Suchmaschine nicht erforderlich, dass die Adresse einen Rückschluss auf den Seiteninhalt zulässt, doch aus Nutzersicht ist dies allemal hilfreich. Eine sprechende URL wie *https://www.trustagents.de/blog/die-besten-seo-browserplugins (http://seobuch.net/140)* lässt im Gegensatz zur Adresse *https://www.trustagents.de/?p=2231* bereits vor dem Besuch der Webseite auf den Inhalt schließen. Es ist wichtig, zu wissen, dass jede geringfügig andere URL-Schreibweise für Suchmaschinen unterschiedliche Dokumente repräsentiert. Suchmaschinen unterscheiden beispielsweise zwischen Groß- und Kleinschreibung. Die Adresse */meine-unterseite* ist für Suchmaschinen eine völlig andere als */Meine-Unterseite*.

Unterschiede ergeben sich für Suchmaschinen auch dann, wenn ein Webdokument mit einem abschließenden Slash endet oder eben nicht. Folglich stellen */meine-unterseite* und */meine-unterseite/* unterschiedliche Webseiten dar.

Hinderlich für Ihren SEO-Erfolg ist es, wenn dieselben Inhalte auf Ihrer Website über verschiedene URL-Schreibweisen erreicht und indexiert werden. Dieses Problem wird mit »Duplicate Content« beschrieben.

Da Suchmaschinen auf diese URLs durch irgendwo im Web gesetzte Verweise stoßen, führt das dazu, dass sich (Link-)Signale auf verschiedene Adressen verteilen. Dazu kommt, dass diese Adressen ohne technische Konsolidierung über das sogenannte Canonical Tag oder einen Indexierungsausschluss über Robots-Angaben untereinander konkurrieren (siehe Seiten 44–45). Suchmaschinen wissen also nicht, zu welcher Adresse ein Inhalt tatsächlich gehört. Doch nicht nur innerhalb der eigenen Website führt das zu einem Problem: Die Verteilung der Linksignale schwächt die Wettbewerbsfähigkeit Ihrer Inhalte und führt womöglich zu einem schlechteren Ranking.

Ein Beispiel verdeutlicht das Problem. Angenommen, die beiden eigenen Adressen */unterseite* und */Unterseite* zeigen denselben Inhalt an und konkurrieren mit der Adresse */wettbewerber* eines anderen Webauftritts im Ranking.

Tabelle 1-1: Die beiden Adressen /unterseite und /Unterseite in Konkurrenz mit der Adresse /wettbewerber im Ranking um ein Thema

Adresse	Eingehende interne Links	Eingehende externe Links	Links insgesamt
/unterseite	15	2	17
/Unterseite	7	1	8
/wettbewerber	18	2	20

Dieses Beispiel ist stark vereinfacht, da zu Illustrationszwecken davon ausgegangen wird, dass diese Links allesamt gleichgewichtet sind.

Wenn wir davon ausgehen, dass die Gesamtanzahl an Verweisen ein entscheidendes Ranking-Kriterium ist, führt die Verteilung der Linksignale der eigenen Webseiten auf verschiedene URLs dazu, dass diese im Ranking nach der Konkurrenzwebseite gefunden wird.

Wird dieser Umstand allerdings beseitigt, beispielsweise durch das Canonical Tag oder die Einrichtung einer Weiterleitung, werden die Signale auf einer Adresse zusammengefasst, und die Ranking-Berechnung ändert sich entsprechend.

Tabelle 1-2: Eine Kombination der Signale zur Verbesserung des Rankings

Adresse	Eingehende interne Links	Eingehende externe Links	Links insgesamt
/unterseite	15	2	17
/Unterseite	7	1	8
Kombiniert in einer Variante	22	3	25
/wettbewerber	18	2	20

Achten Sie bei der Erstellung von Webadressen deshalb auf Folgendes:

- Entscheiden Sie sich für eine Schreibweise und verwenden Sie diese konsequent. Das gilt natürlich auch für die Verlinkung von Adressen innerhalb des Webauftritts.
- Stellen Sie sicher, dass Zugriffe auf »falsche« Schreibweisen weitergeleitet werden oder dass das Canonical Tag zum Einsatz kommt. Alternativ sollte der Server den HTTP-Statuscode 404 ausgeben.
- Die Verwendung von inhaltsbeschreibenden URLs ist optional, aber definitiv empfehlenswert. Behalten Sie im Hinterkopf, dass im Internet regelmäßig vollständige Adressen verlinkt werden – in diesem Fall ist die Adresse selbst der Ankertext.
- Ersetzen Sie Sonderzeichen und Umlaute durch passende Zeichen (beziehungsweise Zeichenkombinationen), beispielsweise ü durch ue oder ß durch ss.
- Nutzen Sie Trennzeichen, um die Lesbarkeit von URLs zu verbessern. Ideal ist die Verwendung des Bindestrichs (-), aber auch andere Trennzeichen wie der Unterstrich (_) sind möglich.
- Sortieren Sie URL-Bestandteile immer in der gleichen Reihenfolge. Egal auf welchem Klickpfad ein Nutzer einen Inhalt erreicht: Die aufgerufene Adresse sollte exakt dieselbe sein. Ein Beispiel: Zwei Nutzer, die sich schwarze Schuhe einer bestimmten Marke anzeigen lassen wollen, sollten stets dieselbe Adresse erreichen – und zwar unabhängig davon, ob sie zuerst die Farbe oder zuerst die Marke auswählen.
- Den gleichen Aufbau zu verwenden, ist besonders bei URL-Parametern notwendig. Denn ansonsten erzeugen Sie abhängig von der Klickreihenfolge Adressen wie *schuhe?farbe=schwarz&marke=123* beziehungsweise *schuhe?marke=123&farbe=schwarz*. Sie laufen dadurch Gefahr, eine immense Anzahl an URL-Varianten zu erzeugen, die denselben oder sehr ähnliche Inhalte anzeigen.

- Vermeiden Sie das exzessive Einfügen von Suchwörtern in URLs. Adressen wie *rote-kleider-rotes-kleid-kleider-rot* wirken weder auf Nutzer noch auf Suchmaschinen vertrauenswürdig.
- Achten Sie bei der URL-Länge darauf, dass Adressen nicht unnötig lang werden. Technisch gesehen sind URLs mit 2.000 Zeichen kein Problem, aber natürlich nicht empfehlenswert. URL-Längen von bis zu 100 Zeichen sind ein guter Richtwert.

Duplicate Content identifizieren und dieses Relevanzproblem korrigieren

Beim Aufspüren von Duplicate Content kann Ihnen unter anderem der Bericht »HTML-Verbesserung« der Google Search Console helfen. Dieser listet Ihnen Adressen auf, die den gleichen Seitentitel oder die gleiche Meta Description haben.

Duplicate Content liegt allein durch einen identischen und mehrfach verwendeten Titel nicht vor. So kann es sein, dass nur der Seitentitel identisch ist, nicht aber der eigentliche Seiteninhalt. Da jede Adresse ein eigenes Thema behandelt (oder behandeln sollte), ist ein einzigartiger und inhaltsbeschreibender Text für jede Adresse Pflicht.

Doppelte Seitentitel können Sie nicht nur mit der Search Console, sondern auch durch einen Crawl Ihrer Website oder durch einen Blick in Ihre Webanalysesoftware identifizieren. So lassen sich beispielsweise in Google Analytics die Daten anhand der primären Dimension *Seitentitel* anzeigen. Das ist beispielsweise unter *Verhalten/Website-Content/Alle Seiten* möglich. Durch die Anzeige der URL als sekundäre Dimension sehen Sie schnell, welche URLs den gleichen Titel haben.

Abbildung 1-20: Oberhalb der Datentabelle kann Seitentitel als primäre Dimension ausgewählt werden. Durch Anzeige der Zielseite als sekundäre URL sehen Sie Adressen, die den gleichen Seitentitel haben.

Eine feinere Auswertung bietet unter anderem das SEO-Tool *Onpage.org*. Das Tool berechnet Textähnlichkeiten und liefert dadurch Hinweise auf Duplikate.

Abbildung 1-21: Das SEO-Tool Onpage.org vergleicht den Inhalt von URLs und berechnet Ähnlichkeiten.

Natürlich können Sie auch die Google-Suche verwenden, um identische oder ähnliche Dokumente zu finden. Geben Sie dazu einen Satz – wahlweise zur Suche nach exakter Übereinstimmung in Anführungszeichen – in die Google-Suche ein.

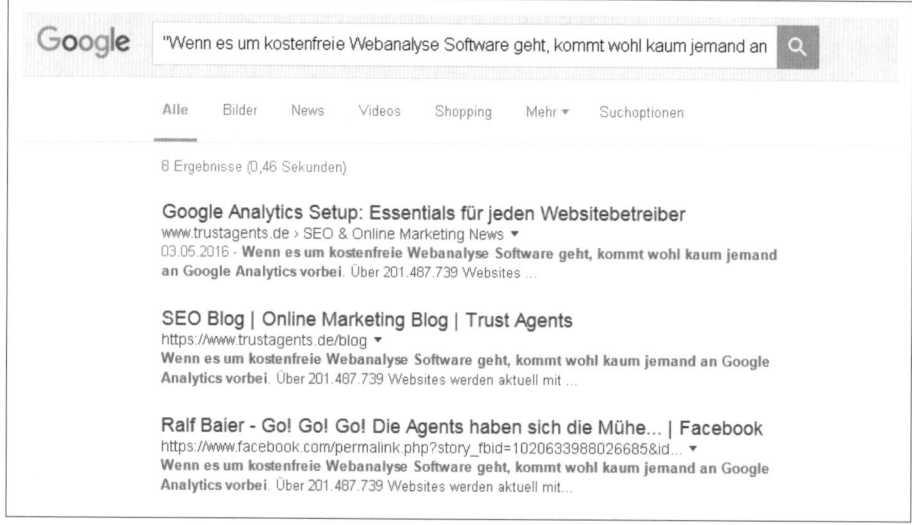

Abbildung 1-22: Exakt mehrfach verwendete Textpassagen können bei der Suche nach Duplicate Content helfen. In diesem Fall wird der Artikel auf der Startseite des Blogs angerissen und folglich der Text mehrfach gefunden. Von Duplicate Content lässt sich hier aber nicht sprechen.

Ähnlich funktioniert das Tool *Copyscape* (http://www.copyscape.com/ – http://seobuch.net/388), das zu einer angegebenen Adresse nach identischen oder sehr ähnlichen Dokumenten im Netz sucht. Eine weitere Alternative ist das Tool Duplichecker (http://www.duplichecker.com/ – http://seobuch.net/853). Bei der Suche nach Duplicate Content innerhalb Ihrer Website können Sie *Siteliner* (http://www.siteliner.com/ – http://seobuch.net/500) verwenden, das ähnlich wie Onpage.org Textähnlichkeiten berechnet.

Abbildung 1-23: Da die Blog-Startseite kurze Textpassagen der einzelnen Artikel anreißt, ist wenig einzigartiger Inhalt unter dieser URL zu finden. (Quelle: siteliner.com)

Wichtige Elemente der Onpage-Optimierung

Dokumenttitel

Der Titel eines Webdokuments ist immens wichtig. Er wird in den meisten Fällen in den Suchergebnissen dargestellt und ist zudem einer der wichtigsten (angenommenen) Ranking-Faktoren. Gerade beim Titel geht es darum, das Thema der Seite in wenigen Worten inhaltsbeschreibend zusammenzufassen.

Setzen Sie das wichtigste Suchwort in Leserichtung weit nach vorne, um die Relevanz zu erhöhen. Durch die Positionierung der wichtigsten Keywords erleichtern Sie es surfenden Nutzern dann auch, die Inhalte Ihrer Website voneinander zu unterscheiden, wenn mehrere Browser-Tabs geöffnet sind.

Beachten Sie bei der Titelgestaltung die maximale Anzahl an angezeigten Zeichen. Diese liegt bei Google bei den Desktop-Ergebnissen bei rund 65 Zeichen.

Metatags

Eine der essenziellsten Metaangaben haben Sie bereits kennengelernt: die *Meta-Description*. Diese wird in aller Regel als Beschreibungstext in den Suchergebnissen angezeigt. Definiert wird die Meta-Description im <head>-Bereich des HTML-Dokuments durch folgende Syntax:

```
<meta name="description" content="Kurze Zusammenfassung des Seiteninhalts mit circa 155 Zeichen">
```

Neben der Description ist es die Robots-Angabe, die für die Suchmaschinenoptimierung von großer Bedeutung ist. Mit dieser Einstellung werden Suchmaschinen darüber informiert, wie sie mit einem Dokument umgehen sollen:

```
<meta name="robots" content="Angabe">
```

Standardmäßig gehen Suchmaschinen davon aus, dass sie Adressen aufrufen und indexieren dürfen. Durch die Meta-Robots-Angaben können Sie die Suchmaschinencrawler darüber informieren, wenn diese etwas Bestimmtes nicht dürfen.

Die relevantesten Robots-Einstellungen sind:

- noindex: Suchmaschinen sollen ein Dokument nicht in den Index aufnehmen. Entsprechend kann es nicht über die Websuche gefunden werden.
- nofollow: Suchmaschinen sollen den Links auf dieser Seite nicht folgen.
- noodp: Suchmaschinen zeigen in manchen Fällen den Beschreibungstext einer Website aus dem *Open Directory Project*, einem bekannten Webverzeichnis, an. Durch die Angabe noodp werden die Texte daraus nicht übernommen.
- noarchive: Von vielen Seiten wird eine Kopie einer Seite in den Speicher der Suchmaschinen gelegt. Dieser kann von Nutzern aufgerufen werden, wenn die Seite nicht erreichbar ist. Wer das nicht möchte, verwendet noarchive.
- noimageindex: Wird diese Angabe verwendet, ist das die Anweisung an Suchmaschinen, die auf dieser Seite eingebundenen Bilder nicht zu indexieren.

Wer mehrere Einstellungen gleichzeitig nutzen möchte, trennt die einzelnen Anweisungen mit einem Komma. Soll ein Crawler eine Seite weder indexieren noch den Links der Seite folgen, sieht die notwendige Einstellung wie folgt aus:

```
<meta name="robots" content="noindex, nofollow">
```

Tipp Mein Trust-Agents-Mitgründer Benedikt Illner hat eine Browsererweiterung entwickelt, die die Meta-Robots-Angaben einer Webseite gut sichtbar im Browser darstellt. Dadurch entfällt der Blick in den Seitenquelltext.

Die Erweiterung heißt *SeeRobots* und kann unter *https://www.trustagents.de/blog/die-besten-seo-browserplugins (http://seobuch.net/140)* kostenfrei heruntergeladen werden. Sie ist sowohl für Firefox als auch für Google Chrome erhältlich.

Mit Abstrichen ist die Meta-Language-Angabe relevant. Sie wird vor allem von Bing verwendet und dient dazu, Sprache und Zielregion eines Dokuments zu definieren. Um ein Dokument als deutschsprachig mit der Schweiz als Zielregion auszuzeichnen, ist folgende Angabe notwendig:

```
<meta name="language" content="de-ch">
```

Weitere Informationen finden Sie unter *https://support.google.com/webmasters/answer/79812?hl=de (http://seobuch.net/789)*.

Canonical Tag

Jede URL sendet eigene Signale an Suchmaschinen aus, muss aber nicht zwingend einzigartige Inhalte bereitstellen. Es kommt häufig vor, dass verschiedene URL-Varianten exakt denselben Inhalt anzeigen – ein klassischer Fall von *Duplicate Content*, also doppelten Inhalten.

Um Suchmaschinen dabei zu unterstützen, komplett gleiche oder sehr ähnliche Dokumente zu identifizieren, gibt es das *Canonical Tag*. Identische oder zumindest sehr ähnliche Inhalte finden Suchmaschinen beispielsweise dann, wenn es einen Artikel sowohl als »druckfreundliche« als auch als »normale« Variante gibt.

Über das Canonical Tag erhalten Crawler den Hinweis, welche URL-Variante für einen unter mehreren Adressen zu findenden Inhalt als Hauptadresse gewertet werden soll. Durch den Einsatz des Canonical Tags können sich auf mehrere Adressen verteilende Ranking-Signale, auf der Hauptvariante zusammengefasst werden.

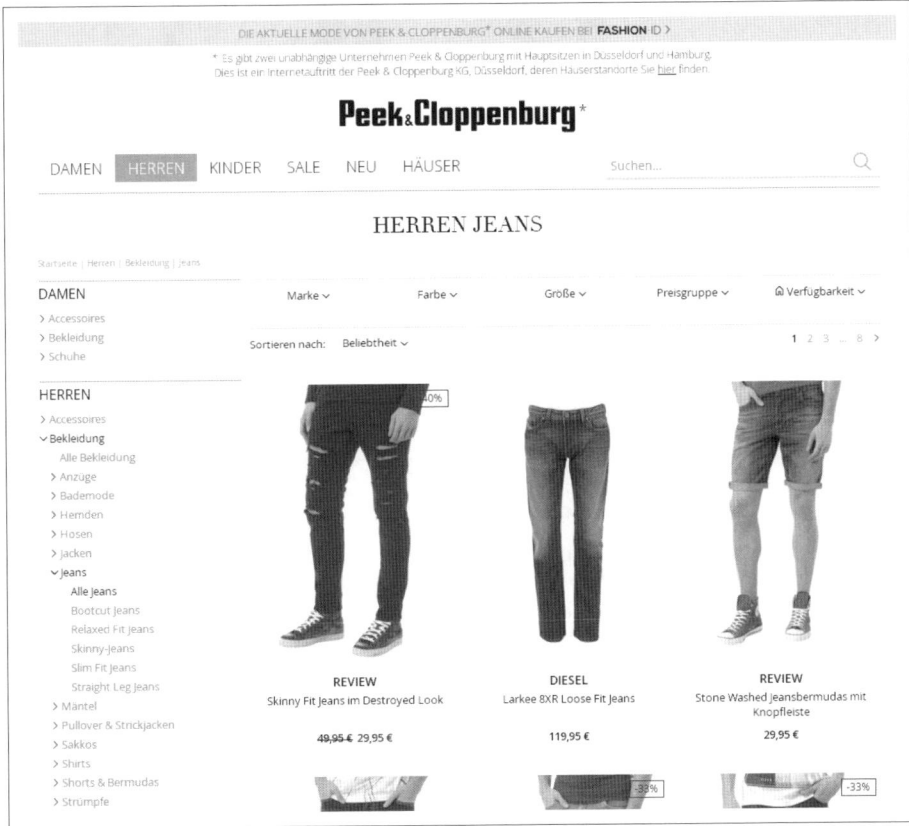

Abbildung 1-24: Dieser Inhalt wird unter https://www.peek-cloppenburg.de/herren/jeans/ angezeigt ...

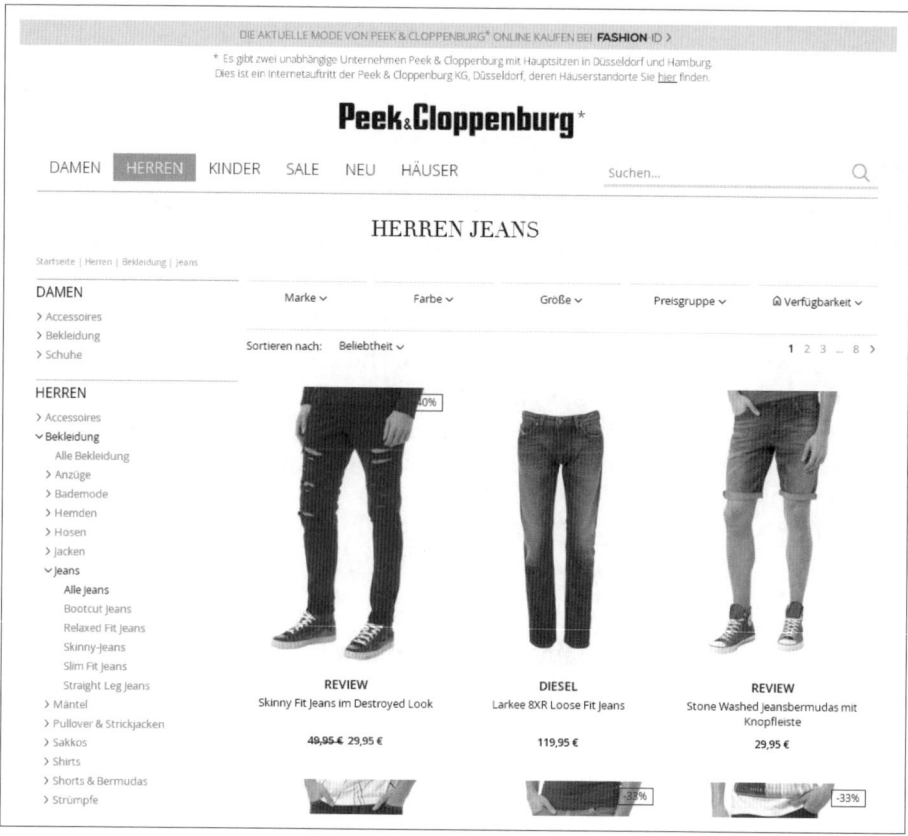

Abbildung 1-25: ... er ist aber auch unter https://www.peek-cloppenburg.de/herren/jeans/?par=flyH erreichbar.

Die beiden gezeigten URLs zeigen exakt denselben Inhalt, aber eben unter zwei unterschiedlichen URLs. Die Angabe ?par=flyH ändert in diesem Fall den angezeigten Seiteninhalt nicht. Um die URL »ohne Parameter« als Canonical URL zu definieren, muss folgende Angabe im Quelltext der URL »mit Parameter« enthalten sein:

```
<link rel="canonical" href="Adresse-der-kanonischen-URL">
```

Auch diese Angabe soll nur im <head>-Bereich des HTML-Dokuments definiert werden.

Übrigens kann die kanonische URL eines Dokuments auch über den sogenannten HTTP-Header definiert werden. Das ist beispielsweise dann sinnvoll, wenn ein Inhalt als PDF- und als HTML-Dokument aufgerufen werden kann. Die vorher gezeigte Variante (Definition der Canonical URL im HTML-<head>) ist für die Definition der Nicht-PDF-Version als Canonical URL unbrauchbar, da PDF-Dokumente eben keine HTML-Dateien sind. Weitere Informationen sind unter *https://support.google.com/webmasters/answer/139066?hl=de* (*http://seobuch.net/859*) zu finden.

Den Aufbau von Suchtreffern verstehen und optimieren

Die meisten Suchmaschinen begrenzen die maximale Länge der angezeigten Informationen jedes Suchtreffers. Auch hinsichtlich der verwendeten Farben sowie Schriftgrößen und -farben ist eher Einheitslook als individuelle Darstellung angesagt.

Klassischerweise besteht die Darstellung eines Suchtreffers aus den folgenden Elementen der angezeigten Webseite:

- Seitentitel
- Adresse (URL)
- Meta-Description

Dazu kommen in manchen Fällen die sogenannten Rich Snippets, d. h. ergänzende Angaben beispielsweise in Form von Bewertungen oder Preisinformationen. Auch diese werden in der Regel aus den im Quelltext der Zielseite definierten Daten generiert. Mehr zu diesem Thema finden Sie im Abschnitt »Strukturierte Daten« in Kapitel 3.

Merken Sie sich für den Moment, dass die in den Suchergebnissen angezeigten Informationen in der Regel aus Informationen zusammengestellt sind, die Sie auf Ihrer Website beeinflussen können.

Tipp	Besonders Google weicht von Zeit zu Zeit von den im Quelltext definierten Daten ab und zeigt andere Textausschnitte in Seitentitel oder Description an.
	Das ist der Fall, wenn die vom Webseitenbetreiber hinterlegten Werte wenig relevant für die Suchanfrage sind. Google zeigt dann anderen Text, um die Relevanz für den Suchenden zu erhöhen.

In der Google-Suche bezieht sich die angezeigte Länge seit 2014 nicht mehr auf Zeichen, sondern ist durch die Anzahl an Bildpunkten (Pixeln) begrenzt. So sind »M« und »I« zwar jeweils ein Zeichen lang, aber das »M« benötigt wesentlich mehr Pixel und somit Platz.

Da es sich mit Pixeln schlecht rechnen lässt, können Sie sich an folgenden Längenbeschränkungen für die Suchtrefferdarstellung auf Desktopgeräten orientieren:

- Seitentitel: 65 Zeichen
- URL: 70 Zeichen
- Meta-Description: 155 Zeichen

Tipp	Für viele Content-Management-Systeme (CMS) gibt es Erweiterungen, die eine auf den drei Seitenelementen basierende Vorschau der in der Google-Suche erscheinenden Informationen erstellen. Dadurch sehen Sie schnell, ob die maximale Pixelanzahl überschritten wurde und wie Nutzer eine Webseite in der Google-Suche (vermutlich) angezeigt bekommen.

Wenn es eine solche Erweiterung oder Funktion nicht für das von Ihnen verwendete CMS gibt, schauen Sie sich Webseiten wie *http://www.serpsimulator.de/* (*http://seobuch.net/380*) oder *http://seorch.de/html/snippet-optimization-tool.html* (*http://seobuch.net/898*) an.

Beachten Sie, dass auf Mobilgeräten weniger Zeichen in den Suchergebnissen pro Suchtreffer angezeigt werden können. Abhängig von Anzahl und Qualität der mobilen Zugriffe auf Ihre Inhalte kann es deshalb sinnvoll sein, die Suchtrefferdarstellung eher auf die mobile Zeichengrenze als auf die Desktopdarstellung zu optimieren.

Snippet-Optimierung: So verbessern Sie die Klickrate auf Ihre Webseiten

Eine gute Position in den Suchergebnissen ist nur der erste Schritt, um Besucher von der Websuche auf die eigene Website zu leiten. Aber nur weil jemand eine Website innerhalb der Suchergebnisse durch eine gute Position wahrnehmen kann, muss daraus noch nicht zwingend ein Besuch der Webseite folgen.

Die Klickwahrscheinlichkeit auf einen angezeigten Treffer ist zwar vor allem von der Position, aber auch von der Nutzeransprache innerhalb des Snippets, also der Ergebnisdarstellung, abhängig. Je höher die über das Snippet erzeugte Relevanz im Verhältnis zur Suchintention ist, desto höher ist die Wahrscheinlichkeit, dass der Nutzer einen bestimmten Suchtreffer anklickt.

Die Länge des dargestellten Texts innerhalb der dargestellten Elemente Seitentitel, Meta-Description, Rich Snippets und URL liegt vollständig in Googles Hand. Die Ihnen von Google zugestandene Länge sollte aber dazu genutzt werden, möglichen Besuchern viele relevante Informationen über den Seiteninhalt an die Hand zu geben.

> **Damen Lederjacken online entdecken | Lederjacken | P&C Online**
> www.peek-cloppenburg.de › Damen › Bekleidung › Jacken ▼
> P&C: **Lederjacken** für Damen Online Shop ✓ Filialverfügbarkeit checken ✓ **Lederjacken** für Damen Kollektion 2016 ✓ Jetzt bei P&C entdecken.
>
> **Leder - Biba**
> www.biba.de/Shop/Leder/ ▼
> Verleihen Sie ihrem Outfit den besonderen Schliff mit Qualitäts-**Lederjacken** von BiBA. Sichern Sie sich JETZT eines der begehrten Stücke und bestellen Sie ...

Abbildung 1-26: Beide Seiten sind für das Suchwort »Lederjacken« für Google relevant, doch das eine Snippet liefert mehr Informationen.

Nehmen wir die beiden Snippets aus Abbildung 1-26 – welches der beiden Ergebnisse spricht Sie vermutlich mehr an, wenn Sie nach Lederjacken gesucht haben?

Wie Sie der Abbildung entnehmen können, werden neben Buchstaben auch Zeichen dargestellt. Mit ihrem Einsatz sollte man es aber nicht übertreiben, denn dann wird aus einer positiven Unterstützung womöglich schnell ein Ausschlusskriterium. Wer zu aggressiv um Aufmerksamkeit buhlt, wird unter Umständen eher ignoriert als angeklickt.

Eine Liste von Sonderzeichen finden Sie auf *http://saney.com/tools/google-snippets-generator.html* (*http://seobuch.net/903*).

An dieser Stelle ein Hinweis: Nicht alle möglichen Zeichen werden auch dargestellt. Besonders vollständig ausgefüllte große Symbole werden von manchen Suchmaschinen ignoriert und im Snippet durch ein Leerzeichen ersetzt.

Checkliste zur Suchtreffergestaltung

- Ist das Hauptthema der Seite in den von Google angezeigten Elementen enthalten und erkennbar (idealerweise in allen)?
- Steht das Haupt-Keyword, insbesondere im Titel, in Leserichtung möglichst weit vorne?
- Heben Sie sich durch Ihr Snippet vom Wettbewerb ab? Geben Sie Argumente, die Nutzer zum Seitenbesuch animieren?
- Wird der zur Verfügung stehende Platz ideal ausgenutzt (auch auf mobilen Endgeräten)?
- Sind die stärksten Argumente für einen Besuch der Seite sichtbar?
- Gibt es Trennzeichen, die die eigene Nachricht unterstützen?

Tipp Sie sollten sich die Mühe machen, das Snippet von besonders wichtigen Seiten regelmäßig mit dem von Konkurrenzseiten zu vergleichen und Ihres dann zu optimieren.

Über die Suchanalysedaten der Google Search Console bekommen Sie mit Sicherheit Anregungen für Begriffe, die in den Beschreibungstext oder Titel aufgenommen werden können.

Klickwahrscheinlichkeiten: So verteilen sich die Klicks auf die verschiedenen Ranking-Positionen

Immer wieder steht die Frage im Raum, mit wie vielen Klicks auf einer bestimmten Position zu rechnen ist. Diese Frage ist nicht einfach zu beantworten, da die Klickrate maßgeblich vom Aufbau der Suchergebnisse abhängt. Erscheint für eine Suchanfrage auf einmal eine Newsintegration, also Suchtreffer mit Verweisen auf aktuelle Nachrichten zum gesuchten Thema, kann es vorkommen, dass die Klickrate trotz gleicher Position im Nicht-Newsbereich deutlich nach unten geht.

Es gibt immer wieder sehr interessante Auswertungen zu diesem Thema. Basierend auf den Daten der Google Search Console hat der Toolanbieter Sistrix (*www.sistrix.de* – *http://seobuch.net/578*) eine Auswertung über die Klickverteilung in den organischen Suchergebnissen erstellt. Es geht bei den Daten also nur darum, wie sich Klicks im unbezahlten Suchbereich verteilen, und nicht darum, wie sich Klicks zwischen SEA und SEO aufteilen.

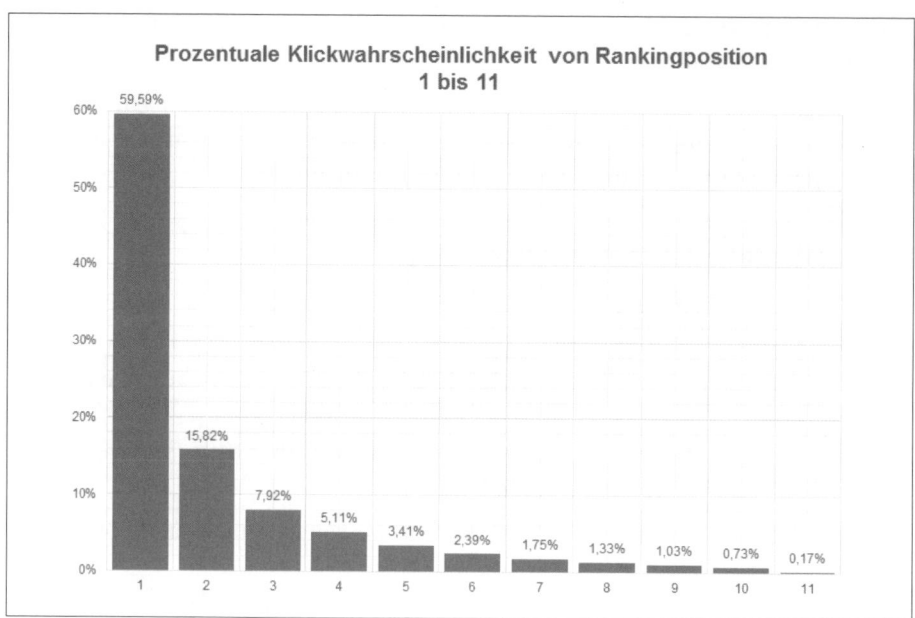

Abbildung 1-27: Laut Sistrix-Auswertung entfallen auf Position 1 60 % der Klicks im organischen Bereich.

Da immer mehr Suchanfragen nicht mehr über Desktopgeräte abgegeben werden und die Suchergebnisdarstellung auf mobilen Geräten vermutlich anders ausfällt, ist eine Betrachtung nach den von Google Search Console unterteilten Gerätetypen relevant.

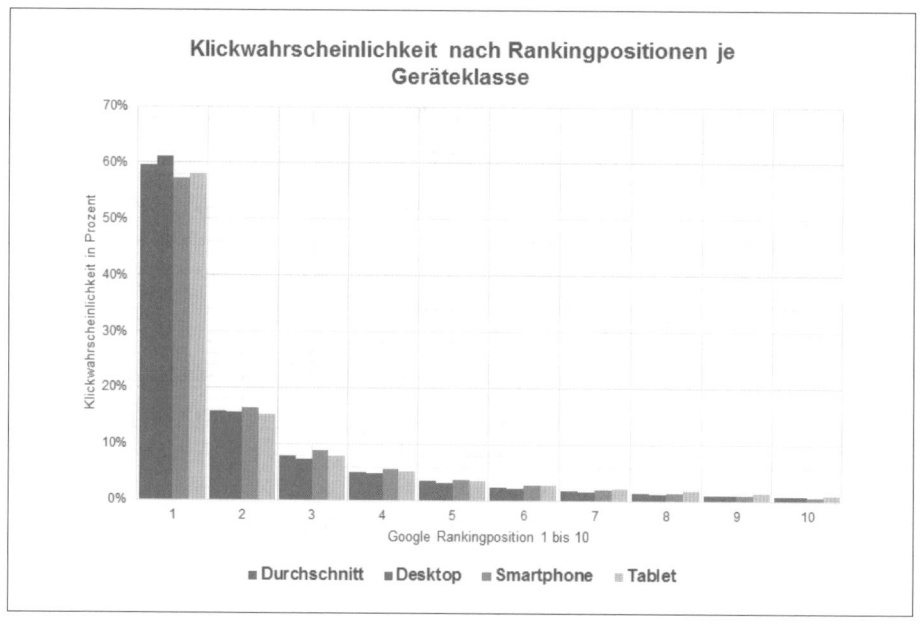

Abbildung 1-28: Gemäß der Auswertung ist die Klickrate auf den Positionen 3 und 4 auf Smartphones höher als auf Desktopgeräten.

Alle Daten dieser Auswertung finden Sie unter *https://www.sistrix.de/news/klick-wahrscheinlichkeiten-in-den-google-serps/* (*http://seobuch.net/882*).

HTML-Optimierung: Suchmaschinen bei der Inhaltsbestimmung unterstützen

Fast alle für das Ranking relevanten Informationen generieren Suchmaschinen, indem sie den Quelltext eines Webdokuments analysieren. Wenn Sie selbst einmal einen Blick in den Quelltext einer Seite werfen, werden Sie durchaus Schwierigkeiten haben, aufgrund dieser Informationen auf den Seiteninhalt zu schließen. Dies liegt unter anderem daran, dass optische Unterstützungen durch beispielsweise größer geschriebene Wörter oder Fettsetzungen fehlen.

Diese optischen Hilfen sind zwar im Quelltext über die entsprechenden HTML-Auszeichnungen enthalten – beispielsweise steht dort ein <h1> für eine Überschrift ersten Grades – doch im Quelltext werden diese Auszeichnungen optisch nicht anders dargestellt.

Für Suchmaschinen ist eine anders gewählte Auszeichnung von Wörtern oder Sätzen mittels HTML ein Signal, dass diese hervorgehobenen Begriffe (etwas) anders zu bewerten sind als jene, die nicht eigens mit HTML hervorgehoben sind.

Besondere Bedeutung kommt dabei den HTML-Überschriften zu, die mittels <h1> bis <h6> ausgezeichnet werden. Doch auch bei allen anderen HTML-Auszeichnungen ist davon auszugehen, dass Suchmaschinen sie anders bewerten. Von Vorteil ist es auf jeden Fall, wenn einem bereits die Betrachtung der HTML-Überschriften das Thema der Seite nahebringt.

Dabei ist es gar nicht notwendig, dass die Überschriften einzig und allein die gewünschte Suchanfrage aufnehmen und ansonsten keine weiteren Wörter enthalten. Denken Sie bei der Erstellung von Überschriften einfach daran, dass Sie das Keyword beziehungsweise Seitenthema mit darin aufnehmen und in eine insgesamt ansprechende Aussage oder Schlagzeile verpacken. Denn Überschriften sind nicht allein für Suchmaschinen da, sondern sollen Nutzer motivieren, Ihren Inhalten Aufmerksamkeit zu schenken.

```
https://www.trustagents.de/wissen/xml-sitemap
▼ 7 headings
    [h1] Was ist eine XML-Sitemap?
        [h2] HTML-Sitemaps
        [h2] XML-Sitemaps
            [h3] Bilder- & Video-Sitemaps
        [h2] Sind Sitemaps zwingend notwendig?
        [h2] XML-Sitemaps bei Suchmaschinen anmelden
        [h2] Wissenswertes zum Thema
```

Abbildung 1-29:   Die Überschriftenstruktur dieser Seite lässt den Seiteninhalt bereits vermuten.

Doch nicht nur Überschriften helfen Nutzern (und Suchmaschinen) dabei, den Inhalt eines Dokuments zu erfassen, auch Texthervorhebungen mittels <strong>, <em> beziehungsweise <b> und <i> sollten Sie sinnvoll einsetzen. Vermutlich werten Suchmaschinen <b> und <strong> sowie <i> und <em> gleich, aus semantischer Sicht sind <strong> und <em> die korrektere Auszeichnung. Gleiches gilt für Aufzählungslisten, egal ob es sich um nummerierte Aufzählungen (<ol>) oder unsortierte Listen (<ul>) handelt.

Abbildung 1-30: SelfHTML strukturiert dieses Dokument sehr gut. Als Nutzer erkennt man schnell, worum es auf der Seite geht. Und auch Suchmaschinen wird durch den Einsatz von HTML-Elementen geholfen.

Durch strukturierte Daten die Semantik verbessern

Damit Suchmaschinen den Inhalt einer Webseite noch einfacher erfassen können, reichen die Standardauszeichnungen von HTML nicht aus. Denn es ist für Suchmaschinen problematisch, dass vorliegende Daten und Informationen je nach Kontext eine andere Bedeutung haben können. Wofür steht beispielsweise 03047377093? Ist das eine bedeutungslose Aneinanderreihung von Zahlen? Eine Kontonummer? Oder eventuell eine Telefonnummer? Und wenn es eine Telefonnummer ist, ist es die des Kundendiensts oder die der Zentrale? Oder handelt es sich um eine Faxnummer?

Um die fehlende Granularität von HTML auszugleichen, regen Suchmaschinen Webmaster dazu an, strukturierte Auszeichnungsschemata von beispielsweise *schema.org* zu verwenden. Während es in HTML keine Auszeichnungsmöglichkeit gibt, um den Namen eines Produkts als solchen auszuzeichnen, ist dies mit dem schema.org/Product-Schema möglich.

schema.org

Mit *schema.org* haben Suchmaschinenkonzerne den Versuch unternommen, eine einheitliche Mikroformatauszeichnung von Daten zu etablieren. Diese wird im Seitenquelltext vorgenommen.

Zum gegenwärtigen Zeitpunkt gibt es neben *schema.org* noch eine Reihe weiterer Möglichkeiten zur strukturierten Datenauszeichnung. Ein Beispiel ist *data-vocabulary.org*. Um eine Anpassung von Suchmaschinenalgorithmen auf verschiedene Auszeichnungsmöglichkeiten zukünftig zu vermeiden, wird der Einsatz von *schema.org* von Suchmaschinen empfohlen.

Wenn Daten in einem strukturierten Format vorliegen, sind sie für Suchmaschinen einfacher zu analysieren. So sind in *schema.org* Konventionen definiert, die zur Auszeichnung von Filmen verwendet werden können. Beispielsweise können der Regisseur und die Spieldauer eines Films für Suchmaschinen verständlich aufbereitet werden.

Weitere Informationen zu *schema.org* finden Sie unter http://schema.org (http://seobuch.net/299).

Weshalb strukturierte Daten für Suchmaschinen wichtig sind

HTML erlaubt zwar in Ansätzen beziehungsweise indirekt eine Auszeichnung des Quelltexts, die Rückschlüsse auf die Semantik zulässt – beispielsweise über die Überschriften <h1> bis <h6> –, diese Auszeichnungsmöglichkeiten sind allerdings für Suchmaschinen nicht differenziert genug.

Suchmaschinen würden zum Beispiel gern wissen, ob es sich bei einer auf einer Webseite verfügbaren Zahlenfolge um eine Telefonnummer oder eine Bankverbindung handelt. Das ist mit den aktuellen HTML-Auszeichnungen nicht zu bewerkstelligen. Diese Problematik wird auf der Website von *schema.org* unter der Adresse https://schema.org/docs/gs.html (http://seobuch.net/880) so beschrieben:

> »Your web pages have an underlying meaning that people understand when they read the web pages. But search engines have a limited understanding of what is being discussed on those pages.«

Ins Deutsche übersetzt, steht dort sinngemäß: »Webseiteninhalte haben eine unterschwellige Bedeutung, die Nutzer beim Lesen der Inhalte verstehen. Suchmaschinen haben dagegen nur ein eingeschränktes Verständnis von dem, was auf einer Webseite steht.«

Als Beispiel wird die Auszeichnung <h1>Avatar</h1> genannt. Diese Angabe weist den Browser an, die Zeichenkette »Avatar« als Überschrift 1. Grades darzustellen. Allerdings wird nicht klar, wofür »Avatar« genau steht. Handelt es sich dabei um den Film? Oder handelt es sich um ein Profilfoto?

Durch eine Analyse des Kontexts kann diese Frage von Suchmaschinen beantwortet werden. Allerdings ist das ressourcenintensiv. Aus diesem Grund ist eine genaue Auszeichnung der Zeichenkette zum Beispiel mit *schema.org* sehr hilfreich.

Beispiel für eine strukturierte Datenauszeichnung mit schema.org

Im folgenden Code wird im Mikrodatenformat ein Monitor von Dell mit einer Bewertung von 87 von 100 Punkten im *schema.org*-Produkt-Markup ausgezeichnet. Diese Gesamtbewertung basiert auf 24 eingereichten Bewertungen. Dazu werden für Suchmaschinen der niedrigste und der höchste Preis strukturiert ausgezeichnet. Auch das Produktbild und der Produktname sind ausgezeichnet.

```
<div itemscope itemtype="http://schema.org/Product">
<img itemprop="image" src="dell-30zoll-lcd.jpg" alt="30 Zoll LCD Monitor von Dell"/>
<span itemprop="name">Dell UltraSharp 30" LCD Monitor</span>
<div itemprop="aggregateRating" itemscope itemtype="http://schema.org/AggregateRating">
<span itemprop="ratingValue">87</span>
von <span itemprop="bestRating">100</span>
basierend auf <span itemprop="ratingCount">24</span> Nutzerbewertungen.
</div>
<div itemprop="offers" itemscope itemtype="http://schema.org/AggregateOffer">
<span itemprop="lowPrice">€579</span>
bis <span itemprop="highPrice">€895</span>
bei <span itemprop="offerCount">8</span> Händlern.
</div>
...
</div>
```

Durch diese strukturierten Datenauszeichnungen ist der Seiteninhalt für Suchmaschinen leichter zu interpretieren.

Es gibt eine ganze Reihe von Schemata in *schema.org*. So können Personen ausgezeichnet, Schauspieler und Regisseure einer TV-Serie markiert oder der Einsatzort in einer Jobanzeige suchmaschinengerecht im Quelltext hervorgehoben werden. Was genau ausgezeichnet werden kann und ob ein Schema für Ihre Seiteninhalte bereits vorliegt, erfahren Sie auf der offiziellen Website unter *schema.org*.

Die unterschiedlichen Auszeichnungsformate von schema.org

Es gibt aktuell drei verschiedenen Auszeichnungsmöglichkeiten mit *schema.org*:

- Mikrodaten
- RDFa
- JSON-LD

RDFa steht für *Resource Description Framework for Attributes*, ins Deutsche übersetzt etwa Struktur zur Ressourcenbeschreibung mittels Attributen.

JSON-LD steht für *JSON for Linking Data* und stellt eine Möglichkeit dar, mit der Daten zwischen verschiedenen Systemen ausgetauscht werden können. JSON selbst ist die Abkürzung für *JavaScript Object Notation*.

Die Auszeichnung mit Mikrodaten haben Sie im Beispiel oben bereits kennengelernt. Ausschnittweise möchte ich Ihnen die beiden anderen Methoden vorstellen. Die gleiche Auszeichnung im RDFa-Format sieht wie folgt aus:

```
<div vocab="http://schema.org/" typeof="Product">
<img property="image" src="dell-30zoll-lcd.jpg" alt="30 Zoll LCD Monitor von Dell"/>
<span property="name">Dell UltraSharp 30" LCD Monitor</span>
```

In JSON-LD aufbereitet, werden die Daten folgendermaßen beschrieben:

```
<script type="application/ld+json">
{
 "@context": "http://schema.org",
 "@type": "Product",
 "image": "dell-30zoll-lcd.jpg",
 "name": "Dell UltraSharp 30\" LCD Monitor",
```

Welches der drei Auszeichnungsformate Sie wählen, ist für die Auswertung durch Suchmaschinen unerheblich, wobei Google JSON-LD präferiert. Dennoch: Wählen Sie immer das Format, das Sie am einfachsten (und natürlich fehlerfrei) umsetzen können. In vielen Fällen sind auf *schema.org* Beispiele für alle drei Auszeichnungsvarianten vorhanden. JSON-LD hat den großen Vorteil, dass es nicht in HTML-Elemente eingebaut werden muss, sondern losgelöst z. B. von <div> im Quelltext ausgegeben werden kann.

Dank strukturierter Daten zu Rich Snippets: Mehr Aufmerksamkeit für die eigenen Inhalte

Viele Websites setzen strukturierte Datenauszeichnungen vor allem deshalb ein, weil manche dieser Daten gesondert in den Suchergebnissen angezeigt werden. In diesem Fall wird von *Rich Snippets*, also angereicherten Daten, gesprochen. Diese können zu einer höheren Klickrate in der Websuche und somit zu mehr Besuchern führen.

Das bekannteste Rich Snippet ist vermutlich die Darstellung von Bewertungen eines Seiteninhalts, sei es ein Text oder ein Produkt. Diese Bewertungen werden als Sterne unterhalb der Adresse in den Suchergebnissen angezeigt.

Aber auch andere Rich Snippets kommen vor. So zeichnet das Jobportal *Xing.com* den aktuellen Arbeitgeber und die Position einer Person strukturiert aus und ermöglicht es Suchmaschinen, diese Information direkt in den Suchergebnissen anzuzeigen.

> Stephan Czysch - Geschäftsführer - Trust Agents Internet ...
> https://www.xing.com/profile/**Stephan_Czysch** ▼
> Berlin - Lehrbeauftragter SEO - Internet und Onlinemedien
> Berufserfahrung, Kontaktdaten, Portfolio und weitere Infos: Erfahren Sie mehr! Oder kontaktieren Sie **Stephan Czysch** – direkt bei XING.

Abbildung 1-31: Rich Snippet bei Xing.com

Google (und auch Bing) bietet jeweils ein kostenfreies Testtool für strukturierte Daten an. In dieses Tool kann wahlweise HTML-Quellcode hineinkopiert oder eine URL zur Analyse eingetragen werden. Das Tool steht unter *https://developers.google.com/*

structured-data/testing-tool/ (*http://seobuch.net/436*) zur Verfügung, die Version von Bing unter *http://www.bing.com/toolbox/markup-validator* (*http://seobuch.net/608*).

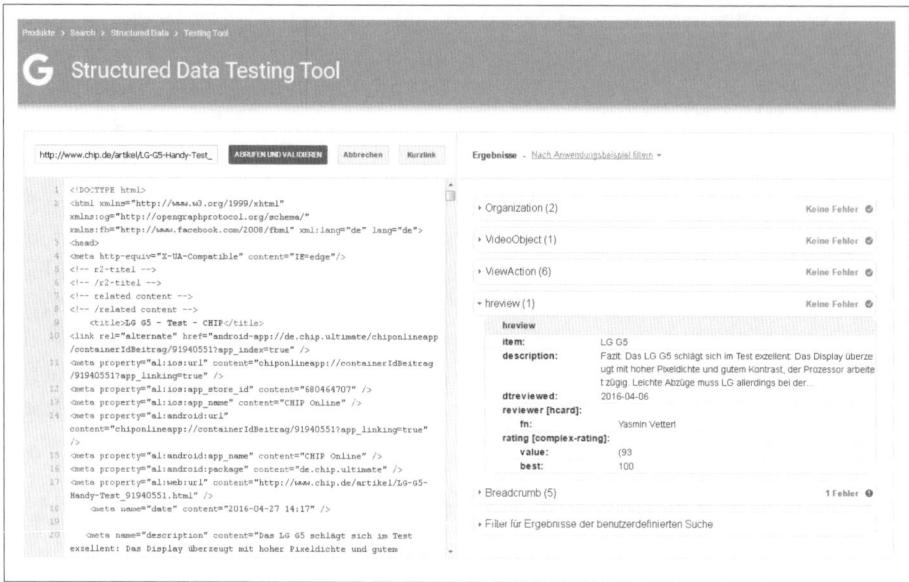

Abbildung 1-32: chip.de verwendet verschiedene strukturierte Datenauszeichnungen auf der getesteten Seite.

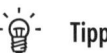 **Tipp**   Mit dem *Data Highlighter* der Google Search Console gibt es eine Alternative zur strukturierten Datenauszeichnung im Quelltext. Dazu liefert Google in der Search Console einen eigenen Report zu strukturierten Daten. Beide Tools werden Sie in Kapitel 3 kennenlernen.

Denken Sie daran: Sie können zwar nicht beeinflussen, welche der strukturierten Daten von Suchmaschinen als Rich Snippets dargestellt werden, aber Sie können durch strukturierte Daten Ihre Inhalte besser aufbereiten. Es ist wichtig, zwischen strukturierten Daten und Rich Snippets zu unterscheiden. Letztere basieren auf strukturierten Daten, aber nicht alle strukturierten Daten werden als Rich Snippets in den Suchergebnissen dargestellt.

Nachteile strukturierter Daten

Trotz des Nutzens, besonders in Form einer möglichen höheren Klickrate in der Google-Suche, gibt es immer wieder Stimmen, die eine maschinenlesbare Auszeichnung von Informationen kritisch einschätzen, da Suchmaschinen diese Daten für eigene Angebote einsetzen können, was nicht unbedingt im Sinne des Webmasters ist.

So möchte man als Webmaster, dass ein Nutzer die Website besucht, um an die gewünschten Informationen zu gelangen. Liegen die Daten strukturiert vor, kann eine Suchmaschine diese theoretisch direkt als Suchergebnis präsentieren. Besonders in den USA gibt es bereits eine ganze Menge von sogenannten Rich Answers, bei denen das Ergebnis direkt in der Google-Suche dargestellt wird.

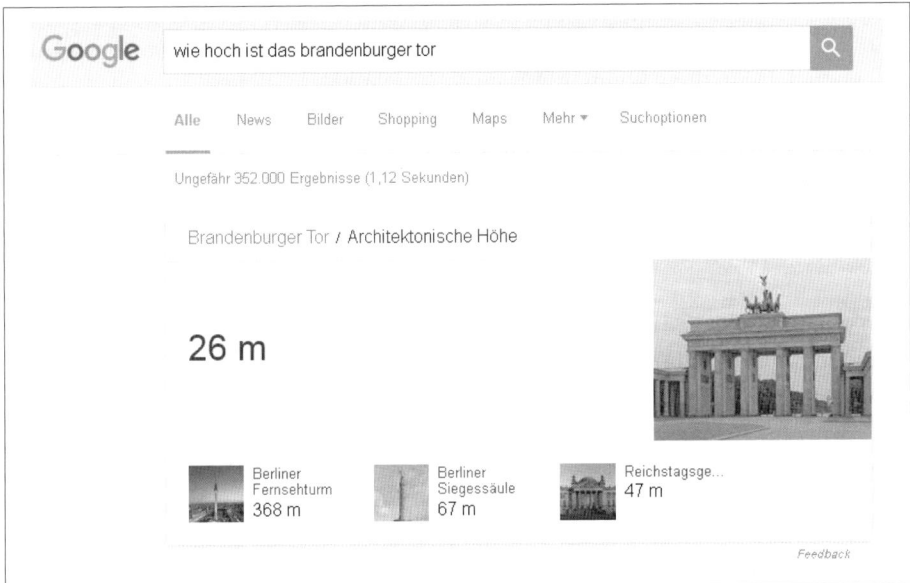

Abbildung 1-33: Wie hoch das Brandenburger Tor ist, beantwortet Google direkt in den Suchergebnissen.

Man muss bei manchen Daten allerdings beachten, dass sie ohnehin in (öffentlichen) Datenbanken strukturiert vorliegen und theoretisch von Google lizenziert werden könnten.

Eine andere Darstellung sind die sogenannten *Featured Snippets*, die allerdings nicht zwingend auf strukturierten Daten basieren müssen. So zeigt Google bei der Suchanfrage »Was ist SEO« direkt eine Definition, die aus dem Webauftritt von *absolventa. de* extrahiert wurde. Um innerhalb der *Featured Snippets* gelistet zu werden, sollten Sie Fragen möglichst prägnant beantworten.

Abbildung 1-34: »Was ist SEO« wird als sogenanntes Featured Snippet von absolventa.de dargestellt.

Besonders im Hinblick auf digitale Assistenten kann das Thema »extrahierte Antworten von einer Website, ohne dass diese besucht werden muss« weiter an Fahrt aufnehmen. Denn diese könnten Antworten direkt liefern, ohne die Quelle zu besuchen oder zumindest zu benennen. Die mögliche Folge für informationsgetriebene Websites: weniger Zugriffe und eine daraus resultierende sinkende Relevanz als Werbeplattform.

Es sind also valide Einwände, die gegen den Einsatz strukturierter Daten sprechen. Die Entscheidung, ob Sie schema.org & Co. auf Ihren Webauftritten einsetzen möchten, liegt bei Ihnen. Neben der eigenen Strategie ist bei einer solchen Frage immer der Wettbewerb zu beachten. Wenn konkurrierende Anbieter strukturierte Auszeichnungen einsetzen und zumindest durch eine höhere Klickrate in der Google-Suche dafür belohnt werden, ist dies ein Wettbewerbsnachteil für die eigene Website.

Zudem ist denkbar, dass aufgrund der breiten Verwendung strukturierter Daten auch das Verständnis von bisher nicht strukturiert ausgezeichneten Webseiten verbessert wird. Die mögliche Folge: Suchmaschinen sind trotz »fehlender« Auszeichnung in der Lage, Daten miteinander zu vergleichen. Dann wäre es langfristig unerheblich, ob eine Website auf strukturierte Datenauszeichnung zurückgreift. Ein weiterer Einwurf von Kritikern ist, dass natürlich nicht nur Suchmaschinen, sondern auch Konkurrenten von der besseren Datenaufbereitung profitieren könnten – zum Nachteil des eigenen Unternehmens. So gibt es durchaus Unternehmen, die zum Beispiel die Warenverfügbarkeit und die Preise von Wettbewerbern über eigene Crawler erheben. Sind diese Informationen explizit im Quelltext angegeben, ist es sehr einfach, diese Daten zu extrahieren.

Website-Struktur optimieren: So finden Nutzer und Suchmaschinen Ihre wichtigsten Inhalte

Nutzer steigen in den meisten Fällen nicht mehr über die Startseite ein, sondern landen auf unterschiedlichsten Wegen irgendwo auf der Website. Denn viele Verweise, ob aus sozialen Netzen, Forenbeiträgen oder innerhalb von Suchergebnissen, zeigen auf einzelne Unterseiten. Wie sich das bei Ihrer Website verhält, können Sie in Ihrem Webanalysetool nachvollziehen.

Nach dem Einstieg möchte ein Nutzer nicht nur inhaltlich abgeholt werden und verstehen, ob er das Gesuchte beziehungsweise Erwartete auf der Seite findet, sondern auch rasch erfassen, was es auf der Website noch zu entdecken gibt. Aus diesem Grund ist es wichtig, dass Sie sich über die Struktur Ihrer Website beziehungsweise die Navigation Gedanken machen. Welche Inhalte wollen Sie einem Nutzer an welcher Stelle zeigen beziehungsweise über Links empfehlen? Hier geht es nicht nur um die Hauptnavigation (wobei diese optisch vom restlichen Inhalt abgesetzt und deshalb auffällig sein sollte), sondern auch um Verweise aus dem Content heraus, egal ob einzelne oder mehrere Textlinks.

Denken Sie in diesem Zusammenhang daran, dass die Anzahl an eingehenden Links Einfluss auf das Ranking einer Webseite in der unbezahlten Google-Suche hat. Wenn ein bestimmter Inhalt nur über einen Weg innerhalb Ihrer Website zu erreichen ist, dann scheint dieser nicht besonders wichtig zu sein. Denn wenn unter der Adresse wichtige Inhalte zu finden wären, würden dorthin (intern) einige Verweise zeigen. Behalten Sie dabei im Hinterkopf, dass Links je nach Linkquelle unterschiedlich stark sind und unterschiedlich viel sogenannten *Linkjuice* übertragen. Vereinfacht gesagt: Wenn die Startseite eines Webauftritts über 200 Verweise zu erreichen ist und eine Unterseite nur über 20, dann ist ein Link von der besser verlinkten Startseite der stärkere von beiden.

Doch nicht nur die einzelnen auf eine Seite verweisenden Links sind für Suchmaschinen relevant, sondern auch die Ankertexte. Diese helfen dem Nutzer idealerweise dabei, bereits vor dem Besuch einer Webseite etwas über den Inhalt ableiten zu können. Schauen wir uns deshalb nochmals kurz an, wie ein Link in HTML aufgebaut ist:

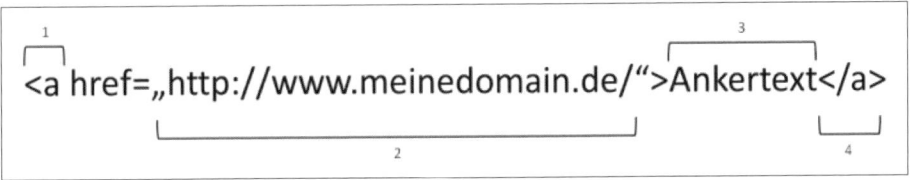

Abbildung 1-35: Der typische Aufbau eines HTML-Links

Bei den einzelnen Segmenten handelt es sich um:

1. öffnendes Link-(Anchor-)Tag
2. Linkziel
3. Ankertext
4. schließendes Link-Tag

Theoretisch kann der Anker- oder Linktext leer sein, doch dann ist es für einen Nutzer unmöglich, diesen Link anzuklicken – auf nichts klickt es sich sehr schlecht.

Wichtige optionale Linkattribute

Neben den Angaben in Abbildung 1-35 können weitere, optionale Attribute gesetzt werden. Für die Optimierung sind `target`, `title` und `rel` relevant:

Alle Attribute finden Sie im Netz unter *http://www.w3schools.com/tags/tag_a.asp* (*http://seobuch.net/981*).

→

target: Wie soll der Link geöffnet werden?

Standardmäßig öffnet sich ein Link im aktuellen Browserfenster oder -Tab. Wo ein Link geöffnet werden soll, wird über das Attribut `target=""` festgelegt.

Dieses kann u. a. folgende Werte annehmen:

- `_blank`: Link im neuen Fenster oder Tab öffnen
- `_self`: Link im selben Fenster öffnen

title: Was soll beim Überfahren des Links angezeigt werden?

Jedem einzelnen Link kann ein `title` zugewiesen werden. `title`-Attribute von HTML-Elementen werden in den meisten Browsern dann angezeigt, wenn das Element mit dem Mauszeiger überfahren wird. Das ist auch bei Link-Titles der Fall. Durch dieses optionale Attribut können weitere Informationen über den Seiteninhalt bereits vor Aufruf der Seite angezeigt werden.

- `title`: Was für ein Text soll beim Überfahren des Links angezeigt werden?

rel: Welche Beziehung gibt es zur verlinkten Seite?

`rel` ist die Abkürzung für das englische Wort Relation, was sich mit »Beziehung« übersetzen lässt. Mit `rel`-Elementen wird folglich die Beziehung zwischen der aufgerufenen Seite und dem referenzierten Dokument angegeben.

Der bekannteste `rel`-Wert in Bezug auf Links ist die Ausprägung `nofollow`. Mit `nofollow` wird angegeben, dass die Suchmaschine diesem Verweis nicht folgen beziehungsweise dieser Verweis nicht im Sinne der Suchmaschinenoptimierung gewertet werden soll. In der Regel ist der Einsatz von `nofollow` bei internen Links nicht zu empfehlen. Denn wenn Sie ein internes Dokument Suchmaschinen nicht zeigen wollen, dann verlinken Sie am besten gar nicht dorthin.

Bei internen Links sollten Ankertexte idealerweise den Seiteninhalt der verlinkten Seite in wenigen Worten zusammenfassen. Im Google-Dokument zur Suchmaschinenoptimierung stellt der Suchmaschinenkonzern dazu nachfolgende Abbildung bereit.

Tipp

Inhalte, die Ihnen besonders wichtig sind, sollten intern häufiger verlinkt werden als weniger wichtige Dokumente. Durch die höhere Gesamtanzahl an eingehenden Verweisen geben Sie nicht nur Suchmaschinen ein wichtiges Signal, sondern leiten vermutlich auch mehr Besucher auf diese Seiten.

Sie müssen sich aber fokussieren: Wenn Sie zu viele Links anbieten, ist jeder einzelne Link weniger auffällig. Wie viele Links kontraproduktiv sind, lässt sich pauschal nicht beantworten.

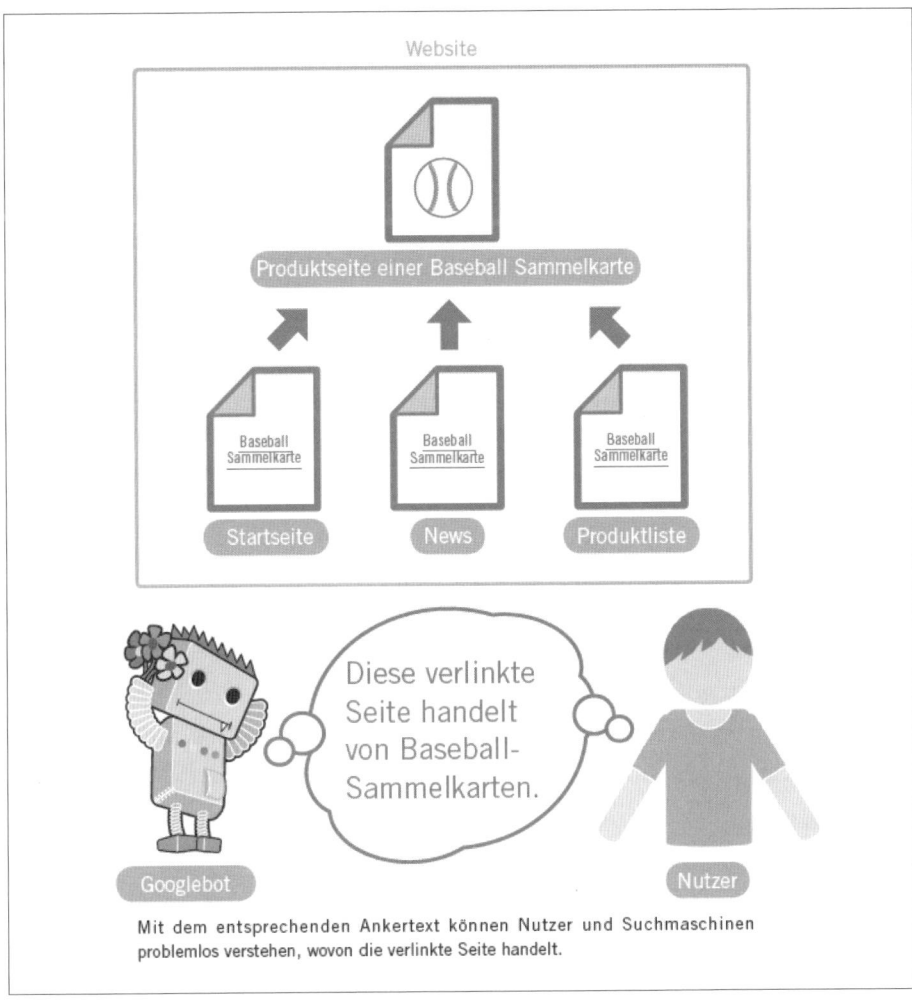

Abbildung 1-36: Beschreibende Ankertexte helfen sowohl Nutzern als auch Suchmaschinen.
(Quelle: Einführung in die Suchmaschinenoptimierung, PDF von Google)

Da Nutzer irgendwo auf einer Website einsteigen können, ist es hilfreich, ihnen eine Orientierung zum aktuellen Aufenthaltsort zu bieten. Hierbei helfen sogenannte *Brotkrumenpfade* (engl. Breadcrumb Path). Diese zeigen Nutzern unter anderem an, ob es eine übergeordnete Seite zur aktuell aufgerufenen gibt. Da die Pfade gleichzeitig als Navigationselement dienen, können Nutzer (und Suchmaschinen) zu höheren Ebenen gelangen. Auch bei Breadcrumbs sollte darauf geachtet werden, dass die Ankertexte den Inhalt der verlinkten Seiten mit den Worten der Zielgruppe beschreiben.

Startseite > Kinder-Hörbücher > Märchen			
Märchen			Alle 879 Märchen Hörbücher
Alter: bis 6 Jahre (1556)	Alter: über 6 Jahren (2917)	Alter: über 8 Jahren (1617)	Beliebte Figuren (1301)
Detektive (205)	Fantasy & Spuk (783)	Gedichte & Lieder (171)	Kinderbuch-Klassiker (419)
Kleine Leute, weite Welt (647)	**Märchen** (879)	Piraten, Ritter & Historisches (207)	Tiergeschichten (872)
Wissen für Kinder (595)			

Abbildung 1-37: Der Breadcrumb Path zeigt nicht nur an, wo sich ein Nutzer gerade befindet, sondern hilft auch bei der Navigation.

Website-Struktur mit Tools analysieren

Insbesondere bei Webauftritten mit vielen Unterseiten, können Tools bei der umfassenden Analyse der Website-Struktur sehr helfen. Diese sagen Ihnen nicht nur, welche Seiten besonders häufig verlinkt sind, sondern auch, mit wie vielen Klicks sie auf dem kürzesten Weg von der Startseite aus zu erreichen sind. Zudem helfen diese Tools dabei, Verweise auf nicht mehr existierende Dokumente innerhalb des Webauftritts zu identifizieren. Solche Informationen stehen Ihnen auch in der Google Search Console unter »Crawling-Fehler« zur Verfügung (siehe Kapitel 6).

Häufig genutzte (kostenpflichtige) Tools zum Crawlen einer Website sind:

- Screaming Frog (*http://www.screamingfrog.co.uk* – *http://seobuch.net/269*)
- Seoratio-Tools (*http://www.seoratiotools.com* – *http://seobuch.net/850*)
- Audisto (*https://audisto.com/* – *http://seobuch.net/197*)
- Onpage.org (*https://de.onpage.org* – *http://seobuch.net/929*)
- Beam Us Up (*http://beamusup.com/* – *http://seobuch.net/051*)
- Microsoft SEO Toolkit (*https://www.microsoft.com/web/seo/* – *http://seobuch.net/398*)
- Xenu's Link Sleuth (*http://home.snafu.de/tilman/xenulink.html* – *http://seobuch.net/409*)

Das *Microsoft SEO Toolkit* ist komplett kostenfrei. Andere Tools, beispielsweise *Screaming Frog* und *Onpage.org*, bieten kostenfreie Versionen mit eingeschränktem Funktionsumfang. Genauere Informationen finden Sie auf der Website des jeweiligen Tools.

Aus einem Crawl Optimierungspotenziale ableiten

Je größer eine Website ist, also je mehr Adressen (URLs) es auf dieser gibt, desto schwerer wird es, sich ohne Hilfsmittel einen Überblick über die Website zu verschaffen. Besonders für strukturelle Optimierungen großer Websites ist die Erstellung eines Crawls unerlässlich. Nachdem der von Ihnen genutzte Crawler die Website durchlaufen hat, erhalten Sie eine Auswertung wie etwa diese:

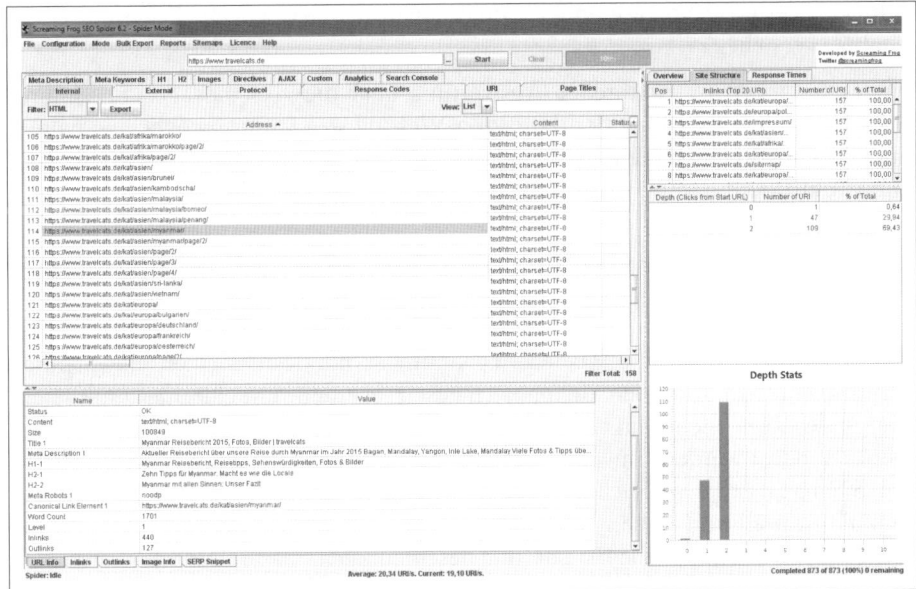

Abbildung 1-38: Analysieren Sie mithilfe eines Crawls, wie gut einzelne Ihnen wichtige Seiten innerhalb der Website erreichbar sind.

Einen Blick sind die *Depth Stats* wert. Diese Auswertung sagt Ihnen, wie viele Klicks die im Crawl gefundenen Seiten auf dem kürzesten Weg von der Startseite entfernt sind.

Ist eine Adresse direkt von der Startseite aus zu erreichen, befindet sie sich auf der ersten Ebene (oder auch Level). Ist eine Seite nur von einer Seite auf der ersten Ebene aus erreichbar, ist sie folglich zwei Klicks von der Startseite entfernt. Die Daten des Crawls zeigen, dass hier jede der gecrawlten Seiten des Webauftritts innerhalb von zwei Klicks von der Startseite aus erreicht werden kann. Das ist ein guter Wert, der aber auch nur deshalb möglich ist, weil die Seite insgesamt über eine überschaubare Anzahl von Adressen verfügt.

Die Anzahl an Adressen auf den einzelnen Levels ist aber nicht die einzige interessante Auswertung, denn die ermittelten Ebenen sagen erst mal nichts darüber aus, wie viele Seiten sich insgesamt direkt auf eine bestimmte Adresse beziehen. Im Extremfall kann eine URL auf der ersten Ebene liegen (da sie direkt von der Startseite aus erreichbar ist), aber insgesamt nur über diesen einen Link erreichbar sein. Deshalb ist es wichtig, zu analysieren, wie viele direkte eingehende Links eine Seite insgesamt hat – und wie ihre Erreichbarkeit im Vergleich zu anderen Adressen der Website zu bewerten ist.

Laut der Daten verfügt die von mir ausgewählte Adresse über insgesamt 440 eingehende Verweise und befindet sich auf Level 1. Folglich ist die Seite direkt von der Startseite aus erreichbar, darüber hinaus aber auch von vielen anderen Adressen.

Analysieren Sie für Ihre Website, wie viele Verweise es auf die für Sie wichtigen Adressen gibt, wie viele Klicks diese Seiten von der Startseite aus entfernt sind und mit welchen Ankertexten die Adresse verlinkt wird. Die Ankertexte interner Links sollten idealerweise Nutzern und Suchmaschinen gleichermaßen helfen, den Seiteninhalt zu verstehen.

Noch ein Tipp zur strukturellen Auswertung über die verschiedenen Level Ihrer Website: Versuchen Sie, die Struktur Ihrer Website so flach wie möglich zu halten. Sind einzelne Adressen mehr als zehn Klicks von der Startseite weg, sollten Sie über eine Strukturoptimierung nachdenken.

Mit Sitemaps Suchmaschinen über neue Inhalte informieren und die Indexierung beschleunigen

Um sicherzustellen, dass es zu jedem Dokument mindestens einen eingehenden Verweis (Link) gibt, können Sitemaps eingesetzt werden. Ein einzelner Link reicht zwar in der Regel nicht, um ein gutes Ranking in Suchmaschinen zu gewährleisten, aber zumindest werden Crawler über eine Adresse informiert. Ein weiterer Vorteil von Sitemaps ist, dass Suchmaschinen regelmäßig auf die Datei zugreifen und dadurch schnell von neuen oder aktualisierten Dokumenten erfahren. Entsprechend können Sitemaps die Indexierung beschleunigen.

Sitemaps gibt es in zwei verschiedenen Ausführungen: Es gibt Sitemaps, die sich nur an Suchmaschinen richten und meistens im XML-Dateiformat vorliegen, und Sitemaps, die im HTML-Format erstellt sind und eine Übersicht über den Webauftritt für Nutzer gewährleisten.

Im Fall von XML-Sitemaps ist es möglich, nicht nur die Adresse von Webressourcen zu übermitteln, sondern auch weitere Informationen zu den Adressen wie das Datum der letzten Überarbeitung (die `<lastmod>`-Angabe) zu übersenden. Auch für Bilder, Videos und Newsseiten gibt es die Möglichkeit, die Indexierung von Inhalten über Sitemaps sicherzustellen und zu beschleunigen.

Die folgende Abbildung zeigt eine XML-Sitemap, die neben Verweisen auf normale Dokumente Verweise auf Bilder, die in diese Webauftritte eingebettet sind, an Suchmaschinencrawler übermittelt.

```
<url>
    <loc>http://www.travelcats.de/asien/kambodscha/angkor-wat-reisebericht-siem-reap/</loc>
    <lastmod>2016-02-07T19:53:14+01:00</lastmod>
    <changefreq>weekly</changefreq>
    <priority>0.6</priority>
    <image:image>
        <image:loc>http://www.travelcats.de/wp-content/uploads/2016/01/Angkor_Wat_003.jpg</image:loc>
        <image:caption><![CDATA[Die Tempel von Angkor]]></image:caption>
    </image:image>
    <image:image>
        <image:loc>http://www.travelcats.de/wp-content/uploads/2016/01/Siem-Reap-600x413.jpg</image:loc>
        <image:caption><![CDATA[Siem Reap]]></image:caption>
    </image:image>
    <image:image>
        <image:loc>http://www.travelcats.de/wp-content/uploads/2016/01/Sral_Srang_001-600x400.jpg</image:loc>
        <image:caption><![CDATA[Sral Srang 001]]></image:caption>
    </image:image>
    <image:image>
        <image:loc>http://www.travelcats.de/wp-content/uploads/2016/01/Angkor_Wat_009-600x400.jpg</image:loc>
        <image:caption><![CDATA[Angkor Wat 009]]></image:caption>
    </image:image>
```

Abbildung 1-39: In dieser XML-Sitemap werden Webadressen und Bilder referenziert.

Auch wenn über die interne Verlinkung sichergestellt ist, dass alle für die Suchmaschinen relevanten Dokumente erreicht werden können, sind Sitemaps weiterhin eine gute Möglichkeit, die Indexierung und Aktualisierung von Webseiten zu beschleunigen. Für über die Google Search Console eingereichte Sitemaps erhalten Sie zudem eine Indexierungsauswertung. Mehr zu diesem Thema finden Sie in Kapitel 6 über den Menüpunkt *Crawling* der Google Search Console.

Für viele der gängigen Content-Management-Systeme gibt es entweder eingebaute Funktionen zur Erstellung von XML-Sitemaps oder Erweiterungen, die diese Funktionalität nachrüsten.

Alternativ helfen Onlineprogramme dabei, einmalig eine Sitemap zu erstellen. Über eine Suchanfrage wie *https://www.google.de/search?q=sitemap+generator* (*http://seobuch.net/386*) werden Sie sicher fündig.

Bereit fürs mobile Zeitalter: perfekte Darstellung auf Smartphones, Tablets & Co.

Wenn Sie sich in Bus und Bahn umsehen oder das eigene Surfverhalten beobachten, werden Sie bemerken, dass immer mehr Suchanfragen über mobile Endgeräte abgegeben werden. Aufgrund der geringeren Displaygröße erfordern mobile Endgeräte eine im Vergleich zu Desktopgeräten andere Aufbereitung der Inhalte und vor allem eine andere Darstellung.

Damit Google Ihnen über die Suchergebnisse auch die Nutzer mobiler Endgeräte vermittelt, müssen Sie einen auf Mobilgeräte optimierten Webauftritt haben. Andernfalls werden Sie über mobile Geräte schlechter gefunden.

Ein Blick in Ihre Webanalysesoftware wird Ihnen die Frage nach dem Anteil von Zugriffen über Mobilgeräte beantworten.

Technisches Setup zur mobilen Optimierung

Um Inhalte mobile-optimiert darzustellen, gibt es verschiedene technische Möglichkeiten:

- Responsive Webdesign
- Dynamic Serving
- Separate Mobile Website
- Apps (mit Abstrichen)

Tabelle 1-3: Die technischen Umsetzungen der mobilen Optimierung im Vergleich

Technische Variante	Gleiche URL wie Desktop?	Gleicher HTML-Code?
Responsive Webdesign	ja	ja
Dynamic Serving	ja	nein
Separate Mobile Website	nein	nein

Responsive Design

Wenn eine Website auf Responsive Design setzt, wird die Inhaltsdarstellung mithilfe verschiedener CSS-Dateien (*Cascading Style Sheets*) an die verwendete Auflösung des Endgeräts angepasst. Bei diesem technischen Setup wird auf bereits bestehende URLs zurückgegriffen. Smartphones, Tablets und klassische Desktopgeräte greifen also auf dieselbe URL zu, und es ist keine Weiterleitung notwendig.

Dieses Setup erleichtert Suchmaschinen das Crawling, da hier dem SEO-Ziel »ein Inhalt, eine URL« entsprochen wird. Daher ist der Einsatz von Responsive Webdesign die von Suchmaschinen bevorzugte Variante. Weitere Details finden Sie unter *https://developers.google.com/webmasters/mobile-sites/mobile-seo/configurations/responsive-design* (*http://seobuch.net/962*).

Dynamic Serving

Beim Dynamic Serving (dynamische Bereitstellung) werden ebenfalls keine neuen URLs erzeugt. Im Gegensatz zum Responsive Design wird allerdings je nach Gerätetyp beziehungsweise User-Agent (also der Identifizierung eines Zugriffgeräts beziehungsweise -typs) ein anderer HTML- und gegebenenfalls auch CSS-Code vom Server bereitgestellt.

Da dieses Setup für Suchmaschinen nicht direkt ersichtlich ist, sollte die Angabe »Vary: User-Agent« beim Aufruf der URL über den HTTP-Header übertragen werden. Weitere Informationen hierzu finden Sie unter *https://developers.google.com/webmasters/mobile-sites/mobile-seo/configurations/dynamic-serving* (*http://seobuch.net/367*).

Separate mobile Website

Viele Websites verwenden weiterhin eine separate mobile Website. Diese läuft entweder als Subdomain auf derselben Domain wie die Desktop-Website (z. B. *m.zalando.de*) oder auf einem separaten Domainnamen (z. B. *golem.mobi*).

Durch den Einsatz eines anderen Hostnamens werden im Vergleich zur Desktop-Website andere URLs erzeugt. Suchmaschinen finden folglich denselben Inhalt in identischer oder sehr ähnlicher Form unter verschiedenen Adressen. Der eine oder andere Leser wird deshalb direkt an Duplicate Content denken. Und das ist richtig.

Um Suchmaschinen über die Beziehung der URLs zueinander aufzuklären, ist folglich der Einsatz von Canonical Tags notwendig. Die mobil-optimierte Adresse verweist über das Canonical Tag auf die Desktopvariante des Inhalts, während sie als alternative URL von der Desktopadresse angegeben wird.

```
<link rel="alternate" media="only screen and (max-width: 640px)" href="https://m.douglas.de/douglas/"/>
```

Abbildung 1-40: Die Startseite von Douglas.de weist Suchmaschinen auf die mobiloptimierte Adresse hin.

Durch die wechselseitige Verknüpfung der URLs kennt Google nicht nur die mobil-optimierte Adresse eines Inhalts, sondern kann diesen in der Google-Suche auch direkt als Ergebnis zurückgeben. Dadurch wird dem Nutzer (und dem Server) die Weiterleitung erspart, und der Inhalt wird schneller geladen.

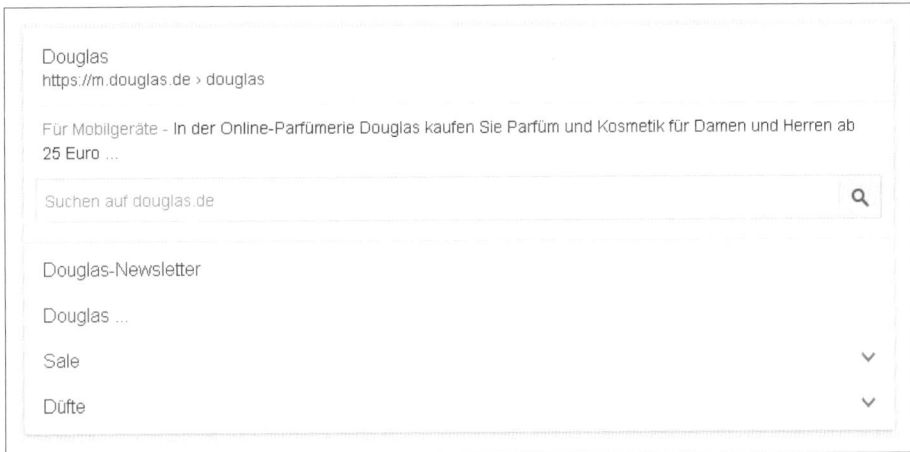

Abbildung 1-41: Google leitet Smartphone-Nutzer dank der Desktop-Mobile-Verknüpfung direkt auf die mobile-optimierte Adresse.

Weitere Details zum technischen Setup finden Sie unter *https://developers.google.com/webmasters/mobile-sites/mobile-seo/configurations/separate-urls* (*http://seobuch.net/674*).

Apps mit der eigenen Website verknüpfen

Mobile-optimierte Inhalte nur in Apps zur Verfügung zu stellen, ergibt aktuell (noch) wenig Sinn. Denn dann müssen Sie alle Besucher, die nicht über Desktopgeräte zu Ihnen kommen, davon überzeugen, die App zu installieren. Stellen Sie deshalb am besten weiterhin einen mobile-optimierten Webauftritt zur Verfügung.

Apps können über das sogenannte *Firebase App Indexing* für Suchmaschinen durchsuchbar und mit Websites verknüpft werden. Wenn ein Nutzer die App installiert hat und über das entsprechende Endgerät sucht, kann der Einstieg – aus der Google-Suche kommend – in der App stattfinden. Zudem ermöglicht die App-Indexierung, dass App-Inhalte bei geräteinternen Suchen als Suchtreffer auftauchen können. Durch die Indexierung ist es außerdem möglich, dass App-Inhalte als Suchergebnis auftauchen und Nutzer dadurch zur Installation der App animiert werden.

Eine Installation der App nach einem Klick auf das App-Suchergebnis wird allerdings zukünftig nicht mehr notwendig sein, wenn Google das sogenannte *App Streaming* ausweitet. Durch App Streaming werden App-Inhalte wie normale Websites dargestellt. Diese Funktion wurde erstmals im November 2015 angekündigt, ist aber aktuell noch nicht in den Suchergebnissen abgebildet. Weitere Informationen finden Sie im englischsprachigen Techcrunch-Artikel unter *https://techcrunch.com/2015/11/18/google-search-now-surfaces-app-only-content-streams-apps-from-the-cloud-when-not-installed-on-your-phone/* (*http://seobuch.net/851*).

Ladegeschwindigkeit Ihrer Webseiten optimieren

Es gibt nur sehr wenige Menschen, die mit großer Freude warten. Auch im Netz kann es vielen Nutzern nicht schnell genug gehen. Doch immer wieder gibt es Websites, die gefühlt im Zeitlupentempo über die Internetleitung gesendet werden. Neben temporären Problemen mit der Ladegeschwindigkeit, zum Beispiel durch viele Zugriffe, gibt es viele Websites, die einfache Möglichkeiten zur Optimierung der Ladegeschwindigkeit nicht nutzen.

Kritische Punkte für die Ladegeschwindigkeit sind die Anzahl der Webserveranfragen pro Seitenaufbau sowie die Größe jeder einzelnen eingebetteten Ressource. Denn beim Aufruf einer Seite wird nicht nur ein Dokument übertragen, sondern es werden alle von diesem Dokument verlinkten Ressourcen wie Bilder, JavaScript oder CSS-Dateien abgefragt.

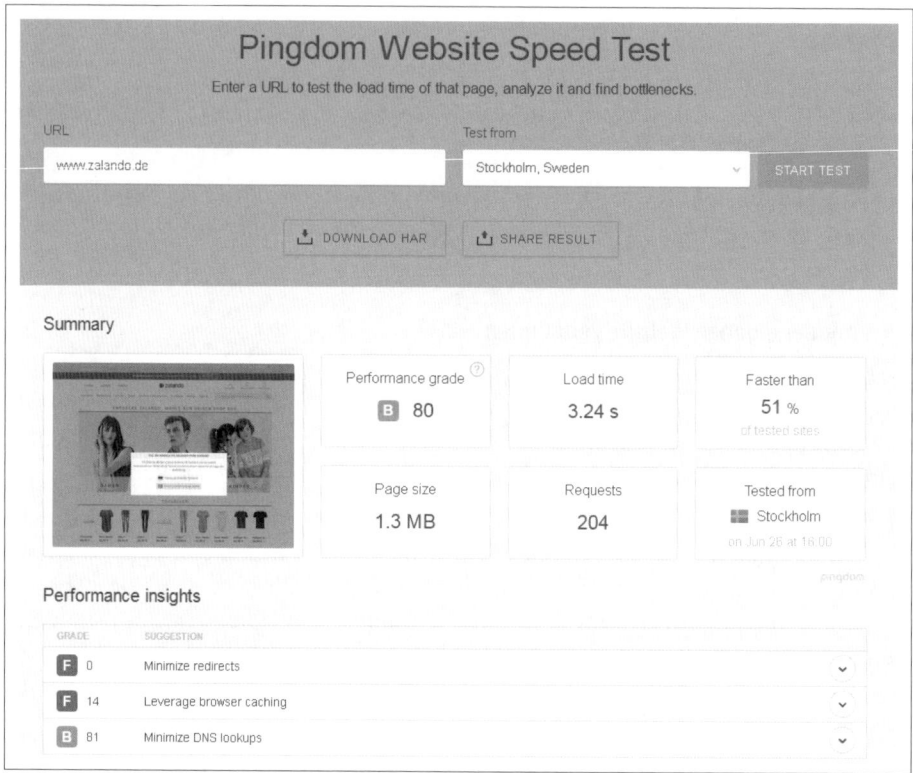

Abbildung 1-42: Laut Test mit pingdom.com sind zum Laden der Zalando-Startseite 204 Anfragen (Requests) notwendig. (Quelle: pingdom.com)

Wichtige Schritte zur Verbesserung der Ladezeit sind:

- **Caching**: Wenn sich der Seiteninhalt zwischen einzelnen Aufrufen nicht ändert, sollten Sie ihn zwischenspeichern. Da dadurch die Anzahl der Daten- beziehungsweise Datenbankabfragen reduziert wird, lädt die Seite wesentlich schneller.

Für viele Content-Management-Systeme wie WordPress gibt es kostenfreie Caching-Plug-ins.

- **Dateien zusammenfassen**: Anstatt z. B. viele einzelne JavaScript-Dateien einzubinden, sollten Sie diese lieber in wenigen Dateien zusammenfassen.
- **Bilder optimieren**: Laden Sie Bilder immer in der Abmessung, in der Sie das Bild auf der Seite anzeigen. Eine Verkleinerung eines Bilds mit 1.000 × 1.000 Pixeln auf 250 × 250 Pixel mithilfe von Styling-Angaben sollte nicht das Ziel sein. Binden Sie lieber das Bild in der Breite von 250 Pixeln ein und nutzen Sie für das Web optimierte Dateiformate.
- **Dateien komprimieren**: Senden Sie Dateien, wenn möglich, in komprimierter Form an den Browser. Das Packen und Entpacken der Dateien erfolgt in der Regel schneller, als die ungepackte Variante zu senden.
- **Schneller Server**: Natürlich haben die verwendete Hardware des Webservers und die zur Verfügung stehenden Ressourcen einen deutlichen Einfluss auf die Ladegeschwindigkeit. Bei günstigen Webhosting-Angeboten stehen in der Regel nur sehr begrenzte Ressourcen für jeden Kunden zur Verfügung.

Tools zur Messung und Ableitung von Performanceoptimierungen sind unter anderem *PageSpeed Insights* (*https://developers.google.com/speed/pagespeed/insights/* – *http://seobuch.net/767*) von Google, die Browsererweiterung *Yslow* (*http://yslow.org/* – *http://seobuch.net/889*), *GTMetrix* (*https://gtmetrix.com/* – *http://seobuch.net/365*), *Webpagetest* (*https://www.webpagetest.org/* – *http://seobuch.net/098*) und das gezeigte Tool *Pingdom* (*https://tools.pingdom.com/* – *http://seobuch.net/992*).

Bilder-SEO: Optimierung von Bildern

Bilder sind unerlässlich, wenn es darum geht, attraktive Webinhalte für Nutzer bereitzustellen.

In einer Studie hat der SEO-Toolanbieter *Searchmetrics* herausgefunden, dass Bilder nach Produktanzeigen die häufigste Integration von sogenannten »Universal Search-Elementen« in der Google-Suche darstellen.

Tipp In der »normalen« Google-Suche werden Ergebnisse der Google-Spezialsuchen wie *Bilder*, *Videos* oder *Shopping* integriert. Aus diesem Grund wird von der universellen Suche gesprochen, da diese eben nicht nur Textergebnisse zurückliefert.

Die Studie können Sie unter *http://www.searchmetrics.com/de/knowledge-base/universal-search-studie/* (*http://seobuch.net/417*) herunterladen.

Ihre Webseiten werden durch passende Bilder also nicht nur attraktiver, Sie erschließen sich auch einen weiteren möglichen Besucherkanal über (Bilder-)Suchmaschinen. Hier hat Google eine enorme Reichweite und stellt Bilder nicht nur als Ergebnisse von expliziten Bildersuchen bereit, sondern auch in den »normalen« Google-Suchergebnissen.

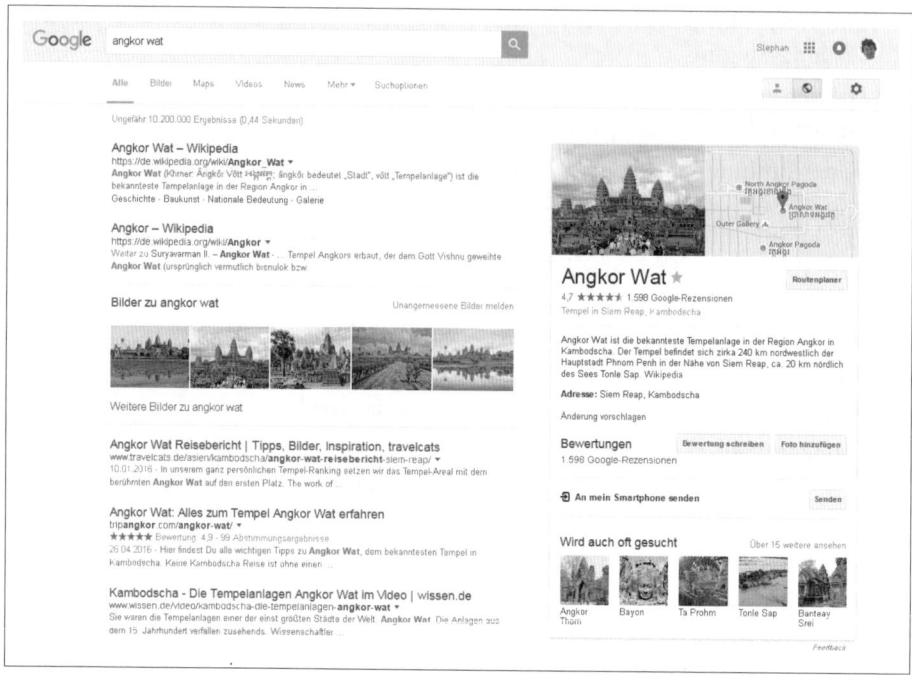

Abbildung 1-43: Bei der Suche nach »Angkor Wat« werden Bilder prominent angezeigt.

Da in den Bildergebnissen nicht zwangsläufig dieselben Webseiten gelistet sind, die als normale Textsuchtreffer angezeigt werden, bietet sich durch die richtige Optimierung von Bildern eine Möglichkeit, auf der ersten Ergebnisseite sichtbar zu werden und Besucher zu erreichen. Um die Anzahl der Klickmöglichkeiten auf Ihre Website zu erhöhen, sollten Sie natürlich versuchen, sowohl in den Bildergebnissen als auch in den (un-)bezahlten Suchtreffern vertreten zu sein.

 **Tipp**   Bedenken Sie, dass auch (gut in der Google-Suche auffindbare) Bilder im Zuge eines Website-Relaunchs beachtet werden müssen. Wenn Bilder nicht mehr unter den vorher bekannten Adressen zur Verfügung stehen und nicht weitergeleitet werden, sind die bisherigen (Ranking-)Signale verloren!

Sie kennen es vermutlich von der Bildersuche auf Ihren eigenen Geräten: Mit einem Dateinamen wie DSC_0010.jpg können Sie wohl kaum auf den Inhalt eines Bilds schließen, ohne es zu öffnen. Auch Nutzer, die über die Suche auf Ihre Bilder stoßen, oder Suchmaschinencrawler haben dieses Problem. Daher ist es eine einfache, aber wirksame Idee, Bildern sprechende und aussagekräftige Dateinamen zu geben Ein wichtiger Schritt zur verbesserten Auffindbarkeit von Bildern ist so bereits gemacht. Darüber hinaus sollten Sie Suchmaschinen und Menschen mit Seheinschränkungen, die über Screenreader durch das Internet navigieren, den Inhalt des Bilds über den sogenannten *ALT-Text* verdeutlichen.

Der ALT-Text erscheint in vielen Browsern anstelle des Bilds, wenn Nutzer das Laden von Bildern blockieren oder das Bild aus anderen Gründen nicht geladen werden kann.

> ## Das richtige Bilddateiformat
>
> Bandbreite ist auch in Zeiten von DSL und UMTS ein begrenztes Gut. Aus diesem Grund sollten Sie bei Bildern darauf achten, dass diese möglichst weboptimiert und komprimiert sind und in der Abmessung vorliegen, in der sie auf der Webseite dargestellt werden – nicht größer. Denn andernfalls wird der Seitenaufbau deutlich verlangsamt, was wiederum zu einer schlechten Nutzererfahrung und einem nicht optimalen Ranking in Suchmaschinen führen kann.
>
> Tools wie *TinyPNG* (*https://tinypng.com/* – *http://seobuch.net/556*) und *JPEGmini* (*http://www.jpegmini.com/* – *http://seobuch.net/002*) helfen Ihnen dabei, Bilder möglichst gut zu komprimieren.
>
> Wichtig: Wenn Sie ein Bild nachträglich bearbeiten und unter derselben Adresse wieder online stellen, handelt es sich für Suchmaschinen um ein neues Bild, das hinsichtlich seiner Signale neu bewertet wird.

Neben einem passenden Bildnamen sowie einem den Inhalt des Bilds beschreibenden ALT-Text wollen Sie natürlich auch, dass das Bild in einem relevanten Kontext erscheint. Denn es ist vermutlich nicht Ihr Ziel, einfach nur ein Bild zu zeigen, Sie möchten ein insgesamt relevantes Dokument präsentieren. Für Nutzer und Suchmaschinen ist es gleichermaßen hilfreich, wenn ein passender Text das Bild umgibt, eine Bildunterschrift eingeschlossen. Auch ein Bildtitel kann hilfreich sein. Ein gut optimiertes Bild kann also beispielsweise so ausgezeichnet werden:

```
<img src="sonnenaufgang-bagan-heissluftballons.jpg" alt="Sonnenaufgang über Bagan" title="Täglich starten Heißluftballons in den Morgenhimmel über den Tempeln von Bagan">
```

Ein Wort noch zur Optimierung der Ladegeschwindigkeit: Anstatt auf jedem Gerät dieselben Bildabmessungen auszuspielen, sollten Sie überlegen, für Smartphones und Tablets in der Abmessung kleinere Varianten eines Bilds bereitzuhalten. Im Quelltext können die unterschiedlichen Versionen über `srcset` angegeben werden. Das kann dann in etwa so aussehen: `<img srcset="bild-gross.jpg 1920w,bild-mittel.jpg 960w, bild-klein.jpg 480w" src="bild-mittel.jpg">`

Abhängig von der Displaygröße wird der Browser das Bild vom Webserver anfragen, was am besten zur verwendeten Auflösung passt.

> ## Bilder-Sitemaps
>
> Um eine vollständige Indexierung Ihrer Bilder zu gewährleisten, können Sie diese in sogenannten Bilder-Sitemaps – wie von anderen Sitemaps bekannt – bei Suchmaschinen einreichen.
>
> →

> Bilder-Sitemaps bieten Suchmaschinen zudem die Möglichkeit, mehr über den Inhalt eines Bilds zu erfahren, wenn Bildtitel und Bildunterschrift übermittelt werden.
>
> ```xml
> <?xml version="1.0" encoding="UTF-8"?>
> <urlset xmlns="http://www.sitemaps.org/schemas/sitemap/0.9"
>     xmlns:image="http://www.google.com/schemas/sitemap-image/1.1">
>   <url>
>     <loc>http://example.com/sample.html</loc>
>     <image:image>
>       <image:loc>Speicherort des Bildes</image:loc>
>       <image:caption>Bildbeschriftung</image:caption>
>       <image:title>Bildtitel</image:title>
>     </image:image>
> </urlset>
> ```
>
> Weitere Informationen finden Sie unter *https://support.google.com/webmasters/answer/178636?hl=de* (*http://seobuch.net/933*).

Offpage-Optimierung: durch relevante Verweise mehr Besuche erzielen

Während es bei der Onpage-Optimierung darum geht, Webseiten mit möglichst relevanten Inhalten zu erstellen, geht es bei der Offpage-Optimierung darum, die Popularität dieser Dokumente zu erhöhen. Neben der Popularität eines Dokuments innerhalb der eigenen Website (Stichwort »interne Links«) ist es vor allem die Popularität eines Dokuments im Web, gemessen an externen Verweisen auf dieses Dokument, die einen großen Einfluss auf das Ranking hat.

Einfach gesagt: Suchmaschinen gehen davon aus, dass sich anhand der Qualität und Quantität von (natürlich entstandenen) Verlinkungen eine zuverlässige Unterscheidbarkeit von (inhaltlich ähnlich relevanten) Dokumenten berechnen lässt und diese somit nach Wichtigkeit sortiert werden können.

> ### Google PageRank
>
> Mit *Google PageRank* wird ein Ranking-Algorithmus beschrieben, den Google zur Berechnung der Suchergebnisse einsetzt(e). Namensgeber ist der Google-Gründer Larry Page, der das hinter dem PageRank stehende Konzept zusammen mit seinem Mitgründer Sergey Brin entwickelte.
>
> Jeder Seite wird dabei eine Gewichtung zugewiesen, die sich aus der Quantität und Qualität eingehender Verlinkungen ergibt. Den PageRank in Form von Werten zwischen »nicht vorhanden« und 10 zeigte Google in der eigenen Toolbar an und lieferte Nutzern somit einen optischen Indikator für die Relevanz einer Seite.
>
> Die Anwendung des Algorithmus führte nicht dazu, dass eine Adresse mit einem PageRank von 4 zwingend vor einer Seite mit einem geringeren PageRank gefunden wurde.
>
> →

> In den Google-internen Berechnungen lag eine wesentliche feinere Unterteilung der PageRank-Werte vor, die allerdings nicht über die Toolbar einsehbar waren. Und der PageRank ist nur einer von vielen Faktoren, die Google zur Ranking-Bestimmung heranzieht.
>
> Seit April 2016 hat Google den über die Toolbar abfragbaren PageRank-Wert komplett deaktiviert. Es ist also nicht mehr möglich, diesen von Google kommunizierten groben Wert für eine Adresse abzufragen. Inwieweit Google intern den PageRank weiterhin verwendet, ist nicht bekannt.

Webmaster möchten über eingehende Verweise möglichst viele relevante Besucher auf den eigenen Webauftritt aufmerksam machen. Suchmaschinen gewichten Verweise allerdings unterschiedlich – und manche womöglich auch gar nicht. Schauen wir uns Verlinkungen in bezahlten Textanzeigen an, beispielsweise auf Zeitungsseiten unterhalb eines Artikels oder in der Sidebar. Diese erzeugen zwar auch einen Verweis, werden von Suchmaschinen in der Regel aber nicht gewertet.

Zwar hört man immer wieder, dass es gegen Google-Webmaster-Richtlinien verstoßen würde, wenn man sich aktiv um Links bemüht, doch das ist in dieser Form nicht ganz richtig wiedergegeben. So schreibt Google im PDF »Einführung in die Suchmaschinenoptimierung« (*http://seobuch.net/228*) Folgendes: »Zwar werden die meisten Links eurer Site nach und nach gewonnen, indem Menschen die Website über die Websuche oder andere Wege kennenlernen und darauf verlinken, aber Google ist klar, dass ihr andere gerne über euren Content informieren wollt, in den ihr viel Arbeit gesteckt habt. Effektives Promoten eures neuen Contents führt zu schnellerer Verbreitung unter denjenigen, die sich für genau dieses Thema interessieren. (Das Promoten eurer Website und qualitativ hochwertige Links können die Reputation eurer Website verbessern.) Wie bei den meisten Tipps in diesem Dokument kann es allerdings der Reputation eurer Website schaden, wenn ihr es übertreibt.«

Google nennt auf der folgenden Seite, was Sie als Webmaster vermeiden sollten, nämlich

- Webmaster aller Seiten mit verwandter Thematik mit der Bitte um Links zuzuspammen (also zu nerven) und
- das Bemühen um Links von anderen Seiten, wenn es nicht um Traffic, sondern nur um den PageRank (oder auch Linkjuice) geht.

Es ist also kein Problem, andere Webmaster auf die eigenen Inhalte aufmerksam zu machen. Problematisch wird es immer dann, wenn aggressiv vorgegangen wird und die Website-Themen nicht berücksichtigt werden. Besonders kritisch ist auch, wenn durch Bezahlung oder Gratisartikel keine objektive und freiwillige Verlinkung mehr stattfindet, sondern eine incentivierte (vergütete) Verlinkung zu einer Website gesetzt wird.

Ein solches Vorgehen wird in den Webmaster-Richtlinien zum Thema Linkaufbau explizit als Verstoß benannt. Dort heißt es: »Kauf oder Verkauf von Links, die Page-

Rank weitergeben. Dazu gehören der Austausch von Geld für Links oder Beiträge, die Links enthalten, sowie der Austausch von Waren oder Dienstleistungen für Links. Darüber hinaus zählt dazu auch das Senden ›kostenloser‹ Produkte, wenn Nutzer im Gegenzug etwas darüber schreiben und einen Link einfügen.« Weitere Beispiele zu diesem Thema können unter *https://support.google.com/webmasters/answer/66356?hl=de* (*http://seobuch.net/804*) nachgelesen werden.

Die Bedeutung des Ankertexts

Zur Erinnerung: Mit Anker- oder Linktext wird der Text bezeichnet, der als Hyperlink fungiert, also angeklickt werden kann, und über den man von einem Webdokument zu einem anderen gelangt. Wenn nach einem Klick auf *SEO-Analyse* ein anderes Dokument im Browser aufgerufen wird, ist *SEO-Analyse* der Ankertext dieser Verlinkung.

Für Suchmaschinen und Nutzer ist ein inhaltsbeschreibender Ankertext gleichermaßen hilfreich. Er lässt schon vor dem Besuch einer Webseite auf den (vermutlichen) Inhalt schließen. Während interne Ankertexte komplett vom Seitenbetreiber gesteuert werden, ist dies bei externen Verweisen in aller Regel nicht der Fall. Hier beschreiben unterschiedliche Personen den Inhalt des verlinkten Dokuments und empfehlen nur solche Seiten, die ihnen hilfreich erscheinen.

Während interne Links also dazu tendieren, sehr spezifisch und mit wenigen Worten den Inhalt der verlinkten Seite zusammenzufassen, ist das bei externen Links nicht so. Sie kennen das vermutlich: Wenn zehn Personen dasselbe betrachten, beschreiben es alle dennoch mit unterschiedlichen Worten. Auf Ankertexte übertragen, bedeutet dies, dass intern eine Seite mit »SEO Browser-Plug-ins« verlinkt wird, externe Personen aber beispielsweise »interessanter Artikel über Browsererweiterungen für SEOs«, »hier im Überblick« oder »Übersicht über SEO-Browser-Plug-ins« als Ankertext setzen. Das eigentliche Seitenthema kann, muss aber nicht im Ankertext enthalten sein.

Sammelt man die Ankertexte, ergeben diese häufig einen guten Hinweis auf das Seitenthema. So habe ich in unserem Blog einen Artikel zum Thema »Browser-Plug-ins für SEOs« geschrieben, auf den sich immer wieder andere Seiten beziehen. Dieses Thema spiegelt sich in den eingehenden Linktexten wider.

Abbildung 1-44: Betrachtung externer Ankertexte auf einen Artikel zum Thema SEO-Browser-Plug-ins mit majestic.com

Für Suchmaschinen ist diese Inhaltsbeschreibung externer Webmaster ein sehr wichtiges Signal. Denn externe Verweise sagen Suchmaschinen nicht nur, ob ein Inhalt relevant ist, sondern auch, worum es auf der verlinkten Seite geht. Die Kombination aus internen und externen Links ist also ein sehr wichtiger Indikator für Suchmaschinen – und natürlich auch für die Nutzer.

Klassifizierung von Ankertexten

Am obigen Beispiel lässt sich erkennen, dass es sehr unterschiedliche Typen von Ankertexten gibt. Häufig werden diese in die folgenden Gruppen eingeteilt:

- Marken- beziehungsweise Website-bezogene Ankertexte (z. B. trustagents.de, Trust Agents)
- Keyword-Ankertexte (z. B. SEO-Agentur, SEO)
- Mischform aus Marke und Keyword (z. B. SEO-Agentur Trust Agents)
- URL-Verlinkungen (z. B. www.trustagents.de/kontakt)
- sonstige Ankertexte (z. B. hier, unter dieser Adresse, weitere Informationen)

Im Hinblick auf eine Ranking-Verbesserung sind besonders solche Ankertexte interessant, die Suchmaschinen einen Hinweis auf den Seiteninhalt geben. Durch diese kann das Ranking tendenziell optimiert werden.

Diese inhaltsbeschreibenden Ankertexte werden als *Keyword-* oder auch *Money-Ankertexte* bezeichnet, da sie in Zusammenhang mit wiederholt nachgefragten Suchbegriffen stehen und regelmäßig zu Onlinetransaktionen wie Produktverkäufen oder Kontaktanfragen führen. Sie stehen also aus betriebswirtschaftlicher Sicht im Zusammenhang mit potenziell umsatzrelevanten Suchanfragen.

Besonders in der Vergangenheit haben sich Suchmaschinenoptimierer darum bemüht, Verlinkungen zu erhalten, die das Seitenthema beziehungsweise Seiten-Keyword beinhalten. Also wurden Links akquiriert, die beispielsweise den Webauftritt eines Möbelshops mit dem Ankertext »Möbel« und ähnlichen Varianten empfehlen. Je höher die (Such-)Nachfrage nach den im Ankertext enthaltenen Keywords war, desto besser. Denn wenn sich durch die bessere Verlinkung das Ranking für diese nachfragestarken Begriffe verbesserte, konnten potenziell mehr Interessenten erreicht werden. So gab es bei vielen Möbelshops eingehende Verweise wie »Möbel«, »Möbel online«, »Möbelversand« und »Möbelshop«. In anderen Branchen sah das nicht anders aus.

Da Suchmaschinen herausfinden möchten, ob es sich um eine freiwillige Empfehlung eines Inhalts handelt oder dieser aus SEO-Gründen existiert, ist es sinnvoll, dass Suchmaschinen die eingehenden Ankertexte hinsichtlich ihrer Natürlichkeit bewerten.

Mit dem Penguin-Update hat Google eine Verbesserung seiner Ranking-Berechnung veröffentlicht, mit der Google sehr viel besser zwischen »natürlichen« und »unnatürlichen« Verlinkungen unterscheiden konnte. Es ging und geht Google darum, Links, die inhaltlich oder redaktionell motiviert sind (also echte Empfehlungen darstellen), von solchen zu unterscheiden, die ausschließlich zur SEO-Optimierung gesetzt wurden. Unnatürlich sind unter anderem solche Links, die gehäuft identische oder sehr ähnliche Ankertexte enthalten oder zu einem bestimmten Zeitpunkt massiv zunehmen. Das lässt auf Manipulation schließen. »Natürlichkeit« ergibt sich zwar nicht nur über variierend verwendete Ankertexte, diese sind aber ein sehr starkes Signal.

Das Penguin-Update hat zu deutlichen Ranking-Veränderungen bei einzelnen Websites geführt. So zeigt das SEO-Tool Sistrix einen starken Rückgang der Sichtbarkeit der Domain *bellmundo.de* Ende Mai 2013, in dem ein Penguin-Update stattfand.

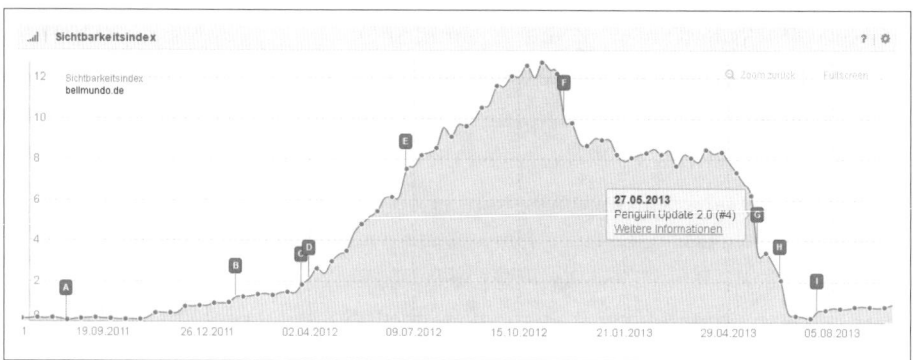

Abbildung 1-45: Das SEO-Tool Sistrix zeigt in der Woche des Penguin-Updates einen deutlichen Sichtbarkeitsrückgang für bellmundo.de. (Quelle: sistrix.de)

Die Vermutung liegt nahe, dass etwas mit dem Linkprofil der Website nicht in Ordnung ist. Und in der Tat lässt die Betrachtung der Ankertexte hier den Schluss zu, dass es Verlinkungen gibt, die nicht natürlich entstanden sind. Ansonsten würde es vermutlich eine größere Vielfalt bei den Formulierungen geben, die Webmaster zur Verlinkung verwendeten.

Abbildung 1-46: Die Ankertexte lassen darauf schließen, dass gezielt optimierte Links aufgebaut wurden. (Quelle: majestic.com)

Tipp Wenn Sie Webmaster nur auf Inhalte hinweisen, ohne ihnen vorzuschreiben, ob und vor allem wie sie auf Ihre Inhalte verlinken sollen, werden Sie vermutlich keine Probleme mit unnatürlichen Linkprofilen bekommen.

Tools für die Offpage-Optimierung

In den Beispielen in diesem Kapitel habe ich bereits Tools erwähnt, die Daten zum Offpage-SEO beliebiger Websites liefern. Gängige Fragen wie die folgenden werden von den meisten Tools beantwortet:

- Welche und wie viele Domains verlinken auf eine Website?
- Wie viele einzelne Links zeigen insgesamt auf einen Webauftritt?
- Von welcher URL wird verlinkt?
- Auf welche Adresse beziehen sich Links?
- Mit welchem Ankertext wird die Seite referenziert?
- Ist ein Link mit nofollow gekennzeichnet?
- Handelt es sich um einen Bild- oder Textlink?
- Wann wurde ein Link erstmalig vom Tool gefunden?
- Welche Inhalte bekommen besonders viele Verweise?

Doch damit nicht genug: Viele Tools erheben eigene Kennzahlen, um die Natürlichkeit und die Stärke eines Verweises zu berechnen. Manche Tools zeigen zudem an, wie viele ausgehende Verweise insgesamt auf einem einzelnen Dokument zu finden sind. Denn je weniger Referenzen von einer Seite ausgehen, desto wichtiger scheint jede einzelne zu sein. Und höchstwahrscheinlich ist ein Link wertvoller, wenn die linkgebende Seite selbst gut verlinkt ist.

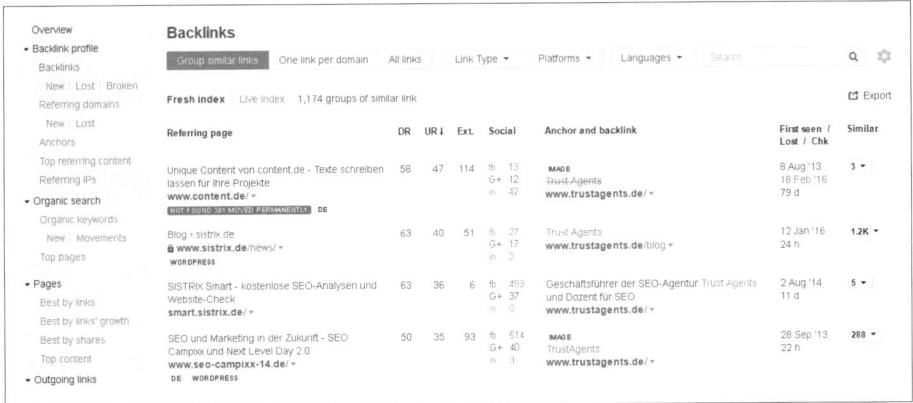

Abbildung 1-47: Das Tool ahrefs.com zeigt unter anderem die Anzahl externer Links (Ext.) der linkgebenden URL an.

Es gibt dabei kein Tool, das alle Verlinkungen einer Website kennt. Auch Google wird sicher nicht alle Links, die irgendwo im Netz auf einen Webauftritt verweisen, (sofort) kennen. Die Erfahrung zeigt, dass sich durch Aggregation von Daten verschiedener Toolanbieter ein deutlich umfassenderes Bild über das Linkprofil einer Website ergibt, als wenn man sich auf ein einzelnes Tool konzentriert.

Zu den bekanntesten Offpage-Tools zählen:

- Ahrefs.com (*https://ahrefs.com/* – *http://seobuch.net/113*)
- CognitiveSEO (*http://www.cognitiveseo.com/* – *http://seobuch.net/180*)
- Link Research Tools (*http://www.linkresearchtools.de/* – *http://seobuch.net/718*)
- Majestic (*https://majestic.com/* – *http://seobuch.net/362*)
- Open Site Explorer (*https://moz.com/researchtools/ose/* – *http://seobuch.net/743*)
- SEOkicks (*https://www.seokicks.de/* – *http://seobuch.net/323*)

Neben diesen Backlink-Spezialtools zeigen Tools wie Sistrix, Searchmetrics, SEMrush oder Xovi ebenfalls Linkdaten an. Da sich diese Tools jedoch nicht schwerpunktmäßig mit der Offpage-Optimierung beschäftigen, ist deren Datenbasis in der Regel kleiner als die der Spezialanbieter.

Manche der genannten Tools bieten eine (un-)befristete Gratisnutzung mit abgespecktem Funktionsumfang an.

So finden Sie relevante Linkquellen

Google selbst nennt einen Indikator für gute Links: »Würden Sie von einem bestimmten Webauftritt verlinkt sein wollen, wenn dieser Link keinerlei Einfluss auf das Ranking in Suchmaschinen hätte? Wollen Sie von einer Website vor allem deshalb verlinkt werden, weil dort potenziell für Sie interessante Besucher zu finden sind?«

Wenn Sie diese beiden Fragen bei der Prüfung eines konkreten Links mit »Ja« beantworten, ist dieser vermutlich relevant und damit ein guter Link. In erster Linie möchten Sie über Links mehr Besucher auf Ihre Inhalte aufmerksam machen. Je größer dabei die thematische Übereinstimmung zwischen dem aktuellen Seiteninhalt des Linkgebers und Ihren Inhalten ist, desto besser. Und je mehr Besucher die linkgebende Website selbst hat, desto mehr Besucher können über diesen Link zu Ihnen kommen.

Tipp   Je schwieriger es ist, einen Link von einer bestimmten Website zu bekommen, desto wertvoller ist ein Link tendenziell.

Ein Beispiel: In einem öffentlichen Forum kann jeder mitschreiben und Links einfügen. Es ist also mit wenig Aufwand möglich, einen Link von dieser Website zu bekommen. Schwieriger wird es allerdings, wenn man selbst nicht in der Lage ist, auf einer Domain Inhalte (mit Links) zu veröffentlichen und der Webmaster nur selten Links auf externe Seiten setzt.

Es gibt verschiedene Möglichkeiten, um relevante Linkquellen zu finden. Einige davon möchte ich Ihnen vorstellen.

Linkquellen über die Websuche finden

Wer hätte es gedacht: Suchmaschinen sind eine ausgezeichnete Möglichkeit, um Seiten zu einem bestimmten Thema zu finden. Durch die Verwendung von Suchoperatoren ist es möglich, ganz bestimmte Seiten zu identifizieren. Am einfachsten greifen Sie auf Suchoperatoren über die erweiterte Suche einer Suchmaschine zu. Die erweiterte Suche von Google kann unter *https://www.google.de/advanced_search* (*http://seobuch.net/072*) aufgerufen werden.

Google unterstützt unter anderem die Suche in

- der URL mittels `inurl:`,
- im Titel eines Dokuments durch `intitle:` sowie
- im Text einer Seite durch `intext:`.

Tipp Die Tatsache, dass Google zum Beispiel die Suche innerhalb des Seitentitels erlaubt, lässt darauf schließen, dass der Seitentitel für Google ein wichtiges (Ranking-)Kriterium ist.

Da unterschiedliche Suchanfragen unterschiedliche Ergebnisse liefern, können Sie durch Modifikation der Suchanfrage unterschiedliche Websites finden.

Um beispielsweise Diskussionsforen zu einem bestimmten Thema zu finden, können folgende Suchanfragen verwendet werden (eine Beispielsuchanfrage finden Sie jeweils nach dem senkrechten Trennstrich):

- [thema] forum | garten forum
- [thema] inurl:forum | garten inurl:forum
- [thema] "powered by phpbb" | garten "powered by phpbb"
- [thema unterthema] forum | garten anlegen forum

Sie fragen sich vielleicht, was es mit »powered by phpbb« auf sich hat? In diesem Beispiel geht es um ein typisches Muster, das in Foren vorkommt. Es gibt unterschiedliche Anbieter von Forensoftware, die natürlich ein Interesse daran haben, auf ihre Software aufmerksam zu machen. Aus diesem Grund ist standardmäßig ein Hinweis auf die verwendete Forensoftware auf den Seiten enthalten.

Abbildung 1-48: Hinweis auf die eingesetzte Software im Footer eines Forums

Solche Muster können Sie sich bei Ihrer Recherche zunutze machen. Ähnlich gehen Sie vor, wenn Sie auf der Suche nach Blogs zu einem bestimmten Thema suchen.

Tipp — Mit Wappalyzer (*https://wappalyzer.com/* – *http://seobuch.net/443*) gibt es ein Programm, das die am häufigsten genutzte Websoftware in bestimmten Kategorien benennt.

Linkprofil von ähnlichen Websites analysieren

Wenn eine Seite auf den vorderen Plätzen der Suchergebnisse platziert ist, liegt das an der Kombination aus inhaltlicher Relevanz und Offpage-Signalen.

Backlink-Tools erlauben es, die Linkprofile der gesamten Domain und einzelner Unterseiten zu analysieren. Sie können also die Suchergebnisse für ein Keyword abfragen, eines davon auswählen und über Backlink-Tools herausfinden, ob und wenn ja welche Webseiten sich auf diese URL beziehen.

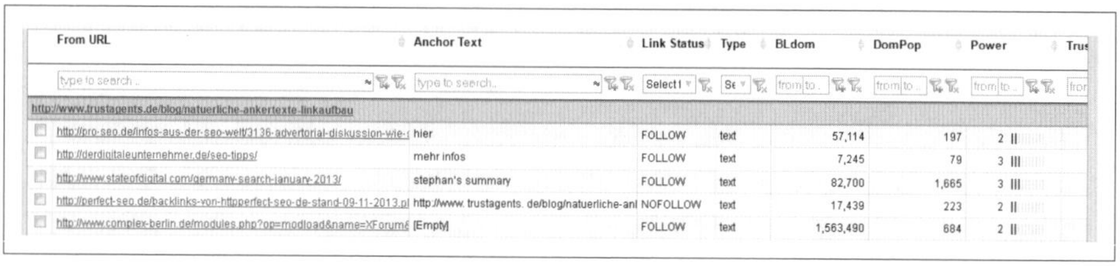

Abbildung 1-49: Analyse eingehender Links einer URL mit LinkResearchTools (Quelle: linkresearchtools.com)

In relevante Verzeichnisse eintragen

Es spricht nichts dagegen, bereits existierende Listen zu nutzen, um relevante Seiten zu finden. Neben Blogverzeichnissen können das auch Webkataloge sein, die Seiten enthalten, die zu Ihren Inhalten passen.

Natürlich schadet es auch nicht, sich selbst in ein relevantes Verzeichnis mit der eigenen Website einzutragen.

Über potenzielle Linkquellen von automatischen Benachrichtigungen informiert werden

Anstatt selbst zu suchen, können Sie sich von Benachrichtigungs- oder Alert-Systemen darüber informieren lassen, wenn im Web ein neuer Inhalt zu einem bestimmten Thema veröffentlicht wurde.

Anbieter für Alerts sind:

- Google Alerts (*https://www.google.de/alerts* – *http://seobuch.net/046*)
- Talkwalker (*http://www.talkwalker.com/de/alerts* – *http://seobuch.net/899*)

Bestehende Partnerschaften zum Linkaufbau nutzen

Natürlich können Sie Ihre persönlichen Netzwerke nutzen, um an Verlinkungen zu kommen. Wenn Sie beispielsweise mit einem anderen Unternehmen schon lange und erfolgreich zusammenarbeiten, spricht für beide Seiten sicherlich nichts dagegen, wenn diese Partnerschaft im Netz über Verlinkungen sichtbar ist.

Fachbegriffe der Offpage-Optimierung

In der SEO-Branche gibt es für die Offpage-Optimierung einige Begriffe, die für Laien nicht direkt verständlich sind. Wenn Sie sich tiefer mit der Offpage-Optimierung auseinandersetzen, werden Ihnen diese Begriffe über den Weg laufen, beispielsweise dann, wenn Sie das Linkprofil einer Website in einem SEO-Tool analysieren.

Bei einem Blick in ein Backlink-Tool sehen Sie häufig diese Kennzahlen und Werte:

Tabelle 1-4: Popularitätskennzahlen im Vergleich

Kennzahl	Beispielwert	Fragestellung und Erklärung
Linkpopularität	87	Wie viele einzelne Links gibt es?
Hostpopularität	20	Von wie vielen Hosts kommen die 87 Links? (z. B. ich.123.de, www.245.de, 245.de)
Domainpopularität	19	Auf wie viele Domains verteilen sich die 20 verlinkenden Hosts? (z. B. 123.de, 245.de)
IP-Popularität	17	Unter wie vielen verschiedenen IPs sind die Hosts zu finden? (z. B. 192.168.2.1, 195.127.3.214)
Class-C-Popularität	13	Sind die IPs Teil unterschiedlicher Netzwerke? (z. B. 192.168.2 und 195.127.3)

Nachfolgend möchte ich Ihnen diese Begriffe noch etwas näherbringen.

- **Linkpopularität**

  Mit Linkpopularität (kurz: Linkpop) wird beschrieben, wie viele einzelne Verweise auf eine Webseite oder einen kompletten Webauftritt zeigen.

  Diese Betrachtung ist sehr grob: Denn sind 16 eingehende Links von einer einzelnen Website besser als 13 eingehende Verweise, wenn diese von acht verschiedenen Websites kommen? Sie können es sich denken: Die Verlinkung von unterschiedlichen Websites ist tendenziell wertvoller. Einfach auch deshalb, weil auf diesen acht verschiedenen Domains mehr unterschiedliche Besucher angesprochen werden können.

- **Domainpopularität**

  Da die Gesamtzahl an Verweisen nicht zwingend aussagekräftig ist, wird geschaut, von wie vielen unterschiedlichen Websites die Verweise kommen. Beispielsweise sind *trustagents.de* und *wordpress.com* zwei verschiedene Domains. Grundsätzlich gilt: Von je mehr unterschiedlichen und relevanten Websites Ihre Inhalte verlinkt werden, desto besser.

- **Hostpopularität**

  Auf einer einzelnen Website können mehrere Hostnamen zum Einsatz kommen, etwa *meinblog.wordpress.com* und *123.wordpress.com*. Diese beiden Hostnamen sind Teil derselben Domain. Verweisen diese beiden Hostnamen auf eine andere Seite, beträgt die Hostpopularität 2, die Domainpopularität hingegen nur 1 (da es sich jeweils um *wordpress.com* handelt).

  Auch bei Hostnamen gilt: lieber mehr Verweise von unterschiedlichen Domains als von unterschiedlichen Hosts derselben Domain.

- **IP-Popularität**

    Jeder Hostname und somit auch jede Domain läuft auf einem Webserver, der unter einer bestimmten IP-Adresse erreichbar ist, wie beispielsweise 192.168.2.1.

    Bei der IP-Popularität wird darauf geschaut, auf wie vielen unterschiedlichen Adressen die Hosts und Domains geschaltet sind. Kommt es hier zu starken Häufungen, kann das ein Indikator für ein unnatürliches Linkprofil sein.

- **Class-C-Popularität**

    IP-Adressen im aktuellen v4-Standard bestehen aus vier verschiedenen Blöcken. Bei der Class-C-Popularität wird ermittelt, wie unterschiedlich die ersten drei Blöcke (also 192.168.2) der verlinkenden IP-Adressen sind.

Tipp	Vielleicht fragen Sie sich gerade, warum Sie wissen sollten, was eine Class-C-Popularität ist. Mit diesen Kennzahlen kann eine Manipulation im Linkprofil aufgedeckt werden. So kamen in der Vergangenheit Webmaster auf die Idee, eigene Domainnetze aufzubauen, um sich selbst zu verlinken. Um die Kosten niedrig zu halten, wurden diese Domains beim selben Webhosting-Anbieter online gestellt, wodurch sich sehr schnell Auffälligkeiten ergaben.
	Wenn Sie bei der Offpage-Optimierung ehrlich vorgehen, müssen Sie sich mit diesen Themen, vor allem aber der Class-C-Popularität, nicht beschäftigen.

- **Deeplink**

    Bezieht sich ein externer Link nicht auf die Startseiten-URL, wird von einem Deeplink gesprochen. Der Link zeigt also in der Tiefe des Webauftritts auf eine bestimmte Unterseite wie *https://www.trustagents.de/link-audit*.

    Viele Tools errechnen das Verhältnis von Links, die sich auf die Startseite beziehen, und solchen, die Unterseiten referenzieren. In diesem Fall wird von »Deeplink-Ratio« gesprochen. Verweisen insgesamt drei Links auf eine Website, davon zwei auf die Start- und einer auf die Unterseite, liegt die Deeplink-Ratio bei 33,3 % (einer von drei Links zeigt auf Unterseiten).

    Da sich der Großteil der Inhalte eben nicht auf der Startseite befindet (die auch nur genau eine URL hat), kommt es regelmäßig vor, dass sich die meisten Links auf Unterseiten beziehen. Ich persönlich schenke dieser Kennzahl nicht allzu viel Beachtung, da sie nichts darüber aussagt, ob ein Linkprofil künstlich optimiert wurde oder eben nicht.

- **Nofollow-Ratio**

    Ob ein einzelner (mit `rel="nofollow"`) oder alle Links einer Webseite (mit der Meta-Robots-Angabe `nofollow`) für Suchmaschinen »entwertet« werden, macht für Website-Besucher keinen Unterschied. Die Besucher können wie gewohnt auf solche Links klicken und gelangen zu anderen Webseiten.

    Mit der Nofollow-Ratio wird analog zur Deeplink-Ratio ein Verhältnis beschrieben. Hierbei geht es letztendlich um das Verhältnis zwischen »Follow«- und »Nofollow«-Links (wobei es follow gar nicht gibt, da das der Standardwert ist – ist ein Link nicht nofollow, ist er immer follow). Da Follow-Links einen hohen Einfluss auf das Ranking haben, möchten Sie natürlich, dass möglichst viele Links dieses Typs auf Ihre Inhalte zeigen.

- **Reziproker Link**

  Wenn sich zwei Seiten gegenseitig verlinken, wird von reziproken Links gesprochen: Webseite A verweist auf Webseite B und umgekehrt.

  Da es sich um eine gegenseitige Empfehlung handelt, kann das zu einer geringeren Wertung der Links durch Suchmaschinen führen, denn diese möchten, dass es sich um freiwillige Verlinkungen aufgrund der (inhaltlichen) Qualität einer Webseite handelt.

- **Sitewide Link**

  Wenn ein Link auf jeder Seite eines Webauftritts zu finden ist, beispielsweise, weil der Link im Fußbereich der Seite gesetzt wurde, wird von einem webseitenweiten Link gesprochen.

- **Linkbait**

  Das englische Wort »Bait« lässt sich mit Köder übersetzen. Bei einem Linkbait geht es darum, dass ein interessanter Inhalt geschaffen wird, um möglichst viele relevante und natürliche Links zu generieren.

  In einer idealen Welt hat jeder veröffentlichte Inhalt eine solch hohe Relevanz, dass er auf natürlichem Weg, sprich ohne aktive Verbreitung, zu eingehenden Links führt.

- **Broken Link**

  Es wird von einem »Broken Link« oder »Dead Link« gesprochen, wenn ein Verweis auf eine nicht (mehr) vorhandene Seite zeigt. Nutzer und Suchmaschinen sehen also nicht mehr den ursprünglich verlinkten Inhalt, sondern eine Fehlerseite.

  Broken Links können reaktiviert werden, indem unter der Adresse der Inhalt wieder veröffentlicht oder die URL auf die neue Adresse des Inhalts weitergeleitet wird. Wenn der Broken Link durch einen Verweis innerhalb Ihrer eigenen Website entsteht, haben Sie natürlich auch die Möglichkeit, den Link selbst anzupassen oder zu entfernen.

Auf zur Google Search Console

Nach der Lektüre dieses langen Kapitels wissen Sie alles Relevante über die Onpage- und Offpage-Optimierung: Durch Maßnahmen der Onpage-Optimierung erstellen Sie für Nutzer und Suchmaschinen gleichermaßen relevante Webseiten. Über Offpage-Maßnahmen – innerhalb Ihrer eigenen Website und natürlich im Netz – sorgen Sie dafür, dass Ihre Webseiten von relevanten Seiten aus erreichbar sind.

Wenn Nutzer leicht verstehen, worum es auf Ihren Seiten geht und was sie dort tun können (und aus Ihrer Sicht tun sollten), haben Sie diesen wichtigen Schritt für den

Aufbau und die Optimierung Ihrer Webinhalte erledigt. Denken Sie aber daran: Website-Optimierung ist ein kontinuierlicher Prozess!

Mit dem in diesem Kapitel erworbenen SEO-Wissen werden Ihnen die Funktionen und Berichte der Google Search Console dabei helfen, Optimierungspotenziale zu entdecken und die Wirkung Ihrer Anpassungen auszuwerten. Was es in der Google Search Console und den Bing Webmastertools an wertvollen Informationen zu entdecken gibt, erfahren Sie in den kommenden Kapiteln. Sind Sie bereit? Dann blättern Sie weiter.

TEIL II
SEO mit Google Search Console

KAPITEL 2

Erste Schritte und Einrichtung

In diesem Kapitel:
- Andere Ressourcen
- Google Search Console einrichten: So bestätigen Sie eine Property
- Mehr Daten durch die Bestätigung relevanter Hostnamen und Verzeichnisse
- Was Sie sonst noch über die Einrichtung wissen müssen
- Sets erstellen: Properties kombinieren
- Das Dashboard: der zentrale Einstieg
- Zusammenfassung des Kapitels

In diesem Kapitel erfahren Sie alles zur Einrichtung der Google Search Console, die verschiedenen Zugriffsrechte und alles Wichtige rund um das sogenannte Dashboard.

Mit der Google Search Console liefert Ihnen Google zu den Webauftritten oder Apps, die Sie selbst über einen Schlüssel verifiziert haben oder die ein bestätigter Nutzer für Sie freigegeben hat, kostenfrei Daten. Voraussetzung für den Zugriff auf die Search Console ist ein Google-Konto.

Haben Sie für die Nutzung anderer Google-Angebote wie Google Drive, YouTube oder Google Analytics bereits ein Google-Konto eingerichtet, können Sie entscheiden, ob Sie für Search Console ein separates Google-Konto anlegen oder ein bereits bestehendes nutzen wollen.

Im Zuge der Umbenennung der *Google Webmaster-Tools* zu Google Search Console im Mai 2015 hat der Suchmaschinenkonzern die URL-Struktur bisher nicht angepasst, daher befindet sich der zentrale Einstieg weiterhin unter der Adresse *http://www.google.com/webmasters/tools/home* (*http://seobuch.net/738*). Es ist wahrscheinlich nur eine Frage der Zeit, bis sich die Umbenennung in der URL-Struktur widerspiegelt. Sollte sich die URL ändern, wird sicher eine entsprechende Weiterleitung gesetzt.

Je nachdem, ob Sie bereits eine bestätigte Website oder natürlich auch eine App in Ihrem Search Console-Konto angegeben haben oder nicht, erwartet Sie auf der Startseite jeweils eine andere Darstellung. Sobald Sie mindestens eine Property zur Bestätigung eingereicht haben, wird diese aufgelistet.

Mit Property bezeichnet Google einen bestätigten Onlineauftritt, ob es sich nun um einen klassischen Webauftritt oder um eine App handelt.

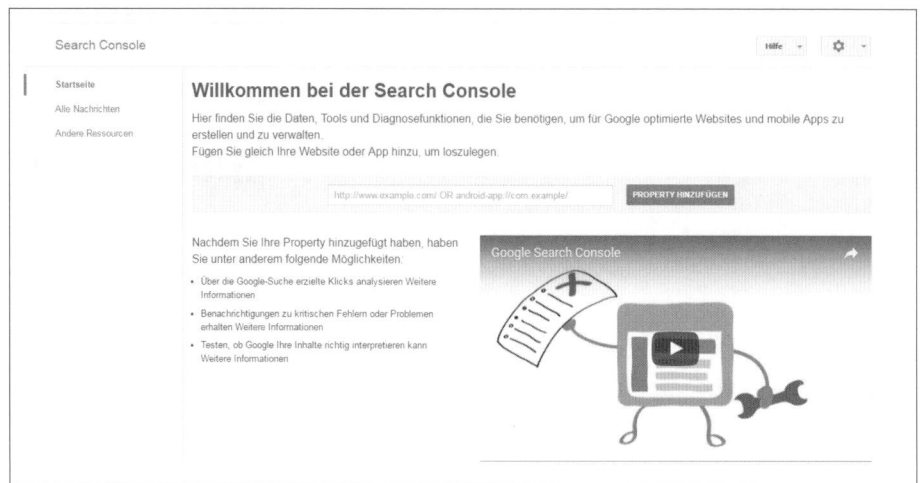

Abbildung 2-1: Wenn noch keine Property angelegt wurde, begrüßt Sie diese Startseite.

Auf der Startseite der Search Console finden Sie diese Links vor:

- *Startseite*
- *Alle Nachrichten*
- *Andere Ressourcen*

Sie können diesen Links folgen oder mit der Analyse einer einzelnen Property beginnen, indem Sie den Eintrag anklicken.

Direkt hinter dem jeweiligen Property-Eintrag befindet sich ein Auswahlfeld mit dem Namen *Property verwalten* mit verschiedenen Unterpunkten. Welche Unterpunkte Ihnen angezeigt werden, ist von den Zugriffsrechten auf die jeweilige Property abhängig. So können Nutzer ohne das höchste Zugriffsrecht nur einen bestätigten Webauftritt (Apps eingeschlossen) aus dem eigenen Konto löschen, während diejenigen mit Vollzugriff über *Nutzer hinzufügen oder entfernen* zur Nutzerverwaltung gelangen. Wenn Sie über einen eingeschränkten Zugriff auf eine Website oder App verfügen, erscheint genau dieser Hinweis darauf direkt hinter dem Namen der Property.

Doch zurück zur Auflistung der Properties. Deren Sortierung können Sie entweder alphabetisch oder nach Status durchführen. Bei Sortierung nach Status werden Properties mit gravierenden Fehlern beziehungsweise Problemen zuerst angezeigt. Darüber hinaus finden Sie im oberen rechten Bereich den Verweis auf die Google-Hilfe. Die dort angezeigten Links sind auf den aktuell angezeigten Seiteninhalt angepasst. Befinden Sie sich also in einem bestimmten Unterpunkt der Search Console, werden Ihnen zu diesem Unterpunkt passende Hilfeartikel angezeigt.

Ist Ihnen das kleine Zahnrad im oberen rechten Bereich der Search Console bereits aufgefallen? Über dieses Symbol gelangen Sie zu den allgemeinen Einstellungen Ihres Search Console-Kontos, sofern Sie noch keine Property ausgewählt haben, und ansonsten gelangen Sie zum Konfigurationsbereich für die ausgewählte Property.

In den Search Console-Kontoeinstellungen erwartet Sie wenig Spektakuläres. Sie können hier nur auswählen, ob Google Ihnen Benachrichtigungen zusätzlich zur Zustellung in der Search Console auch noch per E-Mail an die E-Mail-Adresse Ihres Google-Kontos senden soll. Standardmäßig ist die parallele Benachrichtigung per Mail und Search Console aktiviert, und Sie sollten diese Einstellung auch so beibehalten.

In den von Google versendeten E-Mails finden Sie einen Link, der Ihnen die Abmeldung von einzelnen Benachrichtigungen per E-Mail erlaubt. Diese werden Ihnen dann nur noch im Search Console-Interface zugestellt.

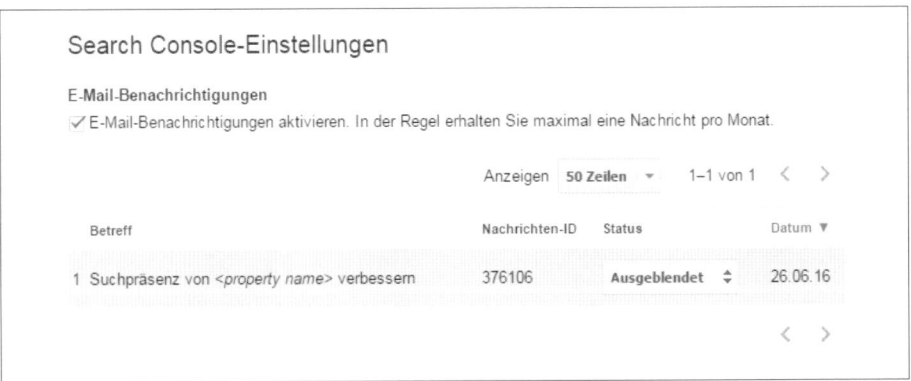

Abbildung 2-2: Wenn Sie über den in den E-Mail-Benachrichtigungen enthaltenen Abbestellen-Link die Benachrichtigung für einen bestimmten Nachrichtentyp deaktiviert haben, sehen Sie die abbestellten Nachrichtentypen in den Search Console-Einstellungen.

Alle Nachrichten

Google Search Console dient Ihnen nicht nur als Analysetool für Ihre Website, sondern ist zeitgleich Ihr primärer Kommunikationskanal mit Google zum Thema unbezahlte Websuche. Dabei ist Google in erster Linie der aktive Part und sendet Ihnen automatisch Benachrichtigungen zu, wenn etwas mit einer Property nicht in Ordnung ist.

Die von Google gesendeten Nachrichten lassen sich in folgende Themen unterteilen:

- Hinweise zu Aktionen (z. B. Konfiguration)
- Zunahme von Fehlern, insbesondere Crawling-Fehlern
- Verstöße gegen die Google-Richtlinien

Eine Liste aller von Google versendeten Benachrichtigungen ist mir nicht bekannt, und es kommen auch immer wieder neue Benachrichtigungen hinzu, etwa wenn Google erstmalig Daten zu einem bestimmten suchbezogenen Aspekt erhebt und ein entsprechendes Reporting der Search Console hinzufügt.

Auf der Startseite der Search Console sehen Sie die zu allen Properties eingegangenen Benachrichtigungen. Wenn Sie eine bestimmte Property ausgewählt haben, beziehen sich die Benachrichtigung nur noch auf diese. Aus *Alle Nachrichten* wird dann ein simples *Nachrichten*.

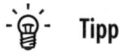 **Tipp** Löschen Sie eingehende Benachrichtigungen nicht. Durch das Zustelldatum können Sie nachvollziehen, wann Google genau Anlass zur Kontaktaufnahme hatte. Dadurch fällt es Ihnen leichter, nach Lösungen für ein Problem zu suchen oder einem Hinweis nachzugehen.

Dies ist besonders dann relevant, wenn Google eine manuelle Maßnahme aufgrund von Verstößen gegen die Webmaster-Richtlinien (siehe Kapitel 1 unter »Google-Richtlinien: die Spielregeln für Webmaster« im Onpage-Abschnitt) verhängt.

Hinweise zu Aktionen

Wenn Sie oder ein anderer bestätigter Nutzer etwas an der Konfiguration der Website ändern, versendet Google eine auf die Änderung zugeschnittene Benachrichtigung.

Diese dient lediglich der Information, und Sie müssen in den meisten Fällen nichts tun. Sie sollten jedoch über den Inhalt der Nachricht kontrollieren, ob eine Konfiguration wie von Ihnen gewünscht umgesetzt wurde. Denn vielleicht haben Sie oder ein Kollege sich verklickt.

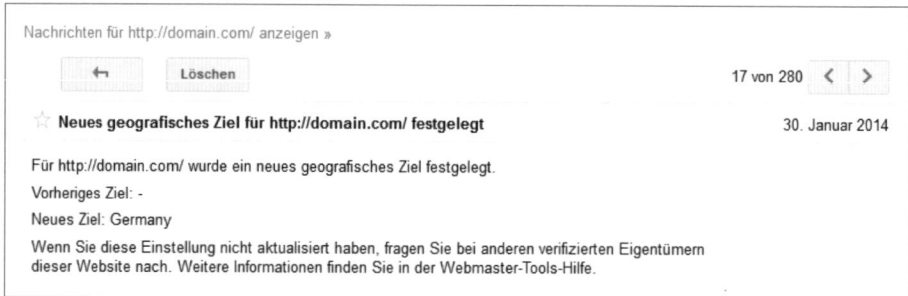

Abbildung 2-3:   Hinweis, dass das geografische Ziel geändert wurde

In der Abbildung wurde beispielsweise das geografische Ziel einer Website geändert. Wo Sie diese Einstellung vornehmen können und wann eine solche Konfiguration empfehlenswert ist, erfahren Sie in Kapitel 4 unter »Internationale Ausrichtung«.

Zunahme von Fehlern

Von Zeit zu Zeit entstehen beim Crawling, der automatischen Analyse der Website durch Suchmaschinen, Probleme. Diese treten beispielsweise dann auf, wenn Verweise auf Adressen gefunden wurden, die keine Inhalte (mehr) zurückliefern.

Wenn dies gelegentlich passiert, werden Sie darüber keine gesonderte Nachricht erhalten. Anders sieht es aus, wenn solche Fehler gehäuft auftreten. Dann erhalten Sie die in Abbildung 2-4 angezeigte Benachrichtigung.

Bereits durch das vorangestellte Warndreieck erkennen Sie, dass Benachrichtigung eine Aktion durch den Webmaster erfordert. In diesem Fall sollten Sie prüfen, welche Inhalte nicht mehr verfügbar sind. Haben sich eventuell die URLs der Inhalte geändert, und es wurde vergessen, entsprechende Weiterleitungen zu setzen? Oder sind es Inhalte, von denen Sie sich bewusst getrennt haben, sodass keine Aktion erforderlich ist?

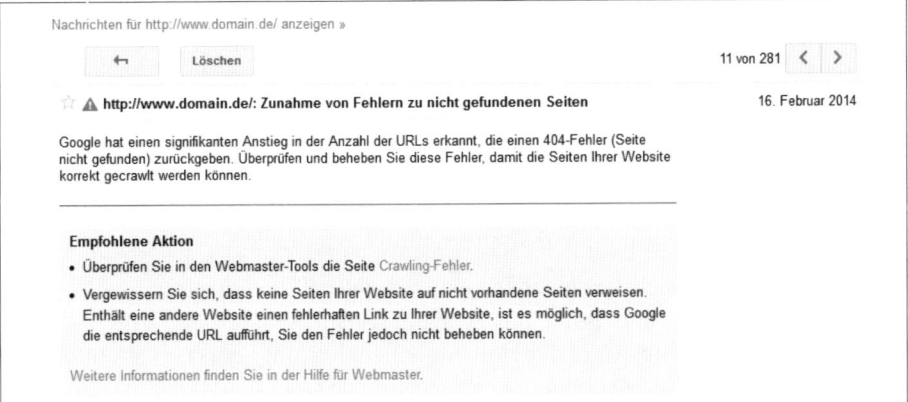

Abbildung 2-4: Google informiert Sie beispielsweise, wenn signifikant mehr Adressen nicht mehr gefunden werden.

Eine besonders schwere Form von Crawling-Problemen stellt die Nichterreichbarkeit der Website dar. In diesem Fall sind weite Teile oder sogar alle Inhalte nicht mehr (vollständig) erreichbar; Google informiert Sie dann über dieses Problem.

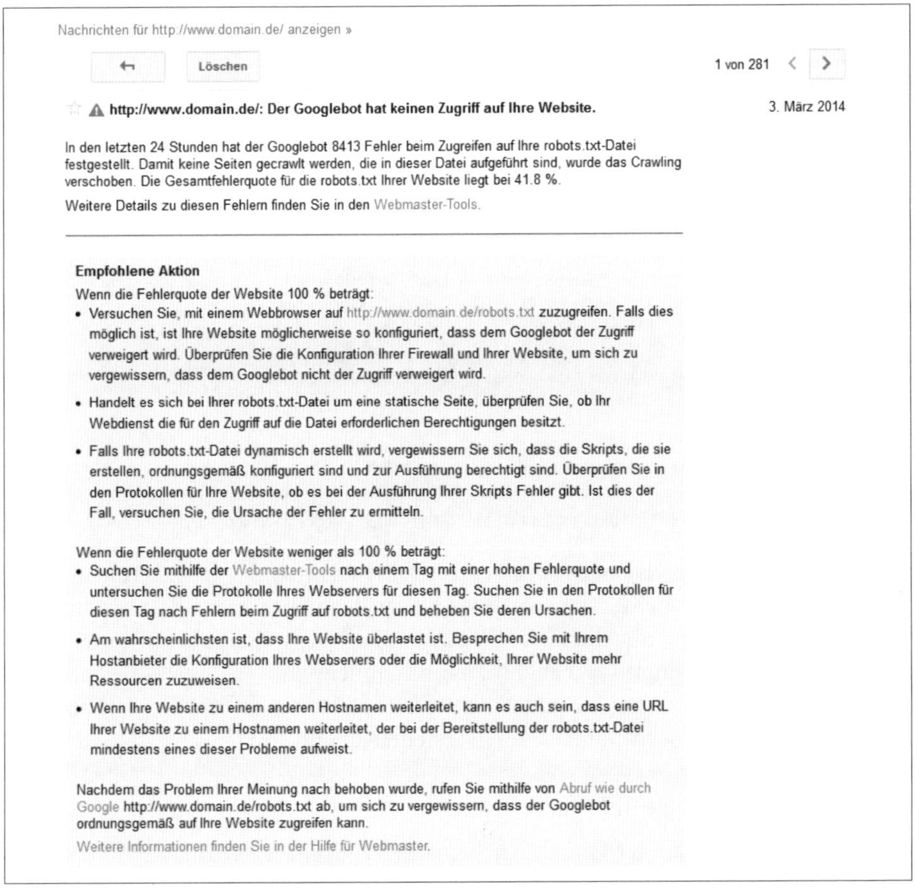

Abbildung 2-5: Google hat massive Probleme bei Zugriffsversuchen auf die Website festgestellt.

In der gezeigten Benachrichtigung weist Google auf Probleme beim Verbindungsaufbau zur *robots.txt* hin. Zur Erinnerung: Über die *robots.txt* können einzelne Dateien, Dateitypen oder Verzeichnisse von der Analyse durch Suchmaschinen ausgeschlossen werden. Da sich Suchmaschinen im Allgemeinen und Google im Speziellen an die in der Datei enthaltenen Anweisungen halten, findet ein regelmäßiger Abgleich mit der *robots.txt* statt. Eine Nichterreichbarkeit der *robots.txt* führt deshalb dazu, dass der Crawling-Prozess unterbrochen wird. Suchmaschinen wissen in diesem Fall nicht, ob sie eine URL weiterhin analysieren dürfen oder nicht.

Dieses Problem kann viele Ursachen haben. In der Regel ist eine temporäre Überlastung des Servers der Grund. Sollte das Problem regelmäßig auftreten, ist ein Wechsel des Servers beziehungsweise der Umstieg auf ein leistungsstärkeres Webhosting-Paket definitiv empfehlenswert.

Ein weiteres Problem kann eine ungewöhnlich hohe Anzahl an gefundenen URLs auf einer Website sein. Auch in solchen Fällen schickt Google einen Hinweis über Search Console. Jeder Crawling-Vorgang kostet Suchmaschinenbetreiber bares Geld. Eine enorm hohe Anzahl an Webadressen stellt deshalb ein Problem dar – sowohl für den Webmaster als auch für Suchmaschinen. Denn wenn Letztere nicht alle Inhalte Ihrer Website (regelmäßig) analysieren, wird unter Umständen kein oder nur ein sehr schlechtes Ranking erzielt.

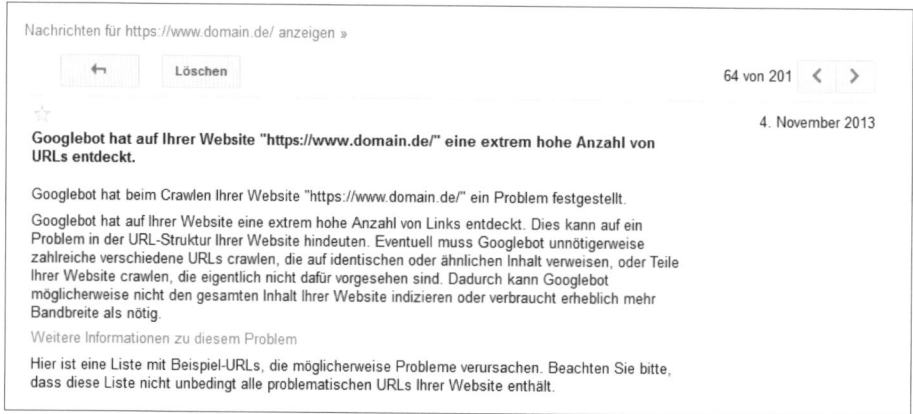

Abbildung 2-6: Google hat sehr viele URLs auf dem Webauftritt gefunden – liegt ein Problem mit der URL-Struktur vor?

Sollten Sie eine solche Nachricht erhalten, ist eine Analyse der URL-Struktur Ihres Webauftritts ratsam. Werden beispielsweise in großem Maßstab URLs erzeugt, die keine neuen Inhalte bereitstellen? Wenn das der Fall ist, sollten Sie unnötige URLs abschalten oder den Zugriff auf nicht suchmaschinenrelevante Adressen zum Beispiel über die *robots.txt* beschränken (mehr zur *robots.txt* finden Sie in Kapitel 1 unter »Den Aufbau einer Suchmaschine verstehen«, Seite 16 f.).

Verstöße gegen die Google-Richtlinien

Eine gute Platzierung in der Google-Suche ist das Ziel vieler Webmaster und in der Regel auch finanziell lukrativ. Um Platzierungen auf den besonders häufig geklickten

Positionen der ersten Suchergebnisseite zu erreichen, werden Webseiten aktiv optimiert – bis hin zu Manipulationen, die gegen Googles Richtlinien verstoßen. Denn Google hat, wie auch andere Suchmaschinenkonzerne, Richtlinien definiert, in denen verbotene Optimierungen benannt werden. Diese habe ich Ihnen in Kapitel 1 unter »Google-Richtlinien: die Spielregeln für Webmaster« vorgestellt. Sie finden die Webmaster-Richtlinien online unter *https://support.google.com/webmasters/answer/35769?hl=de* (*http://seobuch.net/071*) und die Google-Informationen zu manuellen Maßnahmen unter *https://support.google.com/webmasters/answer/2604824?hl=de* (*http://seobuch.net/256*). Auch hierzu hält dieses Buch in Kapitel 4 unter »Manuelle Maßnahmen« detaillierte Informationen bereit.

Wenn gegen die Richtlinien verstoßen wurde, kann das zu einer temporären oder dauerhaften Sanktion führen, die die Zugriffszahlen über die unbezahlte Websuche deutlich einschränken kann.

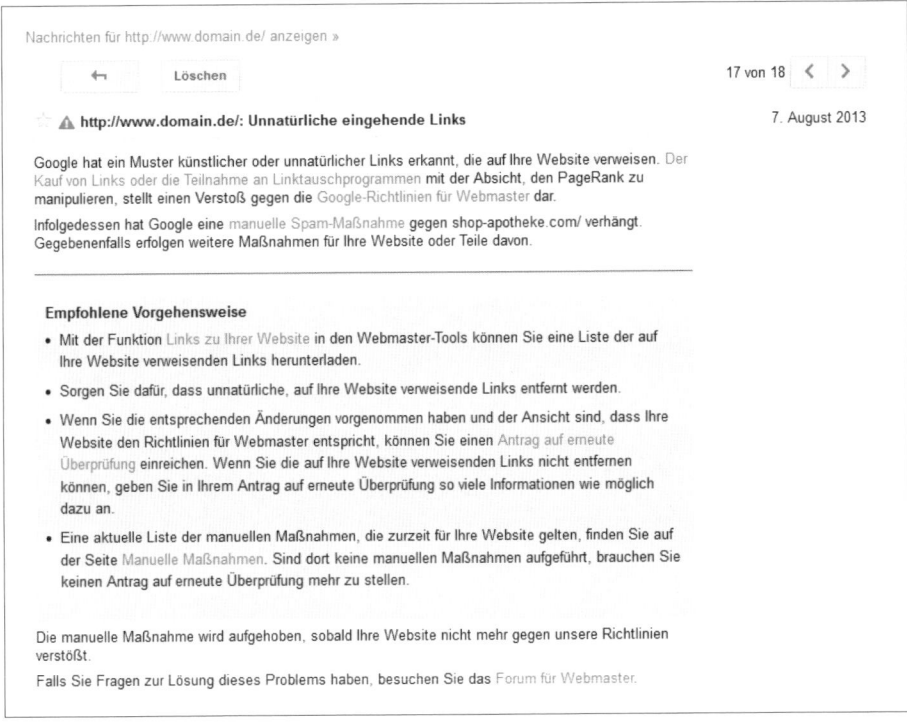

Abbildung 2-7: Aufgrund manipulativen Verhaltens wurde eine Strafe verhängt.

Im Fall der abgebildeten Benachrichtigung ist Google der Ansicht, dass externe eingehende Links gegen die Google-Richtlinien verstoßen. Vermutlich war es das Ziel des Webmasters, durch mehr Links die Relevanz der eigenen Inhalte zu erhöhen und somit eine bessere Platzierung in der Websuche zu erzielen.

Damit eine Sanktion aufgehoben wird, muss zuerst das angemahnte Fehlverhalten behoben werden. Im gezeigten Fall müssen also die Verlinkungen, die gegen die

Richtlinien verstoßen, entfernt werden. Die problematischen Verlinkungen benennt Google – wenn überhaupt – mit wenigen Beispielen. Als Webmaster müssen Sie also selbst entscheiden, welche Links von Google kritisch gesehen werden (könnten).

Nach Beseitigung des Abstrafungsgrunds sollte ein sogenannter *Reconsideration Request* über die Search Console gestellt werden. Ein Google-Mitarbeiter schaut sich diesen an und entscheidet, ob die manuelle Maßnahme gegen die Website aufgehoben wird oder weitere Nachbesserungen erforderlich sind. Auch diesem Thema widmen wir uns in Kapitel 4 unter »Manuelle Maßnahmen« in diesem Buch.

Andere Ressourcen

Unter dem Menüpunkt *Andere Ressourcen* erwartet Sie eine Liste von Verweisen auf andere von Google angebotene Tools, die im Zusammenhang mit der Search Console relevant sind.

Test-Tool für strukturierte Daten

Das *Test-Tool für strukturierte Daten* wird Ihnen im Laufe der Lektüre mehrfach begegnen. Ursprünglich unter dem Namen *Rich Snippet Testing Tool* veröffentlicht, sagt es Ihnen, ob und welche Daten auf einer von Ihnen eingegebenen Webseite strukturiert ausgezeichnet wurden. Es steht unter *https://search.google.com/structured-data/testing-tool/u/0/* (*http://seobuch.net/061*) kostenfrei zur Verfügung.

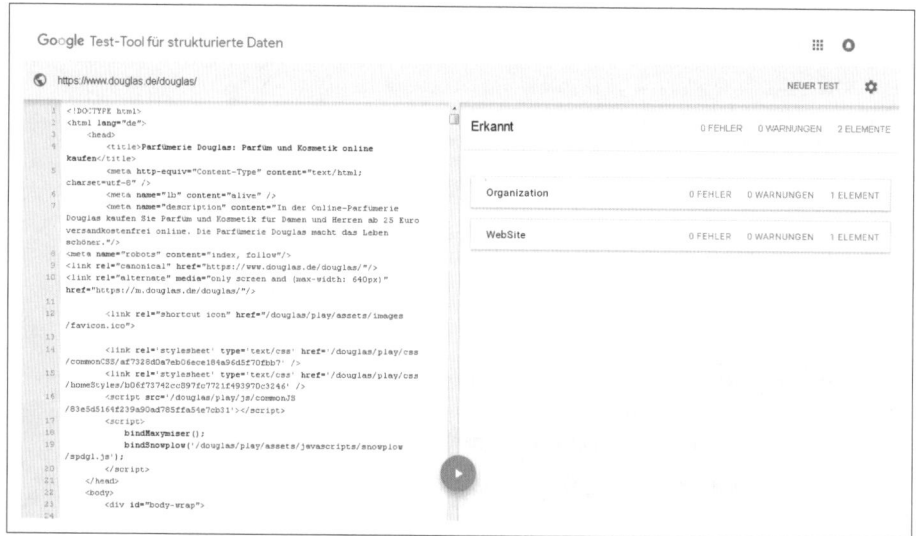

Abbildung 2-8:   Das Test-Tool für strukturierte Daten hat bei Douglas.de zwei ausgezeichnete Elemente erkannt.

Die Informationen des Tools helfen Ihnen dabei, fehlerhafte strukturierte Datenauszeichnungen zu identifizieren und im nächsten Schritt zu korrigieren. Alles Relevante über strukturierte Daten finden Sie in Kapitel 1 unter »Durch strukturierte Daten die Semantik verbessern« und in abgespeckter Form, wenn ich Ihnen den Bericht zu strukturierten Daten in Kapitel 3 vorstelle.

Hilfsprogramm zur Auszeichnung strukturierter Daten

Um Webmastern die Auszeichnung von Website-Inhalten in strukturierter Form und Suchmaschinen die Analyse zu erleichtern, stellt Google das *Hilfsprogramm zur Auszeichnung strukturierter Daten* bereit. Es kann sowohl für Websites als auch für die strukturierte Aufbereitung von Text in E-Mails verwenden werden.

Im Fall von Websites stehen Ihnen die folgenden Auszeichnungskategorien zur Verfügung:

- *Artikel*
- *Buchrezensionen*
- *Filme*
- *Lokale Unternehmen*
- *Produkte*
- *Restaurants*
- *Software*
- *TV-Episodes with Ratings (auf Deutsch: TV-Folgen mit Bewertungen; hier fehlt aktuell eine Übersetzung von Google ins Deutsche)*
- *Veranstaltungen*

Für E-Mails stehen andere Auszeichnungen bereit:

- *Bestellungen*
- *Busreservierungen*
- *Flugreservierungen*
- *Mietwagenreservierungen*
- *Paketzustellung*
- *Restaurantreservierungen*
- *Unterkunftsreservierungen*
- *Veranstaltungsreservierungen*
- *Zugreservierungen*

Sie fragen sich vermutlich, wieso eine strukturierte Auszeichnung von E-Mails wichtig ist? Verschiedene Mailprogramme, insbesondere die E-Mail-Angebote von Google, sind in der Lage, strukturierte Datenauszeichnungen in E-Mails auszuwerten und prägnanter darzustellen.

Abbildung 2-9: Auf der Startseite können Sie unter anderem zwischen Website und E-Mail wählen.

Sie können eine URL oder einen HTML-Text in das Tool hineinkopieren und anschließend durch Überfahren einzelner Wörter mit dem Mauszeiger die gewünschte strukturierte Datenauszeichnung vornehmen.

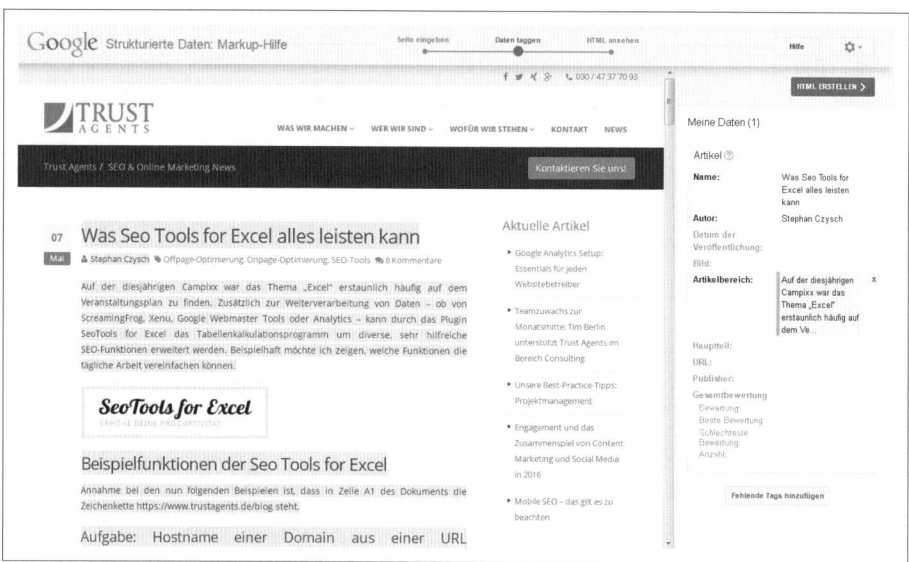

Abbildung 2-10: Die eingegebene Website wird im Tool geladen, und mit der Maus werden Bereiche markiert und strukturiert ausgezeichnet.

Der Funktionsumfang des Tools entspricht im Wesentlichen dem des *Data Highlighter* der Google Search Console, allerdings können Sie mit diesem andere Daten strukturiert auszeichnen. Das Hilfsprogramm liefert Ihnen den strukturierten Quelltext, den Sie in Ihre Website (oder E-Mail) einbauen können, im HTML-Format zurück. Im Data Highlighter liegen die semantischen Auszeichnungen für Google direkt vor, und Sie müssen den eigenen Seitenquelltext nicht anpassen. Den Data Highlighter werden Sie in allen Details in Kapitel 3 kennenlernen.

Das Hilfsprogramm zur Auszeichnung strukturierter Daten ist unter *https://www.google.com/webmasters/markup-helper/u/0/?hl=de* (*http://seobuch.net/303*) zu finden.

E-Mail-Markup-Tester

Sie ahnen sicher bereits, was der *E-Mail-Markup-Tester* ermöglicht. Und Sie liegen richtig: Das Tool sagt Ihnen, ob und welche strukturierten Datenauszeichnungen im Quelltext einer E-Mail vorhanden sind.

Das Tool finden Sie unter *https://www.google.com/webmasters/markup-tester/u/0/?hl=de* (*http://seobuch.net/856*).

Google My Business

Wenn Sie ein lokales Unternehmen besitzen beziehungsweise für ein solches Unternehmen arbeiten, sollten Sie auf den Einsatz von *Google My Business* nicht verzichten. Denn mit diesem Tool können Sie die Darstellung Ihres Unternehmens in der lokalen Suche beeinflussen.

Google My Business ist kostenlos und steht unter *https://www.google.com/business/* (*http://seobuch.net/575*) für Sie bereit.

Google Merchant Center

Über das *Google Merchant Center* (*https://www.google.com/retail/merchant-center/*) (*http://seobuch.net/117*) haben Shopbetreiber die Möglichkeit, Produktdaten des Shops an Google zu übermitteln und dadurch in diversen Google-Produkten zu nutzen.

Zu den bekanntesten Integrationen von Produktdaten in der Google-Welt gehören die *Google Product Listing Ads*, kurz PLA, mit denen einzelne Produkte in der bezahlten Suche beworben werden können.

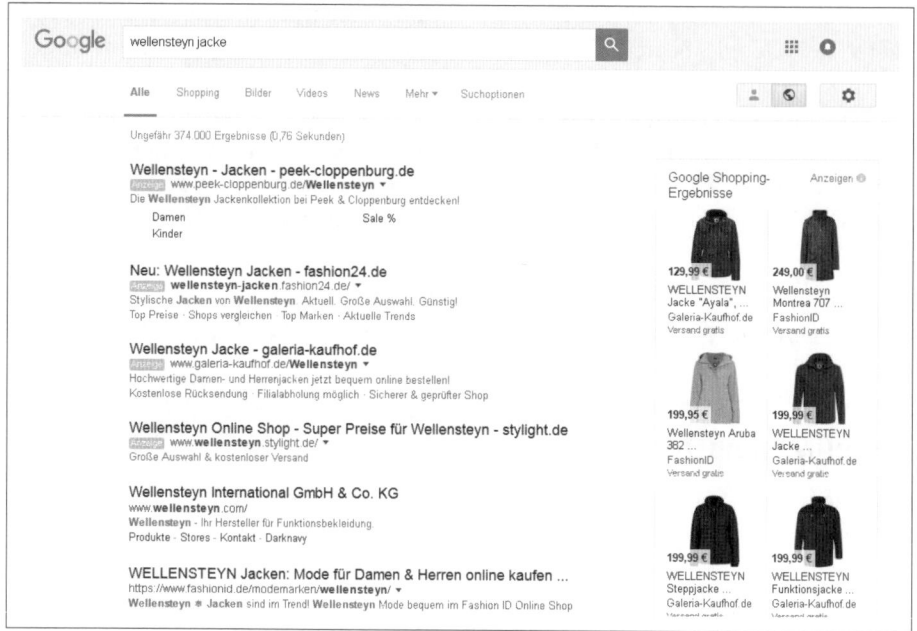

Abbildung 2-11: In der rechten Spalte der Suchergebnisse werden Product Listing Ads (PLAs) positioniert.

PageSpeed Insights

Viele Webseiten verzichten, meistens unbewusst, auf einfache Optimierungsmöglichkeiten zur Verbesserung der Ladegeschwindigkeit. Mit *PageSpeed Insights* stellt Google ein kostenfreies Tool zur Verfügung, das für eine eingegebenen URL Vorschläge zur Ladezeitoptimierung ausgibt.

Das Tool erreichen Sie unter *https://developers.google.com/speed/pagespeed/insights/?hl=de* (*http://seobuch.net/974*).

Benutzerdefinierte Suche

Wussten Sie, dass Sie die Google-Suchtechnologie auf Ihrer eigenen Website als Suchdienst einsetzen können, um Ihr Angebot durchsuchbar zu machen?

Unter *https://cse.google.com/cse/create/new?hl=de* (*http://seobuch.net/736*) kann eine benutzerdefinierte Suche aufgesetzt und auf bestimmte Websites oder Website-Bereiche eingeschränkt werden.

Google Domains

Domains können seit einiger Zeit über Google bezogen werden. Dazu hat Google den *Google Domains* genannten Service gestartet. Unter *https://domains.*

google/ (*http://seobuch.net/495*) finden Sie alle Informationen zum aktuellen Angebot.

Webmaster Academy

Die Webmaster Academy richtet sich an Webmaster, die erst seit Kurzem eine Website betreiben oder noch in der Konzeptionierungsphase sind. In diesem Kurs vermittelt Google wichtige Grundlagen zur Erstellung einer Website und testet das über die Academy vermittelte Wissen in Form kleiner Tests.

Unter *https://support.google.com/webmasters/answer/6001102?hl=de* (*http://seobuch. net/688*) ist die Webmaster Academy zu finden.

Google Search Console einrichten: So bestätigen Sie eine Property

Lassen Sie uns nun damit beginnen, eine Website oder App als sogenannten Property in der Google Search Console erstmalig anzulegen. Nachdem Sie sich in Ihr Google-Konto eingeloggt haben, rufen Sie die Search Console-Startseite auf *http:// www.google.com/webmasters/tools/home?hl=de* (*http://seobuch.net/840*) auf.

Tipp	Wenn Sie die Website eines Unternehmens in Google Search Console bestätigen, sollten Sie darüber nachdenken, keine personengebundene E-Mail-Adresse zu verwenden. Praktischer ist eine Adresse wie *marketing@unternehmen.de*.
	Eine eher generische E-Mail-Adresse vereinfacht es, verschiedene Google-Produkte wie Google AdWords oder Analytics gebündelt in einem Google-Konto zu verknüpfen und zu verwalten. Außerdem gibt es, scheidet ein Mitarbeiter aus dem Unternehmen aus, weniger Komplikationen bei der Übertragung der Inhaberschaft. Ich kenne viele Unternehmen, die damit kämpfen, das Google-Konto zu identifizieren, das das Hauptkonto für einen bestimmten Service ist.

Es ist wichtig, zu wissen, dass Google in der Search Console Daten immer bezogen auf die bestätigte URL-Struktur ausgibt – und nur für diese! Demzufolge sind *https:// www.trustagents.de*, *http://www.trustagents.de* und *https://trustagents.de* drei komplett verschiedene Webauftritte und müssen getrennt bestätigt und analysiert werden.

Ein Beispiel verdeutlicht die Unterschiede. Der dargestellte Webauftritt in den Abbildungen 2-12 und 2-13 wurde von *http://* auf *https://* umgestellt und weitergeleitet. Die Folge: Unter *http://* sind nun keine Adressen mehr erreichbar, wodurch die Anzahl an indexierten URLs für die *http*-Variante sinkt.

Im gleichen Zug werden Inhalte unter der *https*-Version verfügbar und von Suchmaschinen indexiert.

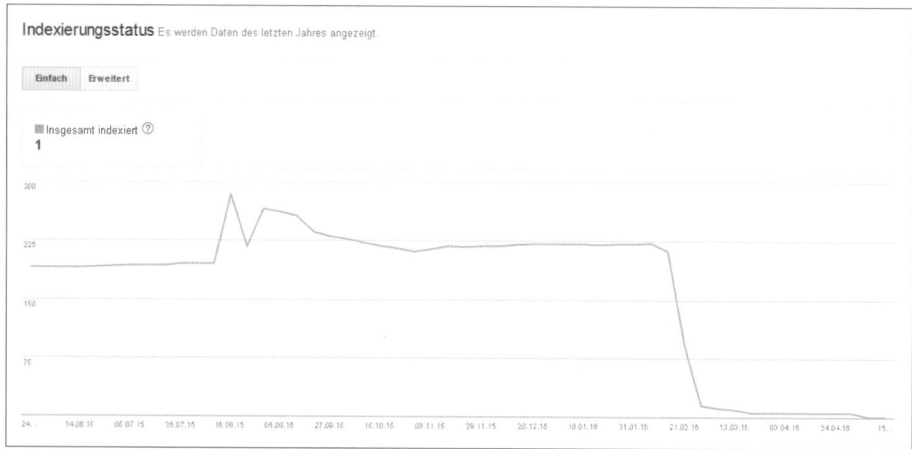

Abbildung 2-12: Der Indexierungsstatus sinkt, da unter http:// die Inhalte nicht mehr erreichbar sind.

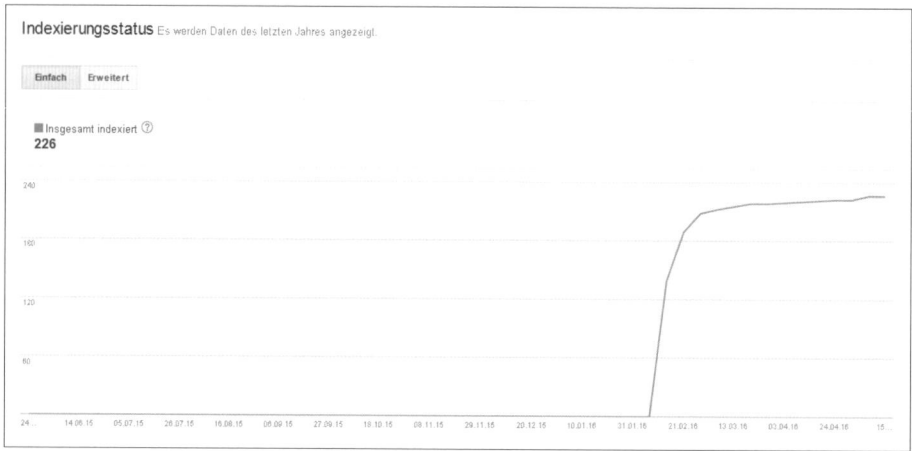

Abbildung 2-13: Da die Inhalte nun unter https verfügbar sind, steigt der Indexierungsstatus an.

Eine ähnliche Verschiebung ist auch bei allen anderen Search Console-Daten wie etwa dem Suchanalysebericht zu finden: Unter *http://* geht die Anzahl der Zugriffe sukzessive zurück, dafür steigen bei korrekter Weiterleitung in der *https://*-Property die Zugriffe an.

Was erst mal unsinnig klingen mag, ist aus Datenschutzsicht sinnvoll. Denn es muss nicht der Fall sein, dass Sie Inhaber jedes Hostnamens einer Website sind. So sehen Sie beispielsweise bei Bestätigung der *http://www*-Variante einer Website keine Search Console-Daten zu z. B. *http://blog.* oder einem anderen Hostnamen.

 **Warnung**   Achten Sie deshalb darauf, dass Sie alle Hostnamen als Property anlegen, die Sie aktiv verwenden und auswerten möchten. Andernfalls sehen Sie nur einen Ausschnitt des Gesamtbilds.

Ein Hostname ist immer die Kombination aus dem Protokoll (meistens *http* oder *https*), der Subdomain (meistens *www.*) und der Domain (z. B. *trustagents.de*).

Um eine neue Bestätigung anzustoßen, klicken Sie auf die rot hinterlegte Schaltfläche mit dem Namen *Property hinzufügen* im oberen rechten Bereich der Search Console. Dort geben Sie die Adresse der zu bestätigenden Property ein. Im Fall einer Website ist das eine Adresse wie *https://www.trustagents.de*, bei Apps sieht die Syntax anders aus.

Für Android-Apps werden Properties als *android-app://{package_name}/* angegeben und für iOS als *ios-app://{ios_app_id}*, wobei *package_name* beziehungsweise *ios_app_id* mit den Werten der zu bestätigenden App zu ersetzen sind.

Apps als Property anlegen

Die Verifizierung von Apps läuft anders als die von Webseiten und ist für Android und iOS unterschiedlich. Um eine Android-App in Google Search Console als Property anzulegen, müssen Sie bei Google Play mit dem gewünschten Search Console-Google-Konto über Verwaltungsrechte für die App verfügen. Ist das nicht der Fall, kann die Bestätigung nur vom Eigentümer der App selbst durch Datenfreigabe vorgenommen werden. Dieser muss sich in Search Console einloggen, die App selbst bestätigen und anschließend über die Nutzerverwaltung der Search Console weitere Google-Konten hinzufügen.

Die Bestätigung von iOS-Apps steht derzeit nur ausgewählten Partnern zur Verfügung. Um die Bestätigung einer iOS-App durchzuführen, muss ein sogenanntes Token in die *Info.plist*-Datei der App integriert werden. Weitere Informationen finden Sie unter *https://support.google.com/webmasters/answer/6328934?hl=de* (*http://seobuch.net/783*).

An dieser Stelle sei erwähnt, dass in Google Search Console für Apps nicht die gleichen Berichte wie für Websites vorhanden sind. Mehr dazu in Kapitel 12.

Als zusätzliche Referenz zur Bestätigung von Apps sollten Sie die App-Hilfeseite unter *https://support.google.com/webmasters/answer/6178088?hl=de* (*http://seobuch.net/544*) besuchen.

Die Bestätigung von Websites ist im Vergleich zur Bestätigung von Apps deutlich einfacher. Sie können sich als Inhaber einer Website ausweisen, indem Sie eine der folgenden Bestätigungsmethoden verwenden:

- Hochladen einer HTML-Datei auf den Webserver.
- Integration eines Metatags im Quelltext der Startseite.
- Einfügen des Bestätigungsschlüssels in den DNS-Eintrag der Domain.
- Authentifizierung über Google Analytics.
- Bestätigung via Google Tag Manager.

Die Bestätigung einer Website findet in der Regel über einen persönlichen Schlüssel statt, der das Google-Konto als sogenannten »Website-Inhaber« ausweist.

Dieser Status ist der höchste der drei Zugriffslevels auf der Search Console. Nur als Website-Inhaber haben Sie Zugriff auf das Nutzermanagement. Über dieses können Sie weitere Nutzer zum Website-Inhaber ernennen oder mit »uneingeschränkten« beziehungsweise »eingeschränkten« Zugriffsrechten einer Property hinzufügen. Mehr zum Thema Zugriffsrechte finden Sie im weiteren Verlauf dieses Kapitels.

Tipp Es gibt übrigens keine Beschränkung bei der Anzahl von Website-Inhabern für eine bestätigte Website. Das gilt genauso für ein Google-Konto. Dieses kann Website-Inhaber gleich mehrerer Webauftritte sein. Es ist möglich, mit einem Google-Konto bis zu 1.000 Properties in der Search Console zu verwalten.

Es ist Ihnen überlassen, für welche der Bestätigungsmethoden Sie sich entscheiden. Die einzelnen Methoden sind unterschiedlich aufwendig, doch keine Sorge – die Einrichtung ist insgesamt einfach!

Standardmäßig empfiehlt Google, die Bestätigung durch das Hochladen einer HTML-Datei durchzuführen.

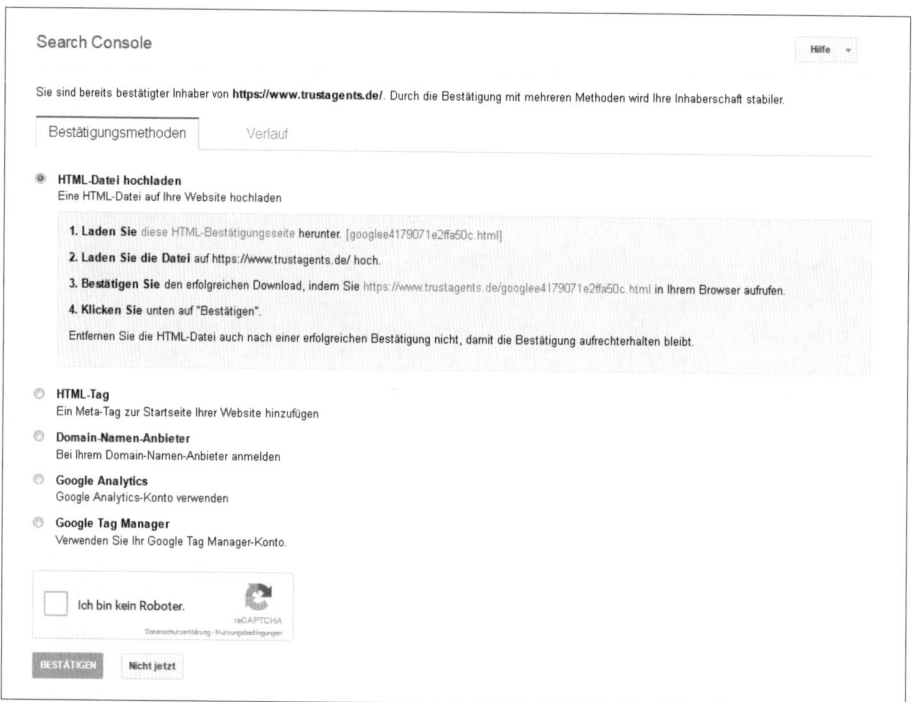

Abbildung 2-14: Google schlägt vor, den Hostnamen über die Methode HTML-Datei zu bestätigen.

Tipp Wenn in der zu bestätigenden Website-Adresse kein Protokoll (*http://* oder *https://*) angegeben wird, geht Google standardmäßig davon aus, dass es sich um die *http*-Variante eines Webauftritts handelt.

Hochladen einer HTML-Datei auf den Webserver

Das Hochladen des persönlichen Schlüssels in einer HTML-Datei ist die einfachste Möglichkeit, um eine Website (oder genauer: einen Hostnamen) in Google Search Console zu bestätigen. Dazu muss die Datei auf dem Server im sogenannten Root-Verzeichnis angelegt beziehungsweise in dieses Verzeichnis hochgeladen werden. Die Datei muss also direkt unter der Adresse des zu bestätigenden Hostnamens, beispielsweise *https://www.trustagents.de/*, liegen und hier unter *https://www.trustagents.de/name-der-bestätigungsdatei.html* aufzurufen sein. Dann wird die Bestätigung durch einen Klick auf *Property bestätigen* dem Konto hinzugefügt.

HTML-Tag

Eine weitere Bestätigungsmethode ist, den Verifizierungsschlüssel in den sogenannten <head>-Bereich des Startseitenquelltexts zu integrieren, selbstverständlich für den zu bestätigenden Hostnamen. Eine Integration in weitere Seiten eines Webauftritts ist nicht notwendig, schadet aber auch nicht. Um diese Verifizierungsmethode auszuwählen und um den notwendigen Schlüssel zu erhalten, müssen Sie das Register *Alternative Methoden* im Bestätigungsprozess auswählen.

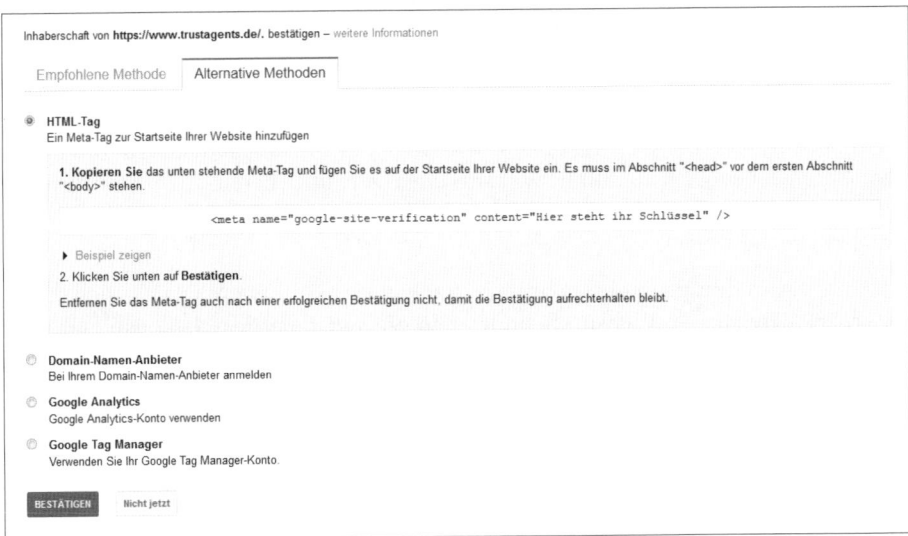

Abbildung 2-15: Durch Auswahl von Alternative Methoden können Sie eine andere Bestätigungsmöglichkeit wie das HTML-Tag auswählen.

Nachdem Sie den Verifizierungsschlüssel auf der Startseite Ihres Webauftritts integriert haben, müssen Sie Google mit einem Klick auf *Bestätigen* über die Integration informieren. Wenn Google den gesuchten Schlüssel findet, erhalten Sie vollen Zugriff auf die Website.

Domainnamen-Anbieter

Google arbeitet mit einigen Anbietern von Domainnamen zusammen, also Unternehmen, die die Registrierung von Domains ermöglichen, um die Bestätigung der Search Console durchzuführen.

Diese Bestätigungsmethode ist aus meiner Sicht die komplizierteste. Die einzelnen Schritte unterscheiden sich von Anbieter zu Anbieter, und nur wenige europäische oder gar deutsche Hoster sind in der Liste zu finden.

Wenn Sie sich für diese Methode entscheiden und Ihr Domainhoster nicht in der Auswahlliste genannt ist, müssen Sie darin *Sonstige* auswählen. Im nächsten Schritt werden Sie dazu aufgefordert, den Bestätigungsschlüssel in die DNS-Konfiguration der Domain einzutragen.

 **Hinweis**   DNS steht für *Domain Name System*. Dieses System wird dazu benötigt, Adressanfragen auf den richtigen Webserver zu leiten.

Ihr persönlicher Schlüssel soll hierbei als TXT-Eintrag hinzugefügt werden. Als weitere Möglichkeit steht eine Bestätigung über einen CNAME-Eintrag bereit. Wie Sie anhand der technischen Begrifflichkeiten merken, ist diese Bestätigungsmethode eher Experten vorbehalten.

Google Analytics

Wenn Sie die Webanalysesoftware Google Analytics (*https://analytics.google.com/* – *http://seobuch.net/672*) auf Ihrer Website einsetzen und bereits den asynchronen Tracking-Code verwenden, können Sie über diesen Weg die Inhaberschaft eines Hostnamens bestätigen.

Zusätzlich zum Einsatz des asynchronen Trackings ist es notwendig, dass sich dieser im <head>-Bereich der Website befindet und Sie mit dem Search Console-Bestätigungskonto für die eingesetzte Tracking-ID über die sogenannten »Bearbeitungsberechtigung« in Google Analytics verfügen.

Google Tag Manager

Besonders große Websites müssen viele Tracking-Lösungen unterschiedlicher Anbieter auf einer Website integrieren und einzelne Website-Elemente mit sogenannten Tags für das Messen von Zugriffen ausstatten. Der Google Tag Manager (*https://www.google.de/tagmanager/* – *http://seobuch.net/147*) vereinfacht in diesen Fällen die Administration. Statt jeden benötigten Code einzeln in die Website zu integrieren, wird einmalig der Tag Manager eingebaut, und über diesen lassen sich anschließend neue Tags viel einfacher integrieren oder aktualisieren.

Wenn Sie dieses Tool auf Ihrer Website einsetzen und die Verwaltungsberechtigung für das passende Google-Konto haben, können Sie Ihre Inhaberschaft auch über dieses Tool verifizieren.

Mehr Daten durch die Bestätigung relevanter Hostnamen und Verzeichnisse

Wenn Sie Ihre Website in Verzeichnissen organisieren, können Sie diese als separate Properties in der Google Search Console einrichten. Liegt das Verzeichnis auf einer bereits bestätigten Property, ist die Verifizierung der Verzeichnisse ohne weiteren Verifizierungsschlüssel möglich.

Ein Verzeichnis liegt für Google immer dann vor, wenn es unterhalb einer Adresse wie *https://www.trustagents.de/blog/* mindestens eine weitere erreichbare Adresse gibt. Manche Websites verwenden allerdings eine URL-Struktur wie oben, ohne dass unterhalb von */blog/* noch weitere Adressen erreichbar sind. In diesem Fall werden keine Daten bei der Bestätigung von */blog/* in der Search Console angezeigt.

Eine Bestätigung von kleineren Teilen der Website wie einzelnen (wichtigen) Verzeichnissen liefert den Vorteil, dass sich die in der Search Console angezeigten Daten immer auf diese URL-Struktur beziehen und die Auswertung erleichtern. So sehen Sie beispielsweise, wie viele Zugriffe Sie über die Google-Suche mit den Inhalten eines bestätigten Verzeichnisses erhalten. Aber auch viele andere Search Console-Daten beziehen sich in den Berichten auf diese Struktur. Um ein Verzeichnis als eigene Property anzulegen, müssen Sie die ganz normale Prozedur von *Property hinzufügen* durchlaufen.

Es ist nicht möglich, eine einzelne Adresse wie *www.ihre-domain.de/unterseite.html* oder eine URL wie *www.ihre-domain.de/unterseite/* zu bestätigen, solange sich unterhalb dieser Struktur kein weiteres Dokument befindet.

Denken Sie natürlich daran, dass Ihnen Google bei der Bestätigung von *http://www.ihredomain.de* keine Daten zu einem separaten Hostnamen wie *http://blog.ihredomain.de* anzeigt. Diesen Hostnamen müssen Sie separat und über einen eigenen Verifizierungsvorgang bestätigen.

Was Sie sonst noch über die Einrichtung wissen müssen

Die Bestätigung einer Website in Google Search Console sollte keine große Herausforderung darstellen. In manchen Fällen sehen Sie direkt nach der Bestätigung noch keine Daten über die bestätigte Webpräsenz.

Ob direkt Daten vorliegen, ist von der Größe und der Historie des bestätigten Webauftritts abhängig. Je mehr Inhalte auf einem Webauftritt bereits seit Längerem verfügbar sind, desto höher ist die Wahrscheinlichkeit, dass direkt Daten angezeigt werden.

Trifft das auf Ihren Webauftritt noch nicht zu, heißt es abzuwarten. Nach einigen Tagen sollten bei Webauftritten mit wenigen Unterseiten Statistiken und Informationen zu den meisten Funktionen und Berichten der Search Console vorliegen. In der Zwischenzeit haben Sie bereits die Möglichkeit, Ihre Website über Google Search Console zu konfigurieren und beispielsweise weitere Hostnamen oder Ordner Ihres Webauftritts zu verifizieren.

Da für viele Websites umgehend nach Bestätigung Daten vorliegen, wird deutlich, dass Google diese Daten unabhängig von einer Bestätigung eines Webauftritts sammelt. Die Datenerhebung durch Google beginnt also nicht erst mit der erstmaligen Authentifizierung einer Website in der Search Console, sondern bereits vorher. Google hält die Daten vor und möchte sie mit Ihnen teilen – dazu müssen Sie allerdings Google Search Console einsetzen.

An dieser Stelle noch ein Hinweis: Wenn der Bestätigungsschlüssel von einer Website entfernt wird, erlischt der Zugriff auf die Daten – zumindest so lange, bis der Bestätigungsschlüssel wieder in die Website integriert und von Google gefunden wurde. Normalerweise gehen in der Zwischenzeit keine Daten verloren, sie können einfach nur mangels Zugriff nicht abgefragt werden.

Die Nutzerverwaltung

Sobald Sie mit Ihrem Google-Konto die Bestätigung einer Website oder App mithilfe eines eigenen Schlüssels durchgeführt haben, sind Sie automatisch »Website-Inhaber«. Als solcher haben Sie vollen Zugriff auf alle Funktionen und können über die Nutzerverwaltung weiteren Google-Konten Zugriff erteilen oder wieder entziehen. Bis in das Jahr 2010 hinein war die gemeinsame Nutzung noch wesentlich zeitaufwendiger, denn bis dahin musste jeder Nutzer über einen eigenen Schlüssel bestätigt werden.

Innerhalb von Google Search Console gibt es seit dem Jahr 2012 drei Berechtigungslevels. Absteigend nach den Zugriffsmöglichkeiten sind dies:

- Website-Inhaber
- uneingeschränkter Nutzer
- eingeschränkter Nutzer

Die Terminologie »uneingeschränkter Nutzer« ist unglücklich gewählt. Denn selbst für uneingeschränkte Nutzer gibt es Einschränkungen.

Unterschiede der Berechtigungen

Wie erwähnt, hat nur der Website-Inhaber vollen Zugriff auf alle Funktionen der Google Search Console. Im Vergleich zu Nutzern mit uneingeschränktem Zugriff hat der Website-Inhaber vor allem die Möglichkeit, weiteren Personen Zugriff auf eine Property zu erteilen und eine Website-Änderung zu übermitteln. Wie Letzteres geht, erfahren Sie in Kapitel 7 im Abschnitt »Adressänderung«.

Die unterschiedlichen Zugriffsrechte sind notwendig, da einzelne Einstellungen einen sehr großen Einfluss auf das Ranking einer Website in der unbezahlten Suche haben können.

Tabelle 2-1: Die Zugriffsrechte im Vergleich

Funktion	Inhaber	Uneingeschränkt	Eingeschränkt
Property-Einstellungen	✔	✔	nur ansehen
Darstellung der Suche			
Strukturierte Daten	✔	✔	✔
Rich-Karten	✔	✔	✔
Data Highlighter	✔	✔	✔
HTML-Verbesserungen	✔	✔	✔
Sitelinks	✔	✔	nur ansehen
Accelerated Mobile Pages	✔	✔	✔
Suchanfragen			
Suchanalyse	✔	✔	✔
Links zu Ihrer Website	✔	✔	✔
Interne Links	✔	✔	✔
Manuelle Maßnahmen	✔	✔	✔
Nutzerfreundlichkeit auf Mobilgeräten	✔	✔	✔
Google-Index			
Indexierungsstatus	✔	✔	✔
Blockierte Ressourcen	✔	✔	✔
URLs entfernen	✔	✔	nur ansehen
Crawling			
Crawling-Fehler	✔	✔	nur ansehen
Crawling-Statistiken	✔	✔	✔
Abruf wie durch Google	✔	✔	nur abrufen
robots.txt-Tester	✔	✔	✔
Sitemaps	✔	✔	nur ansehen und testen
URL-Parameter	✔	✔	nur ansehen
Sicherheitsprobleme	✔	✔	nur ansehen
Disavow Tool	✔	✔	✘
Analytics-Verknüpfung	✔	✘	✘
Adressänderung	✔	nur ansehen	nur ansehen
Reconsideration Request	✔	✔	✘
Nachrichten empfangen	✔	✔	✘
Nutzer hinzufügen	✔	✘	✘

Die vollständige Liste der Berechtigungen finden Sie unter *https://support.google.com/webmasters/answer/2453966?hl=de* (*http://seobuch.net/691*).

Zugriff auf eine Website gewähren

Sie wissen nun bereits, wie Sie einen Webauftritt bestätigen und dass es unterschiedliche Zugriffslevels gibt. Unter Umständen sind Sie nicht allein für das Thema SEO verantwortlich und möchten Mitarbeitern oder Agenturen die Möglichkeit geben, ebenfalls auf die Daten und Funktionen der Search Console zuzugreifen.

Zur Nutzerverwaltung gelangen Sie als Website-Inhaber auf verschiedenen Wegen. Von der Startseite der Search Console aus (das ist die Seite, auf der alle Domains aufgelistet sind, auf die Sie Zugriff haben) können Sie nach einem Klick auf *Property verwalten* in der rechten Spalte den Unterpunkt *Nutzer hinzufügen oder entfernen* auswählen.

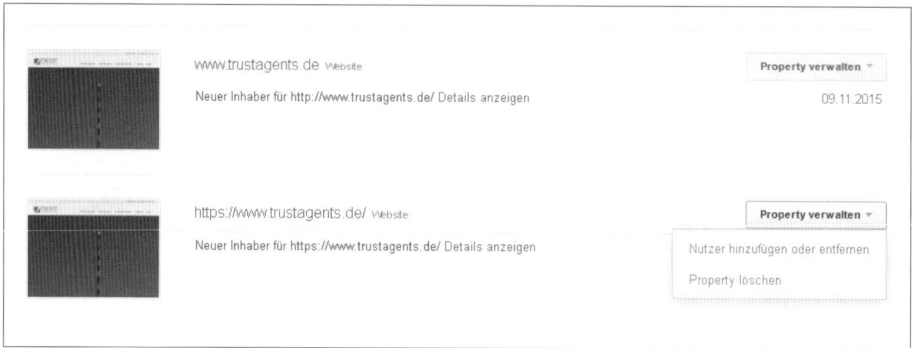

Abbildung 2-16: Ein Klick auf Property verwalten bringt Website-Inhaber zum Nutzermanagement.

Alternativ gelangen Sie zur Nutzerverwaltung, indem Sie als Website-Inhaber nach Auswahl einer Domain auf das Zahnrad im oberen rechten Bereich klicken und dort dem Link *Nutzer und Property-Inhaber* folgen.

Abbildung 2-17: Nach Auswahl einer Domain gelangen Sie über das Zahnrad zur Nutzerverwaltung.

Im Nutzermanagement sehen Sie eine Auflistung der aktuell freigeschalteten Google-Konten samt den zugehörigen Zugriffsrechten. Wenn es bereits Nutzer mit eingeschränktem oder uneingeschränktem Zugriff gibt, können Sie über das Dropdown-Menü die Zugriffsrechte nachträglich anpassen.

Um »normalen« Zugriffsberichtigten den Zugriff komplett zu entziehen, müssen Sie die gewünschte Google-Konto-Adresse markieren. Dadurch wird diese farbig hinterlegt. Ein Klick auf *Löschen* entzieht dem gewählten Konto den Zugriff.

Abbildung 2-18: In der Nutzerverwaltung sehen Sie, welche Konten Zugriff auf die bestätigte Property haben.

Über die rote Schaltfläche im oberen rechten Bereich namens *Neuen Nutzer hinzufügen* können Sie durch die Angabe der E-Mail-Adresse weitere Nutzer mit (un-)eingeschränktem Zugriff der Property hinzufügen.

Sie vermissen an dieser Stelle wahrscheinlich die Möglichkeit, weitere Google-Konten zum Inhaber eines Webauftritts zu machen. Dafür gibt es eine eigene Prozedur, die Sie über den ebenfalls im oberen Bereich platzierten Link *Property-Inhaber verwalten* starten.

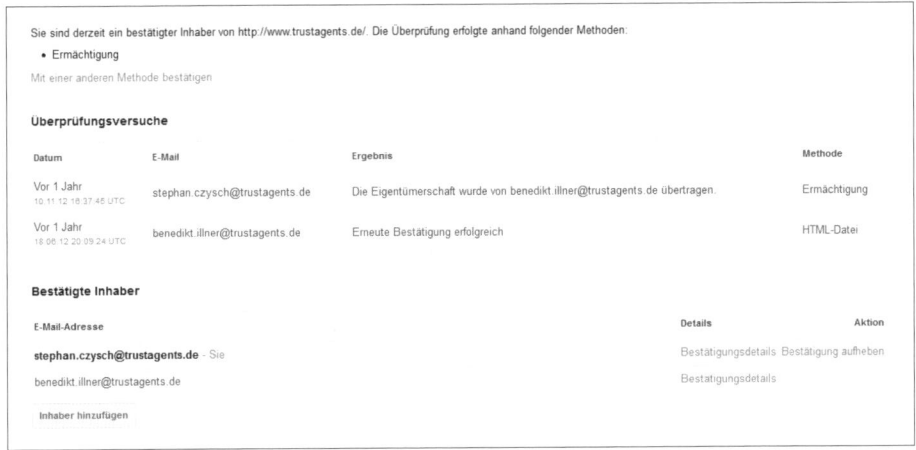

Abbildung 2-19: Website-Inhaber können über Website-Inhaber verwalten administriert werden.

Wie Sie in Abbildung 2-19 sehen, wurde dem E-Mail-Konto *stephan.czysch@trustagents.de* die Inhaberschaft von einem bereits vorhandenen Website-Inhaber übertragen. Dieser hat die Inhaberschaft durch das Hochladen einer HTML-Datei erhalten.

Wenn Sie die Inhaberschaft von einem anderen Nutzer übertragen bekommen haben, können Sie die Bestätigung durch das Hochladen des eigenen Verifizierungsschlüssels nochmals durchführen. Das hat den Vorteil, dass dem Konto anschließend die Inhaberschaft schwerer entzogen werden kann.

Aktuell gibt es für die abgebildete Property zwar mehrere Inhaber, aber eben nur einen selbst verifizierten Inhaber. Entzieht dieser den anderen Konten mit Vollzugriff die Berechtigung oder wird dessen Schlüssel entfernt, verlieren alle aktuellen Inhaber ohne eigenen Bestätigungsschlüssel auf der Property sowie natürlich auch die (un-)eingeschränkten Nutzer den Zugriff.

Im unteren Bereich der Seite listet Google nicht nur die aktuellen Website-Inhaber auf, sondern zeigt auch, wie sich diese verifiziert haben. Um die Bestätigungsmethode einzusehen, klicken Sie auf *Bestätigungsdetails*. Dies ist dann hilfreich, wenn Sie nicht wissen, durch welche Bestätigungsmethode ein Google-Konto den vollen Search Console-Zugriff auf die Property hat. Ohne dieses Wissen ist das Entfernen eines Verifizierungsschlüssels die viel zitierte Suche nach der Nadel im Heuhaufen.

Sie fragen sich jetzt vielleicht, wie zu einer Property hinzugefügte Google-Konten mitbekommen, dass sie Zugriff auf eine Website erhalten haben. Aktuell verschickt Google in diesem Fall leider keine Benachrichtigung an das Konto. Die freigegebene Domain erscheint allerdings automatisch auf der Übersichtsseite der Search Console. Informieren Sie deshalb Personen separat, wenn Sie glauben, dass diese Zugriff auf viele Properties haben. Denn dann ist deren Startseite etwas unübersichtlich.

Welche Zugriffsberechtigung sollten Sie welcher Nutzergruppe erteilen?

Aus Sicherheitsgründen sollten Sie nicht jedermann vollen Zugriff auf eine Property gewähren. Denn eine zu gut gemeinte Konfiguration kann sich negativ auf die Performance Ihrer Website auswirken.

Nachfolgend finden Sie eine Entscheidungshilfe zur Zugriffserteilung in der Search Console.

Website-Inhaber

Mit diesem Zugriffslevel sollten Sie sehr sparsam umgehen. Der Website-Inhaber muss nicht zwangsläufig operativ mit der Search Console arbeiten, den Zugriff auf die Tools aber verwalten.

Empfohlenes Zugriffslevel für:

- technische Leiter
- verantwortliche Mitarbeiter für das Thema SEO

Uneingeschränkter Zugriff

Abgesehen von der etwas unglücklichen Benennung bringt dieses Zugriffslevel die notwendigen Funktionen mit, die ein mit dem Thema SEO betrauter Mitarbeiter benötigt.

Empfohlenes Zugriffslevel für:

- erfahrene SEO-Mitarbeiter
- externe SEO-Berater
- technische Dienstleister

Eingeschränkter Zugriff

Vom Profil her passt dieses Zugriffslevel sehr gut auf Mitarbeiter, die operativ an der Suchmaschinenoptimierung (mit-)arbeiten, aber noch keine tiefer gehenden Kenntnisse über die technische Konfiguration einer Property und deren Auswirkung haben.

Empfohlenes Zugriffslevel für:

- Onlineredaktion
- SEO-Mitarbeiter mit geringer Vorerfahrung
- SEA-Team

Kontrollieren Sie die Zugriffe!

Aus eigener Erfahrung kann ich Ihnen nur raten, die Zugriffsrechte regelmäßig zu kontrollieren. Das sollten Sie speziell dann tun, wenn mehrere Personen über Inhaberrechte verfügen und somit selbst weiteren Konten Zugriff erteilen können.

Häufig haben Google-Konten Zugriff auf die Search Console, die schon seit Längerem nicht mehr für ein Unternehmen beziehungsweise dessen Website arbeiten. Man möchte niemandem böse Absichten unterstellen, doch eine falsche Konfiguration des Webauftritts kann unerwünschte Folgen haben.

Google hält etwas versteckt eine Übersicht über die Website-Inhaberschaften Ihres Google-Kontos bereit. In dieser Übersicht sehen Sie, bei welchen bestätigten Properties Sie über Inhaberrechte verfügen. Hier gelangen Sie mit einem Klick auch auf die Verwaltungsseite der Inhaberschaft. Diese Übersicht finden Sie unter *http://www.google.com/webmasters/verification/home (http://seobuch.net/957)*.

Sets erstellen: Properties kombinieren

Google stellt Search Console-Daten immer für die jeweilige Property bereit. Nicht nur *m.domain.de* und *www.domain.de* sind für Google zwei komplett unabhängige Properties, sondern auch ein Wechsel von *http* zu *https* führt dazu, dass die Daten in der einen Property zurückgehen und in der anderen (hoffentlich zumindest im gleichen Umfang) steigen. Diese sinnvolle Unterscheidung der Google Search Console erschwert es allerdings, einen Gesamtüberblick zu behalten, beispielsweise bei den SEO-Zugriffen. Wie viele Besucher erreichen Sie unabhängig von der Property? Und haben Sie im Zuge einer Migration von *http* zu *https* mit Ranking-Rückgängen zu kämpfen?

Damit Daten über Property-Grenzen hinaus kombiniert und verglichen werden können, hat Google sogenannte Property Sets bzw. im Deutschen »Sätze« vorgesehen. In einem Satz können Sie bestätigte Search Console Properties verknüpfen. Dazu wählen Sie auf der Search Console-Startseite im oberen rechten Bereich *Satz erstellen*.

Abbildung 2-20: Nach dem Umzug von http auf https wurde ein Property-Satz angelegt, um die Daten der Properties zusammenzuführen.

Die Kombination der Property-Daten zu einem Satz dauert einige Tage. So sehen Sie nach dem Anlegen direkt den Satz auf der Search Console-Startseite, aber eben noch keine Daten. Diese werden erst ab dem Zeitpunkt der Verknüpfung miteinander kombiniert, stehen also nicht rückwirkend zur Verfügung. Ein bereits angelegter Satz kann von der Startseite aus editiert oder komplett gelöscht werden (beispielsweise löschen Sie eine Property aus dem Satz heraus oder fügen eine neue hinzu). Ein Wermutstropfen: Sätze können nicht freigegeben werden.

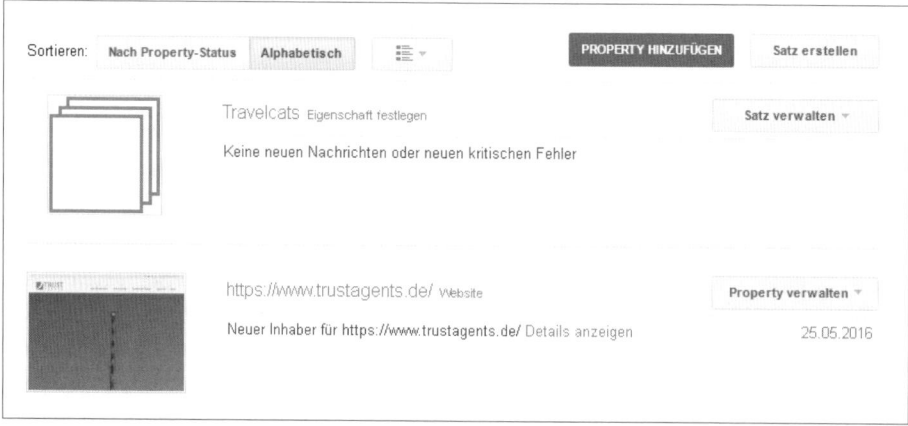

Abbildung 2-21: Der erstellte Property-Satz wird auf der Search Console-Startseite aufgelistet.

Der große Mehrwert eines Satzes ergibt sich durch die Kombination der Daten. Neben der *Suchanalyse* werden zudem die Daten aus den Berichten *Nutzerfreundlichkeit auf Mobilgeräten*, *Accelerated Mobile Pages*, *Internationale Ausrichtung*, *Rich Cards* und *Blockierte Ressourcen* über alle Properties hinweg kombiniert. Dadurch eignen sich Property Sets sehr gut dafür, über eine Vielzahl an Properties den Überblick zu behalten.

Das Dashboard: der zentrale Einstieg

Das sogenannte Dashboard ist der zentrale Einstiegspunkt für die Analyse einer Property. Sie gelangen zum Dashboard, indem Sie auf eine bestätigte Property auf der Startseite der Search Console klicken. Google fasst auf dem Dashboard wichtige Informationen zur Property prägnant zusammen.

Auf dem Dashboard sehen Sie:

- eingegangene Nachrichten
- eine Übersicht über die Crawling-Fehler
- die Suchanalyse-Charts der letzten vier Wochen
- Informationen zu eingereichten Sitemaps

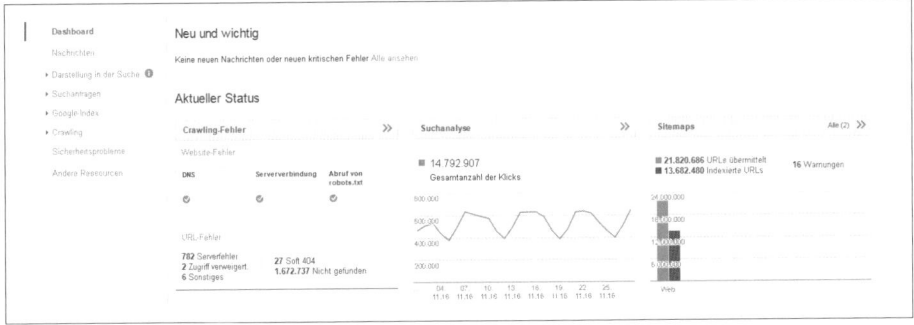

Abbildung 2-22: Blick auf das Search Console-Website-Dashboard

Durch einen Klick auf die grau hinterlegten Bereiche können Sie direkt zur Detailansicht wechseln. Alle weiteren Funktionen erreichen Sie über die Navigation in der linken Spalte, die sich in die folgenden Menüpunkte untergliedert:

- *Dashboard*
- *Nachrichten*
- *Darstellung der Suche*
- *Suchanfragen*
- *Google-Index*
- *Crawling*
- *Sicherheitsprobleme*
- *Andere Ressourcen*

Manchen Punkten ist ein kleiner Pfeil vorangestellt, der Ihnen signalisiert, dass es sich um eine Oberkategorie handelt. Den unter diesen Punkten gelisteten Funktionen und Berichten werden wir uns ausführlich widmen. Doch betrachten wir noch kurz die Informationen, die Sie dem Dashboard entnehmen können.

Crawling-Fehler

Unter dem Punkt *Crawling-Fehler* sehen Sie, ob Google in den letzten 90 Tagen Probleme beim Verbindungsaufbau zu Ihrer Website hatte. Diese Probleme werden als Website-Fehler zusammengefasst, da sie sich auf die gesamte Website oder zumindest einen signifikanten Teil des Webauftritts beziehen. Lagen keine Probleme innerhalb der letzten 90 Tage vor, sehen Sie unter *DNS*, *Serververbindung* und *Abruf von robots.txt* einen grün hinterlegten Haken. Andernfalls wird ein gelbes Warndreieck oder sogar ein rotes Ausrufezeichen dargestellt.

Neben Website-Fehlern stellt Google Daten zu URL-Fehlern bereit. Im Gegensatz zu Website-Fehlern treten diese nur auf einzelnen Adressen auf und sind somit für die Website insgesamt nicht von Bedeutung.

Leider liefert Google an dieser Stelle nur absolute Zahlen ohne Indikation, ob ein bestimmter Fehlertyp in den letzten Wochen gehäuft auftrat. Dies würde die Fehlerbeseitigung deutlich erleichtern.

Suchanalyse

Die *Suchanalyse* ist der für viele Webmaster spannendste Bericht der Google Search Console. Denn hier sehen Sie im Gegensatz zu Webanalysesoftware, zu welchen Begriffen Sie Besucher über die Google-Suche erreicht haben. Außerdem erfahren Sie, wie viele Besucher Adressen Ihres Webauftritts in der Google-Suche angezeigt bekamen. Das sind die sogenannten Impressionen. Diese werden allerdings nicht im Suchanalysediagramm auf dem Dashboard angezeigt.

Tipp   Vermutlich sind Sie in Ihrer Webanalysesoftware bereits auf »not provided« gestoßen. Ins Deutsche übersetzt, bedeutet »not provided« so viel wie »nicht bereitgestellt«.

Während Google bis Herbst 2011 die in der Google-Suche eingegebenen Suchbegriffe an die Website und damit auch an Analysetools übertrug, tauchen sie heute zu einem hohen Prozentsatz zusammengefasst als »not provided« auf.

Hintergrund ist, dass die eigentliche Suchanfrage seit diesem Zeitpunkt aus Datenschutzgründen immer seltener übermittelt wird und in Webanalysesoftware somit fehlt. Die englische Ankündigung finden Sie unter *http://analytics.blogspot.de/2011/10/making-search-more-secure-accessing.html* (*http://seobuch.net/638*). Eine interessante Darstellung des Anstiegs von »not provided« finden Sie unter *http://www.notprovidedcount.com* (*http://seobuch.net/862*).

Im Chart werden Informationen zur Anzahl der Klicks über die unbezahlte Google-Suche in den letzten vier Wochen dargestellt. Überfahren Sie diesen Graphen mit dem Mauszeiger, sehen Sie die Klickstatistik des einzelnen Tages.

So erhalten Sie ein Gefühl dafür, wie gut der Webauftritt in den letzten Wochen geklickt wurde. Zur weiteren Analyse, beispielsweise nach Gerätetyp aufgeschlüsselt, müssen Sie den Suchanalysebericht selbst aufrufen – entweder durch einen Klick auf die grau hinterlegte Überschrift oder durch Auswahl des Menüpunkts *Suchanfragen* in der linken Navigation, gefolgt von *Suchanalyse*.

Sitemaps

Durch den Einsatz von *Sitemaps* können Sie sicherstellen, dass Suchmaschinen mindestens einen eingehenden Verweis auf eine in der Sitemap gelistete Adresse kennen. Dadurch wird die Wahrscheinlichkeit der Indexierung einer URL deutlich erhöht.

Zwar findet Google eine Sitemap auch dann, wenn diese über die *robots.txt*-Datei mittels der Angabe `Sitemap: Adresse der Sitemap` referenziert wird, Sie sollten sie dennoch explizit in der Search Console anmelden. Denn erst dann sehen Sie auf dem Dashboard die Anzahl eingereichter und indexierter Adressen einer Sitemap. Diese Statistik wird von Google z. B. für Bilder separat ausgewiesen. Dazu müssen Sie natürlich eine Sitemap eingereicht haben, die Verweise auf Bilder beinhaltet.

Mehr zum Thema Sitemaps finden Sie in Kapitel 1 ab Seite 64.

Zusammenfassung des Kapitels

- Für die Nutzung der Google Search Console ist ein Google-Konto erforderlich. Es steht Ihnen frei, ein bereits bestehendes Konto (z. B. für Gmail, YouTube oder Google AdWords) zu verwenden oder ein neues Konto anzulegen.

Tipp Für Unternehmen empfiehlt es sich, eine nicht personengebundene E-Mail-Adresse zur Bestätigung einer Property zu verwenden.

- Seit Mai 2015 wird die Toolsammlung nicht mehr als Google Webmaster-Tools, sondern als Google Search Console bezeichnet.
- Eine bestätigte Webpräsenz wird in der Search Console als Property bezeichnet.
- In Google Search Console können Websites und Apps bestätigt werden. Beachten Sie die Möglichkeit, Verzeichnisse von Websites als eigene Property anzulegen.
- Google erhebt Daten getrennt nach Hostname. *http://www.trustagents.de* und *https://www.trustagents.de* müssen separat bestätigt werden. Sie haben immer nur Zugriff auf die Daten der Hosts, die sich in Ihrem Konto befinden.
- Die Ansicht der Search Console-Startseite fällt unterschiedlich aus, je nachdem, ob Sie bereits Zugriff auf bestätigte Properties haben oder nicht.
- Um eine Android-App zu bestätigen, muss das Google-Konto, über das die Search Console-Verifizierung vorgenommen wird, über Verwaltungsrechte für

die App bei Google Play verfügen. Andernfalls kann die App nur vom Konto des App-Inhabers verifiziert werden.

- Um eine iOS-App zu bestätigen, muss ein sogenanntes Token in die *Info.plist*-Datei der App eingefügt werden.
- Für Apps gibt es weniger Berichte und Funktionen in der Search Console als für Websites.
- Die einfachste Bestätigungsmethode für Websites ist das Hochladen einer HTML-Datei. Alle Bestätigungsmethoden sind gleichwertig.
- Mit einem Google-Konto können mehrere Properties bestätigt werden. Maximal 1.000 Properties sind pro Konto möglich.
- Durch die Bestätigung einer Domain mithilfe eines eigenen Schlüssels werden Sie zum Website-Inhaber. Dies stellt den Vollzugriff dar. Die beiden weiteren Zugriffslevels sind »uneingeschränkter Zugriff« und »eingeschränkter Zugriff«.
- Über das Nutzermanagement können Website-Inhaber weiteren Google-Konten Zugriff auf eine Property erteilen. Freigegebene Properties werden automatisch auf der Übersichtsseite des hinzugefügten Kontos angezeigt.
- Über die Benachrichtigungsfunktion weist Google Sie auf Probleme hin. Diese werden standardmäßig an die E-Mail-Adresse versendet, die zum Google-Konto gehört. E-Mail-Benachrichtigungen können Sie auf Wunsch in den über das Zahnrad erreichbaren Einstellungen deaktivieren.
- Wenn in Google Search Console noch keine Daten für Ihre Domain vorliegen, müssen Sie sich gedulden. Innerhalb von 48 Stunden sollten Sie, wenn Sie den richtigen Hostnamen bestätigt haben und Zugriffe von Suchmaschinen auf Ihre Website nicht blockieren, Daten analysieren können.

KAPITEL 3
Darstellung der Suche

In diesem Kapitel:
- Strukturierte Daten
- Rich Cards
- Data Highlighter
- HTML-Verbesserungen
- Accelerated Mobile Pages
- Zusammenfassung des Kapitels

Die Darstellung der Suchtreffer besteht aus der Adresse (URL), dem Seitentitel und dem aus der Meta-Description – zusammen bilden sie das Snippet. Durch den Einsatz von strukturierten Daten und neuerdings *Rich Cards* oder *Accelerated Mobile Pages* (AMP) kann die Darstellung der Suchtreffer zudem beeinflusst werden. Diese und weitere Funktionen sind in der Search Console unter *Darstellung der Suche* zusammengefasst.

Im Laufe der Jahre hat sich die Suchtrefferanzeige in der Websuche wesentlich verändert: Wo früher zehn blaue Links zu sehen waren, erscheinen heute unter anderem Bilder, Videos, eingeblendete News oder zur URL gehörende Bewertungen. Diese Vielfalt hat Google zum Anlass genommen, die Elemente, die in der Suche angezeigt werden (können), in einer interaktiven Darstellung zusammenzufassen. Durch einen Klick auf das (derzeit) grau hinterlegte *i* neben *Darstellung der Suche* können Sie diese Darstellung aufrufen.

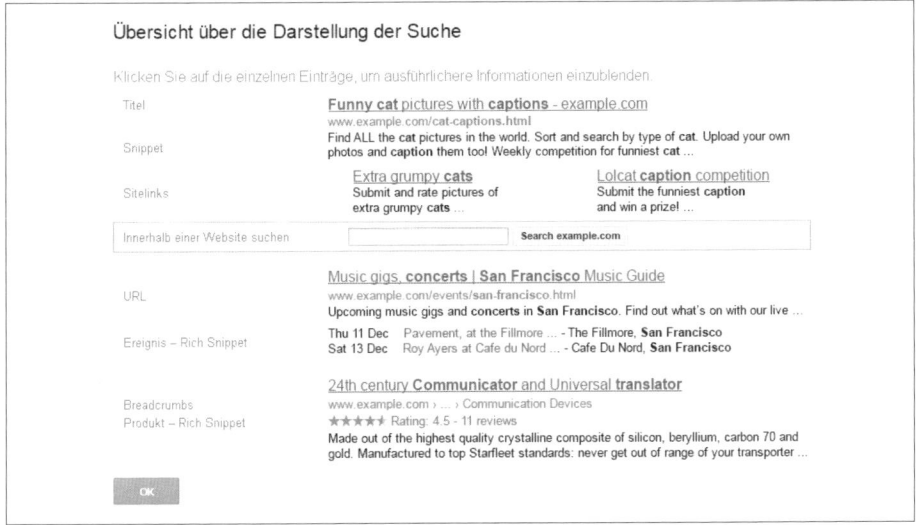

Abbildung 3-1: Nach einem Klick auf das i sehen Sie die in der Google-Suche dargestellten Elemente einer Website.

Die Abbildung, wie sie hier in der Search Console gezeigt wird, entspricht allerdings nicht dem Status quo der Darstellung von Treffern in der Google-Suche. So wird ein im Seitentitel enthaltenes und mit der Suchanfrage übereinstimmendes Wort nicht mehr fett hervorgehoben, und auch von der Unterstreichung des Titels hat sich Google bereits vor einiger Zeit verabschiedet.

Wie Sie die einzelnen Elemente durch die Onpage-Optimierung beeinflussen können, erfahren Sie, wenn Sie ein Element ausgewählt haben. So informiert Google Sie beispielsweise darüber, dass das Snippet über die Meta-Description definiert wird und mit der Funktion *HTML-Verbesserungen* gegebenenfalls optimiert werden kann.

Wie im Abschnitt »Snippet-Optimierung: So verbessern Sie die Klickrate auf Ihre Webseiten« ab Seite 48 in Kapitel 1 beschrieben, ist es Ihr Ziel, eine möglichst klickattraktive Suchtrefferdarstellung zu erstellen. Hilfreich kann in diesem Zusammenhang ein sogenanntes *Rich Snippet* sein. Die Abbildung zeigt mit *Ereignis – Rich Snippet* und *Produkt – Rich Snippet* zwei mögliche Darstellungen.

Rich Snippets basieren auf der strukturierten Auszeichnung von Daten im Quelltext des Suchtreffers. Ausführliche Hintergrundinformationen zu strukturierten Daten finden Sie im SEO-Einstiegskapitel im Abschnitt »Durch strukturierte Daten die Semantik verbessern« (Seite 52 ff.). Bevor wir tiefer einsteigen, werfen wir einen Blick auf die Funktionen, die Google unter *Darstellung der Suche* zusammenfasst.

Das sind aktuell:

- Strukturierte Daten
- Rich Cards
- Data Highlighter
- HTML-Verbesserungen
- Accelerated Mobile Pages

Lassen Sie uns zusammen erkunden, wie Sie diese Funktionen für eine bessere Suchtrefferdarstellung nutzen können.

Strukturierte Daten

Warum Suchmaschinen ein großes Interesse an strukturierten Datenauszeichnungen haben, wissen Sie aus dem Einführungskapitel. Kurz zusammengefasst, geht es darum, die Semantik des Webseiteninhalts zu verbessern und dadurch Suchmaschinen die Auswertung zu erleichtern. Wenn strukturierte Datenauszeichnungen im HTML-Quelltext eingesetzt werden, können sie in Form von Rich Snippets in der Google-Suche angezeigt werden.

Dass das Thema »Strukturierte Daten« für Google eine große Bedeutung hat, lässt sich daran ablesen, dass seit Juli 2012 ein eigener Bericht in der Search Console zur Verfügung steht. Zwar wurden strukturierte Daten bereits vor diesem Zeitpunkt erfasst, doch eine Auswertungsmöglichkeit und eine kontinuierliche Fehlerüberwachung fehlten. Beides ist unter *Strukturierte Daten* möglich.

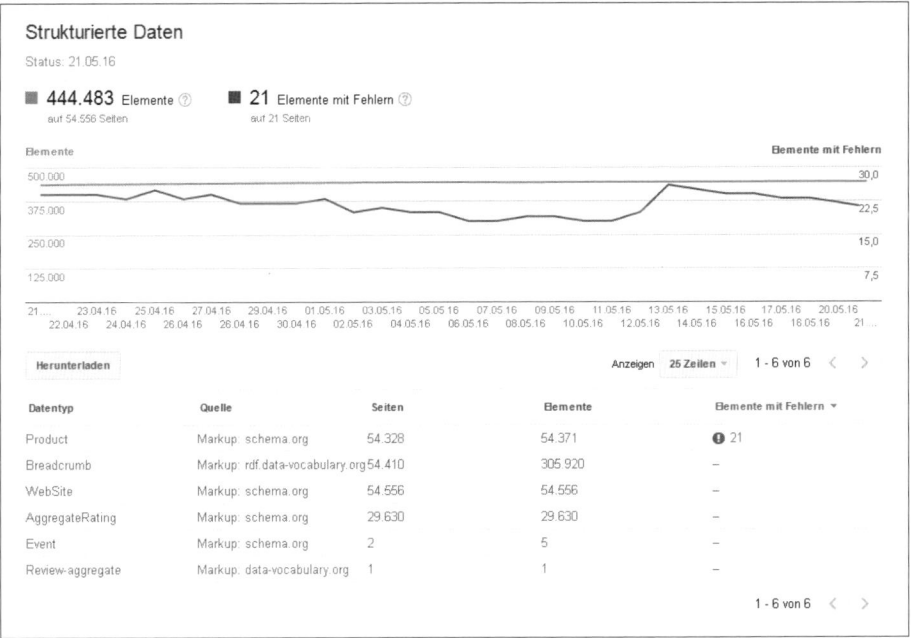

Abbildung 3-2: Informationen zu strukturierten Daten auf einer Website

Wenn das der Fall ist, sehen Sie in tabellarischer Form:

- welche strukturierten Datentypen eingesetzt werden,
- mit welchem Markup die Auszeichnung durchgeführt wurde,
- wie viele Seiten ein Markup enthalten,
- wie viele einzelne Elemente auf diesen Seiten ausgezeichnet sind sowie
- wie viele fehlerhafte Elemente existieren.

Besonders die letztgenannte Information ist sehr hilfreich, da sie dabei hilft, bestehende Fehler zu beseitigen. Doch dazu gleich mehr.

Zusätzlich zur tabellarischen Aufbereitung – nach *Datentyp* und *Quelle* getrennt – wird im Diagramm über der Tabelle der Verlauf dargestellt. Dieses Diagramm basiert auf den Daten der letzten 90 Tage, ein kompletter historischer Verlauf fehlt folglich. Allerdings können Sie die Daten (manuell) in regelmäßigen Abständen exportieren, um dadurch eine Langzeitanalyse durchführen zu können. Nutzen Sie dazu die *Herunterladen*-Funktion.

Die in der Abbildung gezeigten Property wurde laut der Auswertung mit insgesamt sechs verschiedenen Datenauszeichnungen versehen. Wie sich aus dem Graphen ablesen lässt, ist die Anzahl der ausgezeichneten Elemente im dargestellten Zeitraum konstant geblieben. Das gilt auch für die Anzahl der Fehler.

Die beiden Auswertungen werden zwar im selben Diagramm, aber mit getrennten Skalen dargestellt. Die Skala für die Anzahl der Elemente ist links zu finden, die für die Fehler rechts.

Der Bericht hilft Ihnen nicht nur bei der Kontrolle, ob Suchmaschinen strukturierte Daten der Property gefunden haben. Durch die Auswahl eines Datentyps können Sie mit der Detailanalyse beginnen. Nach einem Klick auf den jeweiligen Datentyp sehen Sie:

- auf welchen Seiten der gewählte Datentyp enthalten ist,
- wie viele Elemente mit dem Typ ausgezeichnet wurden,
- wie viele fehlerhafte Elemente auf der Seite enthalten sind (für den gewählten Datentyp) und
- wann Google zuletzt den Datentyp auf der URL entdeckt hat.

Neben diesen für alle Datentypen angezeigten Informationen werden je nach Auszeichnung weitere Angaben gemacht. Bei Produkten sind das beispielsweise der Produktname, das Modell, der Hersteller sowie der Preis. Bei jedem Schema gibt es notwendige sowie optionale Informationen. Notwendige strukturierte Datenauszeichnungen werden oben in der Tabelle dargestellt.

Beachten Sie, dass Google Filter anbietet, um die fehlerhaften Elemente anzuzeigen. Die Filter sind oberhalb des Diagramms zu finden. Zwischen dem Diagramm und der Tabelle steht zudem eine weitere Filterfunktion zur Verfügung. Mit dieser können Sie die in der Datentabelle angezeigten URLs nach beliebigen Zeichen filtern.

Warnung   An vielen Stellen der Google Search Console sind Datenlimits vorhanden, die Daten sind also nicht vollständig abrufbar – so auch im Bericht zu strukturierten Daten. Bei der Analyse eines einzelnen Datentyps können Sie maximal 10.000 URLs sehen, die den gewählten Datentyp einsetzen. Auch im Download stehen nur diese 10.000 Daten zur Verfügung. Zum Vergleich: In vielen anderen Funktionen ist das Limit bereits bei 1.000 Zeilen erreicht. Nur beim Suchanalysebericht können Sie das Datenlimit umgehen, indem Sie Abfragen über die Google Search Console API stellen. Diese stelle ich Ihnen in Kapitel 11 vor.

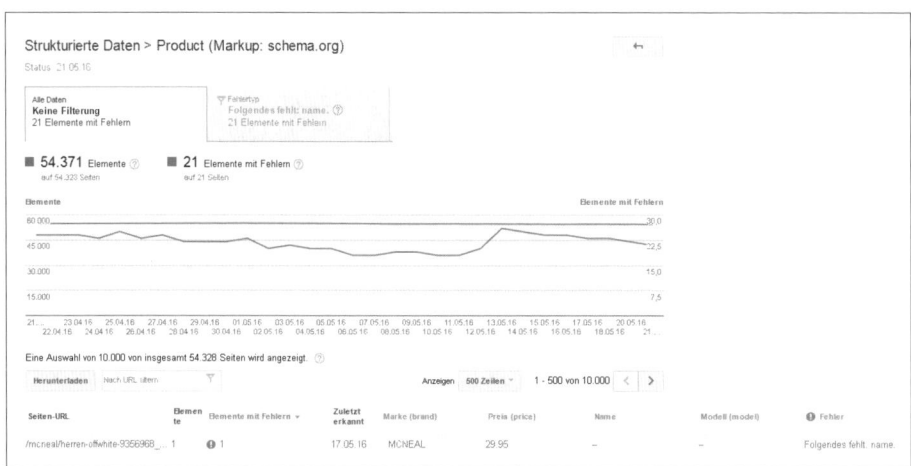

Abbildung 3-3:   Durch Auswahl eines Datentyps gelangen Sie zu dieser Ansicht zur Detailanalyse.

Die in der Tabelle dargestellten Daten lassen sich noch granularer untersuchen. Dazu wählen Sie eine einzelne URL aus. In der nächsten Ansicht werden alle strukturierten Daten des vorher ausgewählten Typs angezeigt. Enthält die ausgewählte URL mehrere unterschiedliche Datentypen (beispielsweise strukturierte Produkt- und Breadcrumb-Auszeichnungen), werden diese nicht zusammen angezeigt.

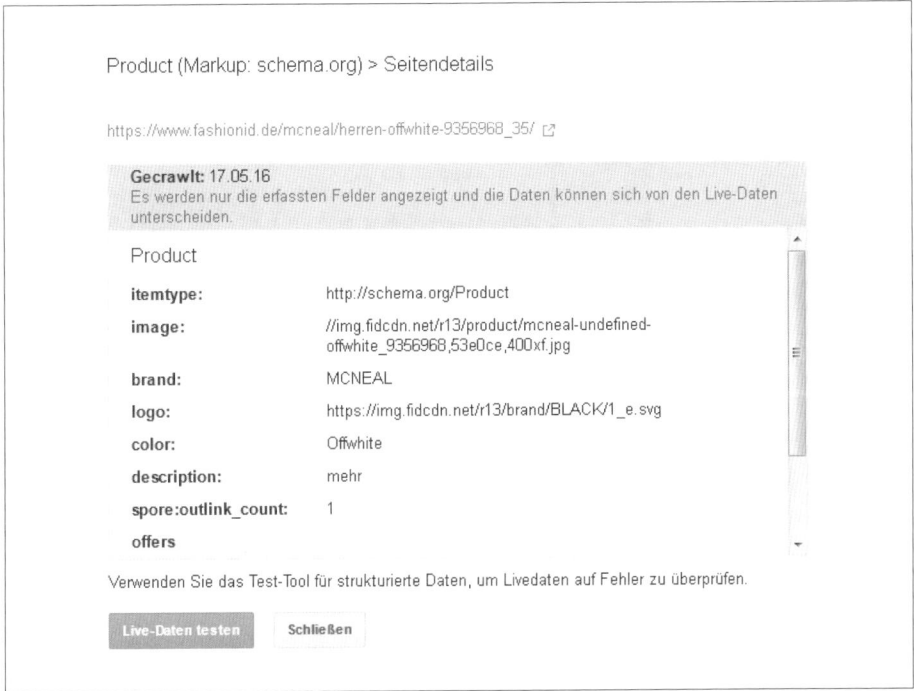

Abbildung 3-4: Auf URL-Ebene listet die Search Console die gefundenen strukturierten Datenauszeichnungen auf.

Da es seit dem letzten Erfassungszeitpunkt, durch das hinter *Gecrawlt:* stehende Datum angegeben, Veränderungen auf der analysierten URL gegeben haben kann, bietet Google den Link zum Live-Check an. Dieser führt Sie zum *Test-Tool für strukturierte Daten*. Nach Analyse der URL sehen Sie, welche strukturierten Datenauszeichnungen insgesamt und vor allem aktuell auf der URL gefunden wurden. Auch für eine Ad-hoc-Fehleranalyse können Sie das Tool also einsetzen.

Rich Cards

Hinter *Rich Cards* verbirgt sich die seit Mai 2016 angebotene Option, Inhalte durch strukturierte Datenauszeichnungen, aktuell auf Mobilgeräte beschränkt, gesondert darzustellen. Momentan sind Rich Cards-Berichte auf Rezepte und Filme beschränkt, es ist aber wahrscheinlich, dass mittelfristig weitere Inhalte diese Darstellungsform in der Google-Suche erhalten. Auf dem Webauftritt von Google Developers werden beispielsweise Produktinformationen und Events genannt (*https://developers.google.com/search/docs/guides/search-gallery – http://seobuch.net/201*).

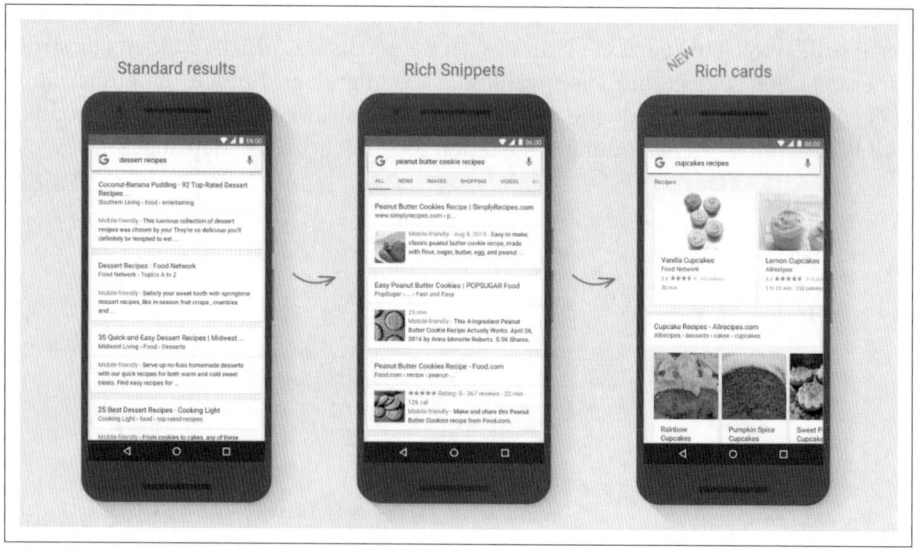

Abbildung 3-5: Die Evolution der Suchergebnisdarstellung in der mobilen Suche: Rich Cards werden als Karussell angezeigt und können durchgescrollt werden.

Rich Cards basieren auf strukturierten Datenauszeichnungen, vorzugsweise im JSON-LD-Format. Sie stellen eine Erweiterung der Rich Snippets dar.

Im Rich Cards-Bericht listet Google für die unterstützten Datenformate auf:

- wie viele Karten auf dem Webauftritt gefunden wurden,
- wie viele davon optimiert werden können und
- wie viele Fehler enthalten.

Interessant ist dabei das interaktive Chart, das aktuell noch in keiner weiteren Search Console-Funktion zum Einsatz kommt. Oberhalb des Diagramms können Sie auswählen, welche Daten angezeigt werden sollen.

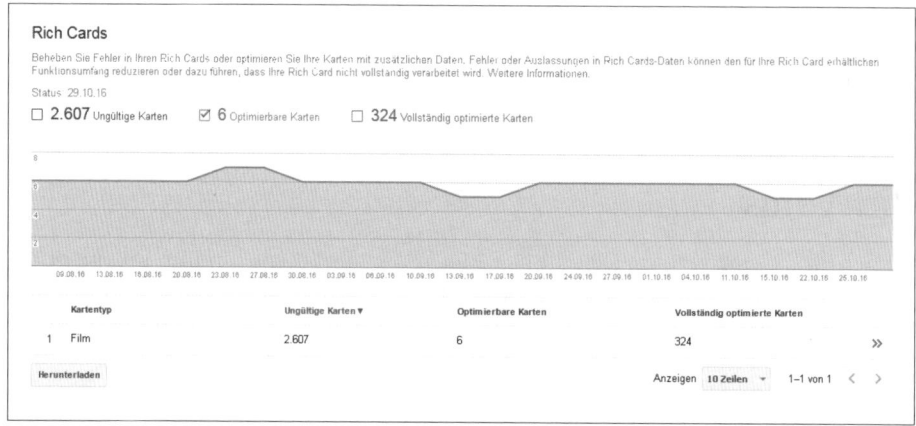

Abbildung 3-6: Auf dem Rich Cards-Dashboard wird die Entwicklung von fehlerhaften, optimierbaren und vollständig optimierten Rich Cards angezeigt.

Zusätzlich zu dieser Ansicht können Sie einen Kartentyp auswählen und in die Detailansicht wechseln. Auf der nächsten Seite sind die auftretenden Probleme nach Wichtigkeit sortiert.

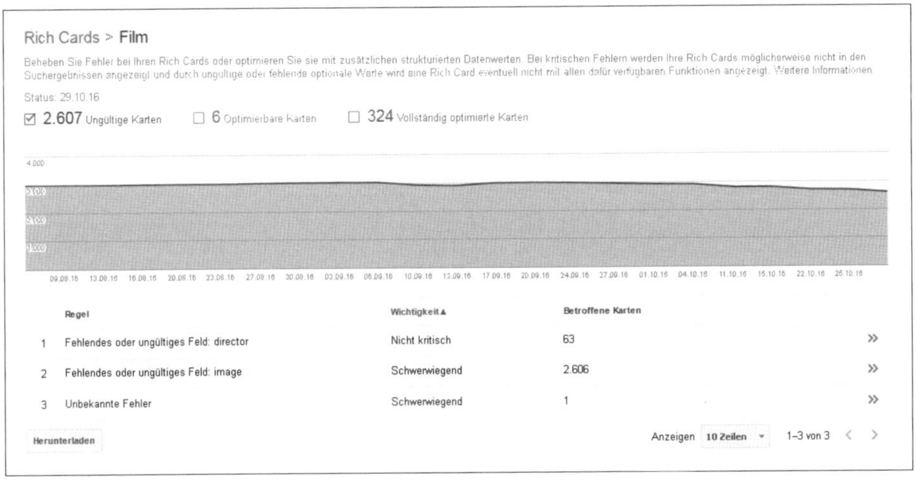

Abbildung 3-7: Nach Auswahl des Kartentyps erhalten Sie weitere Informationen zu Optimierungspotenzialen.

Auf der Property gibt es aktuell vier verschiedene Optimierungspotenziale, die jeweils eine unterschiedliche Anzahl von einzelnen Adressen beziehungsweise Karten betreffen.

Diese Informationen helfen Ihnen als Webmaster nur dann, wenn Sie die betroffenen URLs identifizieren. Diese Daten stehen auf der untersten Ebene des Berichts zur Verfügung. Um dorthin zu gelangen, muss das Optimierungspotenzial ausgewählt werden.

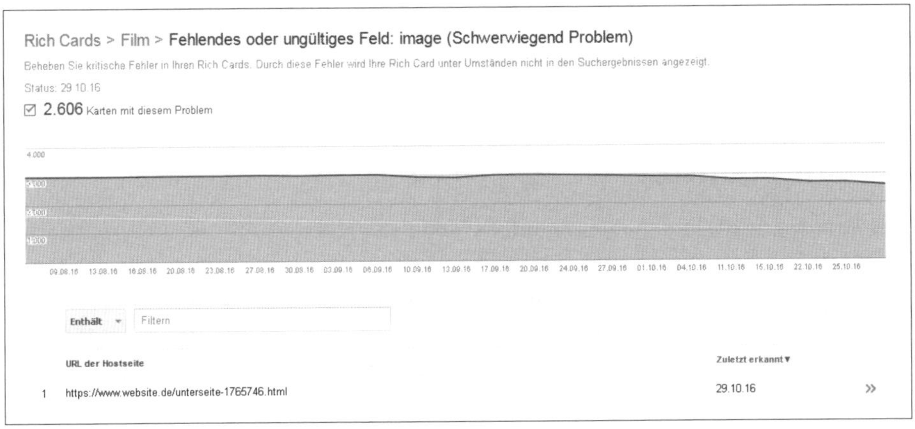

Abbildung 3-8: Nach Auswahl eines Fehlertyps werden die betroffenen URLs aufgelistet.

Zusätzlich zu den vom Fehler betroffenen URLs liefert Google das Datum, an dem das Problem zuletzt erkannt wurde. Sie kennen es vom Bericht zu den strukturierten Daten: Durch Klick auf die URL können die Fehleranalyse mithilfe des Test-Tools für strukturierte Daten sowie der Hilfeartikel zur Rich Cards-Integration aufgerufen werden.

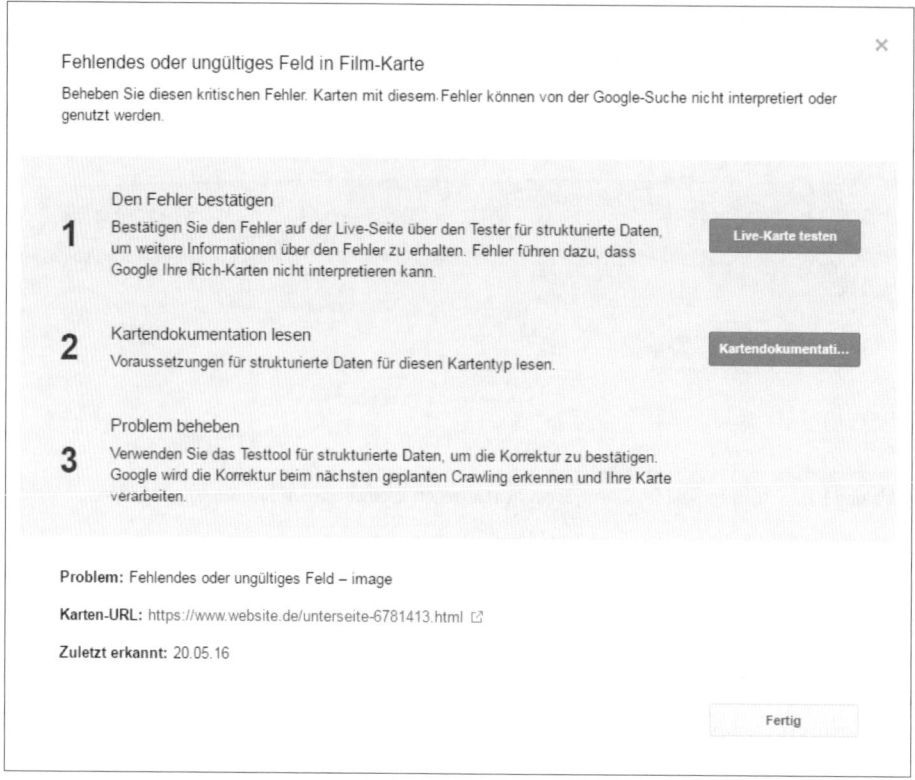

Abbildung 3-9: Nach Auswahl einer betroffenen URL kann die URL im Test-Tool für strukturierte Daten überprüft werden.

Da sich der Funktionsumfang der Tools *Strukturierte Daten* und *Rich Cards* ähnelt, werden die beiden Berichte vermutlich zukünftig zusammengefasst.

Data Highlighter

Um strukturierte Datenauszeichnungen fehlerfrei durchzuführen, unterstützt Sie der in der Search Console unter *Andere Ressourcen* verlinkte *Markup-Helper* (https://www.google.com/webmasters/markup-helper/u/0/?hl=de – http://seobuch.net/303) sowie das Test-Tool für strukturierte Daten. Für die fortlaufende (Fehler-)Kontrolle steht der Bericht *Strukturierte Daten* in der Search Console zur Verfügung.

Doch trotz dieser Hilfen ist der Einsatz strukturierter Daten für viele Webmaster eine Herausforderung. Neben fehlendem Know-how kann in manchen Fällen das eingesetzte Content-Management-System (CMS) dem Webmaster einen Strich durch die Rechnung machen, indem es Auszeichnungen nicht akzeptiert oder beim Speichern nicht übernimmt.

Um die Einstiegshürde in die Welt der strukturierten Auszeichnungen zu senken, hat Google im Dezember 2012 den *Data Highlighter* zur Search Console (damals noch Google Webmaster-Tools) hinzugefügt. Über diese Funktion ist es möglich, auf einer einfach zu bedienenden Oberfläche eine strukturierte Datenauszeichnung durchzuführen.

Das Tool funktioniert ähnlich wie der in Kapitel 2 unter »Andere Ressourcen« vorgestellte Markup-Tester. Eine URL wird im Tool geladen, und durch das Markieren von einzelnen Seitenelementen mithilfe der Maus wird die Semantik bestimmt. Der große Unterschied zwischen den beiden Tools: Beim Markup-Helper muss anschließend der mit dem Tool generierte Quelltext auf die eigene Website übernommen werden. Das ist beim Data Highlighter nicht notwendig.

Aus Sicht von Google macht es keinen Unterschied, ob strukturierte Auszeichnungen im Quelltext vorliegen oder über den Data Highlighter übermittelt werden. Über den Data Highlighter gewonnene strukturierte Datenauszeichnungen werden ganz normal im Bericht *Strukturierte Daten* angezeigt. Wenn Sie strukturierte Datenauszeichnungen mit dem Data Highlighter vorgenommen haben, wird dieser als Quelle im Bericht angegeben.

Solange Sie über den Data Highlighter noch keine Auszeichnung vorgenommen haben, erwartet Sie nach Auswahl des Menüpunkts ein englischsprachiges Video, in dem die Funktionsweise des Tools vorgestellt wird.

Abbildung 3-10: Noch keine Auszeichnung vorgenommen? Dann erwartet Sie diese Seite.

Nachdem in der ersten Version des Tools nur die Auszeichnung von Events möglich war, stehen momentan diese Optionen zur Verfügung:

- *Artikel*
- *Buchrezensionen*
- *Ereignisse (Events)*
- *Filme*
- *Lokale Unternehmen*
- *Produkte*
- *Restaurants*
- *Softwareprogramme*
- *TV-Folgen*

Im Vergleich zu den Schemata auf *schema.org* sind das nicht besonders viele Möglichkeiten. Der Data Highlighter deckt zwar einige wichtige Datentypen ab, aber eben nicht alle – und dazu auch nicht in der von *schema.org* angebotenen Tiefe.

In *schema.org*-Schemata gibt es wesentlich mehr optionale Angaben, als sie der Data Highlighter abfragt. Da in den letzten Jahren keine weiteren Datentypen hinzugekommen sind, bleibt abzuwarten, ob Google in Zukunft weitere Auszeichnungsmöglichkeiten hinzufügt.

Wenn der Data Highlighter einen von Ihnen gewünschten Auszeichnungstyp abdeckt, bleibt es Ihnen überlassen, ob Sie das Tool anstelle der Auszeichnung im Quelltext verwenden. Doch bedenken Sie: Mit dem Data Highlighter zeichnen Sie Ihre Daten nur für Google in strukturierter Form aus. Diese Daten teilt Google mit keiner anderen Suchmaschine. Folglich ist der Data Highlighter eine Insellösung für strukturierte Daten.

Den Data Highlighter einsetzen

Wenn Sie sich für den Einsatz des Data Highlighter entscheiden, müssen Sie die folgenden Schritte durchführen:

1. *Markieren starten* wählen.
2. Die Start-URL für die Auszeichnung in das entsprechende Eingabefeld kopieren.
3. Den gewünschten Datentyp aussuchen.
4. Auswählen, ob nur die eingegebene URL oder diese und ähnliche Seiten ausgezeichnet werden sollen.
5. Auf der im Data Highlighter geladenen Seite die auszuzeichnenden Daten mit der Maus markieren.

6. Bei Auswahl von *Diese und ähnliche Seiten taggen*: die Auszeichnung auf weiteren Seiten Ihres Webauftritts wiederholen.
7. Die Auszeichnung abspeichern und benennen.

Falls Sie *Diese und ähnliche Seiten taggen* auswählen, schlägt Google Ihnen im Laufe des Auszeichnungsprozesses weitere URLs vor, die aus Google-Sicht der von Ihnen ausgewählten Seite entsprechen. Das sind die sogenannten *Seitengruppen*. Alternativ haben Sie die Möglichkeit, selbst ähnliche Seiten an Google zu übermitteln.

Beispielhaft möchte ich Ihnen zeigen, wie Sie einen *Artikel* mit dem Data Highlighter auszeichnen können.

Schritt 1: Markieren starten

Nach einem Klick auf *Markieren starten* erscheint ein neues Fenster. Hier geben Sie die Adresse ein, mit der die Auszeichnung begonnen wird.

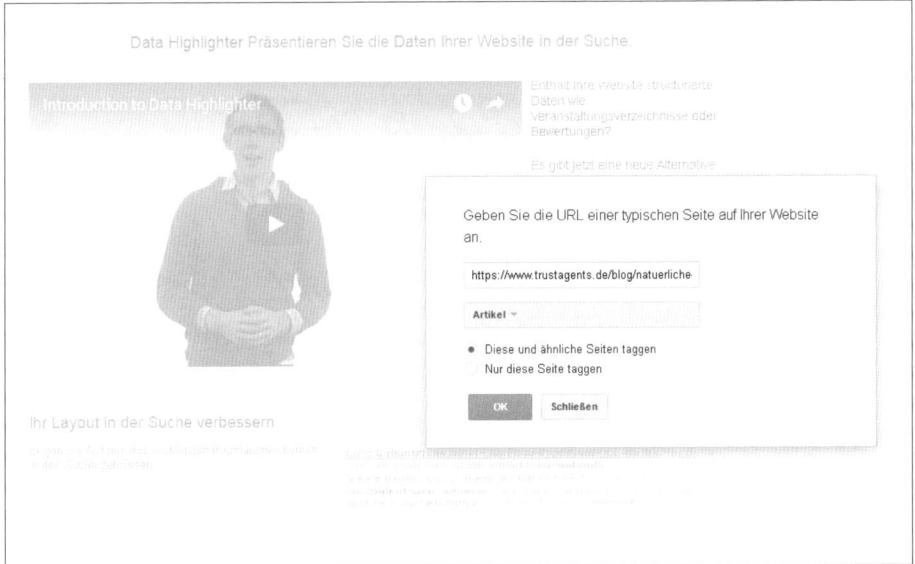

Abbildung 3-11: Nach Angabe der URL muss der gewünschte Datentyp ausgewählt werden.

Schritt 2: Datentyp auswählen

Da ich einen *Artikel* auszeichnen möchte, wähle ich diesen Datentyp.

Schritt 3: Eine oder mehrere Seiten auszeichnen?

Weil auf dem Webauftritt eine ganze Reihe von Artikeln vorliegen und ich in diesem Beispiel alle einzelnen Beiträge als Artikel auszeichnen will, ist *Diese und ähnliche Seiten taggen* meine Wahl.

Schritt 4: Die angegebene URL wird im Data Highlighter geladen

Nach einem Klick auf *OK* wird die angegebene Adresse im Data Highlighter geladen. Ab jetzt beginnt die eigentliche Auszeichnung. In der rechten Spalte sehen Sie, welche Informationen Sie zwingend auszeichnen müssen. Ein wesentliches Merkmal eines Artikels ist dessen *Titel*. Entsprechend ist der Beitragstitel eine Pflichtangabe bei der Auszeichnung von Artikeln.

Um den Titel auszuzeichnen, markieren Sie diesen im Data Highlighter durch Überfahren mit der Maus. Halten Sie dabei die linke Maustaste so lange gedrückt, bis Sie das Ende des Artikeltitels erreicht haben. Sobald Sie die Maustaste loslassen, erscheint ein Kontextmenü, in dem Sie die gewünschte Auszeichnung auswählen.

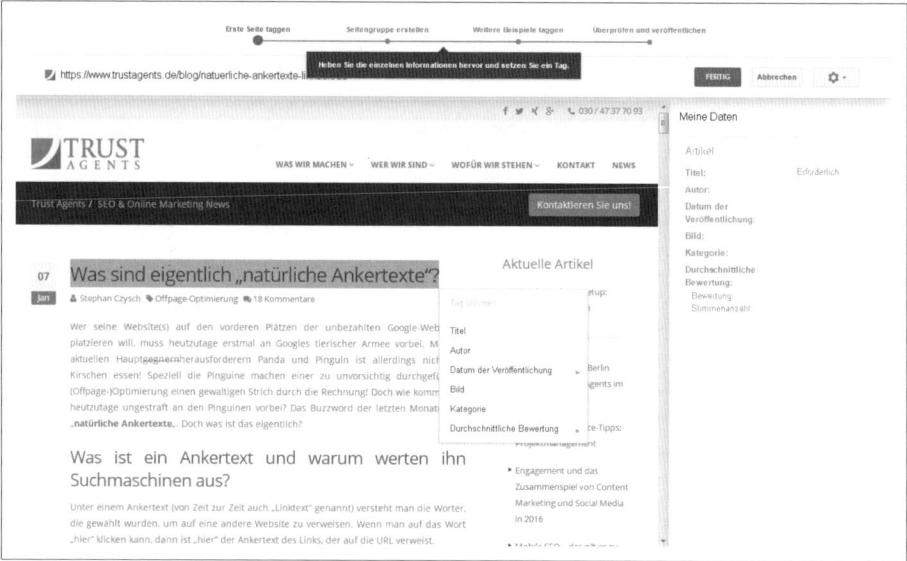

Abbildung 3-12: Markieren Sie die gewünschten Inhalte durch Überfahren mit der Maus.

Für die Artikelauszeichnung haben Sie jetzt alle notwendigen Angaben bereits vorgenommen. Der Vollständigkeit halber habe ich einige optionale Angaben markiert und ausgezeichnet.

Sollten Sie sich bei der Auszeichnung verklickt haben, können Sie sie natürlich rückgängig machen oder ändern. Um eine Auszeichnung komplett zu löschen, können Sie:

- in der rechten Spalte auf das beim Überfahren der Auszeichnung erscheinende X klicken oder
- die Auszeichnung nochmals markieren und *Tag löschen* auswählen.

Die letztgenannte Methode ermöglicht Ihnen zudem, eine Auszeichnung zu ändern.

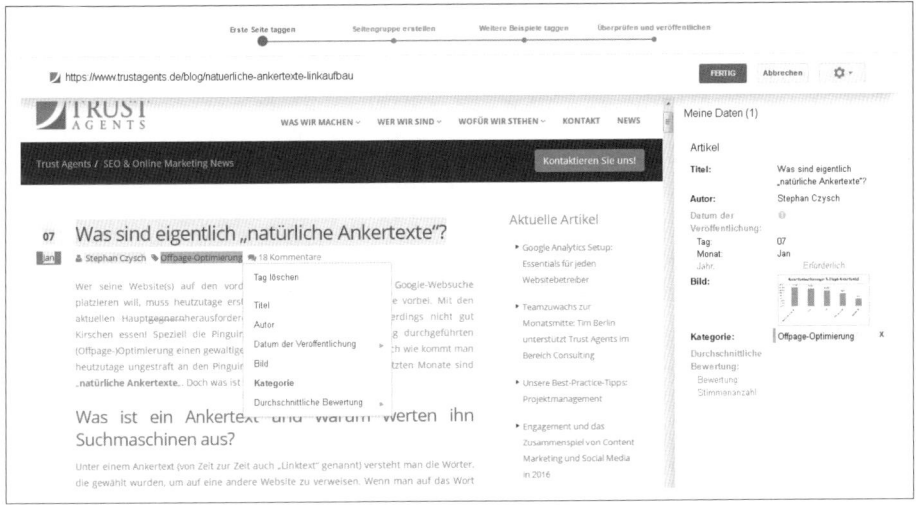

Abbildung 3-13: Vorgenommene Auszeichnungen können Sie zurücknehmen: entweder in der rechten Spalte oder durch nochmaliges Markieren.

Bei der Auszeichnung des Datums tritt aktuell ein Problem auf. So wird auf der Seite die für diese optionale Auszeichnung erforderliche Jahresangabe nicht dargestellt. Das Datum erscheint nur als *07. Jan.*

Was also tun? Hier hilft das Zahnrad im oberen rechten Rand. Über dieses können Sie

- fehlende Tags hinzufügen,
- alle Tags auf der Seite löschen,
- Einstellungen (Datumsformat und Sprache der Website) festlegen,
- Tipps und Tricks sowie die Hilfe aufrufen.

Die Funktion *Fehlende Tags hinzufügen* können Sie immer dann nutzen, wenn eine notwendige oder optionale Angabe auf der Seite fehlt.

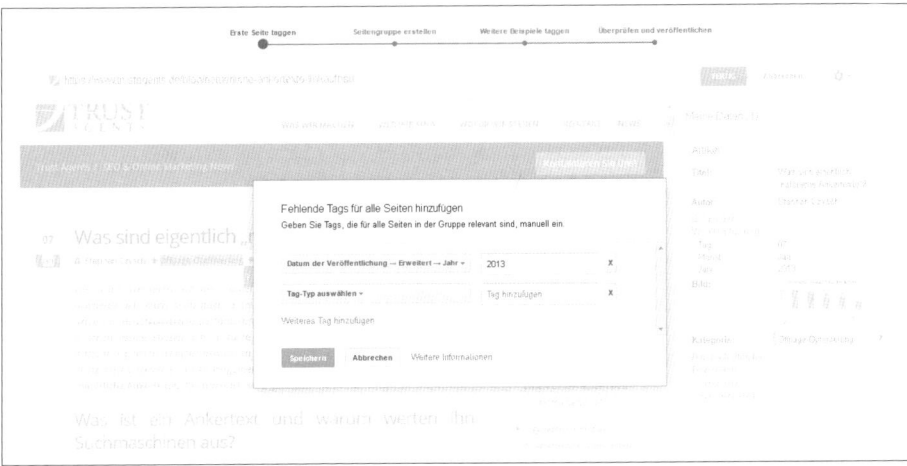

Abbildung 3-14: Über das Zahnrad wurde eine fehlende Angabe ergänzt.

Data Highlighter | 129

Wenn Sie alle notwendigen und gegebenenfalls optionalen Auszeichnungen durchgeführt haben, klicken Sie auf *Fertig*. Sollten Sie nur eine Seite auszeichnen, wird Ihnen anstelle von *Fertig* ein Link *Veröffentlichen* angezeigt, über den Sie den Prozess abschließen.

Schritt 5: Auszeichnung auf weiteren URLs wiederholen

Da ich nicht nur eine URL, sondern gleich mehrere auszeichnen möchte, ist der Prozess an dieser Stelle noch nicht abgeschlossen. Im nächsten Schritt öffnet sich ein Dialog mit dem Namen *Seitengruppen erstellen*. In diesem

- schlägt Google ähnliche Seiten Ihres Webauftritts zur Bestätigung der Auszeichnung vor, und
- alternativ können Sie selbst einen Startpunkt zur automatischen Bestimmung ähnlicher Seiten vorschlagen.

In beiden Fällen basieren die als ähnlich vorgeschlagenen Seiten auf einem der angegebenen Startadresse vergleichbaren Seitenaufbau.

Abbildung 3-15: Wenn Sie mehrere URLs auszeichnen möchten, müssen Sie eine Seitengruppe anlegen.

Zusätzlich fragt Google nach einer Bezeichnung für die Seitengruppe. Das ist der Name, den Google nachher für die Auszeichnung verwendet. Dieser wird nicht nur auf der Startseite des Data Highlighter angezeigt, sondern gleichzeitig in den Bericht *Strukturierte Daten* übernommen. Wählen Sie aus diesem Grund einen aussagekräftigen Namen.

Im Allgemeinen ist Google sehr gut darin, ähnliche Seiten zu bestimmen. Deshalb gibt es wenig Veranlassung, *Benutzerdefiniert* auszuwählen. Sollten Sie es dennoch wünschen, können Sie Google nach einem Klick auf *Benutzerdefiniert* eine Startadresse zur Bestimmung ähnlicher Seiten geben. Die von Ihnen angegebene URL sollte keine absolute Adresse eines einzelnen Webdokuments sein, sondern auf eine Verzeichnisstruktur verweisen. Eine Angabe wie https://www.trustagents.de/blog/* inklusive des Platzhalters * ist ideal. Dadurch wird Google der Hinweis gegeben, nach ähnlichen Seiten innerhalb des Verzeichnisses /blog/ zu suchen.

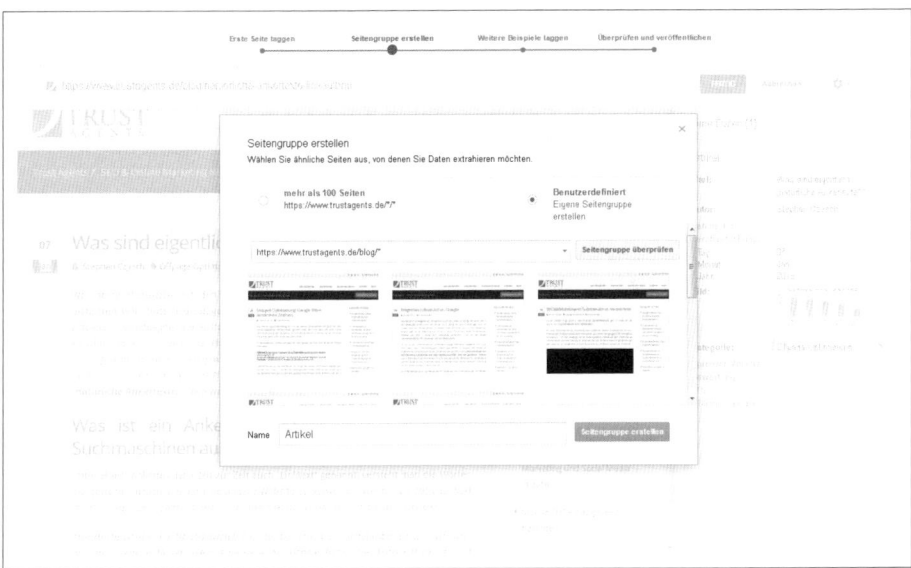

Abbildung 3-16: Über Benutzerdefiniert wurde eine eigene Seitengruppe basierend auf dem URL-Muster erzeugt.

In manchen Fällen kommt es vor, dass Google kein Vorschaubild für eine Seite der Seitengruppe generieren kann. Das hat an dieser Stelle allerdings keinen Einfluss auf die weitere Auszeichnung und kann ignoriert werden.

Durch einen Klick auf *Seitengruppe erstellen* wiederholen Sie die Auszeichnungen auf ähnlichen Seiten. Falls eine Seite nicht passend ist, kann sie durch einen Klick auf *Seite entfernen* übersprungen werden. Damit Google die Struktur versteht, werden in der Regel bis zu zehn Wiederholungen benötigt. Anschließend ist der Prozess abgeschlossen.

Auszeichnungen editieren oder löschen

Es ist kein Problem, nachträglich noch Änderungen an einer Auszeichnung vorzunehmen oder eine Auszeichnung komplett zu löschen. Dazu müssen Sie auf der Data Highlighter-Startseite die entsprechende Seitengruppe auswählen. Die Seitengruppe trägt immer den von Ihnen im Auszeichnungsprozess gewählten Namen.

| **Tipp** | Wenn Sie größere Anpassungen am Seitenaufbau vorgenommen haben, sollten Sie über den Data Highlighter durchgeführte strukturierte Auszeichnungen wiederholen. Andernfalls kann nicht garantiert werden, dass Google weiterhin das richtige semantische Verständnis hat. |

Auch bei einem Domainumzug müssen Sie daran denken, die Auszeichnung in der neuen Property zu wiederholen. Das gilt ebenfalls für einen Wechsel von *http* zu *https*.

Bekannte Probleme

Im Großen und Ganzen funktioniert der Data Highlighter sehr gut. Das größte Problem stellen allerdings Pop-ups dar, da sich diese über den eigentlichen Seiteninhalt legen. Weil jeder Klick im Tool als mögliche Auszeichnung interpretiert wird, führt ein Klick auf einen Schließen-Button nicht zu dieser Aktion, sondern zum Erscheinen des Kontextmenüs. Aus diesem Grund sollten Sie Pop-ups während des Auszeichnungsprozesses (temporär) deaktivieren.

In manchen Fällen kommt es vor, dass (Artikel-)Bilder nicht richtig geladen werden. Das ist besonders dann ärgerlich, wenn Sie Bilder mit auszeichnen wollten. Aktuell gibt es für dieses Problem keine mir bekannte Lösung.

Beim Einsatz von Responsive Webdesign müssen Sie gegebenenfalls darauf achten, dass das Browserfenster breit genug ist, um sowohl den Artikel als auch die von Google rechts dargestellte Spalte gleichermaßen anzuzeigen.

HTML-Verbesserungen

Das Erste, was ein Nutzer in der Google-Suche von Ihrer Website zu sehen bekommt, ist neben der URL der Seitentitel sowie der über die Meta-Description generierte Beschreibungstext. An dieser Stelle blende ich mögliche Rich-Snippet-Integrationen erst mal aus.

Über URL, Seitentitel und Description haben Sie die Möglichkeit, Nutzer von der Relevanz Ihrer Inhalte zu seiner Suchanfrage zu überzeugen. Daher ist es empfehlenswert, die vom Nutzer wahrscheinlich als »Problembeschreibung« verwendeten Begriffe in diesen Elementen aufzugreifen.

Zusätzlich sollte bei der Onpage-Optimierung Ihr Ziel sein,

- jede von Suchmaschinen indexierte Seite mit einem eigenen Titel und einer eigenen Beschreibung auszustatten und
- diese auf die richtige Länge zu bringen.

Unter richtiger Länge ist die Anzahl an Zeichen zu verstehen, die Google im Allgemeinen in der Google-Suche für einen Suchtreffer anzeigt. An dieser Stelle sei daran erinnert, dass Google die dargestellte Länge nicht auf eine feste Anzahl von Zeichen beschränkt, sondern über Bildpunkte (Pixel) berechnet. Im Allgemeinen lässt sich mit 65 Zeichen für den Seitentitel sowie 155 Zeichen für die Meta-Description, jeweils inklusive Leerzeichen, für Desktopergebnisse gut kalkulieren. Mehr zu diesem Thema finden Sie im Onpage-Abschnitt in Kapitel 1.

Sollte diese Längenangaben überschritten werden, ist dies erst mal kein drastisches Problem – zumindest solange Sie sicherstellen, dass inhaltsbeschreibende und vom

Nutzer gesuchte Wörter im angezeigten Text enthalten sind. Bei zu langen Titeln und Beschreibungstexten zeigt Google nur einen Ausschnitt an. Sie verpassen dadurch womöglich die Chance, einen potenziellen Besucher von der Relevanz Ihrer Inhalte zu seiner Suchanfrage zu überzeugen.

Der Seitentitel ist zudem eines der wichtigsten Ranking-Kriterien. Das ergibt Sinn, denn der Titel eines Dokuments sollte Aufschluss über dessen Inhalt liefern. Wenn Sie also in einem Dokument die Funktionsweise der Google Search Console beschreiben, ist es folgerichtig, die Wörter »Google Search Console« im Seitentitel zu verwenden.

Bei der Analyse von Webseiten, dem sogenannten Crawling, sammelt Google eine Vielzahl an Informationen über den Inhalt eines Webauftritts und dessen einzelner Dokumente. Darunter fallen auch Daten zu Seitentitel und Meta-Description. Wenn Google auf Ihrem Webauftritt Zeichenfolgen innerhalb des Seitentitels und der Description findet, die

- mehrfach vorkommen,
- fehlen,
- zu kurz oder zu lang sind oder
- als irrelevant eingestuft wurden,

werden sie unter *HTML-Verbesserungen* aufgelistet. Zusätzlich weist Sie Google in diesem Bericht auf nicht indexierbare Inhalte hin. Was darunter zu verstehen ist, erfahren Sie weiter unten in diesem Kapitel.

HTML-Verbesserungen	
Zuletzt aktualisiert am 13.03.2014	
Die Behebung der folgenden Probleme kann die Nutzererfahrung und die Leistung Ihrer Website verbessern.	
Meta-Beschreibung	Seiten
Doppelte Metabeschreibungen	172
Lange Metabeschreibungen	0
Kurze Metabeschreibungen	5
Titel-Tag	Seiten
Fehlende "title"-Tags	113
Doppelte "title"-Tags	104
Langer Text zwischen den "title"-Tags	0
Kurzer Text zwischen den "title"-Tags	0
Irrelevante "title"-Tags	0
Nicht indexierbarer Content	Seiten
Wir sind auf keine Probleme mit nicht indexierbarem Content auf Ihrer Website gestoßen.	

Abbildung 3-17: Google unterteilt die gefundenen Potenziale in verschiedene Gruppen.

Auf der Übersichtsseite der HTML-Verbesserungen werden die von Google identifizierten Probleme in Gruppen aufgeteilt. Zudem sehen Sie hier bereits, ob und, wenn ja, auf wie vielen Seiten Ihres Webauftritts ein bestimmtes Verbesserungspotenzial vorhanden ist. Halten Sie sich immer vor Augen, dass die Analyse Ihrer Inhalte durch Suchmaschinen mithilfe einzigartiger Beschreibungstexte und besonders einzigartiger Seitentitel erleichtert wird und Nutzern hilft, die Relevanz des Suchtreffers einzuschätzen. Durch einen Klick auf die blau hinterlegten Links können Sie weitere Informationen aufrufen.

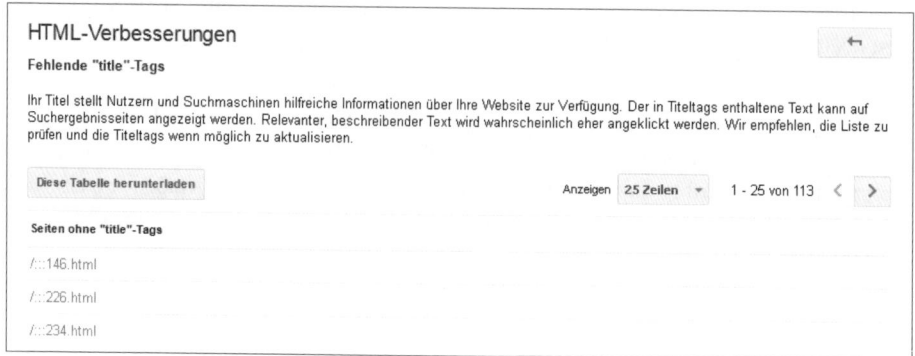

Abbildung 3-18: Eine Auflistung von URLs, auf denen Google keinen Seitentitel finden konnte

Beachten Sie hierbei, dass Sie nach Auswahl einer Verbesserung die aufgelisteten URLs herunterladen können: als Export im CSV-Dateiformat sowie in Google Docs.

Bei der Fehleranalyse ist wichtig, zu wissen, dass Google im Bericht das Canonical Tag nicht (direkt) berücksichtigt. So kann es vorkommen, dass Sie mittels rel="canonical" von einer URL auf eine andere verweisen (da diese beiden URLs den gleichen Inhalt anzeigen), Google Ihnen beide URLs aber in den HTML-Verbesserungen anzeigt. In diesem Szenario wird es immer der Fall sein, dass dieselbe Information unter mehr als einer URL erreichbar ist, durch das Canonical Tag sollte dieser Fehler aus Suchmaschinensicht aber behoben sein.

Laut Aussage von Google werden nicht kanonische Seiten nach deren erstem Auftreten im Bericht automatisch entfernt. Von der Indexierung ausgeschlossene Inhalte werden bei den HTML-Verbesserungen nie berücksichtigt. Das gilt natürlich auch für Adressen, für die das Crawling über die *robots.txt* gesperrt ist.

 Tipp Die Ihnen von Google zur Verfügung gestellten Daten sind nicht tagesaktuell. Aus diesem Grund sollten Sie die URL-Liste herunterladen und anschließend über einen Crawler Ihrer Wahl Daten wie den Seitentitel, die Meta-Description und natürlich die kanonische URL erheben. Beispielsweise der *Screaming Frog* (*https://www.screamingfrog.co.uk/seo-spider/* – *http://seobuch.net/194*) leistet hier tolle Dienste. Aber auch andere Tools können Ihnen diese Informationen aus dem Seitenquelltext extrahieren.

Der Vorteil: Sie haben aktuellere Daten zur Hand und können Adressen ignorieren, bei denen das von Google ermittelte Verbesserungspotenzial bereits umgesetzt wurde.

> Ein Hinweis noch zur Priorisierung: Wenn Sie Traffic-Daten, beispielsweise aus der Suchanalyse, hinzuziehen, sehen Sie noch schneller, bei welchen URLs sich eine Optimierung zuerst lohnt. Ein Beispiel: Mehrere Seiten teilen sich denselben Seitentitel, aber nur eine davon erhält regelmäßig Zugriffe über die unbezahlte Suche. In diesem Fall sollten Sie sich darum kümmern, die Adressen ohne Zugriffe mit einem anderen Seitentitel auszustatten als die Adresse, die bereits Besucher über die Google-Suche erzielt.

Sie sollten das mehrfache Auftreten einer Description oder eines Titels nicht mit *Duplicate Content* gleichsetzen. Von Duplicate Content wird gesprochen, wenn der Seiteninhalt vollständig oder zumindest in größerem Umfang auf mehreren Adressen verfügbar ist. Das muss nicht der Fall sein, wenn sich mehrere URLs dieselben Metadaten teilen.

Allerdings können mehrfach verwendete Titel und Descriptions ein Hinweis auf Duplicate Content sein, aber nicht zwingend. Google weist Sie in diesem Bericht lediglich darauf hin, dass ein Element mit exakt demselben Inhalt mehrfach auf der Property verwendet wird.

Doppelte Metabeschreibungen

Da jede Adresse ein eigenes Thema behandelt (beziehungsweise behandeln sollte), sollte auch für jede Seite eine einzigartige Beschreibung hinterlegt sein. Wenn Sie einen identischen Text als Beschreibung auf mehreren URLs verwenden, wird der Beschreibungstext die unterschiedlichen Inhalte nur schwer spezifisch beschreiben können.

In einem solchen Fall wird die Beschreibung zwar als mehrfach vorkommend in Google Search Console angezeigt, in der Google-Suche wird allerdings in aller Regel ein automatisch aus dem Seiteninhalt erstellter Beschreibungstext für die URLs anstelle der unspezifischen Meta-Description dargestellt. Wie bei allen anderen unter *HTML-Verbesserungen* angezeigten Dopplungen sollten Sie überprüfen, ob weitere Seitenelemente auf dem Webauftritt mehrfach in exakt gleicher oder ähnlicher Form verwendet werden.

Zu lange und zu kurze Metabeschreibungen

Da Google den Beschreibungstext nur in bestimmter Länge anzeigt, sollten Sie überlegt texten. Während zu lange Meta-Descriptions verkürzt dargestellt werden, verschenken Sie bei zu kurzen Beschreibungstexten womöglich Potenzial. In beiden Fällen ist eine zielgenaue Ansprache des Nutzers eventuell nicht möglich.

Allgemeine Seiten, wie z. B. Ihr Impressum oder die Kontaktseite, sind wahrscheinlich nicht sonderlich suchrelevant und müssen nicht zwingend über eine optimierte Description verfügen. Je stärker allerdings die Konkurrenz für das Thema einer Seite ist, desto mehr Mühe sollten Sie sich geben, möglichst passende Beschreibungstexte bereitzustellen.

Fehlende title-Tags

Der Seitentitel ist wie bereits erwähnt eines der wichtigsten Ranking-Kriterien. Aus diesem Grund sollten Sie auf die Hinterlegung eines Seitentitels nicht verzichten.

Doppelte title-Tags

Vermeiden Sie es unbedingt, Seiten mit dem gleichen Seitentitel zu belegen. Für Suchmaschinen ist es wichtig, dass jede Seite über einen eigenen Seitentitel verfügt. Zudem sollten sich diese Seitentitel möglichst von anderen Seiten, Website-intern wie -extern, unterscheiden. Dies hilft Suchmaschinen dabei, die relevanteste Seite eines Webauftritts für ein bestimmtes Thema zu identifizieren.

Sollten doppelte Seitentitel auf Ihrer Website vorkommen, beheben Sie dieses Problem möglichst schnell.

Langer Text zwischen den title-Tags

Zu lange Seitentitel werden von Google abgeschnitten oder komplett automatisiert umgeschrieben. Bei der Erstellung von Seitentiteln sollten Sie die Leserichtung beachten. Nicht nur in Deutschland ist es wichtig, dass die relevantesten Informationen aufgrund der Leserichtung möglichst weit links stehen. Berücksichtigen Sie das nicht, fällt Nutzern die Unterscheidung des Seiteninhalts auch dann schwer, wenn mehrere Tabs im Browser geöffnet sind.

Anders als doppelte Seitentitel sollten lange Seitentitel keine hohe Priorität bei Ihrer Optimierung genießen – zumindest dann nicht, wenn die einzigartige, unterscheidbare Information weit vorne im Titel erscheint und die URL für Sie keine besonders wichtige Einstiegsseite ist.

Kurzer Text zwischen den title-Tags

Wie kurze Descriptions sollten Sie auch zu kurze Titel nach Möglichkeit vermeiden. Nutzen Sie den Platz, der Ihnen zur Verfügung steht, um den Inhalt der Seite möglichst präzise zu beschreiben.

Irrelevante title-Tags

Unter einem irrelevanten Titel sind Seitentitel wie »Startseite« oder »unbenanntes Dokument« zu verstehen. Solche Angaben sagen wenig über den Inhalt der Seite aus und sollten deshalb schnellstmöglich durch Titel, die den Inhalt einer Seite gut zusammenfassen, ersetzt werden.

Nicht indexierbarer Content

Suchmaschinen sind sehr gut in der Lage, HTML-Dateien zu analysieren. Inhalte können häufig nicht indexiert werden, wenn diese eben nicht in HTML-Dateien eingebunden sind. Das ist zum Beispiel der Fall, wenn Bilder in Nicht-Textdateien wie Flash-Dateien enthalten sind. Diese sind für Suchmaschinen nur schwer oder gar nicht fehlerfrei zu analysieren.

Accelerated Mobile Pages

Nutzern und Suchmaschinen kann es im Hinblick auf die Ladegeschwindigkeit von Webseiten nicht schnell genug gehen. Auch in Zeiten von LTE und DSL gibt es viele Internetnutzer, die mit einer geringen Bandbreite durch das Web surfen.

Unabhängig davon, ob eine hohe Verbindungsgeschwindigkeit vorliegt oder nicht: Besonders bei mobilen Geräten führen viele Datenanfragen zwischen Browser und Webserver zu einer langen Ladezeit. Um die Ladezeiten auf Mobilgeräten zu verbessern, hat Google im Oktober 2015 das Projekt *Accelerated Mobile Pages* (AMP) als Open-Source-Initiative gestartet (*https://www.ampproject.org/* – *http://seobuch.net/892*).

Durch die strikte Limitierung des Quelltexts auf nur wenige ausgewählte HTML-Auszeichnungen, durch auf das Nötigste beschränkte Erweiterungen sowie den (möglichen) Einsatz des Google-AMP-Caches stehen AMP-Seiten schneller bereit als normal optimierte Webseiten für Mobilgeräte.

Dieses technische Thema ist von Google unter *Darstellung der Suche* gefasst, da AMP-Seiten momentan in der Websuche gesondert dargestellt werden. Nachdem lange Zeit ausschließlich Newsinhalte vom AMP-Einsatz und der gesonderten Darstellung profitierten, sind seit August 2016 AMP-Ergebnisse ebenfalls in der normalen Websuche (für Mobilgeräte) vertreten.

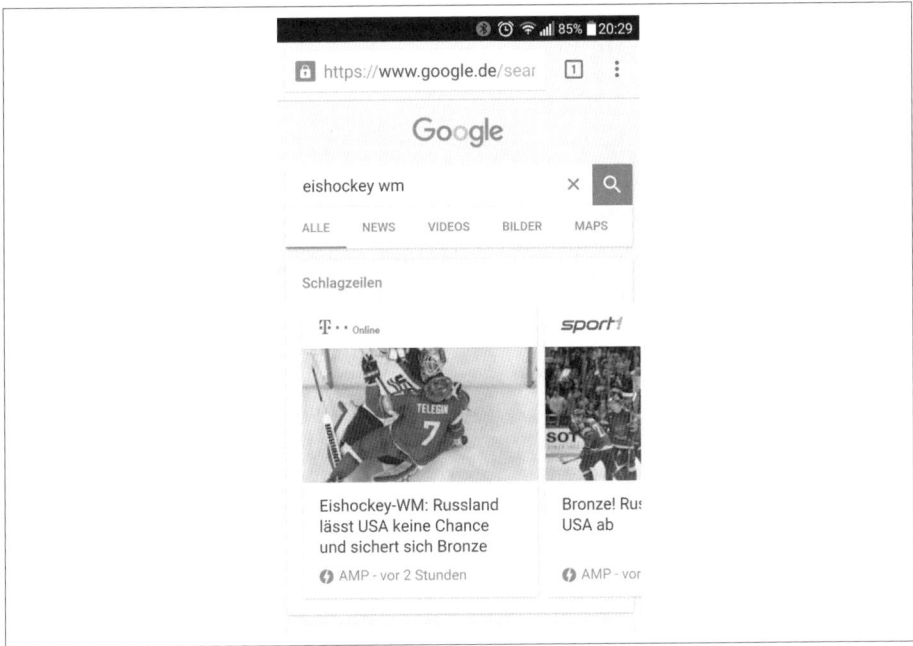

Abbildung 3-19: AMP-Ergebnisse werden als Newssuchtreffer in der Karusselldarstellung angezeigt.

Laut Aussage von Google erhalten Seiten durch den Einsatz von AMP keinen Ranking-Vorteil (*https://webmasters.googleblog.com/2016/08/amp-your-content-preview-of-amped.html* – *http://seobuch.net/039*). Allerdings werden sie durch ein kleines Blitzsymbol gesondert in den Suchergebnissen dargestellt.

Übrigens: Im Suchanalysebericht der Google Search Console gibt es einen eigenen Filter, um das Ranking der eigenen Website mit AMP-Adressen zu analysieren. Dieser ist unter *Darstellung der Suche* allerdings nur dann sichtbar, wenn Sie mit AMP-Seiten Impressionen erzielen.

Der AMP-Bericht

Mit dem Bericht zu *Accelerated Mobile Pages* hilft Ihnen Google dabei, Probleme bei der AMP-Integration zu finden und zu beseitigen. Wie bei den anderen Berichten werden die Daten von Auswahl zu Auswahl spezifischer. Die auf dem Dashboard dargestellte oberste Ebene sagt Ihnen, ob und, wenn ja, welche Probleme Google ermittelt hat.

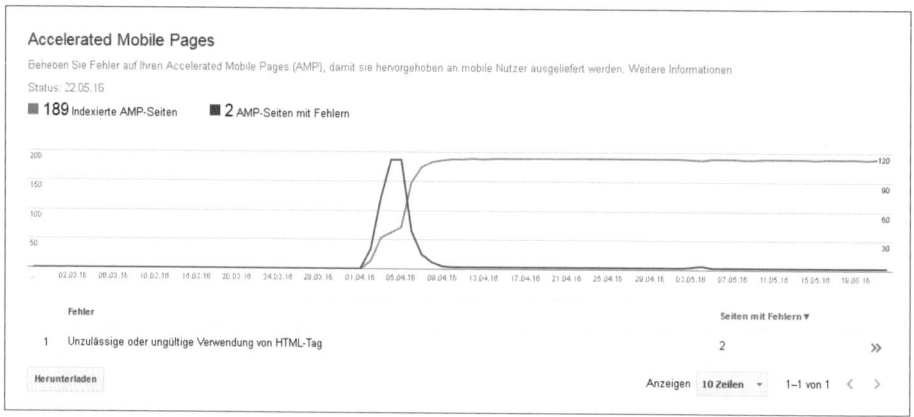

Abbildung 3-20: Das Dashboard zeigt Ihnen fehlerhafte AMP-Integrationen sowie den Indexierungsverlauf von AMP-Inhalten.

Innerhalb des Diagramms wird der zeitliche Verlauf von fehlerhaften und indexierten AMP-Seiten auf zwei unterschiedlichen Skalen dargestellt. Wie gewohnt, stehen die Daten für die letzten 90 Tage bereit.

Im Chart der gezeigten Property fällt der sprunghafte Anstieg an Fehlern ins Auge. Die Fehlerzunahme hat sich direkt auf den Indexierungsstatus ausgewirkt, da nur fehlerfreie AMP-Seiten indexiert werden und indexiert bleiben. Der große Anteil an fehlerhaften AMP-Seiten wurde bei dieser Property auch dank des AMP-Berichts zeitnah korrigiert. Allerdings sind aktuell weiterhin einige Adressen aufgrund der *unzulässigen oder ungültigen Verwendung von HTML-Tags* nicht AMP-konform. Um die von diesem Problem betroffenen Adressen zu finden, muss im Bericht die entsprechende Fehlerkategorie ausgewählt werden. Auf der folgenden Seite werden die fehlerhaften AMP-URLs aufgelistet.

Abbildung 3-21: Auf mehreren URLs des Webauftritts sind nicht erlaubte HTML-Tags im Einsatz.

Klicken Sie auf eine URL, öffnet sich die Fehleranalyse. Unter *Details* finden Sie den Hinweis, dass innerhalb eines `<strong>` Tags mit Style-Attributen gearbeitet wird, was gemäß den AMP-Spezifikationen nicht erlaubt ist.

Abbildung 3-22: Nach Auswahl der URL gelangen Sie zu den Fehlerdetails.

Accelerated Mobile Pages | 139

 **Tipp** Seit Oktober 2016 hilft der AMP-Test von Google (*https://search.google.com/ search-console/amp – http://seobuch.net/262*) als weiteres Tool dabei, Fehler in der AMP-Implementierung zu identifizieren.

Weil AMP-Inhalte unter eigenen URLs erreichbar sind, müssen Suchmaschinen mittels des Canonical Tags auf die kanonische Adresse des Inhalts verwiesen werden. Die kanonische URL zeigt Google zusammen mit der AMP-Adresse ebenfalls in der Detailansicht an. Eine Ausnahme bei der Kanonisierung von Adressen über das Canonical Tag stellen Websites dar, die nur im AMP-Format vorliegen. In diesem Fall muss natürlich die AMP-Adresse selbst als kanonische URL definiert sein.

Die technischen Details zur Erstellung einer AMP-Website finden Sie unter *https:// www.ampproject.org/docs/reference/spec.html* (*http://seobuch.net/346*). Für einige Content-Management-Systeme gibt es fertige Erweiterungen.

Da rund um das Thema AMP viel passiert, sollten Sie die AMP-Hilfeseite *https:// support.google.com/webmasters/answer/6340290?hl=de* (*http://seobuch.net/550*) im Auge behalten. AMP ist übrigens kein exklusives Thema für redaktionell getriebene Websites, sondern auch eins für E-Commerce-Websites. Unter *https://amphtml. wordpress.com/2016/08/22/getting-started-with-amp-for-e-commerce/* (*http://seobuch. net/931*) finden Sie viele weiterführende Informationen.

Zusammenfassung des Kapitels

- *Strukturierte Daten* helfen Suchmaschinen dabei, die Bedeutung von Daten beziehungsweise von Zeichenfolgen noch besser zu verstehen. Neben *schema. org* und anderen Mikroformatauszeichnungen kann auch der *Data Highlighter* dazu verwendet werden, das semantische Verständnis der Suchmaschinen von diesen Daten zu verbessern.

- Strukturierte Daten sollten nicht mit *Rich Snippets* gleichgesetzt werden. Diese basieren zwar auf strukturiert ausgezeichneten Daten, allerdings werden aktuell nur wenige strukturierte Daten in der Google-Suche als Rich Snippet angezeigt.

- In der Search Console können Sie unter *Strukturierte Daten* sehen, ob und wie viele solcher Datenauszeichnungen auf Ihrer Website gefunden wurden. Zudem werden Sie auf Fehler hingewiesen.

  Nach Auswahl eines Datentyps können Sie auf URL-Ebene analysieren, welche strukturierten Auszeichnungen dieses Datentyps Google auf welchen URLs gefunden hat.

- Die sogenannten *Rich Cards* basieren auf strukturierten Datenauszeichnungen und können für gewisse Inhalte (aktuell Filme und Rezepte) zu einer gesonderten Darstellung in den Suchergebnissen führen.

  Der Bericht zu Rich Cards hilft beim Finden von Fehlern und zeigt gleichzeitig, wie viele Karten von Google auf der Website gefunden wurden.

- Dank des *Data Highlighter* können semantische Datenauszeichnungen ohne Integration in den HTML-Quelltext vorgenommen werden.

  Mit dem Data Highlighter ist unter anderem eine Auszeichnung von Produkten, Filmen und lokalen Unternehmensdaten möglich. Nach Angabe der gewünschten URL sowie des Datentyps wird die URL im Data Highlighter geöffnet. Durch Markieren einzelner Seitenelemente mit der Maus wird die semantische Auszeichnung durchgeführt.

- Der Bereich *HTML-Verbesserungen* hilft Ihnen dabei, Optimierungspotenzial für Seitentitel und Meta-Description zu identifizieren. Google listet in dem Bericht auf, welche URLs zu kurze, zu lange, irrelevante oder mehrfach vorkommende Titel oder Beschreibungstexte haben.

  Beachten Sie, dass Google bei den HTML-Verbesserungen initial keine Canonical Tags berücksichtigt.

- Um die Ladezeit von Webseiten auf Mobilgeräten zu verbessern, forciert Google die sogenannten *Accelerated Mobile Pages* (AMP). Dieses HTML-Framework sorgt für eine sehr schnelle Bereitstellung der Seiten.

  AMP-Suchtreffer werden durch ein kleines Blitzsymbol in den Suchergebnissen hervorgehoben. Laut Aussage von Google erhalten Seiten mit AMP-Einsatz allerdings keinen Ranking-Vorteil.

In diesem Kapitel:
- Suchanalyse
- Links zu Ihrer Website
- Interne Verlinkung
- Manuelle Maßnahmen
- Internationale Ausrichtung
- Nutzerfreundlichkeit auf Mobilgeräten
- Zusammenfassung des Kapitels

KAPITEL 4
Suchanfragen

Unter *Suchanfragen* hat Google Berichte und Funktionen zusammengefasst, die Sie dabei unterstützen, die aktuelle Performance Ihrer Website in der unbezahlten Google-Websuche zu analysieren und sie gegebenenfalls zu optimieren. Sie können zwischen diesen Unterpunkten auswählen:

- Suchanalyse
- Links zu Ihrer Website
- Interne Links
- Manuelle Maßnahmen
- Internationale Ausrichtung
- Nutzerfreundlichkeit auf Mobilgeräten

Suchanalyse

Seitdem Google im November 2011 damit begonnen hat, die vom Nutzer gestellte Suchanfrage nicht mehr konsequent an die aufgerufene Website zu übertragen, ist der Anteil von *not provided*-Suchanfragen in Webanalysetools wie Google Analytics kontinuierlich gestiegen (siehe *https://analytics.googleblog.com/2011/10/making-search-more-secure-accessing.html* – *http://seobuch.net/364*).

Was bedeutet das für Sie? Über Ihre Webanalysesoftware können Sie weiterhin analysieren, dass ein Nutzer über die unbezahlte Google-Websuche auf Ihre Website gekommen ist. Auch die Einstiegsseite ist weiterhin bekannt, nur fehlt in den meisten Fällen die eingegebene Suchanfrage. Anstelle der vom Nutzer gestellten Suchanfrage taucht als Keyword das bereits angesprochene *not provided* auf.

Bei den meisten Websites macht *not provided* heute den überwiegenden Anteil an »Suchanfragen« aus.

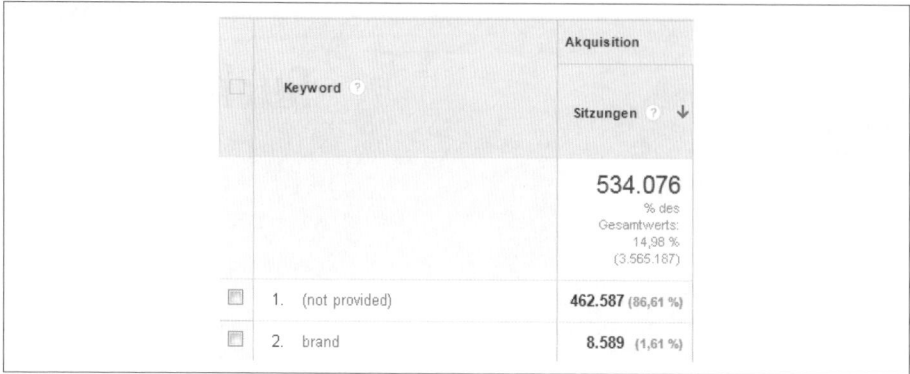

Abbildung 4-1: Bei dieser Website werden 86 % der Suchanfragen als »not provided« in der Webanalysesoftware ausgegeben.

Um heutzutage herauszufinden, über welche Suchanfragen Google-Suche-Nutzer Ihre Website erreichen, ist die *Suchanalyse* der Search Console die erste und einzige Anlaufstelle. Seitdem Google im Mai 2015 den Bericht *Suchanfragen* durch die heutige *Suchanalyse* ersetzt hat, liefert diese deutlich bessere Daten.

Der Suchanalyse-Bericht

Die *Suchanalyse* ist der wahrscheinlich beliebteste Bericht der Google Search Console. Denn hier sehen Sie die Früchte Ihrer Arbeit und können Optimierungspotenzial entdecken. Im Kern dreht sich alles um die Frage, für welche Suchanfragen Sie auf welcher Position in den Suchergebnissen auftauchen – und hoffentlich angeklickt wurden.

Sie können die im Bericht angezeigten Daten anhand sieben verschiedener Dimensionen filtern:

- Suchanfragen
- Seiten
- Länder
- Geräte
- Suchtyp
- Darstellung in der Suche
- Zeiträume

Als Filter stehen für die Dimensionen in der Regel die folgenden zur Wahl:

- Ist identisch mit
- Enthält
- Enthält nicht

Hinzu kommt die spannende Möglichkeit, Daten derselben Dimension miteinander zu vergleichen. Dazu folgt später mehr.

In der Tabelle unterhalb des Diagramms werden die Daten, die sich aus Ihrer Filterung ergeben, in der aktuell ausgewählten Dimension angezeigt. Sie haben die Möglichkeit, diese vier Metriken für die Daten zu aktivieren:

- *Klicks*
- *Impressionen*
- *Klickrate*
- *Position*

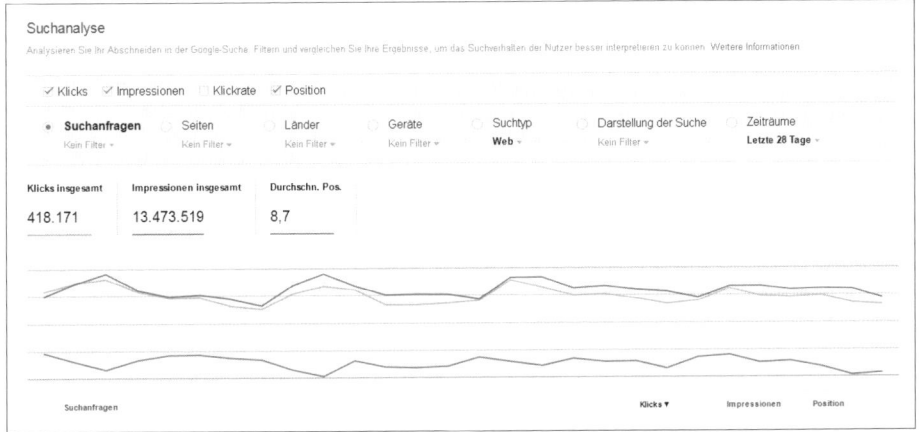

Abbildung 4-2: Oberhalb des Diagramms werden die Metriken ausgewählt, darunter die Dimensionen.

Mit dem Begriff *Impressionen* wird beschrieben, dass eine Adresse Ihres Webauftritts in den Suchergebnisseiten von Nutzern erscheint. Der Begriff sagt nichts darüber aus, ob ein Nutzer Ihre Website wahrgenommen hat. Stehen Sie beispielsweise auf Platz 9 für eine populäre Suchanfrage wie beispielsweise *iphone*, erzielen Sie regelmäßig Impressionen, da Sie auf der ersten Ergebnisseite gefunden werden, aber vermutlich wenig Klicks. Entsprechend ist die *Klickrate* für die Suchanfrage niedrig.

Jetzt fragen Sie sich vielleicht, ob Sie von der Anzahl der Impressionen auf das tatsächliche Suchvolumen schließen können. Das ist möglich – mit gewissen Einschränkungen. Zum einen müssen Sie für die Suchanfrage kontinuierlich auf der ersten Seite sein, also idealerweise eine durchschnittliche Position im Bereich von maximal 8 haben (weil es ansonsten schon mal sein kann, dass Ihre Website eben nicht auf Seite 1 platziert ist), zum anderen darf es sich um keine Suchanfrage handeln, die Google stark lokalisiert. Denn ansonsten werden Sie nur in einigen Regionen eines Landes auf der ersten Seite gefunden, in anderen Regionen aber schlechter oder gar nicht.

Je nachdem, welche Filter innerhalb der verschiedenen Dimensionen gewählt wurden, sehen Sie für eine Dimension immer die zugehörigen Daten. Wählen Sie *Suchanfragen* an, sehen Sie die einzelnen der Konfiguration entsprechenden Suchbegriffe. Wechseln Sie zur *Datum*-Dimension, sehen Sie die Tageswerte für den gewählten Zeitraum.

Tipp Zeit ist relativ – das gilt auch für die Google Search Console. Die angezeigten Zeiten in der Suchanalyse beziehen sich immer auf die Pacific Daylight Time (UTC-7). Diese liegt acht Stunden hinter der deutschen Zeitzone zurück (UTC+1). Achten Sie darauf bei Ihren Datenauswertungen und beim Vergleich der Search Console-Daten mit anderen Tools.

Bevor wir uns den Bericht im Detail anschauen, sollen noch ein paar Worte zum *Suchtyp* verloren werden. Google liefert mit der Suchanalyse nicht nur Daten zur allgemeinen Websuche, sondern zusätzlich zu den beiden Spezialsuchen *Bild* und *Video*. Sie können folglich herausfinden, für welche Suchanfragen Sie in der Google-Bildersuche oder der Google-Videosuche gefunden werden. Standardmäßig ist im Filter immer *Web* ausgewählt, und es ist momentan nicht möglich, die drei Suchtypen zusammen darzustellen.

Sie müssen wissen, dass im Search Console Interface aktuell maximal 999 einzelne Werte angezeigt werden. Deshalb sehen Sie im Interface bei großen Websites nie alle Daten! Durch das Setzen von Filtern werden immer neue Daten geholt, und Sie können sich weitere Keywords ansehen, doch das Limit bei der Anzeige bleibt bei 999. Um dieses Limit zu umgehen, müssen Sie auf die *Search Console API* zugreifen. Diese stelle ich Ihnen in Kapitel 11 vor.

Das größte Manko des Suchanalyse-Berichts ist mit Sicherheit die fehlende Langzeithistorie. So stehen Ihnen im Interface und in der API immer nur die *Daten der letzten 90 Tage* zur Verfügung. Wenn Sie die Daten nicht selbst abspeichern – entweder über die Download-Möglichkeiten im Interface oder über die bereits angesprochen Google Search Console API, sind langfristige Ranking-Entwicklungen über die Search Console nicht mehr nachvollziehbar. Sie müssen dabei beachten, dass die in der Search Console verfügbaren Suchanalysedaten immer zwei Tage hinter dem aktuellen Datum hinterherhinken.

Entweder Sie entwickeln eigene Routinen zur regelmäßigen Speicherung der Daten, oder Sie greifen auf das Tool *Serplorer* (https://www.serplorer.com/ – http://seobuch.net/741) zurück. Dieses fragt die Daten für Sie (nach entsprechender Zugriffserteilung) über die Search Console API ab und bereitet sie für Sie auf. Die wichtigsten Funktionen des kostenpflichtigen Tools stellt Ihnen *Kathleen Jaedtke* in Kapitel 14 vor.

Tipp In den nachfolgenden Abbildungen sehen Sie regelmäßig den Hinweis auf Updates. Google informiert Sie hier über die Hintergründe der Update-Meldung (https://support.google.com/webmasters/answer/6211453?hl=de#search_analytics – http://seobuch.net/682). Der sogenannte *Data Anomalies Report* informiert allerdings nicht nur über Änderungen und Probleme bei der Suchanalyse, sondern auch über eine Vielzahl weiterer Google Search Console-Funktionen und -Berichte.

Die Metrikberechnung

Für viele Search Console-Nutzer ist die Berechnung der Metriken ein großes Mysterium. Wie werden Bildereinblendungen gezählt? Wie setzt sich die durchschnittliche Position zusammen? Und wenn zwei Adressen der eigenen Website bei einer Suchanfrage erscheinen, ergeben sich daraus zwei Impressionen oder nur eine? Lange Zeit waren Googles Antworten auf solche Fragen sehr vage. Nur wer sich intensiver mit den Daten auseinandersetzte, verstand die Berechnung – aber meistens nicht bis ins letzte Detail.

Dankenswerterweise hat Google im Juli 2016 der Metrikberechnung einen eigenen Artikel in der Search Console-Hilfe gewidmet. Dort geht Google im Detail darauf ein, wie sich die Metriken *Impressionen*, *Klicks* und *Position* zusammensetzen. Die fehlende vierte Metrik, die *Klickrate*, ist ein Wert, der sich aus dem Verhältnis von *Klicks* zu *Impressionen* berechnet. Aus diesem Grund wird in der Hilfe nicht auf die Klickratenberechnung eingegangen. Den Google-Artikel finden Sie als Ergänzung und Primärquelle zu diesem Abschnitt unter der Adresse *https://support.google.com/webmasters/answer/7042828?hl=de* (*http://seobuch.net/279*).

Wie berechnen sich Impressionen?

Google zählt immer dann eine Impression, wenn eine Adresse Ihrer Property auf der beim Nutzer dargestellten Suchergebnisseite erscheint. Es geht bei Impressionen nicht darum, ob ein Nutzer den Verweis auf Ihre Website überhaupt wahrnimmt.

Ein Beispiel: Sie werden mit Ihrer Website auf Position 8 der unbezahlten Suchergebnisse angezeigt. Da Google für die meisten Suchanfragen zehn Suchtreffer anzeigt, sollten Sie mit Platz 8 auf der ersten Ergebnisseite erscheinen. Da diese vom Nutzer aufgerufen wird, wird eine Impression für Ihre URL ausgewiesen.

Wenn Sie bereits intensiv mit der Search Console arbeiten, ist Ihnen vermutlich der Unterschied zwischen den Werten der unterschiedlichen Metriken beim Wechsel zwischen Suchanfragen zu Seiten aufgefallen. Denn wie durch Zauberhand ändern sich in vielen Fällen die Werte. Zauberei? Nein, denn Google erhebt Impressionen einmal auf Property-Ebene und einmal auf Basis von einzelnen URLs. Ein Beispiel: Unter *Suchanfragen* ergibt die abgebildete Datenabfrage 5.415 Impressionen.

Abbildung 4-3: Dieselbe Filterung einmal für Suchanfragen ...

Dieselbe Abfrage unter Betrachtung der *Seiten* zeigt allerdings 5.548 Impressionen.

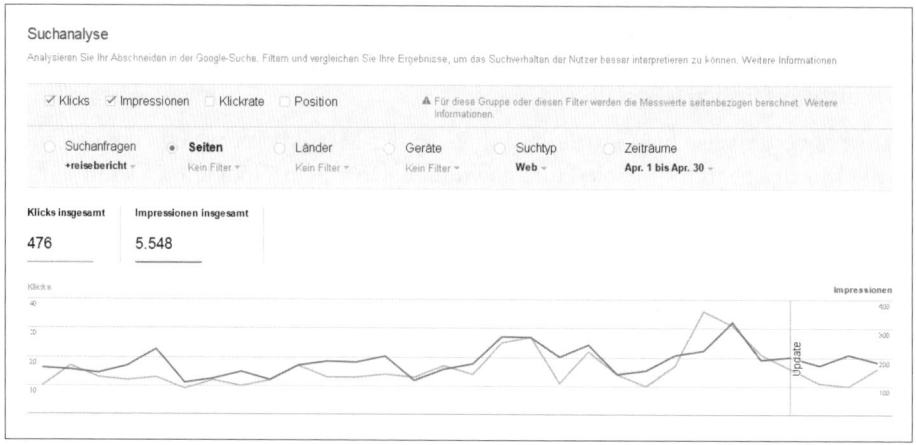

Abbildung 4-4: ... und einmal für Seiten. Die Werte der Metriken sind andere!

Wie die Differenz zustande? Immer wenn Sie zur Dimension *Seiten* wechseln, werden die Daten auf URL-Ebene ausgegeben. Betrachten Sie allerdings *Suchanfragen*, sehen Sie die Werte für die Suchanfragen bzw. für den Webauftritt insgesamt.

Was bedeutet das konkret? Nehmen wir an, dass Sie mit mehreren Adressen Ihrer Website auf der dem Nutzer angezeigten Ergebnisseite für »myanmar reisebericht« vertreten sind: Google wertet in diesem Fall mehrere URL-Impressionen (die unter *Seiten* angezeigt werden), allerdings nur eine Impression bei Betrachtung der Suchanfragen.

Dabei wird allerdings für jede einzelne URL maximal eine Impression pro Suchanfrage gezählt. In sehr seltenen Fällen kann es vorkommen, dass dieselbe Zielseite zu einer Suche in den eingebetteten Bilderergebnissen *und* in den normalen (Text-)Ergebnissen erscheint. In diesem Fall erzielt die URL für die Suchanfrage wie beschrieben nur eine und nicht zwei Impressionen.

 Tipp   Merken Sie sich einfach, dass eine einzelne URL für dieselbe Suche maximal eine Impression erzeugen kann, eine Website allerdings mehrere, wenn unterschiedliche Adressen Ihrer Website in den Suchergebnissen erscheinen und Sie die Suchanalyse unter Seiten betrachten.

Zurück zu den unterschiedlichen Werten der Metriken: Unter *Suchanfragen* erscheint für »myanmar reisebericht« pro Suche eine Impression, unter *Seiten* allerdings mehrere – abhängig von der Anzahl an URLs, die jeweils auf den vom Nutzer aufgerufenen Suchergebnisseiten für diese spezielle Suche erschienen sind. Deshalb können sich die Werte je nach betrachteter Dimension unterscheiden. Bei Betrachtung von URLs (Filtername *Seiten*) werden die Metriken *Impressionen* und *Klicks* im Vergleich zur Betrachtung nach *Suchanfragen* höher oder gleich ausfallen.

Damit Sie wissen, wann Metriken auf URL-Ebene gruppiert sind, wird neben den Metriken ein Hinweis angezeigt. Diesen sehen Sie in obiger Abbildung im oberen rechten Bereich.

Wie berechnet sich die Position?

Die meisten Suchergebnisse bestehen heute nicht mehr aus den klassischen zehn blauen Links. Bilder werden angezeigt, bei ereignisbezogenen Suchen erscheinen Newseinbettungen (auf mobilen Geräten sind das meistens schnell ladende AMP-Seiten), oder der sogenannte *Knowledge-Graph* erscheint.

Abbildung 4-5: Die zu den Bildern gehörenden Seiten haben allesamt Position 9.

Während jeder normale Suchtreffer bei der Positionsberechnung eine eigene Position einnimmt, werden »Spezialdarstellungen« wie Bilder als ein Suchergebniselement zusammengefasst. Das bedeutet, dass alle Ergebnisse, etwa alle Bilderergebnisse, im selben Suchergebniselement in der Search Console dieselbe Position haben. Erscheint beispielsweise eine Bildintegration auf Platz 9, haben alle Bilder in der Search Console-Logik die 9. Position.

> **Warnung** Google verrät Ihnen in der Search Console nicht, mit welchem Ergebnistyp Sie im Suchtyp *Web* gefunden wurden. So können Sie für eine Suchanfrage im Durchschnitt auf Position 2 gefunden werden. Diese Position kann sich allerdings aufgrund einer Listung in den Bildereinbettungen auf der zweiten Position ergeben. Es muss also kein Textergebnis sein, mit dem Sie in der Websuche erscheinen.

Für die in Abbildung 4-5 gezeigte Suchanfrage werden bei Aufruf der ersten Suchergebnisseite elf Positionen belegt. Neben den neun normalen Webtreffern sind das die Bildereinblendung sowie die Knowledge-Graph-Integration. Die Positionen zählen für von links nach rechts gelesene Sprachen von oben nach unten und anschließend von links nach rechts. Bei linksläufigen Sprachen wird von oben nach unten und dann von rechts nach links sortiert.

Neben Verweisen auf externe Websites gibt es in der Google-Suche allerdings Ergebnisse, die nach dem Klick eine neue Suche ausführen. Suchen Sie beispielsweise nach Sehenswürdigkeiten in einem Land oder einer Stadt, erscheinen häufig Bilder oberhalb der Suchergebnisse. Diese sogenannten *Suchverfeinerungen* werden bei der Positionsberechnung nicht mitgezählt. Auch Werbeanzeigen von Google AdWords werden natürlich nicht in die Positionsberechnung für die organische Suche mit einbezogen.

Abbildung 4-6: Da die Verweise im oberen Bereich neue Suchen auslösen und nicht zu externen Websites führen, werden diese Ergebnisse nicht bei der Positionsberechnung berücksichtigt.

Berechnung der durchschnittlichen Position

Wie schon erwähnt, kann es sein, dass Sie für dieselbe Suchanfrage mit mehreren Adressen Impressionen erzielen. Das ist im Zusammenhang mit der durchschnittlichen Position relevant.

Betrachten Sie die Suchanalyse nicht nach Seiten gruppiert, sondern beispielsweise nach einzelnen Suchanfragen, nimmt Google immer die beste Position der Property bei der Berechnung des Positionswerts. Stehen Sie also für eine Suchanfrage auf Platz 4 und Platz 7, wird Platz 4 für die Positionsberechnung gewertet. Wie beschrieben, ist das der Fall, wenn Sie sich die Daten nicht nach Seiten gruppiert anschauen.

Analysieren Sie allerdings die Suchanalyse auf Basis von URLs, ändert sich die Berechnung, wenn mehrere Adressen Ihrer Property für dasselbe Keyword gefunden werden. Im folgenden Beispiel wird davon ausgegangen, dass jedes der drei angezeigten Ergebnisse angeklickt wird.

Google-Suchergebnisse	Nach Website zusammengefasste Messwerte	Nach Seite zusammengefasste Messwerte
1. www.zoohandlung.ihrebeispielurl.de/affen 2. www.zoohandlung.ihrebeispielurl.de/ponys 3. www.zoohandlung.ihrebeispielurl.de/einhoerner	Klickrate: 100 % Alle Klicks für eine Website werden kombiniert. Durchschnittliche Position: 1 Höchste Position von der Website in den Ergebnissen	Klickrate: 33 % 3 Seiten angezeigt, 1/3 Klicks für jede Seite Durchschnittliche Position: 2 (1 + 2 + 3) / 3 = 2

Abbildung 4-7: Die Berechnung von Klickrate und Position bei mehreren rankenden Seiten ist bei der Betrachtung von Suchanfragen oder Seiten unterschiedlich.

Relevant werden die Unterschiede natürlich nicht nur bei der Betrachtung einzelner Suchanfragen, sondern bei der durchschnittlichen Position der Property. Ein einfaches Beispiel für die Betrachtung der Suchanalyse nach Suchanfragen: Werden Sie für eine Suchanfrage auf Platz 3 und 11 gelistet, wird die durchschnittliche Position als 3 angegeben. Werden Sie für eine andere Suchanfrage auf Platz 5 gefunden, ergibt sich für Ihre Property ein durchschnittliches Ranking von (3 + 5) / 2 = 4. Weitere Informationen dazu finden Sie unter *https://support.google.com/webmasters/answer/6155685?hl=de (http://seobuch.net/294)*.

Die durchschnittliche Position kann auch dann an Aussagekraft verlieren, wenn Sie in vielen verschiedenen Ländern für dasselbe Keyword auf stark voneinander abweichenden Positionen gefunden werden – so zu sehen in der nachfolgenden Abbildung: Die gezeigte Property richtet sich an Besucher aus Deutschland, wird aber für die analysierte Suchanfrage auch in anderen Ländern gefunden. Bei einer Standardabfrage, unabhängig von Search Console Interface und API, erhält der Webmaster die Information, dass die Seite für das Keyword mit Platz 13 außerhalb der begehrten ersten Ergebnisseite gefunden wird. Doch dieser Wert täuscht, denn im Fokusland Deutschland ist die Seite auf der ersten Position zu finden.

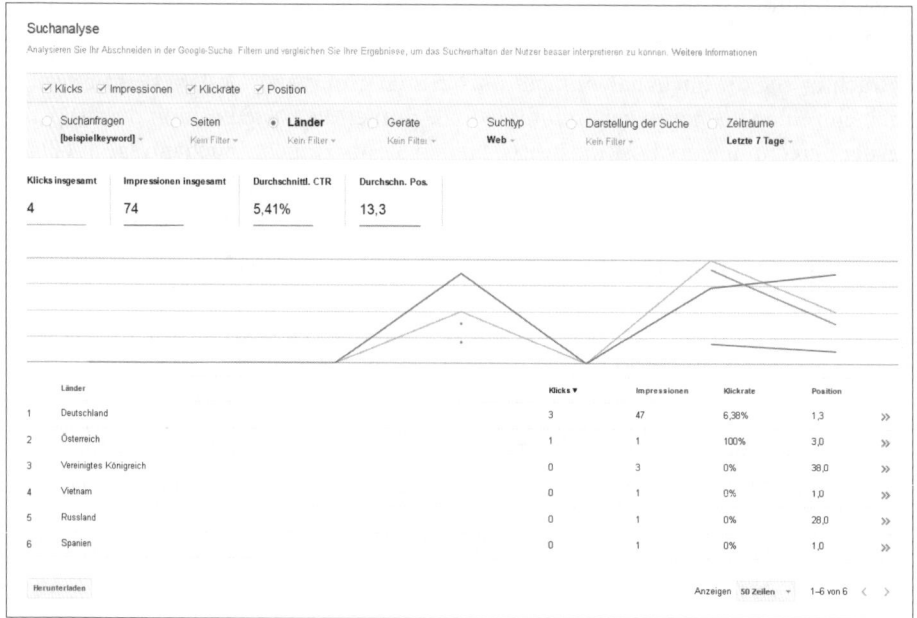

Abbildung 4-8: Im Kernland Deutschland befindet sich die Seite auf Platz 1 für die Anfrage, die schlechteren internationalen Rankings ziehen die durchschnittliche Position allerdings deutlich nach unten.

Dass die Property außerhalb von Deutschland gefunden wird, sehen Sie im Suchanalyse-Bericht (leider) nur dann, wenn Sie die Dimension *Länder* aufrufen. Für die meisten Analysen ist es deshalb sehr ratsam, die Abfrage auf das Hauptland einzugrenzen, indem Sie unter *Länder* das gewünschte Land als Filter setzen.

Berechnung von Klicks

Vereinfacht formuliert, zählt Google immer dann einen Klick, wenn ein Nutzer auf ein Ergebnis klickt und dadurch die Google-Suche verlässt. Das ist allerdings nicht bei allen Ergebniselementen der Fall. So gibt es Bilderergebnisse, bei denen ein Klick auf ein Bild eine vergrößerte Version des Bilds öffnet. In diesem Fall befindet sich der Nutzer noch innerhalb der Google-Suche. Folglich wird das nicht als Klick gewertet.

Für jede gestellte Suche wird maximal ein Klick für dieselbe URL gewertet. Wenn ein Nutzer auf eine Adresse klickt, dann zur Google-Suche zurückkehrt und anschließend dieselbe Adresse wieder anklickt, wird das als ein Klick gewertet.

Positionsberechnungen von Bildern in der Bildersuche

Da Bilder sowohl in den normalen Suchergebnissen (und somit im Suchtypfilter *Web*) als auch separat in der Bildersuche ausgewertet werden können, möchte ich ebenfalls auf die Positionsberechnung in der Bildersuche eingehen.

Hat eine Suche innerhalb der Bildersuche stattgefunden, hat jedes einzelne Bild seine eigene Position. Die Position wird hier von links nach rechts und von oben nach unten berechnet, also von Reihe zu Reihe. Bei Sprachen, die von rechts nach links gelesen werden, erfolgt die horizontale Positionsberechnung von rechts nach links.

In der Bildersuche müssen Sie bei der Bewertung der Position noch stärker darauf achten, dass abhängig von der Bildschirmauflösung des Nutzers eine unterschiedlich große Anzahl von Bildern zu sehen sein kann. Auch nehmen die einzelnen angezeigten Bilder nicht immer den gleichen Platz in einer Zeile ein. Dadurch verschieben sich unter Umständen die Positionen.

Warnung Google verrät Ihnen in der Search Console nicht, mit welchem Ergebnistyp Sie im Suchtyp *Web* gefunden wurden. So können Sie für eine Suchanfrage im Durchschnitt auf Position 2 gefunden werden. Diese Position kann sich allerdings aufgrund einer Listung in den Bildereinbettungen auf der zweiten Position ergeben. Es muss also kein normales Textergebnis sein, mit dem Sie in der Websuche erscheinen.

Mit dem Suchanalyse-Bericht arbeiten

Durch verschiedene Filterungen für einzelne Dimensionen lassen sich mit dem Suchanalyse-Bericht ganz unterschiedliche Fragestellungen beantworten. Dazu kommt die Option, Werte derselben Dimension miteinander zu vergleichen.

Am einfachsten übernehmen Sie einen Wert als Filter, indem Sie auf die entsprechende Zeile klicken. Der Doppelpfeil ganz rechts signalisiert Ihnen, dass durch den Klick eine detaillierte Analyse stattfindet. Alternativ können Sie unterhalb der Dimension auf den Pfeil klicken und dort die zu untersuchenden Werte selbst eintragen. Über dieses Konfigurationsmenü können Sie einen Filter auch zurücksetzen.

Hinter einzelnen Suchanfragen finden Sie einen Link, der die Suchanfrage immer bei Google.com ausführt. Die Integration dieses Links habe ich mir in der Betatestphase gewünscht – und diese Funktionalität wurde tatsächlich eingebaut. Ob das nur aufgrund meines Wunschs passiert ist oder sowieso geplant war, sei dahingestellt ☺. Da sich die Suchergebnisse zwischen Google.com und Google.de unterscheiden – selbst wenn Sie auf Google.com nach deutschsprachigen Ergebnissen suchen –, sollten Sie die Suche auf Google.de wiederholen.

Auch hinter den im Bericht angezeigten URLs finden Sie einen Link, der die jeweilige Seite im Browser öffnet. Beide Links sind extrem hilfreich, da Klicks innerhalb der Datentabelle als Auswahl interpretiert werden und die gewählten Werte als Filter übernehmen.

Jede mögliche Kombination in aller Tiefe durchzuspielen, würde den Umfang dieses Buchs sprengen. Aus diesem Grund möchte ich mich mit Analysemöglichkeiten beschäftigen, die für möglichst viele Leser relevant sind.

Mit dem Bericht arbeiten: Betrachtung der Suchanfragen

Auf welcher Position die eigene Website für ein bestimmtes Keyword gefunden wird, beschäftigt natürlich viele Webmaster. Wie hat sich das Ranking für eine Suchanfrage entwickelt, nachdem ein neuer Inhalt geschaffen oder ein bestehender weiter optimiert wurde? Antworten auf diese und noch viele weitere Fragen liefert Ihnen die *Suchanfragen*-Dimension.

Tipp Für wie viele Keywords Sie insgesamt gefunden werden, ist aus dem Interface meistens nicht abzulesen. Das liegt an der Beschränkung auf maximal 999 angezeigte Datensätze. Diese Frage lässt sich besser über die Search Console API beantworten.

Während SEO-Tools die Daten für eine Sichtbarkeitsberechnung in der Regel einmal pro Woche erheben, stehen Ihnen die Search Console-Suchanfragedaten auf Tagesbasis zur Verfügung. Sie können folglich viel genauer nachvollziehen, was innerhalb des verfügbaren Datenzeitraums passiert ist. Dabei werden Ihnen die tagesaktuellen Werte für Impressionen (und Klicks) angezeigt.

Spannend wird diese Datenfülle, da Sie nachvollziehen können, ob für dieselbe Suchanfrage an unterschiedlichen Tagen verschiedene Adressen gefunden werden. Das kann ein Zeichen dafür sein, dass es für Google nicht absolut klar ist, welche Adresse für das Suchwort die relevanteste ist. Die verschiedenen Adressen konkurrieren miteinander (die sogenannte *Keyword-Kannibalisierung*), was in den meisten Fällen dazu führt, dass eine schlechtere Position erreicht wird, als wenn Google nur ein relevantes Dokument identifizieren kann.

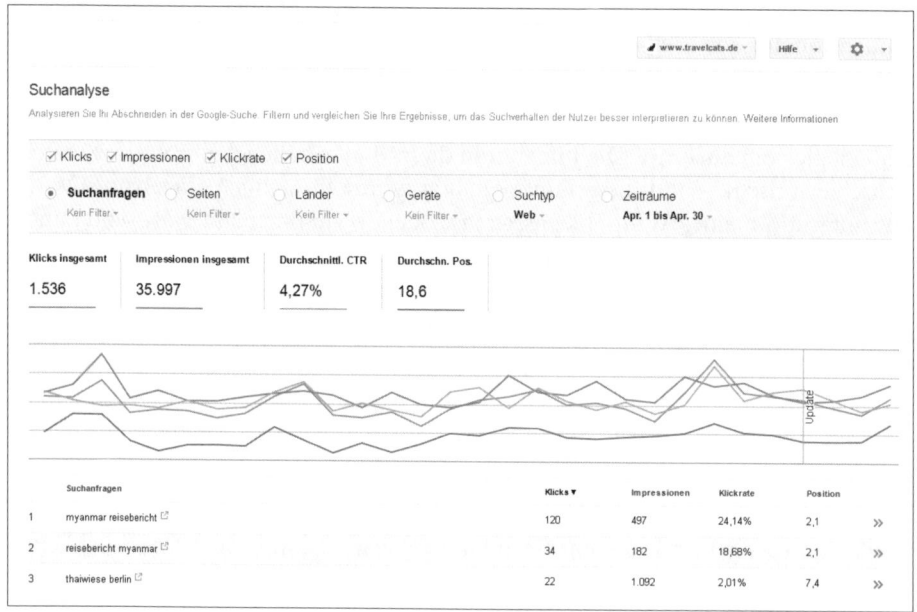

Abbildung 4-9: Ohne weitere aktivierte Filter sehen Sie, welche Suchanfragen am meisten Besucher geliefert haben.

Standardmäßig sortiert Google die Daten absteigend nach der Anzahl an Klicks. Durch einen Klick auf den Tabellenkopf können Sie die Sortierung allerdings anpassen und die Daten zum Beispiel aufsteigend nach der Anzahl an Impressionen sortieren lassen.

Die in Abbildung 4-9 gezeigte Konfiguration beantwortet unter anderem die Frage, welche Suchanfrage im betrachteten Zeitraum über die Websuche die meisten Zugriffe geliefert hat.

Ein Klick auf eine einzelne Datenzeile übernimmt den gewählten Wert als Filter. Dieser wird dabei auf *entspricht genau* eingestellt.

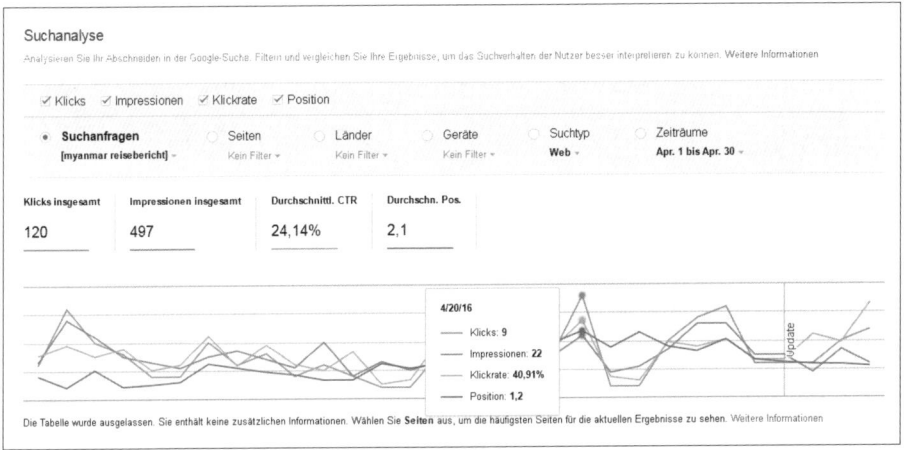

Abbildung 4-10: In der Einzelauswertung eines Keywords kann die Entwicklung einzelner Metriken analysiert werden.

Werden alle vier Metriken angezeigt, ist es etwas schwer zu sehen, aber im angezeigten Zeitraum konnte die Website die durchschnittliche Position für das Keyword von Platz 2 auf Platz 1 verbessern. Um solche Entwicklungen einfacher zu entdecken, ist es ratsam, die nicht benötigten Metriken zu deaktivieren. Um herauszufinden, auf welcher Adresse Nutzer für die gewählte Suchanfrage einsteigen, müssen Sie in die *Seiten*-Dimension wechseln.

Da Google hier nur eine Adresse anzeigt (siehe Abbildung 4-11), scheint die Suchmaschine sehr genau verstanden zu haben, welche URL des Webauftritts für dieses Thema besonders relevant ist. Das ist für Sie die ideale Konstellation.

Anders sieht es aus, wenn es mehrere Adressen gibt, die mit einer sehr ähnlichen Anzahl an Impressionen angezeigt werden. Denn dann kann es der Fall sein, dass die Onpage-Signale nicht eindeutig genug sind. Google hat folglich Probleme, die relevanteste Seite zweifelsfrei zu identifizieren. Damit tritt die bereits angesprochene Keyword-Kannibalisierung auf – mit der häufigen Folge, dass Sie eher auf den Plätzen 11+ gefunden werden, anstatt unter den häufig geklickten Ergebnissen der ersten Seite zu erscheinen. Wenn Sie die Suchanalysedaten richtig lesen und Ihre Inhalte besser voneinander abgrenzen, stehen die Chancen gut, dass sich das Ranking für die Suchanfrage verbessert.

Abbildung 4-11: Weil nur eine Zielseite für das Keyword rankt, scheint Google die passendste Seite für dieses Keyword eindeutig bestimmen zu können.

Einen Sonderfall stellen *Sitelinks* dar. Zur Erinnerung: Sitelinks sind die zusätzlich zum Hauptsuchtreffer angezeigten Adressen desselben Webauftritts. Diese erscheinen in der Regel bei navigationsorientierten Suchanfragen, beispielsweise Suchen nach einem Domainnamen. Je höher das Suchvolumen nach einer Marke ist, desto größer wird die Wahrscheinlichkeit, dass Google Sitelinks präsentiert.

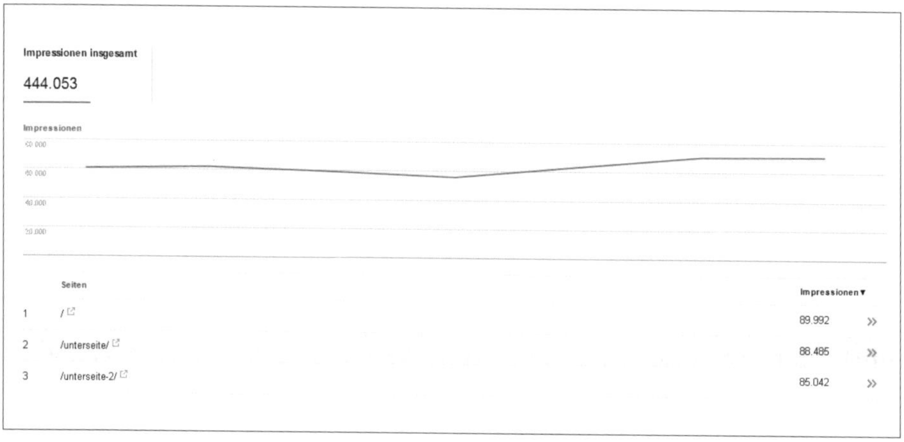

Abbildung 4-12: Ein Hinweis auf Sitelinks: mehrere Adressen mit einer ähnlichen Anzahl an Impressionen

Bis Mitte Oktober 2016 gab es in der Search Console die *Sitelinks*-Funktion, mit der Sie die für sich als nicht-passend eingestufte Sitelinks abwerten konnten. Diese

Funktion ist ersatzlos gestrichen worden. In der Funktion sagte Ihnen Google nicht, welche Adressen mit zusätzlichen Sitelinks angezeigt wurden. Die Suchanalyse war die beste Möglichkeit, um Sitelinks zu identifizieren und optimieren.

Mit dem Bericht arbeiten: Betrachtung der Seiten

Eigentlich optimiert man nie auf eine einzelne Suchanfrage, sondern auf ein Thema, denn viele verschiedene Keyword-Varianten beziehen sich auf dasselbe Thema. So steckt hinter den Suchanfragen »myanmar reisebericht« und »reiseerfahrung myanmar« die gleiche Nutzerintention. Folglich sollte dieselbe Einstiegsseite für die beiden Suchbegriffe relevant sein.

Neben geänderten Suchwortfolgen gibt es aber noch viele weitere Varianten, die ebenfalls die gleiche Nutzerintention in unterschiedlichen Suchanfragen ausdrücken. Anstatt einzelne Suchanfragen zu analysieren, ist die Betrachtung aller Suchanfragen mit derselben Einstiegsseite hilfreich.

Um mit der Analyse einer einzelnen Adresse zu beginnen, können Sie diese entweder in der *Seiten*-Dimension in den Filter eintragen oder zu *Seiten* wechseln und dort auf eine der aufgelisteten Adressen klicken. Ohne weiteren aktivierten Filter sehen Sie, welche Adressen im analysierten Zeitraum am häufigsten in den Suchergebnissen erschienen sind und angeklickt wurden.

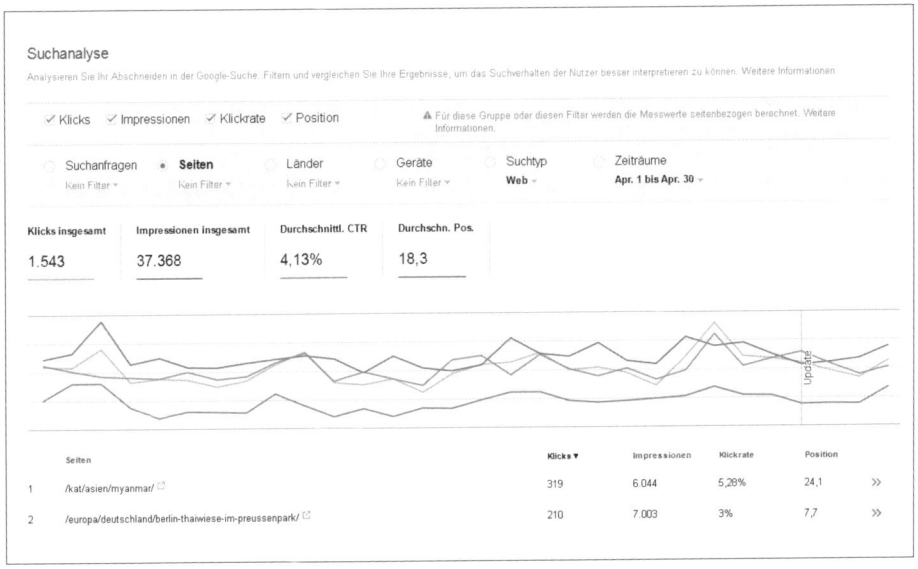

Abbildung 4-13: Ohne weitere Filter zeigt Ihnen Google unter Seiten, welche Adressen besonders häufig in den Suchergebnissen vertreten sind.

Nach Auswahl der URL müssen Sie zurück in die *Suchanfragen*-Dimension wechseln, um die Suchwörter dieser Adresse zu sehen.

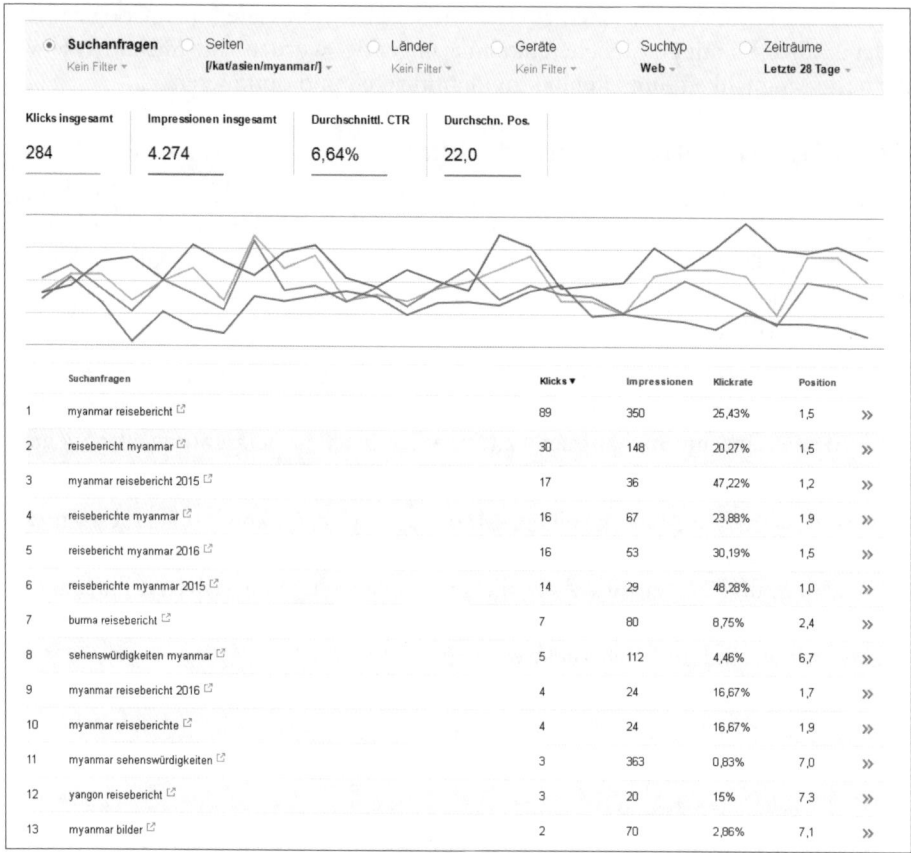

Abbildung 4-14: Durch Betrachtung aller Suchanfragen einer Adresse lassen sich Optimierungspotenziale entdecken.

Lassen Sie sich zu den einzelnen Suchanfragen alle Metriken anzeigen, um Optimierungspotenzial zu finden. Es gibt eine ganze Reihe von Fragen, die Sie heranziehen können. Hier ein Auszug:

- Welche Suchanfragen führen bereits zu vielen Zugriffen?
- Ist die Klickrate durch einfache Kniffe zu erhöhen (siehe auch Snippet-Optimierung ab Seite 48 in Kapitel 1)?
- Welche Keywords sorgen für viele Impressionen, befinden sich aber außerhalb der Top 5?

Klickrate optimieren

Natürlich bestimmen das Layout der Suchergebnisseite und die Position innerhalb der Ergebnisse die Klickrate. Zur Erinnerung: Die Klickrate ist das Verhältnis von Klicks zu Impressionen. Werden Sie bei 36 Impressionen 12 Mal angeklickt, liegt die Klickrate bei 33 %.

Durch die Gestaltung Ihres Suchtreffers können Sie die Klickrate positiv beeinflussen. Halten Sie in der Suchanalyse deshalb die Augen nach Begriffen offen, die bereits auf der ersten Seite gefunden werden und über ein hohes Suchvolumen verfügen, bei der Klickrate aber noch Luft nach oben haben. Analysieren Sie, ob die wichtigsten Suchanfragen der Einstiegsseite innerhalb der in den Suchergebnissen angezeigten Elemente (vor allem Seitentitel und Description) gut aufgegriffen werden.

Seiteninhalt optimieren

Vermutlich hatten Sie viele der gelisteten Suchanfragen bereits im Kopf, als Sie den Inhalt der Seite erstellt hatten. Entsprechend gut werden diese Suchanfragen vermutlich auf der Seite behandelt. Für andere Begriffe werden Sie vielleicht eher zufällig gefunden. Diese Suchanfragen bieten Ihnen ein häufig einfach zu nutzendes Optimierungspotenzial.

Sie können sich beispielsweise Begriffe vornehmen, die aktuell auf der zweiten Ergebnisseite platziert sind und auf der zweiten Seite schon eine gute Nachfrage (Impressionen) nahelegen. Schauen Sie, ob die Begriffe auf der Zielseite vorkommen. Durch eine Überarbeitung der Seite lassen sich diese Potenziale nutzen und führen zu einer Ranking-Verbesserung und folglich zu mehr Besuchern über die Google-Suche.

Natürlich müssen Sie nicht jede Suchanfrage auf der Zielseite aufgreifen, aber bei den wichtigsten sollten Sie definitiv darüber nachdenken. Über diese Methode können Sie natürlich noch mal analysieren, ob die wichtigsten Begriffe der Seite noch besser aufgegriffen werden können. Sind sie beispielsweise in den HTML-Überschriften enthalten? Oder werden sie mit HTML-Auszeichnungen hervorgehoben?

| Tipp | Jede Suchanfrage einzeln auf ein Vorkommen auf der Zielseite zu analysieren, ist nicht die spannendste Aufgabe. Es gibt einige Tools, die Ihnen diese Aufgabe erleichtern. Beispielsweise SEOTools for Excel kann Ihnen über die Funktion `=IsFoundOnPage(URL,gesuchte Zeichenfolge)` (siehe http://seotoolsforexcel.com/isfoundonpage/ – http://seobuch.net/128) bei dieser Aufgabe behilflich sein. |

Neue Themen identifizieren

Manchmal werden Sie mit einer Adresse für Suchanfragen gefunden, die die Zielseite überhaupt nicht aufgreift und das auch zukünftig nicht kann, da das Thema auf der Seite nicht passt. Diese Begriffe sollten Sie – eine entsprechende Relevanz für Sie vorausgesetzt – auf einer neu erstellten Seite aufgreifen.

Mit dem Bericht arbeiten: Aus welchen Ländern kommen die Zugriffe?

Besonders bei der Arbeit mit einer zentralen Domain für alle Länder ist der *Länder*-Filter extrem hilfreich. Aber auch bei einer deutschsprachigen Domain ist es interessant, zu erfahren, wie diese in Österreich oder der Schweiz gefunden wird. Diese Analysen lassen sich ebenfalls über die Search Console durchführen.

Der *Länder*-Filter ist besonders dann relevant, wenn es eine große Überschneidung bei den einzelnen Suchanfragen über Ländergrenzen hinweg gibt. Das ist beispielsweise bei bekannten Marken der Fall oder wenn die Sprache über verschiedene Länder hinweg dieselbe ist.

Abbildung 4-15: Besonders für internationale Seiten ist die Traffic-Verteilung nach Land interessant.

Ein fiktives Beispiel: Über die *Länder*-Dimension können Sie herausfinden, dass die durchschnittliche Position für die Suchanfrage »adidas online shop« zwar über alle Länder hinweg Position 7 ist, in Ihrem Fokusland Indien stehen Sie aber für die Anfrage auf Platz 2.

Mit dem Bericht arbeiten: Daten vergleichen

Innerhalb einer Dimension können Sie Daten miteinander vergleichen. Dadurch können Sie beispielsweise mit *Geräte* analysieren, ob sich das Ranking Ihres Webauftritts bei Mobil- und Desktopgeräten unterscheidet. Und wenn Sie für Desktop und Mobile dasselbe oder ein sehr ähnliches Ranking haben, sehen Sie auch, wie sich die Nachfrage auf die Gerätetypen verteilt.

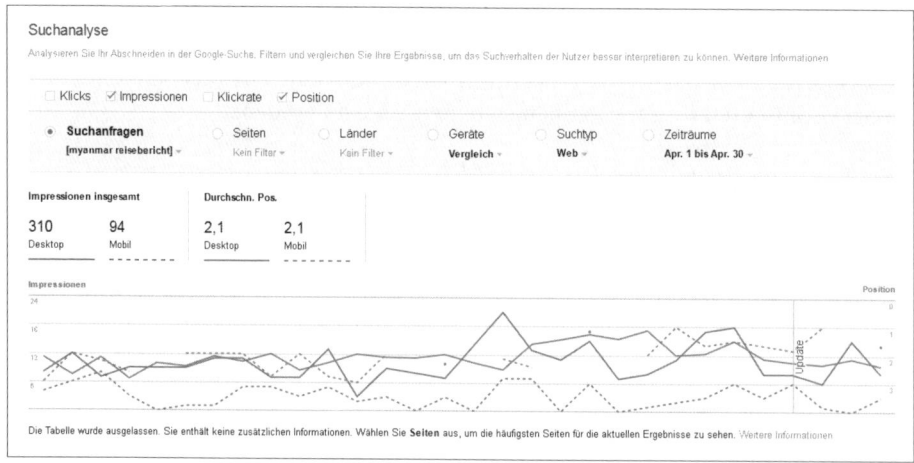

Abbildung 4-16: Im April 2016 entfielen knapp 25 % der Suchanfragen für das Keyword auf mobile Geräte.

Sie können natürlich auch andere Dimensionswerte vergleichen und hierdurch wichtige Informationen erlangen. Insbesondere der Datumsvergleich bietet sich an. Beachten Sie aber, dass äußere Einflüsse wie das Wetter oder bestimmte Events das Suchvolumen (temporär) beeinflussen können. Und natürlich sollten Sie sinnvolle Dinge miteinander vergleichen.

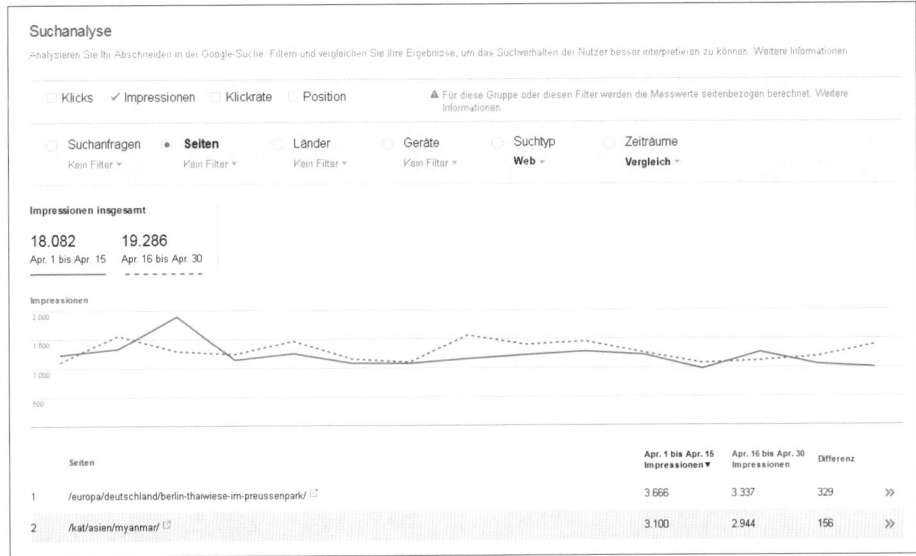

Abbildung 4-17:   Durch den Vergleich von Zeiträumen gewinnen Sie eventuell neue Erkenntnisse.

Da Sie die Nachfrage nach einzelnen Themen – oder, wenn Sie möchten, Suchbegriffen – über SEO-Maßnahmen nur bedingt beeinflussen können, werden Sie sich vermutlich sowieso darauf fokussieren, zu jeder Zeit möglichst gut für eine Suchanfrage sichtbar zu sein.

Vergleiche können Sie immer nur in einer Dimension vornehmen. Ein paralleler Vergleich über beispielsweise *Datum* und *Länder* ist nicht möglich. Sobald Sie den zweiten Vergleich anstoßen, wird der bereits gesetzte Vergleich annulliert. Sie können solche Vergleiche nur erstellen, indem Sie vorher exportierte Daten aufbereiten.

Die Download-Möglichkeiten

Zwar bietet Google für die Suchanalyse Downloads an (in den gewohnten Formaten CSV oder Google Docs), doch leider enthalten diese immer nur die Daten, die Sie sich gerade anzeigen lassen.

Angenommen, Sie analysieren eine bestimmte URL und wechseln anschließend zu den Suchanfragen, dann enthält der Export zwar die Suchbegriffe, aber eben nicht mehr die dazugehörige URL. In diesem Fall ist die Ergänzung der URL zwar einfach, wollen Sie jedoch die gleiche Analyse für viele verschiedene URLs auf einmal durchführen, wird das zeitintensiv und fehleranfällig.

Da das Search Console Interface maximal 999 einzelne Datenzeilen anzeigt, können Sie folglich in den Exporten nicht mehr als diese 999 Zeilen finden. Bei Betrachtungen eines längeren Zeitraums oder einer großen Domain führt das ganz schnell zu unvollständigen Exporten – meistens schon bei der Datenanalyse für einen einzelnen Tag.

Für beide genannten Fälle schafft leider nur die Google Search Console API Abhilfe. Da es viele Tools gibt, die auf die API zugreifen, müssen Sie nicht zwingend eine eigene Lösung programmieren. Die API und passende Tools stelle ich Ihnen in Kapitel 11 vor.

Links zu Ihrer Website

Einen Einblick in das Linkprofil Ihrer Website erhalten Sie mit den Berichten von *Links zu Ihrer Website*. Idealerweise finden Sie in diesen Berichten hochwertige natürliche Verlinkungen, die Sie aufgrund der inhaltlichen Qualität Ihrer Website erhalten haben. Die von Google zur Verfügung gestellten Daten erlauben Ihnen, die folgenden Informationen zu bekommen:

- Wie viele Links verweisen auf Ihre Domain?
- Wer erstellt die meisten Links?
- Welche URLs werden am häufigsten verlinkt?
- Mit welchen Ankertexten wird von externen Seiten auf Ihre URLs verwiesen?

Auf der Bericht-Startseite zeigt Ihnen Google die Anzahl der von Google gefundenen Links sowie von den anderen drei Kategorien mit jeweils bis zu fünf Einzelwerten an. Dabei sind die Daten absteigend nach Häufigkeit sortiert.

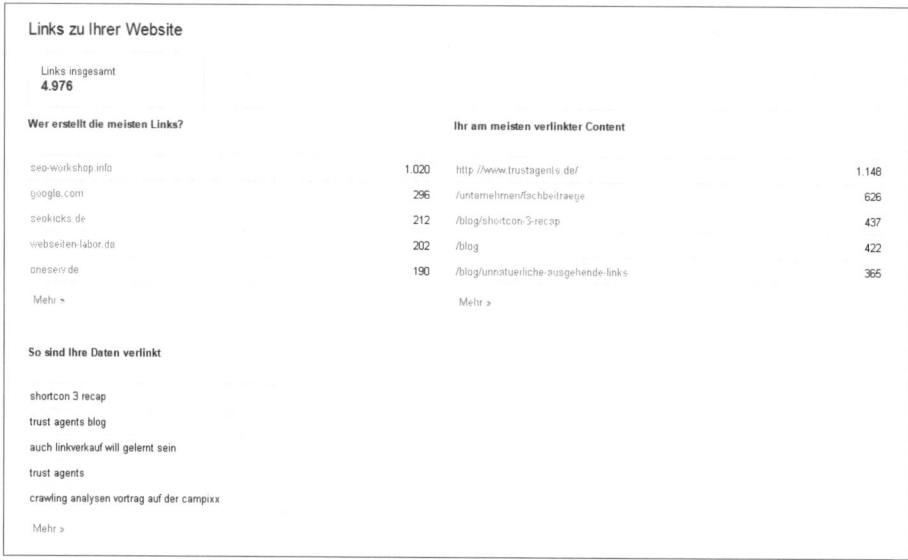

Abbildung 4-18: Links zu Ihrer Website gewährt Einblicke in das Backlink-Profil einer Website.

Eine häufig gestellte Frage ist die nach der Vollständigkeit der Daten. Da Google maximal 100.000 einzelne Links im Export und bis zu 1.000 Verweise im Interface anzeigt, enthält der Bericht bei großen Websites definitiv nicht alle Verlinkungen. Auch bei kleineren Webauftritten kommt es regelmäßig vor, dass kommerzielle Linktools (einige habe ich im Einführungskapitel im Unterkapitel zur Offpage-Optimierung genannt) Verlinkungen anzeigen, die Google Ihnen in der Search Console nicht auflistet.

Um zur Detailansicht zu gelangen, klicken Sie wie gewohnt auf die blau gekennzeichneten Links. Unter *Wer erstellt die meisten Links?* sehen Sie die Websites, die sich besonders häufig auf Ihre Inhalte beziehen. Über die Daten unter *Ihr am meisten verlinkter Content* können Sie analysieren, welche Adressen besonders häufig verlinkt werden. Als weitere Angaben werden unter *So sind Ihre Daten verlinkt* die Ankertexte aufgelistet, mit denen andere Seiten auf den Webauftritt verweisen. Bei diesem Bericht muss angemerkt werden, dass die Daten auf internen und externen Links basieren, obwohl sich *Links zu Ihrer Website* um externe Verweise dreht.

Die Download-Möglichkeiten

In jeder Kategorie bietet Google die Möglichkeit, die Daten zu exportieren. Der Download *Diese Tabelle herunterladen* lädt immer die Daten herunter, die Sie sich gerade anzeigen lassen. Dabei enthält ein Download unabhängig von der aktuell angezeigten Zeilenanzahl immer bis zu 1.000 Zeilen.

Die in *Wer erstellt die meisten Links?* und *Ihr am meisten verlinkter Content* angebotenen Downloads *Weitere Beispiel-Links herunterladen* und *Aktuelle Links herunterladen* sind nicht von der vorher gewählten Kategorie abhängig. Im Export sind unabhängig von der gewählten Kategorie jeweils dieselben Daten zu finden. Maximal stehen in diesen Exporten 100.000 einzelne Zeilen zur Verfügung.

Obwohl sich die Exporte nicht durch die vorher gewählte Kategorie unterscheiden, sind sie dennoch unterschiedlich. So sind in *Weitere Beispiel-Links herunterladen* nur einzelne Verweise aufgelistet, während in *Aktuelle Links herunterladen* zudem das erste Erkennungsdatum eines Links angegeben ist. Dieser Bericht kann Ihnen dabei helfen, die Entwicklung der Linkpopularität Ihrer Website zu beobachten.

Da die beiden Downloads aus meiner Erfahrung zu 99 % die gleiche Datenmenge und -auswahl anzeigen, können Sie direkt den Download *aktuelle Links herunterladen* nutzen, da dieser zusätzlich das erste Erkennungsdatum der Verlinkung enthält.

Leider liefern die von Google angebotenen Downloads nicht die Kombination aus Linkquelle (Von welcher Adresse wird auf die Domain verlinkt?), Linkziel (Auf welche URL wird sich bezogen?) und Ankertext (Mit welchen Wörtern wird die Webseite verlinkt?). In den Downloads erfahren Sie leider nur, von welchen URLs Ihre Inhalte verlinkt werden. Alle weiteren Informationen müssen Sie selbst zusammentragen. Dabei helfen können Ihnen SEO-Tools, beispielsweise *SEOTools for Excel* mit der Funktion =Checkbacklink (*http://seotoolsforexcel.com/checkbacklink/* – *http://seobuch.net/709*).

Wer erstellt die meisten Links

Bereits auf der Übersichtseite von *Links zu Ihrer Website* sind die fünf Websites aufgelistet, die besonders viele einzelne Verweise auf Ihre Website gesetzt haben. Um herauszufinden, von welchen Adressen dieser Websites die Verlinkungen kommen und auf welche URLs sie sich beziehen, müssen Sie die Detailanalyse aufrufen.

Nach dem Aufruf des Berichts sehen Sie direkt, wie viele einzelne Verweise Google auf den genannten Webauftritten gefunden hat und auf wie viele unterschiedliche Adressen Ihrer Website diese verweisen. Von der Domain *google.com* wurden laut der Daten 296 Verweise zur analysierten Property gesetzt, die sich auf insgesamt 55 verschiedene URLs beziehen.

Domains	Links	Verlinkte Seiten
seo-workshop.info	1.020	16
google.com	296	55
seokicks.de	212	29
webseiten-labor.de	202	1
oneserv.de	190	2
scoop.it	157	4
seo-campixx-14.de	151	2

Abbildung 4-19: Google zeigt in diesem Bericht eingehende Verlinkungen von maximal 1.000 unterschiedlichen Webauftritten an.

Wie Sie der Information oberhalb der Tabelle entnehmen können, werden von Google für die gezeigte Domain *Die 622 beliebtesten Seiten, die Links zu Ihrem Webauftritt enthalten* angezeigt. Google verrät leider nicht, wonach sich die Beliebtheit bemisst, und die maximal angezeigte Anzahl an einzelnen Websites liegt bei 1.000. Verlinken also weniger als 1.000 Webauftritte auf Ihren Webauftritt, können Sie über die angezeigte Zahl die Domainpopularität bestimmen. Im Fall der Beispiel-Website liegt diese bei 622.

Tipp Google aggregiert die Daten immer auf den Domainnamen. Werden Sie beispielsweise von beliebten Domains wie *blogspot.com* oder *wordpress.com* verlinkt, tauchen die unterschiedlichen Hostnamen zusammengefasst unter der jeweiligen Domain auf.

In die Detailanalyse können Sie durch einen Klick auf eine der angezeigten Domains gehen. Dort erfahren Sie:

- welche Ihrer URLs wie häufig von der gewählten Website verlinkt werden, also die *Linkziele*, und
- von welchen Adressen diese Verweise kommen, also die *Linkquellen*.

Dazu wird auf der Maske nochmals angezeigt, wie viele Verweise der Webauftritt zu Ihnen gesetzt hat und auf wie viele verschiedene Adressen sich die Links beziehen.

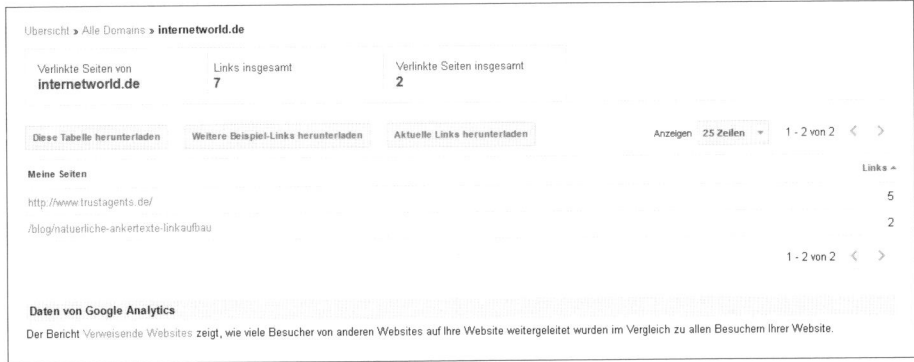

Abbildung 4-20: Nach Auswahl einer Domain wird aufgelistet, welche URLs referenziert werden.

Im Fall der Beispieldaten wurden insgesamt sieben Verlinkungen von *internetworld. de* gesetzt, die sich auf zwei Adressen verteilen. Mit einem Klick auf eine der unter *Meine Seiten* genannten Adresse sehen Sie die einzelnen Linkquellen.

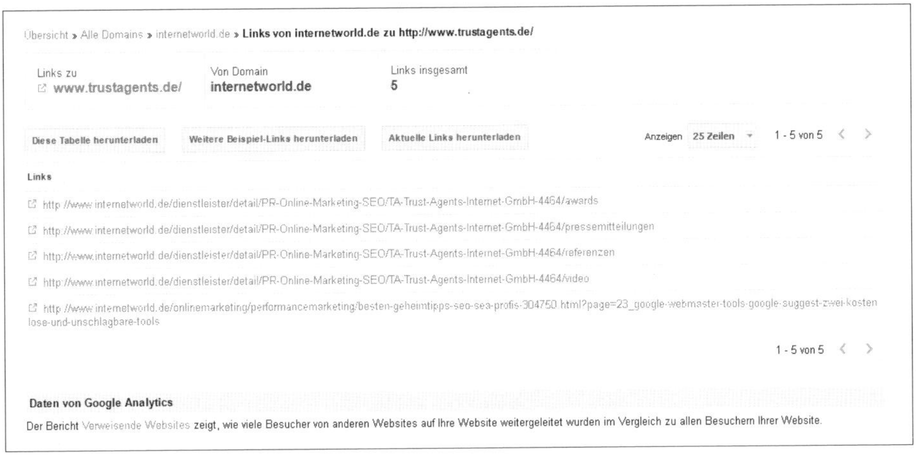

Abbildung 4-21: Nach Auswahl einer Zielseite werden die Linkquellen angezeigt.

Ihr am meisten verlinkter Content

Die eben vorgestellte Betrachtungsweise der Daten lässt sich in Google Search Console umdrehen. Unter *Ihr am meisten verlinkter Content* stehen nicht die verlinkenden Domains und somit die Linkquellen, sondern die Linkziele im Vordergrund. Durch diesen Bericht können Sie herausfinden, welche Adressen Ihres Webauftritts besonders häufig von externen Websites referenziert werden.

Um mit dieser Betrachtung zu beginnen, müssen Sie unter dem Menüpunkt auf eine der aufgelisteten Adressen klicken.

Übersicht » **Alle verlinkten Seiten**				
Ihre Seiten, die über andere Domains verlinkt sind				
Meine Seiten			**Links**	**Quelldomains**
http://www.trustagents.de/			1.148	277
/blog/die-besten-seo-browserplugins-2012			67	30
/blog/natuerliche-ankertexte-linkaufbau			67	26
/blog			422	21
/blog/die-sache-mit-ssl-und-google			43	20
/blog/unnatuerliche-ausgehende-links			365	17
/blog/content-marketing-conference-recap-2014			99	17
/blog/wie-es-sich-anfuehlt-ein-seo-zu-sein			66	17

Abbildung 4-22: Insgesamt 96 verschiedene Unterseiten der Domain wurden von anderen Domains verlinkt.

Erfahrene Suchmaschinenoptimierer verweisen darauf, dass die Gesamtanzahl an eingehenden externen Links erst mal wenig Aussagekraft besitzt. Der Hintergrund: Anstatt von einer Website 100 Verlinkungen zu erhalten, ist es interessanter, von 100 verschiedenen Websites jeweils eine Verlinkung zu erhalten. Denn dadurch können unterschiedliche Besuchergruppen auf die eigenen Inhalte aufmerksam werden.

In beiden Fällen beträgt die sogenannte *Linkpopularität* 100, doch im letzten Fall ist diese eben deutlich breiter verteilt. Die Kennzahl *Domainpopularität* wäre bei diesem Beispiel 1 beziehungsweise 100. Für die einzelnen Adressen können Sie die Domainpopularität über die *Quelldomain*-Angabe ablesen.

Welche Domains sich auf eine Adresse beziehen, können Sie nach Auswahl einer URL erfahren.

Abbildung 4-23: In dieser Ansicht sehen Sie, welche Domains auf eine URL verweisen.

Bei der gezeigten URL ergibt sich folgendes Bild: 29 verschiedene Webauftritte enthalten in der Summe 67 einzelne Verweise zur URL. Die Domainpopularität der Adresse liegt folglich bei 29, während die Linkpopularität 67 beträgt.

Nach einem Klick auf eine der in der Tabelle gelisteten Domains können Sie die jeweilige Linkquelle herausfinden.

Abbildung 4-24: Nach Auswahl der Domain wird die exakte Linkquelle angezeigt.

Tipp Nutzen Sie diesen Bericht dazu, um starke interne Linkquellen zu identifizieren. Durch die externen Verweise liegen viele Relevanzsignale (und vermutlich auch Zugriffe) für diese Adressen vor, daher können Sie Zugriffe auf diese Adresse gut an andere Ihnen wichtige Dokumente verteilen.

So sind Ihre Daten verlinkt

Im letzten Bericht erfahren Sie, mit welchen Ankertexten auf Ihre Website verlinkt wird. Leider findet im Bericht mit dem Namen *So sind Ihre Daten verlinkt* nicht die Verknüpfung mit Linkquellen und Linkzielen statt. Diese Daten stehen komplett für sich, und Sie erfahren also nur, mit welchen Ankertexten auf Ihre Website verwiesen wird, und nicht, von welchen Websites und wie häufig das passiert.

Zur Erinnerung: Aus Nutzer- und Suchmaschinensicht ist es durchaus sinnvoll, Ankertexte inhaltsbeschreibend zu gestalten. Im Idealfall fassen Ankertexte das Thema der verlinkten Adresse prägnant zusammen. Es ergibt deshalb Sinn, dass Suchmaschinen Ankertexte zur Themenbestimmung einer Adresse hinzuziehen. Wenn eine Seite häufig mit »Google Search Console Guide« von unterschiedlichen Quellen verlinkt wird, scheint diese Seite für diese (und ähnliche) Begriffe relevant zu sein.

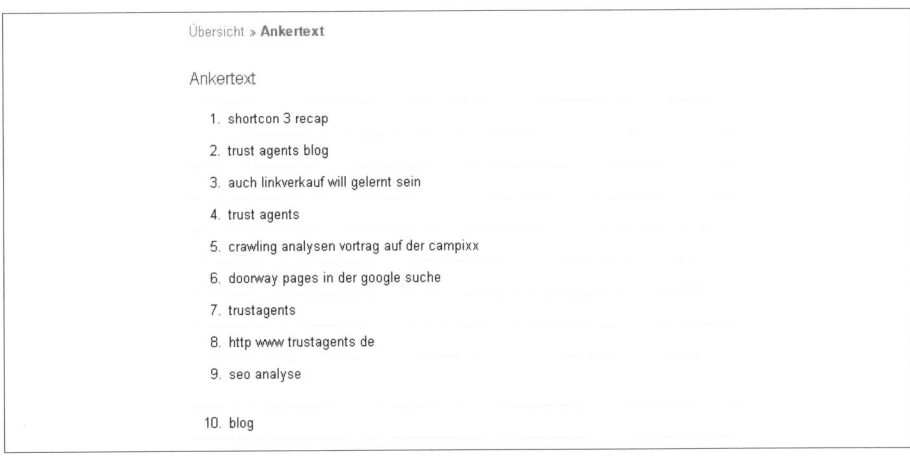

Abbildung 4-25: Bis zu 200 verschiedene Ankertexte werden Ihnen im Bericht angezeigt.

Wie bereits erwähnt, basieren die hier angezeigten Ankertexte auf internen und externen Verweisen. Eine Aufschlüsselung in diese beiden Gruppen findet in den Daten allerdings nicht statt. Stattdessen sehen Sie im Bericht und im Download bis zu 200 verschiedene Ankertexte, die Sie wie gewohnt exportieren können.

Beachten Sie im Hinblick auf interne Ankertexte die Anmerkungen im SEO-Einführungskapitel (Kapitel 1) unter »Website-Struktur optimieren: So finden Nutzer und Suchmaschinen Ihre wichtigsten Inhalte« (Seite 58 f.).

Interne Verlinkung

Nicht nur über Verweise, die von externen Webauftritten eingehen, kann Google auf die Relevanz eines Dokuments schließen, auch die *interne Verlinkung* gibt darüber Aufschluss. Der internen Verlinkung kommt dabei eine enorme Bedeutung zu, da diese für die Nutzerführung auf der Website verantwortlich ist.

Das bedeutet im Umkehrschluss natürlich nicht, dass jedes Dokument von jeder Seite mit genau einem Klick erreichbar sein sollte – denn eine zu große Auswahl überfordert Besucher sehr schnell. Auch Suchmaschinen fällt es in einem solchen Fall wesentlich schwerer, die Wichtigkeit eines einzelnen Dokuments innerhalb des Webauftritts zu bestimmen. Dennoch: Je mehr Wege es zu einem einzelnen Dokument gibt, desto wichtiger scheint dieses zu sein. Es ergibt also Sinn, die interne Verlinkung so aufzubauen, dass wichtige Dokumente einfach und von vielen Stellen aus direkt erreichbar sind.

Die beim Crawling von Google gesammelten Daten zur internen Verlinkung können Sie in diesem Bericht analysieren. Auf der Startseite des Berichts werden bis zu 1.000 Seiten absteigend nach der Anzahl an eingehenden internen Verweisen aufgelistet. Persönlich halte ich die von Google ermittelten Daten nicht für aktuell und akkurat genug, um diesen vollständig zu vertrauen. Das liegt unter anderem daran, dass nur bis zu 1.000 einzelne interne URLs angezeigt werden. Allerdings ist der Bericht auf jeden Fall dazu geeignet, Tendenzen bei der internen Verlinkung zu analysieren. Prüfen Sie, ob die Adressen unter den internen Linkzielen, die für Sie besonders wichtig sind, auftauchen. Ist das nicht der Fall, überlegen Sie, wie Sie diese Seiten intern stärker verlinken können.

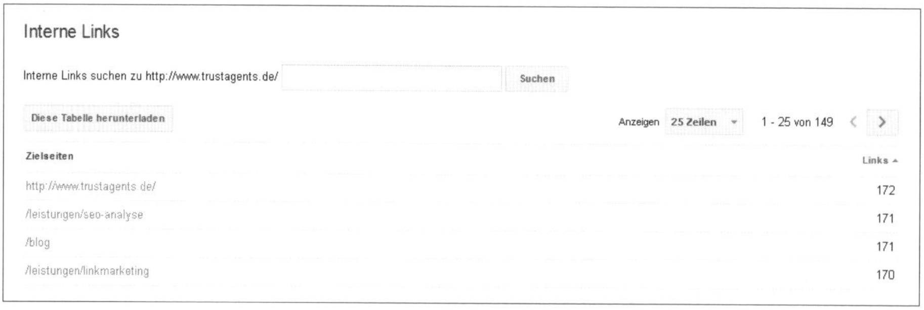

Interne Links	
Interne Links suchen zu http://www.trustagents.de/	Suchen
Diese Tabelle herunterladen	Anzeigen 25 Zeilen ▼ 1 - 25 von 149 < >
Zielseiten	Links ▲
http://www.trustagents.de/	172
/leistungen/seo-analyse	171
/blog	171
/leistungen/linkmarketing	170

Abbildung 4-26: Auf der Berichtsstartseite werden die angezeigten URLs absteigend nach der Gesamtanzahl eingehender interner Links sortiert.

Anders als es bei den externen Links der Fall war, können Sie mit Google Search Console im Bericht suchen. Beachten Sie hierbei, dass die Suche Groß- und Kleinschreibung unterscheidet (*case-sensitive*). Wie im Bereich der externen Links wird oberhalb der Tabelle eine Download-Möglichkeit angezeigt.

Die Daten, die Sie hier herunterladen können, basieren allerdings immer auf den aktuell angezeigten Daten. Wenn Sie auf der Übersichtsseite den Download starten, enthält der Download die Übersicht der verlinkten Adressen samt der Anzahl eingehender Links. Welche URLs allerdings auf die einzelnen Adressen verweisen, erfahren Sie über diesen Download nicht. Dazu müssen Sie in die Detailansicht wechseln. Haben Sie eine URL im Report ausgewählt, sehen Sie bis zu 1.000 interne Verweise auf diese Adresse – sowohl im Interface als auch im Download.

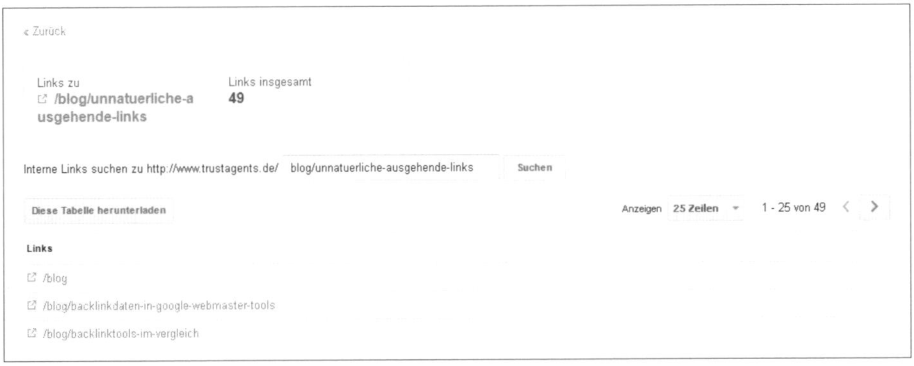

Abbildung 4-27: Über die Suchfunktion können Sie die angezeigten Verlinkungen auf ein bestimmtes Linkziel einschränken.

Die Berichtsdaten können immer nur auf Basis von eingehenden Verweisen analysiert werden. Sie sehen also, welche Adressen sich auf eine URL beziehen, aber nicht auf welche anderen Adressen sich diese URL selbst bezieht.

Insgesamt ist die Beschränkung auf maximal 1.000 URLs sehr schade. Denn bei großen Seiten bedeutet dies, dass die interne Verlinkung in Google Search Console nicht vollständig abgebildet wird. Zum einen erhalten einzelne URLs mehr als 1.000 eingehende Links, zum anderen werden natürlich auch mehr als 1.000 unterschiedliche Adressen intern mindestens einmal verlinkt. Die Möglichkeit, zu vielen URLs gleichzeitig eine Liste mit eingehenden Links zu erhalten, fehlt ebenfalls.

Es kann durchaus vorkommen, dass eine von Ihnen gesuchte URL nicht in der Auflistung erscheint. In diesem Fall können Sie es mit einer Suche nach der URL versuchen. Kurioserweise erhält man so in manchen Fällen für URLs Daten, die nicht in der Auflistung der 1.000 ausgewählten Adressen vorhanden sind.

Wenn Sie Ihre Inhalte in Ordnern strukturiert haben, können Sie nach Bestätigung dieser Ordner in der Search Console mehr Daten erhalten. Sie sehen dann zwar nur Seiten als interne Linkziele, die innerhalb des Ordners liegen, die eingehenden Links werden aber über die gesamte Domain erhoben.

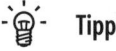 **Tipp** Wenn Sie interessante Keywords für Ihre Optimierung identifiziert haben, können Sie über die Funktion schauen, wie viele interne Verweise diese Seite erhält. Durch zusätzliche Verweise von anderen relevanten Seiten Ihres Webauftritts können Sie unter Umständen das Ranking dieser Keywords verbessern. Sinnvoll kann es auch sein, die Daten der Berichte zu internen und externen Links zu kombinieren.

Mein Tipp: Nutzen Sie eines der in Kapitel 1 unter »Website-Struktur mit Tools analysieren« genannten Tools, um sich einen Überblick über die interne Verlinkung zu verschaffen.

Manuelle Maßnahmen

In den Webmaster-Richtlinien (siehe »Google-Richtlinien: die Spielregeln für Webmaster« in Kapitel 1) hat Google relativ klar definiert, welche Grenzen es bei der Suchmaschinenoptimierung gibt. Werden von Google Verstöße gegen diese Regeln festgestellt, können manuelle Maßnahmen oder algorithmische Rückversetzungen im Ranking die Folge sein.

Während Sie bei algorithmischen Maßnahmen keinerlei Rückmeldung von Google erhalten, sagt Ihnen die Funktion *Manuelle Maßnahmen*, ob eine manuell von Google verhängte Aktion gegen Ihre Website vorliegt. Wenn eine solche verhängt wird, erhalten Sie zudem eine Benachrichtigung über die Search Console (und bei aktiver Mailbenachrichtigung zusätzlich per E-Mail).

Erst seit August 2013 werden manuelle Maßnahmen in der Google Search Console angezeigt. Aktuell gibt es elf Anlässe für manuelle Maßnahmen:

- unnatürliche Links zur Website
- unnatürliche Links von Ihrer Website
- eine gehackte Website
- Inhalte von geringer Qualität mit geringem oder gar keinem Mehrwert
- reiner Spam
- nutzergenerierter Spam
- Markup mit Spam-Strukturen (Rich-Snippet-Spam)
- Cloaking bzw. irreführende Weiterleitungen
- Bilder-Cloaking
- verborgener Text bzw. überflüssige Keywords
- kostenlose Spam-Hosts

Weitere Erklärungen zu jeder manuellen Maßnahme finden Sie unter *https://support.google.com/webmasters/answer/2604824?hl=de* (*http://seobuch.net/256* oder im bereits genannten Abschnitt in Kapitel 1.

Maßnahmen können einen Teil oder den gesamten Webauftritt betreffen. Dazu werden Maßnahmen in *Übereinstimmung auf der gesamten Website* und *Teilübereinstimmungen* unterteilt.

Abbildung 4-28 zeigt, dass eine manuelle Maßnahme aufgrund von unnatürlichen eingehenden Links gegen einen Teilbereich der Website verhängt wurde. Durch den Zusatz *Auswirkungen auf die Links* wird der Webmaster darüber informiert, dass diese Maßnahme die Website vorrangig indirekt betrifft, da eben die Verweise sanktioniert und (vermutlich) nicht mehr positiv gewertet werden. Der Hinweis ist wichtig, denn es ist auch möglich, dass sich eine von Google getroffene Sanktion als Reaktion auf unnatürliche Links direkt gegen die Website richtet. In diesem Fall fehlt der Zusatz *Auswirkung auf die Links*.

Abbildung 4-28: Gegen die Website wurde eine manuelle Maßnahme wegen unnatürlicher Links verhängt.

Zusätzlich gibt Google noch Hinweise zu Gegenmaßnahmen. Sobald der Webmaster den Grund für die Abstrafung beseitigt hat, kann ein sogenannter *Reconsideration Request* gestellt werden. Ist das passiert, untersucht ein Google-Mitarbeiter, ob das beanstandete Fehlverhalten beseitigt wurde. Die manuelle Maßnahme kann dann aufgehoben werden. Andernfalls bleibt sie bestehen, und ein erneuter Reconsideration Request mit weiteren Anpassungen ist notwendig.

Welchen Einfluss hat eine manuelle Maßnahme auf die Zugriffe über die unbezahlte Websuche?

Pauschal lässt es sich schwer beantworten, mit welchen Auswirkungen durch eine manuelle Maßnahme zu rechnen sind. Dies hängt vor allem von der verhängten Maßnahme ab. Auf jeden Fall sollten Sie eine solche Meldung sehr ernst nehmen.

Auch wenn Ihnen das Fehlverhalten vielleicht nicht bewusst war oder ein externer Berater Ihnen zu diesem Schritt geraten hat – aus Googles Perspektive sind Sie als Website-Betreiber verantwortlich. Es bleibt Ihnen nichts anderes übrig, als die Ursache für Googles Schritt herauszufinden und zu beseitigen.

Manuelle Maßnahmen können sehr schnell einen großen Einfluss auf die Rankings in der unbezahlten Websuche entwickeln. So sind Strafen bekannt, durch die die betroffene Website nicht einmal mehr für den eigenen Domainnamen in der Google-Suche zu finden war, von allgemeinen Suchanfragen ganz zu schweigen. Behalten Sie deshalb in der Suchanalyse im Blick, ob sich Ranking-Veränderungen in einzelnen Website-Bereichen ergeben. Hier hilft Ihnen der Datumsvergleich des Suchanalyse-Berichts.

 **Tipp** Wenn sich der Traffic infolge einer manuellen Maßnahme (außerhalb saisonaler Einflüsse) in einzelnen Seitenbereichen negativ verändert, haben Sie bereits eine erste Indikation, worauf Sie sich bei der Ursachenforschung konzentrieren müssen.

Tipps zum Umgang mit manuellen Maßnahmen

Eine Benachrichtigung über eine manuelle Maßnahme zählt sicher nicht zu den angenehmsten Meldungen, die man von Google über die Search Console erhalten kann. Besonders häufig verteilt Google manuelle Maßnahmen aufgrund unnatürlicher eingehender Links.

Um eine manuelle Maßnahme zu beseitigen, sollten Sie folgende Schritte durchführen.

1. Ruhig bleiben.

    Vorweg: Google verteilt manuelle Maßnahme nicht grundlos, sondern nur dann, wenn deutliche Verstöße gegen die Webmaster-Richtlinien vorliegen.

    Bewahren Sie auf jeden Fall Ruhe und einen kühlen Kopf! Beginnen Sie damit, Gegenmaßnahmen einzuleiten.

2. Gegenmaßnahmen einleiten.

    Lesen Sie auf jeden Fall die Hinweise, die Google unterhalb der Benachrichtigung verlinkt. Das sind erste Anhaltspunkte bei der Suche nach der oder den Ursachen.

    Ist eine manuelle Maßnahme wegen unnatürlicher eingehender Links erfolgt, sollten Sie sich einen guten Überblick über das Backlink-Profil verschaffen. Nutzen Sie dazu jede Datenquelle, auf die Sie Zugriff haben. Die erste Anlaufstelle sind natürlich die Linkdaten der Search Console.

    Bei Abstrafungen aufgrund unnatürlicher Links sind in der Regel die verwendeten Linktexte sowie die Linkplatzierung der Grund.

    Versuchen Sie, Ihre Links zu qualifizieren und mindestens in »gut« und »schlecht« zu unterteilen. Als gut werden dabei die Links klassifiziert, die natürlich entstanden sind. Schlecht sind Links, die unnatürlich entstanden sind oder über zu stark optimierte und im Kontext nicht sinnvolle Ankertexte wie *Blumen*, *Lebensversicherung* oder *Herrenmode* verfügen.

3. Probleme beseitigen.

    Nachdem Sie die möglichen Verstöße identifiziert haben, sollten Sie sie selbstverständlich beseitigen. Im Fall von Links haben Sie dazu diese Möglichkeiten: Sie können die Links löschen, das `nofollow`-Attribut einsetzen oder die *Disavow Tools* der Google Search Console nutzen (siehe Kapitel 9).

4. Reconsideration Request stellen.

    Sobald die Verstöße beseitigt oder im Fall einer linkbasierten Maßnahme die problematischen Verlinkungen entwertet wurden, sollten Sie einen Antrag auf erneute Überprüfung stellen. Dazu klicken Sie bei *Manuelle Maßnahmen* unterhalb der Nachricht auf den entsprechenden Button.

Sollten Sie sich entschieden haben (was nicht ratsam ist), eine manuelle Maßnahme zu ignorieren und keine Gegenmaßnahmen einzuleiten, verschwindet die manuelle Maßnahme unter Umständen irgendwann von allein. Allerdings ist nicht bekannt, wann dieser Zeitpunkt erreicht ist.

Mir sind Websites bekannt, bei denen manuelle Maßnahmen nach zwei Jahren von allein verschwunden sind. Zwei Jahre mit schlechteren Rankings aufgrund einer solchen Maßnahme sollten aber jeden Webmaster davon überzeugen, lieber reinen Tisch zu machen, als die Strafe auszusitzen.

Worauf Sie beim Reconsideration Request achten sollten

Bei der Antragstellung können Sie Google über Ihre Gegenmaßnahmen informieren. Sie sollten diese Möglichkeit nutzen und den Grund für die Maßnahme aus Ihrer Sicht benennen.

Wenn Sie in der Vergangenheit auf Artikelverzeichnisse zum Linkaufbau gesetzt haben, teilen Sie Google das mit. Da es Googles Mantra ist, dass Verlinkungen auf natürlichem Weg entstehen sollten, entsprechen viele eingehende Verweise aus Artikelverzeichnissen dieser Zielsetzung eher nicht. In solchen Verzeichnissen kann durch die Erstellung von Texten jeder Links erhalten, deshalb werden diese Links nicht als natürliche Links gewertet.

Es hilft definitiv, folgende Informationen im Reconsideration Request zu nennen:

- Was war aus Ihrer Sicht der Grund für die manuelle Maßnahme?
- Wer war für den Verstoß verantwortlich?
- Welche Gegenmaßnahmen haben Sie ergriffen?
- Wie können Sie Ihre Gegenmaßnahmen belegen?

Sie sollten auf jeden Fall die Verantwortung für den Verstoß übernehmen. Im Fall von manuellen Maßnahmen als Reaktion auf einen Linkaufbau sollten Sie sich nicht nur auf das Disavow Tool verlassen. Es wird erwartet, dass Sie aktiv Verlinkungen entfernen. Das Disavow Tool wird in Kapitel 9 detailliert beschrieben.

Internationale Ausrichtung

Viele Sprachen werden nicht nur in einem Land der Welt gesprochen. Das kann es Suchmaschinen erschweren, die geografische Ausrichtung von Webseiten zu bestimmen. Für welches Land ist beispielsweise ein deutschsprachiger Inhalt auf einer *.com*-Domain besonders relevant? Für Österreich, Deutschland oder die Schweiz?

Oder wie sollen Suchmaschinen mit Inhalten umgehen, die in derselben Sprache von einem Webmaster unter verschiedenen URLs veröffentlicht werden, aber unterschiedliche geografische Zielregionen ansprechen? Betreibt man beispielsweise zwei deutschsprachige Webauftritte für Deutschland und Österreich, kommt es ohne entsprechende Konfiguration regelmäßig vor, dass die Inhalte der *.de*-Domain vor denen der *.at*-Website in Google Österreich erscheinen. Meistens ist ein im Vergleich zur *.at*-Domain stärkeres Linkprofil der Auslöser.

Um Suchmaschinen bei der internationalen Ausrichtung von Inhalten zu unterstützen, gibt es einen eigenen Menüpunkt in der Google Search Console. Sie finden hier sowohl eine Analysemöglichkeit als auch Konfigurationsoption.

Ausrichtung auf Sprachen

Eine Ausrichtung auf Sprachen ist für Sie relevant, wenn Sie exakt identische oder sehr ähnliche Inhalte in derselben Sprache über separate URLs für unterschiedliche Zielregionen bereitstellen, beispielsweise durch die Verwendung unterschiedlicher Domains oder URL-Strukturen derselben Website. Aber auch über Sprachgrenzen hinweg können Sie Ihre Inhalte miteinander verbinden.

Für beide Anwendungsfälle ist es notwendig, hreflang-Angaben auf Ihren Webauftritten zu integrieren. Setzen Sie diese ein, können Sie nicht nur sicherstellen, dass immer die lokal relevante URL als Suchergebnis ausgegeben wird, sondern auch Duplicate-Content-Probleme für die ausgezeichneten Inhalte beheben.

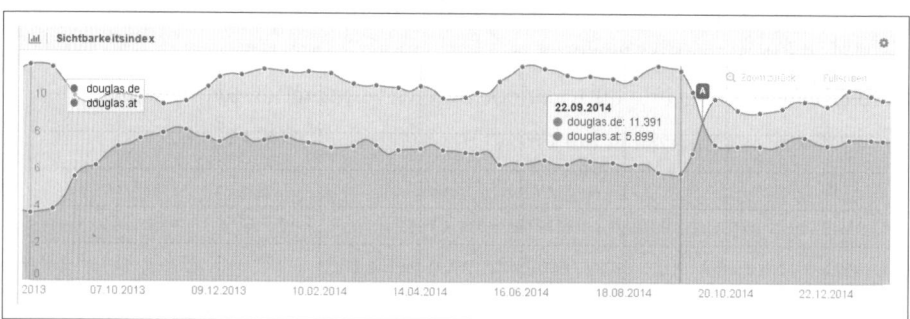

Abbildung 4-29: Durch den Einsatz von hreflang-Auszeichnungen wird die .at-Domain im Vergleich zu douglas.de in Österreich besser gefunden. (Quelle: at.sistrix.com)

Exkurs: Geografische Ausrichtung über hreflang

Wie im Beispiel von Douglas gesehen, reicht eine lokale Top-Level-Domain nicht immer aus, um mit den auf Österreich ausgerichteten Inhalten vor der *.de*-Domain gefunden zu werden. Und Google tut gut daran, nicht einfach Domains im Ranking auszutauschen. Denn es muss nicht der Fall sein, dass der Inhaber von *douglas.de* auch *douglas.at* betreibt.

Um Inhalte auf Sprachen und Regionen auszurichten, unterstützt Google die hreflang-Annotation. Diese kann entweder direkt im Quelltext einer Seite angegeben oder alternativ in *XML-Sitemaps* oder über den *HTTP-Header* übermittelt werden.

Doch wie sieht diese Angabe aus? Bei der Integration im Quelltext wird hreflang als Linkelement definiert:

```
<link rel="alternate" href="http://example.com/en-ie" hreflang="en-ie" />
<link rel="alternate" href="http://example.com/en-ca" hreflang="en-ca" />
<link rel="alternate" href="http://example.com/en-au" hreflang="en-au" />
<link rel="alternate" href="http://example.com/en" hreflang="en" />
```

Diese Angabe informiert Suchmaschinen darüber, dass es von der aktuell aufgerufenen Adresse alternative Versionen gibt. Das wird über die rel="alternate"-Angabe definiert. rel ist die Abkürzung für *Relation*, auf Deutsch Beziehung. Die wechselseitige Beziehung zwischen der aufgerufenen URL und den innerhalb der href-Angabe referenzierten Adressen basiert auf unterschiedlichen Sprachen. Die einzelnen Sprachen werden, samt der Zielregion, über hreflang voneinander abgegrenzt.

Die Suchmaschine erhält also den Hinweis, dass es insgesamt vier Varianten des Inhalts gibt. Diese stehen unter den angegebenen Adressen zur Verfügung und sind auf einzelne englischsprachige Regionen (im Fall der Angaben en-ie, en-ca und en-au) ausgerichtet. Dazu wird definiert, dass unabhängig von der Region die URL *http://example.com/en* als Einstieg für Nutzer in den Suchergebnissen ausgespielt werden soll, wenn diese nicht aus Irland (ie), Kanada (ca) oder Australien (au) kommen und englische Spracheinstellungen verwenden.

Um eine valide geografische Ausrichtung mittels hreflang bereitzustellen, müssen sich die Adressen wechselseitig und sich jedes Dokument selbst in seiner Sprache referenzieren. Es reicht also nicht, wenn auf der URL *https://www.douglas.at/* definiert ist, dass unter *https://www.douglas.de/* die auf die deutsche Sprache in Deutschland ausgerichtete Variante vorliegt. Beide Varianten müssen sich gegenseitig mit der jeweiligen geografischen Unterscheidung referenzieren und gleichzeitig ihre eigene Angabe enthalten.

Ein Beispiel klärt alle Fragen. Im Quelltext der Adresse *https://www.douglas.at/* müssen folgende Angaben gesetzt sein:

```
<link rel="alternate" href="https://www.douglas.at/" hreflang="de-at" />
<link rel="alternate" href="https://www.douglas.de/" hreflang="de-de" />
```

Um die Angaben zu bestätigen, enthält der Quelltext von *https://www.douglas.de/*:

```
<link rel="alternate" href="https://www.douglas.at/" hreflang="de-at" />
<link rel="alternate" href="https://www.douglas.de/" hreflang="de-de" />
```

In welcher Reihenfolge die Angaben sortiert werden, ist nicht relevant. hreflang wird immer auf *URL-Ebene* definiert, muss also für jede einzelne Adresse separat vorgenommen werden.

Dieses obige Beispiel kann noch erweitert werden. Denn aktuell ist nur definiert, welche Adresse für die deutsche Sprache in Deutschland beziehungsweise Österreich von Suchmaschinen ausgewählt werden soll. Es fehlt die Angabe, welche Adresse für die deutsche Sprache unabhängig von der Region gewählt werden soll.

Um diese Angabe vorzunehmen, muss eine der Adressen mit hreflang="de" gekennzeichnet werden. Hier ist ebenfalls eine Selbst- sowie Rückreferenzierung zwischen den Adressen notwendig. Noch weiter verfeinert werden kann hreflang durch die Angabe von x-default. Damit wird eine Adresse als globale Standardadresse markiert. Diese Adresse erscheint immer dann als Suchtreffer, wenn keine spezifischere Version vorhanden ist.

Sie kennen bereits den grundlegenden Aufbau von hreflang. Als hreflang-Werte können Sprachen im Format ISO 639-1 angegeben werden, beispielsweise en für Englisch, de für Deutsch, es für Spanisch (siehe *https://en.wikipedia.org/wiki/List_of_ISO_639-1_codes – http://seobuch.net/004*), und Regionen über ISO 3166-1 Alpha 2, z. B. at für Österreich, nl für die Niederlande, fr für Frankreich (siehe *https://en.wikipedia.org/wiki/ISO_3166-1_alpha-2#Officially_assigned_code_elements – http://seobuch.net/461*).

Beispiele für die Integrationen von hreflang in XML-Sitemaps und den HTTP-Header finden Sie in der Google-Hilfe (*https://support.google.com/webmasters/answer/189077?hl=de – http://seobuch.net/154*).

Der hreflang-Bericht

Nach diesem Exkurs befinden wir uns nun wieder in der Google Search Console. Wenn Sie hreflang-Angaben auf der Property verwenden, sehen Sie einen Bericht wie diesen:

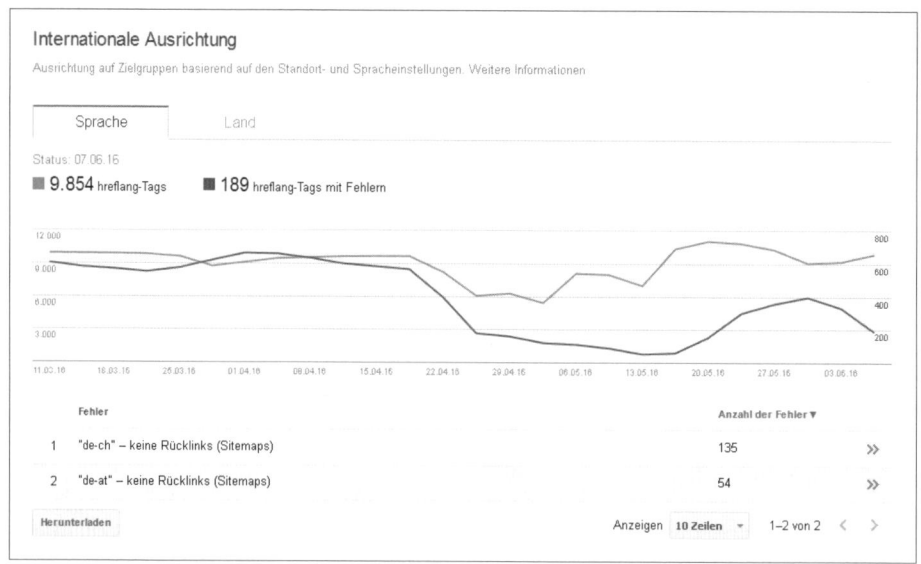

Abbildung 4-30: Im zeitlichen Verlauf der letzten 90 Tage wird die Anzahl an (fehlerhaften) hreflang-Tags angezeigt.

Wie gewohnt, zeigt das Diagramm die hreflang-Entwicklung im zeitlichen Verlauf der letzten 90 Tage und sagt Ihnen darüber hinaus, wie viele fehlerhafte Tags vorhanden sind. Fehlerhafte Auszeichnungen führen zum selben Ergebnis wie nicht vorgenommene hreflang-Tags: Google wählt selbst die passendste Adresse aus.

Wie immer finden Sie die Details zu den Fehlern in der Tabelle. Auf der Berichtsstartseite bietet Google einen Download an. Per Download erhalten Sie die Daten der angezeigten Tabelle, nicht aber die Fehlerdetails. Da hreflang-Tags über aktuell drei unterschiedliche Wege eingebunden werden können, gibt es potenziell drei verschiedene Orte, die die Fehler produzieren. Aus diesem Grund gibt Google direkt hinter dem Fehler an, wo dieser auftritt. Im Fall der gezeigten Property fehlen Rückverweise in der XML-Sitemap.

Nach Auswahl des Fehlertyps werden die betroffenen Adressen angezeigt. In dieser Maske gibt es im Vergleich zu ähnlichen Berichten aber nicht die Möglichkeit, eine Detailmaske aufzurufen. Alle notwendigen Informationen stehen oberhalb des Diagramms sowie unterhalb der Tabelle. Die in der Tabelle angezeigten Daten können Sie über den Filter beeinflussen. Sie können hier nach URLs suchen, die bestimmte Zeichen- oder Zahlenfolgen (nicht) enthalten. Der Download auf dieser Ebene exportiert Ihnen alle Informationen, die Sie benötigen, um die fehlerhaften hreflang-Angaben zu korrigieren.

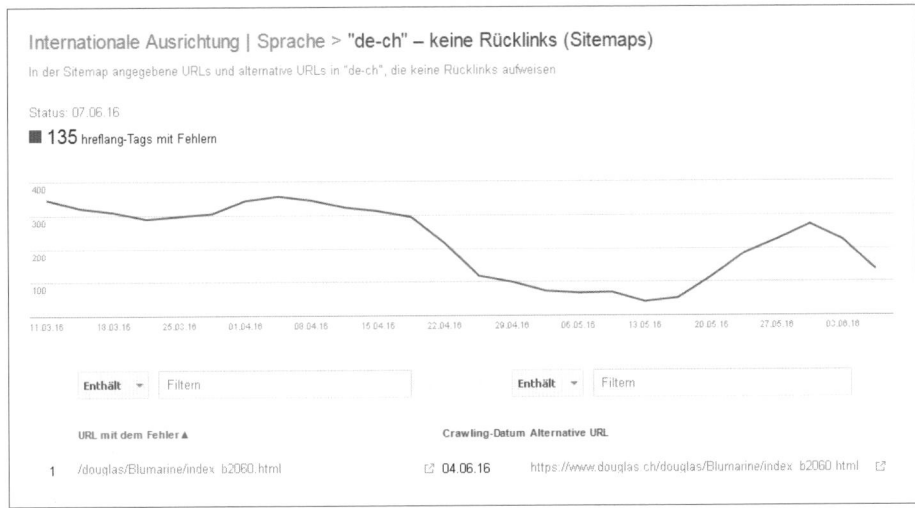

Abbildung 4-31: Die hreflang-Tags wurden in der Sitemap gesetzt, und es fehlen die notwendigen Rückverweise.

Nutzen Sie den hreflang-Bericht, um Fehler bei der Integration von hreflang-Angaben zu beheben.

Ausrichtung auf Länder

Anhand der Domainendung, der sogenannten Top-Level-Domain (TLD), können Suchmaschinen vermuten, für welchen Markt beziehungsweise für welche geografische Region eine Domain wahrscheinlich von besonderer Bedeutung ist. So ist die

Wahrscheinlichkeit hoch, dass Inhalte einer .de-Domain auf Deutschland ausgerichtet sind.

Neben den sogenannten länderspezifischen Domains (ccTLD = Country Code Top-Level-Domain) gibt es generische Domainendungen (gTLD = generic Top-Level-Domain) wie .com, .net oder .org. Bei diesen kann die geografische Ausrichtung nicht ohne Weiteres bestimmt werden. Welche Signale bleiben also? Zuallererst natürlich die Sprache.

Die Sprache einer Website zu bestimmen, ist für Suchmaschinen relativ einfach. Allerdings werden einzelne Sprachen in vielen Teilen der Welt gesprochen. Neben der Sprache versuchen Suchmaschinen, über weitere Signale die geografische Ausrichtung des Inhalts zu bestimmen. Im Fall von Onlineshops können dazu Merkmale wie Postleitzahlen, Telefonnummern und die verwendete Währung herangezogen werden.

Auch externe Verweise, im Speziellen deren lokaler Ursprung, können von Suchmaschinen als weiterer Faktor herangezogen werden. So sind viele Links von .at-Domains ein Hinweis darauf, dass die verlinkte Website mit generischer Top-Level-Domain für in Österreich gestellte Suchanfragen besonders relevant ist.

Über Google Search Console können Sie Suchmaschinen dabei unterstützen, das geografische Ziel Ihrer Inhalte auf Länderebene zu verstehen. Dies ist allerdings nur dann möglich, wenn Google die von Ihnen verwendete Top-Level-Domain als generisch einstuft.

Zu den generischen Domainendungen zählt Google unter anderem die folgenden:

Tabelle 4-1: Auswahl von Google als generisch eingestuften Top-Level-Domains

.eu	.asia	.edu
.com	.net	.org
.tv	.me	.fm

Nehmen wir folgenden Fall an: Ein Webshopbetreiber möchte mit seiner Website mit deutschsprachigen Inhalten vor allem Besucher aus Deutschland ansprechen und verwendet eine generische Top-Level-Domain. Durch die Auswahl von *Deutschland* als Zielregion in der Google Search Console wird es für Google einfacher, die regionale Ausrichtung zu verbessern.

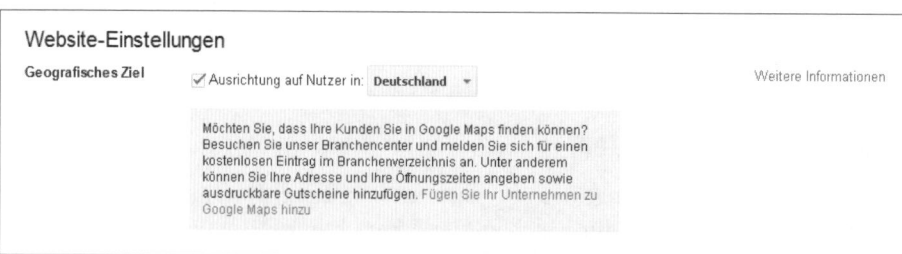

Abbildung 4-32: Das geografische Ziel der generischen TLD wurde auf Deutschland eingestellt.

Diese Einstellung schließt übrigens nicht aus, dass die Website in anderen deutschsprachigen Ländern wie z. B. Österreich gefunden wird, sie hilft aber dabei, in Deutschland besser gefunden zu werden.

> **Der Unterschied zwischen Ausrichtung auf Sprachen und Länder**
>
> Die Ausrichtung auf Länder sollten Sie immer dann vornehmen, wenn Sie eine generische Top-Level-Domain verwenden. Eine Ausrichtung auf Sprachen mittels `hreflang` ist sowohl für generische als auch ccTLDs möglich.
>
> Für Google sind `hreflang`-Tags das im Vergleich der beiden Möglichkeiten wesentlich stärkere Signal. Wann immer möglich, sollten Sie `hreflang` zur korrekten Ausrichtung auf Sprachen und Länder verwenden und diese Angabe mit der Ausrichtung auf Ländern flankieren.

Beispielkonfiguration für eine geografische Ausrichtung

Zu Beginn der Hinweis: Die geografische Ausrichtung kann sowohl auf Basis des Hostnamens (*de.meinedomain.com*) als auch auf Ordnerbasis (*www.meinedomain.com/de/*) durchgeführt werden. Eine Kombination ist natürlich ebenfalls möglich (*de.meinedomain.com/at/*). Denken Sie also daran, diese Strukturen als eigene Property in der Search Console zu verifizieren.

Besonders bei internationalen Unternehmen kommt es häufig vor, dass eine zentrale generische Top-Level-Domain verwendet wird. Die einzelnen Sprachen sind dabei wahlweise als Subdomain oder als Ordner eingerichtet.

Eine häufig anzutreffende Konfiguration sieht so aus:

- *www.example.com/* (englische Inhalte, Fokus USA)
- *www.example.com/es/* (spanische Inhalte, Fokus Spanien)
- *www.example.com/de/* (deutsche Inhalte, Fokus Deutschland)
- *www.example.com/de-at/* (deutsche Inhalte, Fokus Österreich)

Grundsätzlich bedeuten die Zeichenfolgen »es«, »de« beziehungsweise »de-at« erst mal gar nichts für eine Suchmaschine. Um diese Verzeichnisse geografisch auf die Länder auszurichten, müssen sie natürlich in der Google Search Console bestätigt werden. Anschließend müssen die Konfigurationen im Tool vorgenommen werden.

Nutzerfreundlichkeit auf Mobilgeräten

Sie merken vermutlich an Ihrem eigenen Surfverhalten, dass Sie immer häufiger über mobile Endgeräte auf das Internet zugreifen. Wie hoch der Anteil von mobilen Suchen für einzelne Keywords ist, hängt von der Branche ab. Für Ihre eigene Website können Sie das Verhältnis zwischen Suchen über klassische Desktopgeräte und mobile Geräte über den *Suchanalyse*-Bericht herausfinden – zumindest dann, wenn Sie über eine mobiloptimierte Website verfügen. Denn andernfalls rankt Ihre Website mit hoher Wahrscheinlichkeit je nach vom Nutzer verwendeten Endgerät unterschiedlich gut. Es ist theoretisch möglich, dass Sie in den Desktopergebnissen sehr gut dastehen, auf Mobilgeräten mangels mobiloptimierter Website aber quasi unsichtbar sind.

Um das Verhältnis zwischen Desktop- und Mobilgeräten zu vergleichen, müssen Sie diese beiden Gerätetypen im *Geräte*-Filter der Suchanalyse auswählen.

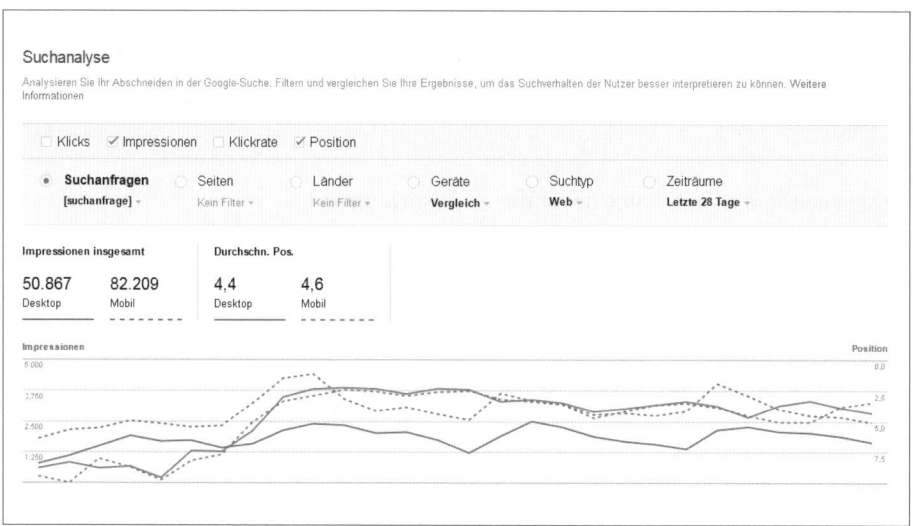

Abbildung 4-33: Für das untersuchte Keyword liegt die Nachfrage über Mobilgeräte über der klassischer Desktops.

Die gezeigte Property rankt für die Beispielsuchanfrage für Desktop- und Mobilgeräte auf einer vergleichbaren durchschnittlichen Position, die Anzahl der Impressionen ist über Mobilgeräte allerdings deutlich höher. Dies ist kein Einzelfall!

Umso wichtiger ist es, dass Sie eine mobiloptimierte Website anbieten – nicht für Google, sondern für Ihre Nutzer –, um ihnen eine optimale Darstellung zu bieten.

 Tipp   Wie viele Besucher über alle Kanäle hinweg (SEA, SEO, Social Media, Verweiszugriffe etc.) über Mobilgeräte auf Ihr Webangebot zurückgreifen, können Sie in Ihrer Webanalysesoftware herausfinden. Innerhalb von Google Analytics sehen Sie diese Daten unter *Zielgruppe/Mobile/Übersicht*.

Um zu überprüfen, ob eine Adresse auf mobilen Geräten problemlos genutzt werden kann, stellt Google das Tool *Test auf Optimierung für Mobilgeräte* (https://search.google.com/search-console/mobile-friendly – http://seobuch.net/531) zur Verfügung.

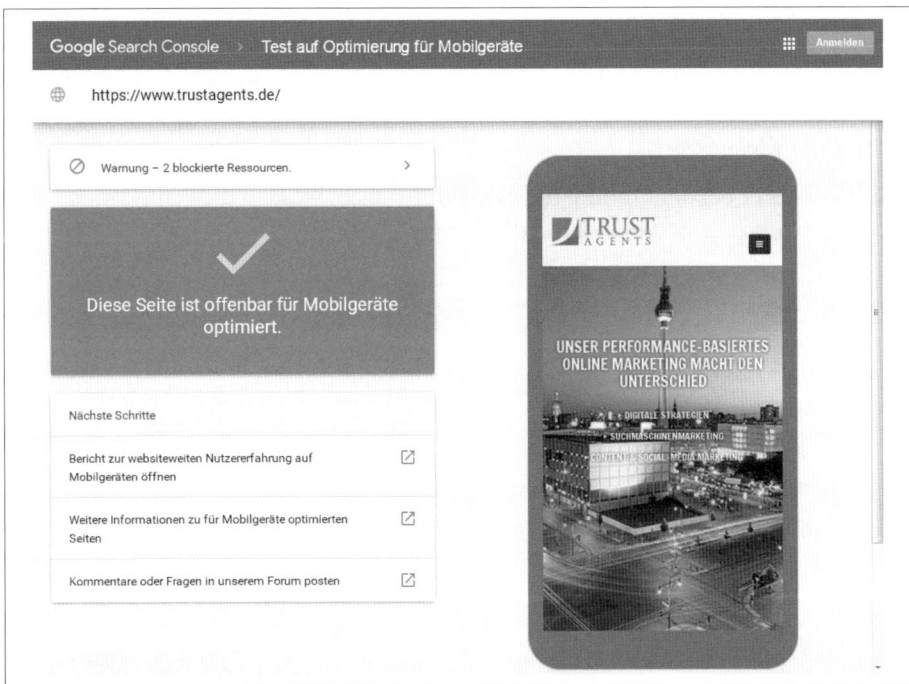

Abbildung 4-34: Für Ad-hoc-Anfragen zur Mobile Friendliness bietet Google den Test auf Optimierung für Mobilgeräte an.

Dazu gibt es ein weiteres kostenfreies Angebot zur Ermittlung der Ladegeschwindigkeit mit dem Namen *Mobile Website Speed Testing* unter *https://testmysite.thinkwithgoogle.com/* (*http://seobuch.net/786*).

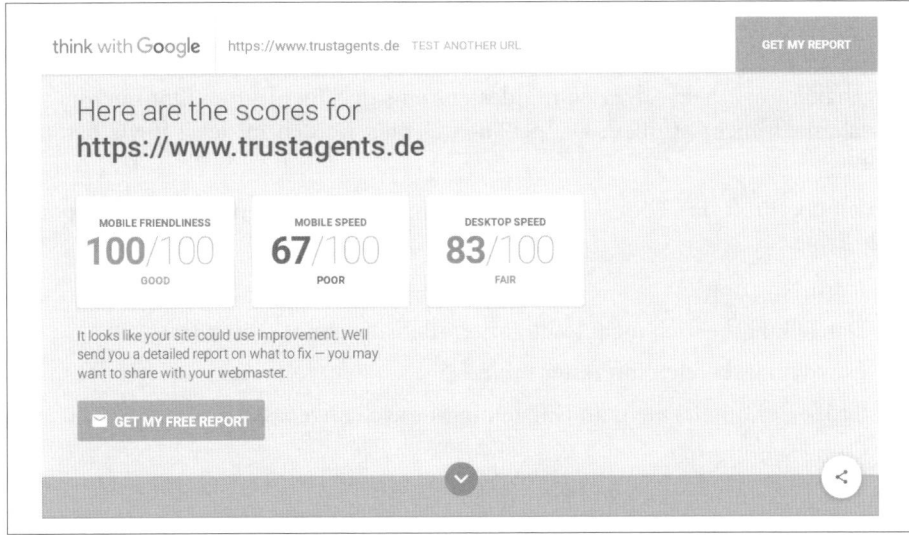

Abbildung 4-35: Hinsichtlich der Ladezeit auf Mobilgeräten kann die Website meiner Agentur laut Mobile Website Speed Testing Tool noch nachbessern.

Beide Angebote sind auf Ad-hoc-Anfragen ausgerichtet und erlauben kein kontinuierliches Monitoring. Für genau diesen Einsatzfall stellt Ihnen Google in der Search Console den Bericht *Nutzerfreundlichkeit auf Mobilgeräten* zur Verfügung. Die hier präsentierten Daten basieren auf den gleichen Testkriterien wie der *Test auf Optimierung für Mobilgeräte*.

Um Webmaster bei der Optimierung zu unterstützen, werden die gefundenen Optimierungspotenziale in unterschiedliche Gruppen eingeteilt.

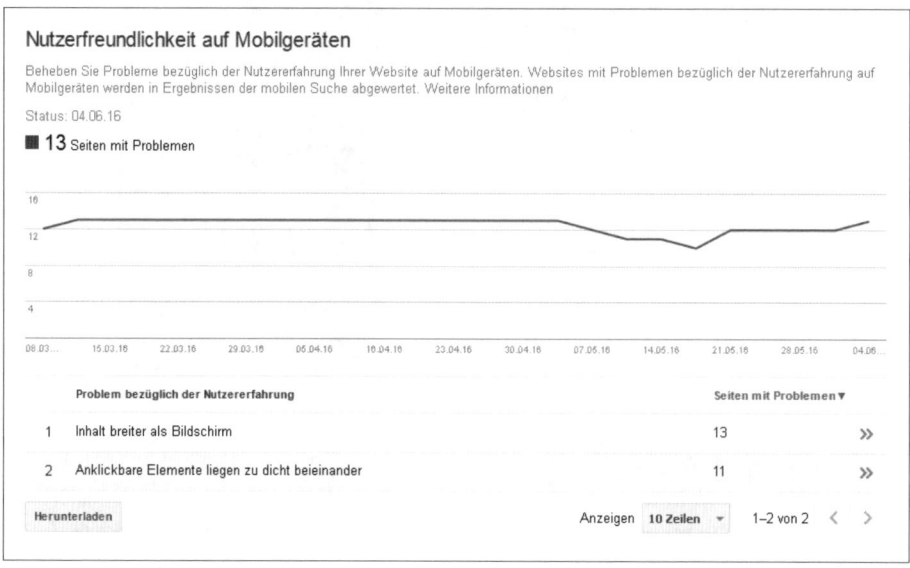

Abbildung 4-36: Insgesamt 13 Adressen der Property können besser auf Mobilgeräte ausgerichtet werden.

Wie von anderen Berichten bekannt, zeigt das oberhalb der Datentabelle angezeigte Diagramm die Veränderung im zeitlichen Verlauf der letzten 90 Tage an. Dort wird festgehalten, wie viele Adressen mindestens eins der überprüften Optimierungspotenziale noch nicht erfüllen. Die genauen Details werden in der Tabelle bereitgestellt.

Aktuell überprüft das Tool Webseiten der Property auf sieben verschiedene potenzielle Fehler:

- Flash-Nutzung
- Darstellungsbereich nicht konfiguriert (der sogenannte `viewport`)
- Darstellungsbereich mit fester Breite
- Größe des Inhalts nicht an Darstellungsbereich angepasst
- kleine Schriftgröße
- Touch-Elemente zu dicht beieinander
- Interstitials verwenden

Der letzte Begriff ist erklärungsbedürftig. Sogenannte *Interstitials* sind Werbebanner, die sich in den meisten Fällen vor den eigentlichen Inhalt einer Webseite legen. Besonders auf Mobilgeräten nehmen diese Werbeflächen viel Platz auf dem Display ein und lassen sich meistens schwer schließen. Ein Grund für Google, solche Adressen nicht als mobilfreundlich zu kennzeichnen.

Nach Auswahl eines Optimierungspotenzials werden die betroffenen Adressen aufgelistet. Diese sortiert Google absteigend nach Priorität, wobei nicht bekannt ist, wie sich die Priorität berechnet. Einen Zusammenhang mit der Anzahl der Einstiege in die Adresse konnte ich bei meinen Analysen nicht nachvollziehen. Wie dem auch sei: Konzentrieren Sie sich bei der Optimierung zuerst auf die Adressen, die für Ihren Webauftritt besonders wichtig sind. Nutzen Sie dazu entweder die Suchanalyse der Search Console oder richten Sie Ihren Blick auf Ihre Webanalysedaten. Kombinieren Sie dazu die Anzahl der Zugriffe mit den Adressen, die laut Google nicht mobiloptimiert sind.

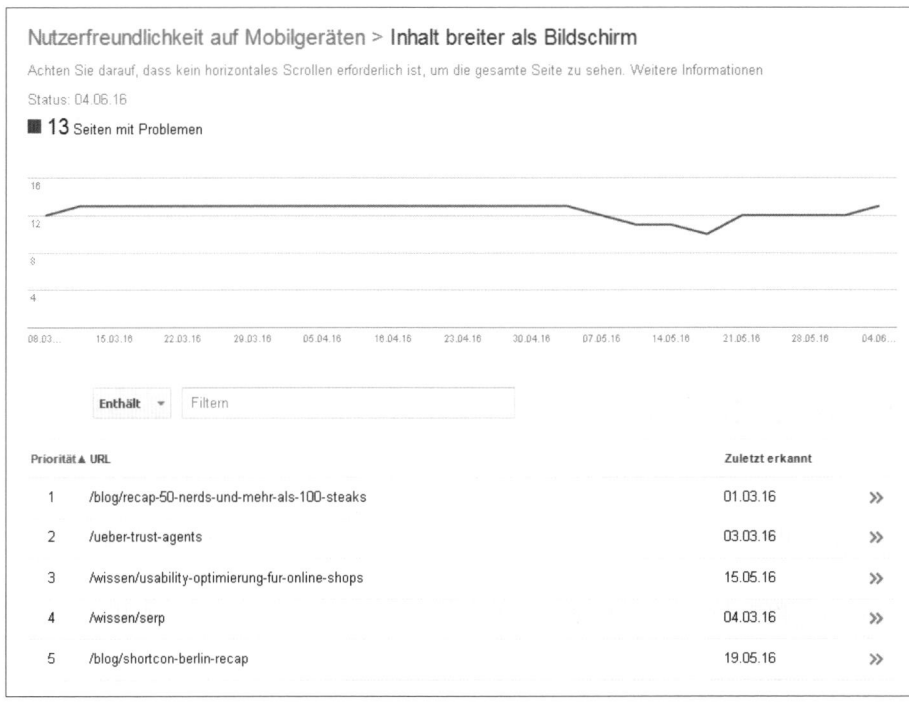

Abbildung 4-37: Nach Auswahl einer Fehlerquelle werden die betroffenen URLs absteigend nach Priorität aufgelistet.

Die Details zu einem Fehler finden Sie, wenn Sie eine betroffene URL ausgewählt haben. Da es für eine Adresse mehrere Optimierungsmöglichkeiten geben kann, wird von der Detailmaske aus der Test auf Optimierung für Mobilgeräte verlinkt. Existiert der Fehler weiterhin auf der Adresse, hilft Ihnen Google über die verlinkten Hilfeartikel dabei, dieses Problem zu korrigieren.

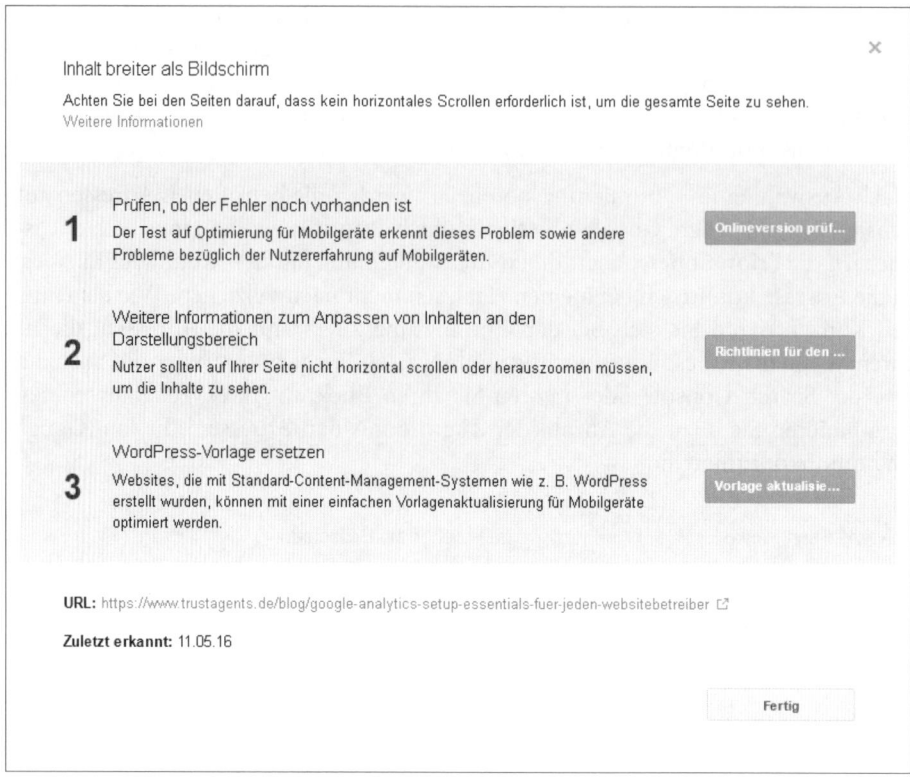

Abbildung 4-38: Nach Auswahl einer URL, die optimiert werden sollte, werden passende Hilfeartikel sowie der Mobile Friendliness Test verlinkt.

Zusammenfassung des Kapitels

- Über die *Suchanalyse* sehen Sie, zu welchen Begriffen Ihre Property in der Google-Suche gefunden wird. Google stellt Ihnen vier Metriken (Klicks, Impressionen, Klickrate, Position) zur Verfügung, die Sie zur weiteren Verbesserung Ihres Webauftritts nutzen sollten.

  Die Daten können in unterschiedlichen Dimensionen analysiert werden. Besonders aussagekräftig ist die Betrachtung aller Suchanfragen einer bestimmten Einstiegsseite. Auf diesem Weg können Sie neue Suchwörter zur Erweiterung oder Umstrukturierung eines Inhalts finden.

  Mit dem *Geräte*-Filter können Sie untersuchen, wie Ihre Website auf verschiedenen Gerätetypen gefunden wird. Da Google die Daten immer nur für die letzten 90 Tage zur Verfügung stellt, müssen Sie diese herunterladen, um Langzeitanalysen durchführen zu können. Beachten Sie, dass die Daten immer mit zwei Tagen Verzögerung in Google Search Console zur Verfügung stehen.

- Über *Links zu Ihrer Website* erhalten Sie eine Vielzahl an Informationen über die *externe Verlinkung* Ihres Webauftritts. Sie können sehen, wer auf Ihre Website verlinkt, welche URL wie viele Verlinkungen erhält und mit welchen Ankertexten Ihre Website verknüpft ist. Google zeigt Ihnen maximal 1.000 verlinkende Domains im Google Search Console Interface an.

Über die Download-Funktion *Aktuelle Links herunterladen* können Sie diese Beschränkung umgehen. Zudem sehen Sie im Download das Datum, an dem Google den Link erstmals erkannt hat. In den Downloads fehlt die Information zu Ankertexten und Linkzielen. Einzig die verlinkende URL ist im Export enthalten.

- Neben der externen Verlinkung hat die *interne Verlinkung* Einfluss auf das Ranking von URLs. Google zeigt Ihnen, wie viele interne Links auf verschiedene Seiten zeigen. Diese Daten sind aus meiner Sicht nicht zu 100 % aussagekräftig.

  Nutzen Sie sie dennoch, um Schwächen in der Website-Struktur zu identifizieren.

- Unter *Manuelle Maßnahmen* sehen Sie, ob Google eine manuelle Aktion gegen Ihre Website vorgenommen hat. Dies kann beispielsweise als Abstrafung von manipulativem Linkaufbau erfolgt sein. In solchen Fällen sehen Sie die manuelle Maßnahme unter diesem Punkt aufgelistet und können, wenn der Verstoß beseitigt ist, einen Antrag auf erneute Überprüfung (Reconsideration Request) stellen. Sie werden benachrichtigt, wenn Google eine manuelle Maßnahme verhängt.

- Wenn Sie Inhalte derselben Sprache auf unterschiedliche Zielregionen ausrichten möchten, ist der Bericht zur *internationalen Ausrichtung* sehr hilfreich. Denn für die geografische Ausrichtung von Inhalten sind sogenannte hreflang-Angaben notwendig.

  Fehlerhafte hreflang-Angaben können Sie mit dem Bericht identifizieren und anschließend korrigieren. Zudem haben Sie mit der Funktion die Möglichkeit, generische Top-Level-Domains auf ein Land auszurichten.

- Da immer mehr Zugriffe auf Websites über Mobilgeräte stattfinden, ist die *Nutzerfreundlichkeit auf Mobilgeräten* ein wesentlicher Faktor. Der Bericht listet Ihnen URLs auf, die noch nicht ideal auf Mobilgeräten dargestellt werden.

In diesem Kapitel:
- Indexierungsstatus
- Blockierte Ressourcen
- URLs entfernen
- Zusammenfassung des Kapitels

KAPITEL 5
Google-Index

Damit ein Dokument überhaupt als Suchergebnis infrage kommt, muss es Teil des sogenannten Suchmaschinenindex sein. Der Index ist, vereinfacht gesagt, eine Sammlung aller bekannten Adressen.

Als Webmaster steht es Ihnen frei, ob Sie Inhalte durch Suchmaschinen indexieren lassen oder nicht. Wenn Sie keine Indexierung bestimmter oder aller Inhalte wünschen, stehen Ihnen die *Meta-Robots-* sowie die *X-Robots*-Angaben zur Verfügung. Diese kennen Sie aus dem Einführungskapitel (siehe »Metatags« im Abschnitt »Wichtige Elemente der Onpage-Optimierung« in Kapitel 1). Zudem haben Sie die Möglichkeit, das Crawling über die *robots.txt* zu unterbinden. Auch dieses mächtige Werkzeug habe ich Ihnen in Kapitel 1 ab Seite 16 vorgestellt.

Tipp

Als kleine Erinnerung: Suchmaschinen gehen standardmäßig davon aus, dass alle Inhalte gecrawlt und indexiert werden dürfen, wenn Webmaster den Zugriff nicht explizit verbieten. Es ist also nicht notwendig, Suchmaschinen das Crawling sowie die Indexierung explizit zu erlauben.

Wenn eine URL einer Suchmaschine bekannt ist und das Crawling nicht über die *robots.txt* eingeschränkt wird, analysiert die Suchmaschine diese URL. Ist eine crawlbare Seite nicht mit der Robots-Angabe `noindex` gekennzeichnet und verweist nicht per Canonical Tag auf eine andere Adresse, wird sie in aller Regel indexiert.

Unter *Google-Index* werden in der Search Console Funktionen und Berichte zusammengefasst, die Ihnen Einblick in den Google-Index geben und es Ihnen erlauben, Inhalte aus dem Index zu entfernen.

Zur Auswahl stehen:

- *Indexierungsstatus*
- *Blockierte Ressourcen*
- *URLs entfernen*

Indexierungsstatus

Eigentlich ist der site:-Suchoperator dazu gedacht, eine Suchanfrage auf einen bestimmten Webauftritt zu beschränken. Da Google bei site:-Abfragen jedoch eine (ungefähre) Anzahl an Dokumenten liefert, die der Suchanfrage entsprechen, kann dieser Suchbefehl verwendet werden, um den Indexierungsstatus einer Website abzufragen.

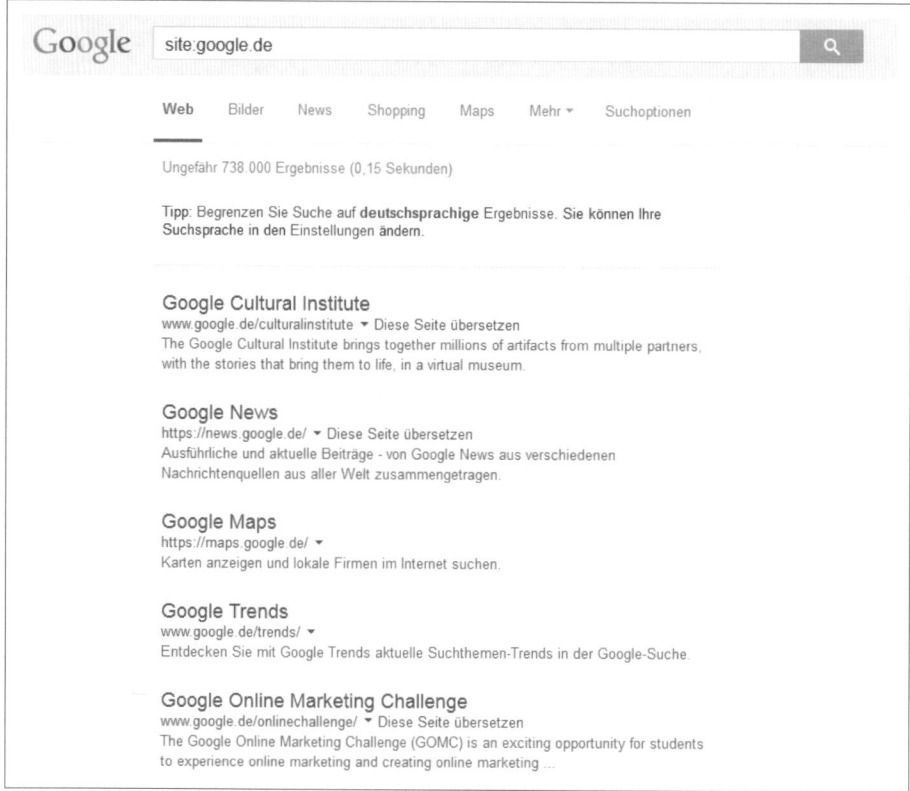

Abbildung 5-1:   Laut site:google.de sind 738.000 Dokumente der Domain indexiert.

Wozu braucht es dann den *Indexierungsstatus*-Bericht in der Google-Search Console? Die site:-Abfrage sagt Ihnen nur, wie viele Dokumente zum Abfragezeitpunkt der Suchanfrage entsprechen. Informationen über den historischen Verlauf erhalten Sie nicht. Diese Daten stehen Ihnen für eigene Properties in der Search Console zur Verfügung.

Doch nicht nur das: Google weist nicht nur den Indexierungsstatus der letzten zwölf Monate aus, sondern gibt Ihnen darüber hinaus die Möglichkeit, die Anzahl *blockierter URLs* durch die *robots.txt* sowie die Anzahl *entfernter URLs* aus dem Index (numerisch) zu analysieren. Leider bietet weder die site:-Abfrage noch der Indexierungsstatus in der Search Console eine Möglichkeit, über eine einfache Exportfunktion die indexierten Seiten herunterzuladen.

Den Indexierungsstatus können Sie sich übrigens für Verzeichnisse, die Sie als Property angelegt haben, in der Search Console separat betrachten. Dies ist seit März 2014 möglich. Bei der Abfrage eines Hostnamens wie *https://www.trustagents.de* stellt der Indexierungsstatus die Gesamtanzahl aller unter diesem Hostnamen liegenden Dokumente dar.

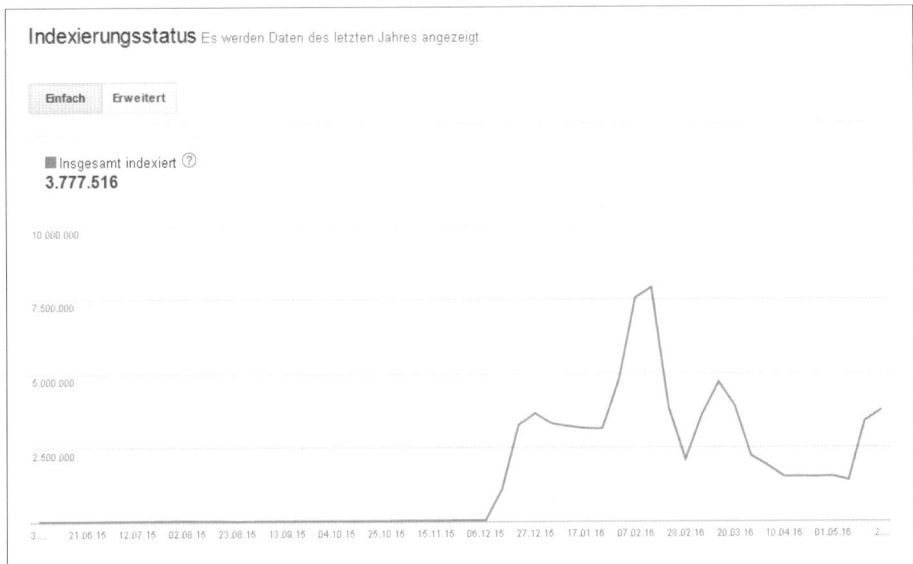

Abbildung 5-2: Der Indexierungsstatus dieser Property schwankt sehr stark. Hier empfiehlt sich eine genauere Untersuchung der URL-Struktur der Website.

Damit der Indexierungsstatus Aussagekraft erhält, müssen Sie zunächst einmal darüber nachdenken, wie viele Dokumente eigentlich von Google indexiert sein sollten.

Exkurs: Wie viele URLs sollen überhaupt indexiert sein?

Zur Erinnerung: Wenn ein Dokument nicht im Google-Index vorhanden ist, kann es nicht über die Google-Suche gefunden werden. Im Umkehrschluss: Erhalten Sie über die Websuche Zugriffe auf einzelne URLs, müssen diese Google bekannt sein – zumindest in dem Moment, in dem Google Ihnen Besucher vermittelt.

Als Webmaster möchten Sie, dass alle relevanten Dokumente in der Google-Suche vertreten sind. Aber Sie möchten auch gern etwas vermeiden: Duplikate. Jeder (relevante) Inhalt Ihres Webauftritts soll von Suchmaschinen genau unter einer URL indexiert worden sein. Denn ansonsten verteilen sich Ranking-relevante Signale auf unterschiedliche Adressen desselben Inhalts – das klassische Duplicate-Content-Problem. Vergleichen Sie dazu auch den Abschnitt »Mit durchdachtem URL-Aufbau Duplikate vermeiden« ab Seite 38 in Kapitel 1.

Da Sie Google keine Liste mit allen indexierten URLs entlocken können, möchten Sie zumindest Anhaltspunkte darüber erhalten, ob die richtige Anzahl indexierter Seiten vorliegt. Aus diesem Grund müssen Sie für Ihren Webauftritt überschlagen, wie viele zu indexierende Seiten Sie Suchmaschinen anbieten. Ein gar nicht so leichtes Unterfangen, besonders bei großen Websites!

Eine Beispielrechnung für die Gesamtanzahl an indexierten URLs eines Onlineshops könnte wie folgt aussehen:

Anzahl an Produkten im Onlineshop

+ Anzahl an Kategorien

+ Anzahl an paginierten Seiten

+ Anzahl an Filterseiten (z. B. Marke + Kategorie, Farbe + Kategorie)

+ Anzahl an Marken

+ Anzahl an Webseiten wie *Über uns* oder *Impressum*

+ Anzahl der Artikel im Blog

− Seiten, die über Meta-Robots "noindex" von der Indexierung ausgeschlossen sind

− Seiten, die nur von URLs verlinkt werden, die über die *robots.txt* blockiert sind

---

Erwartete Gesamtanzahl an indexierten URLs

Diese ermittelte Gesamtanzahl kann dann mit dem von Google genannten Indexierungsstatus abgeglichen werden. Es kommt bei der Rechnung nicht auf die letzte Zahl nach dem Komma an, sondern darauf, ob es große Unterschiede zwischen dem erwarteten und dem tatsächlichen Wert gibt. In einem solchen Fall sollten Sie herausfinden, was zu dieser Differenz führt.

Was können Gründe für »zu viele« indexierte URLs sein?

Ein (deutlich) zu hoher Indexierungsstatus kann ein Hinweis auf Duplikate oder dynamisch erstellte URLs sein. Dynamisch erstellte URLs sind beispielsweise solche, die über interne Suchergebnisse entstehen. Jede Suchanfrage generiert bei den meisten Websites eine eigene URL, die auch von Suchmaschinen indexiert werden kann, sobald diese über Links erreichbar ist.

Beim Indexierungsstatus gilt aus SEO-Sicht die Devise: so viele URLs wie nötig, so wenige URLs wie möglich. Indexieren Sie lieber nur wirklich relevante Seiten anstatt alles, was der Webauftritt so hergibt.

Gründe für einen aus dem Ruder laufenden Indexierungsstatus gibt es viele. Dies sind einige der am häufigsten auftretenden Probleme in diesem Zusammenhang:

- Der Server gibt aufgrund einer fehlerhaften Konfiguration auch bei nicht vorhandenen URLs den HTTP-Statuscode 200 zurück. Der Inhalt ist also nicht verfügbar, was einen Statuscode 404 oder 410 nach sich ziehen sollte, der Server antwortet aber mit 200. Seiten ohne wirklichen Inhalt werden von Google als *Soft 404* bezeichnet und (zum Teil) im Crawling-Fehler-Bericht angezeigt (siehe Kapitel 6).

- Inhalte sind über klein- und großgeschriebene URLs erreichbar.
- Jeder Hostname wird vom Server akzeptiert, z. B. auch *http://w.meinedomain.de/*, obwohl der Webauftritt nur unter *www.* laufen soll.
- Session-IDs in den URLs.
- Die Website wurde gehackt, und eventuell haben Dritte Inhalte auf die Website hochgeladen. Aus SEO-Sicht nicht relevante Adressen, zum Beispiel Adressen mit Parametern, die den Seiteninhalt nicht ändern, sind zur Indexierung freigegeben.
- Der Webauftritt ist unter *http* und *https* indexiert, wobei diese Indexierungswerte von Google in der Search Console separat ausgewiesen werden, da es sich um zwei verschiedene Properties handelt.

Die möglichen Fehler liegen in aller Regel in der Informationsarchitektur der Website und müssen über technische Anpassungen behoben werden.

Was können Gründe für »zu wenige« indexierte URLs sein?

Wenn weniger Seiten als erwartet indexiert wurden, ist das genauso problematisch. Gründe für dieses Problem können unter anderem sein:

- Die "noindex"-Direktive wurde zu häufig eingesetzt.
- Es gibt Probleme mit dem Canonical Tag.
- Verteilerseiten der Domain sind per *robots.txt* vom Crawling ausgeschlossen.
- (Einzelne) Adressen sind nicht (intern) verlinkt.
- Zu restriktive Einstellungen für Parameter in Google Search Console.
- Die Website verfügt über zu wenige externe Verweise und somit Relevanzsignale.
- Der Inhalt der Website stellt keinen Mehrwert dar. Der Content ist eventuell kopiert und sowohl domainintern als auch -extern verfügbar.
- Es wird auf den Einsatz einer XML-Sitemap verzichtet.
- Die Domain wurde erst vor Kurzem online gestellt, und es braucht einfach noch etwas Zeit.

Der Indexierungsstatus im erweiterten Modus

Neben der einfachen Ansicht, die sich auf den Indexierungsstatus beschränkt, kann über *Erweitert* eine zweite Ansicht mit folgenden Angaben aufgerufen werden:

- Von Robots blockierte URLs

  Diese Anzahl sagt Ihnen, wie viele URLs durch die Crawling-Regeln der *robots.txt* aktuell nicht von Suchmaschinen analysiert werden konnten.

- Entfernte URLs

  Wenn Seiten von Suchmaschinen aus Ihrer Sicht ungewollt indexiert wurden, können Sie diese entfernen. Dazu steht das Tool *URLs entfernen* zur Verfügung. Dieses stelle ich Ihnen im gleichnamigen Abschnitt dieses Kapitels vor.

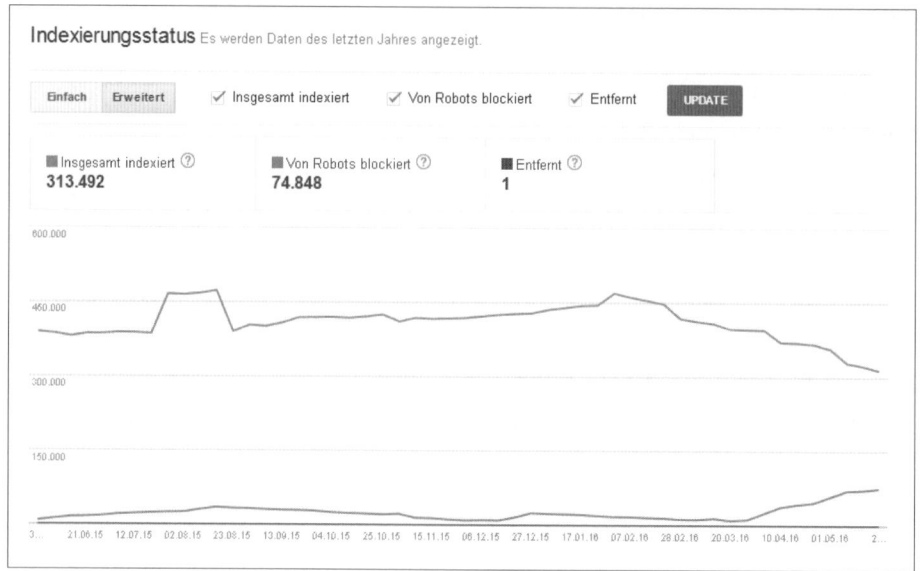

Abbildung 5-3: Auch diese Property zeigt eine im zeitlichen Verlauf starke Veränderung des Indexierungsstatus – ein gutes oder ein schlechtes Zeichen?

Auffällig starke Veränderungen im Indexierungsstatus sollten Sie untersuchen. Ist der Anstieg oder auch Rückgang gewollt? Liegt eventuell ein Problem mit der URL-Struktur vor? Oder wurden Duplikate entfernt, und führt das zu dem von Google dokumentierten Rückgang?

Beachten Sie in diesem Zusammenhang noch einmal Abbildung 5-2. Bei dieser Property ist von einer Woche auf die andere der Indexierungsstatus von knapp 60.000 auf über eine Million URLs angestiegen! So viele Inhalte innerhalb kurzer Zeit zu erstellen, klingt stark nach Magie, oder? Vermutlich lag in diesem Fall ein technisches Problem auf der Website vor, wodurch in großem Umfang neue URLs erstellt und zudem zur Indexierung freigegeben wurden.

Also: Behalten Sie den Indexierungsstatus im Auge. Sie sollten verhindern, dass Google viele neue URLs indexiert, wenn diese keine neuen Informationen bereitstellen. Sie sollten ebenso nachforschen, wenn von einer auf die andere Woche viele Inhalte aus dem Google-Index verschwinden.

Blockierte Ressourcen

Google ist in der Lage, ein optisches Abbild einer Webseite zu erstellen. Google kann also nicht nur den Quelltext einer Seite analysieren, sondern diesen dann auch in ein optisches Gesamtbild überführen. Dass das so ist, können Sie unter anderem mit der Google Search Console-Funktion *Abruf wie durch Google* nachvollziehen, die ich Ihnen in Kapitel 6 vorstelle.

Der technische Begriff für die Darstellung einer Website durch Crawler ist *Rendern*. Damit Google Ihre Webseiten genauso rendern und dadurch optisch darstellen kann wie der Browser eines Besuchers, muss allerdings der Zugriff auf alle notwendigen Ressourcen wie Bilder, CSS- und JavaScript-Dateien gewährleistet sein. Diese dürfen folglich nicht über *robots.txt*-Regeln für Suchmaschinen gesperrt sein.

Mit der Ankündigung »Unblocking resources with Webmaster Tools« im März 2015 (*https://webmasters.googleblog.com/2015/03/unblocking-resources-with-webmaster.html – http://seobuch.net/250*) hat der Bericht *Blockierte Ressourcen* in die Search Console Einzug erhalten. Der Bericht hilft Ihnen dabei, Ressourcen zu identifizieren, die aktuell das vollständige Rendern Ihrer Webseiten durch Crawler verhindern.

Auf der Startseite des Berichts sehen Sie auf der obersten Ebene, auf wie vielen URLs blockierte Ressourcen eingebunden sind. Die zeitliche Entwicklung blockierter Ressourcen wird im Diagramm festgehalten. Die Daten basieren auf den letzten drei Monaten. Um Ihnen die Analyse zu vereinfachen, sind die Daten getrennt nach eingebundenen Hostnamen aufgeteilt und absteigend nach Häufigkeit sortiert.

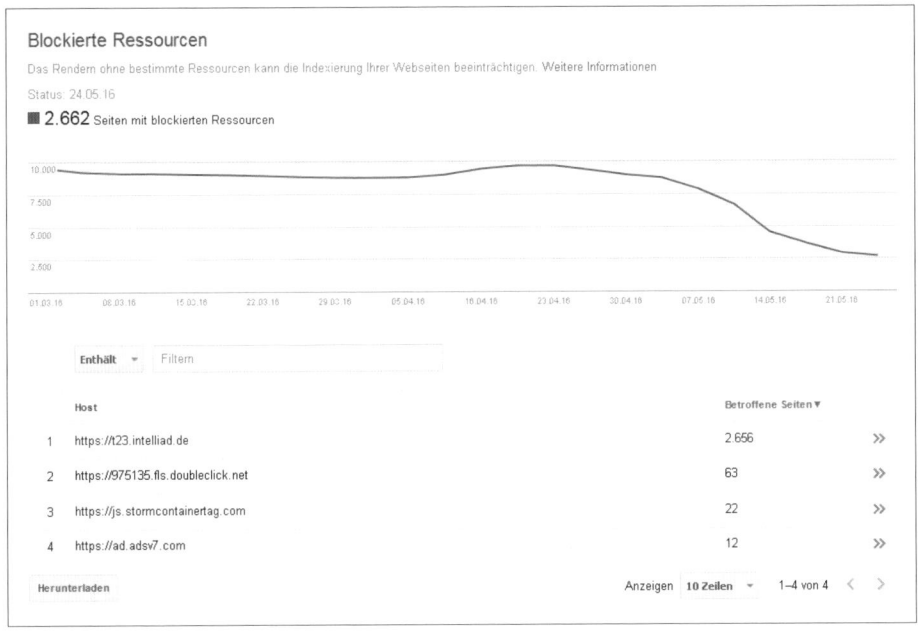

Abbildung 5-4: Auf Ressourcen von vier verschiedenen eingebundenen Hosts kann Google aktuell nicht zugreifen.

An dieser Stelle wissen Sie noch nicht, auf welche Ressourcen Google nicht zugreifen konnte. Diese Information erhalten Sie, indem Sie den betroffenen Hostnamen auswählen. Anschließend sehen Sie die betroffenen Ressourcen und wiederum die Anzahl an URLs, auf denen diese Ressource eingebunden ist.

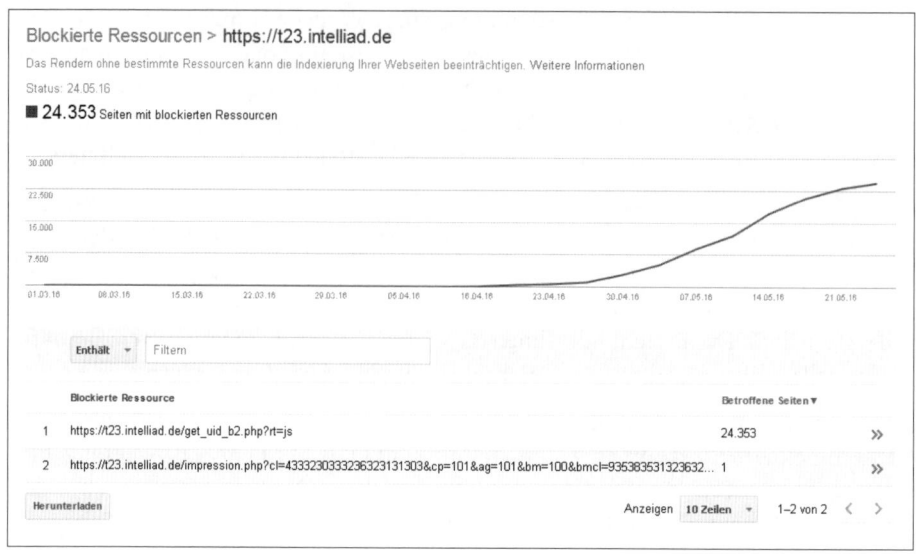

Abbildung 5-5: Die Property bindet zwei Ressourcen des analysierten Hosts ein, auf die Google aufgrund der robots.txt keinen Zugriff hat.

Nachdem Sie nun die blockierte Ressource kennen, gelangen Sie durch Auswahl der für Google nicht erreichbaren Datei zu den betroffenen URLs, also zu den Adressen Ihrer Website, die die Ressource einbinden.

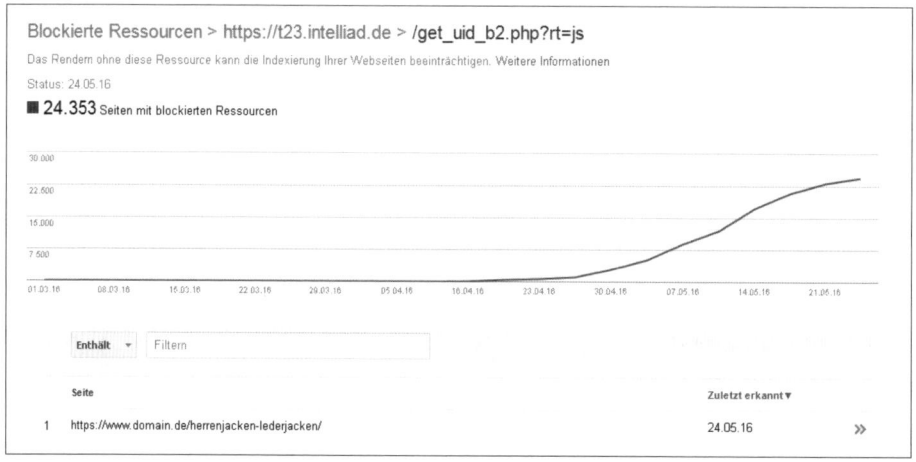

Abbildung 5-6: Nach Auswahl der blockierten Ressource gelangen Sie zur URL-Ansicht.

Inwieweit die blockierte Ressource zu einem anderen Rendering-Ergebnis für Google im Vergleich zu Nutzern führt, wissen Sie an dieser Stelle noch nicht. Und das weiß auch der *Blockierte Ressourcen*-Bericht nicht, denn dieser stellt selbst kein optisches Abbild bereit.

Hierfür kann die Funktion *Abruf wie durch Google* der Search Console genutzt werden. Klicken Sie die URL, die Sie analysieren möchten, im Bericht an und folgen Sie dem Link zum Tool in dem sich öffnenden Fenster.

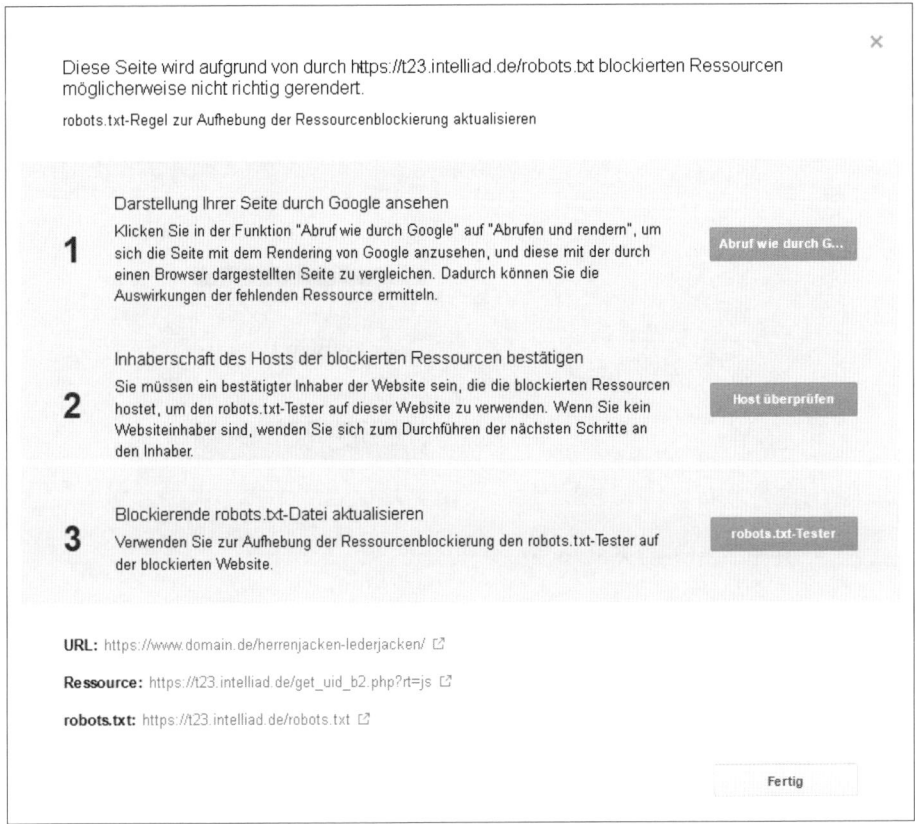

Abbildung 5-7: In der URL-Detailansicht gelangen Sie zu weiteren Tools wie »Abruf wie durch Google« und »robots.txt-Tester«.

Die beiden Funktionen *Abruf wie durch Google* und *robots.txt-Tester*, die Sie im neuen Fenster sehen, stelle ich Ihnen im nächsten Kapitel vor.

Vermutlich fragen Sie sich jetzt, was Sie mit den Daten des Berichts anfangen sollen. Da Google eine Webseite wie ein Nutzer sehen möchte, sollten Sie als Webmaster die für die optische Darstellung wichtigen Dateien für Suchmaschinen über die *robots.txt* vom Crawling nicht ausschließen. Ob eine momentan blockierte Ressource wieder zum Crawling freigegeben werden sollte (also nicht mehr durch eine *robots.txt*-Regel blockiert ist), hängt davon ab, inwieweit die optische Darstellung davon beeinflusst wird.

Auf unserer Unternehmens-Website gibt es laut Google-Bericht Probleme mit von Slideshare eingebetteten Präsentationen. Um den Grad dieser Blockierung zu bestimmen, habe ich mittels *Abruf wie durch Google* das Rendering einer URL angefordert, auf der Slideshare-Präsentation eingebettet sind.

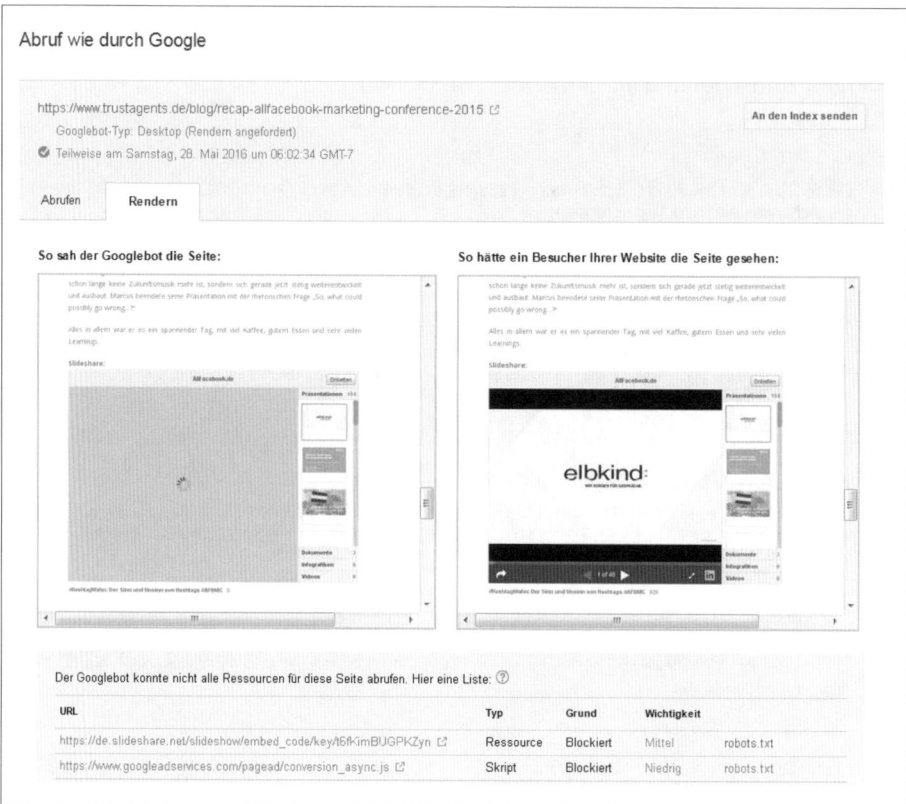

Abbildung 5-8: Aufgrund der robots.txt von Slideshare ist ein Zugriff auf die eingebettete Ressource für Suchmaschinen nicht möglich.

Im Großen und Ganzen sieht die Website für Nutzer und Suchmaschinen gleich aus. Lediglich das erste Präsentationsbild ist für Suchmaschinen nicht sichtbar. In diesem Fall ist es aus meiner Sicht nicht notwendig, die *robots.txt*-Regeln zu überarbeiten. Es wäre in diesem Fall auch nicht möglich. Denn auf die *robots.txt*-Instruktionen von Slideshare kann ich keinen Einfluss nehmen.

Es kommt immer wieder vor, dass Ressourcen von Hostnamen blockiert sind, auf die Sie keinen Zugriff haben. Das ist Google bewusst. Nach eigener Aussage versucht der Suchmaschinenkonzern, bekannte Hosts – beispielsweise von Tracking-Anbietern – nicht im Report aufzulisten, da Sie keinen Einfluss auf die *robots.txt* dieser Hosts nehmen können und zudem Tracking-Lösungen in der Regel keinen (gravierenden) Einfluss auf das Erscheinungsbild einer Seite haben.

Betrachten wir noch ein weiteres optisches Abbild einer Webseite. In diesem Fall handelt es sich um den Webauftritt der Parfümerie Douglas. Im Bericht war der Hinweis zu finden, dass ebenfalls einzelne Ressourcen für Suchmaschinen nicht aufrufbar sind. Die Folge: ein deutlicher Unterschied bei der Rendering-Ansicht von Nutzern und Suchmaschinen. In diesem Fall sollte eine Freigabe der blockierten Ressourcen erfolgen.

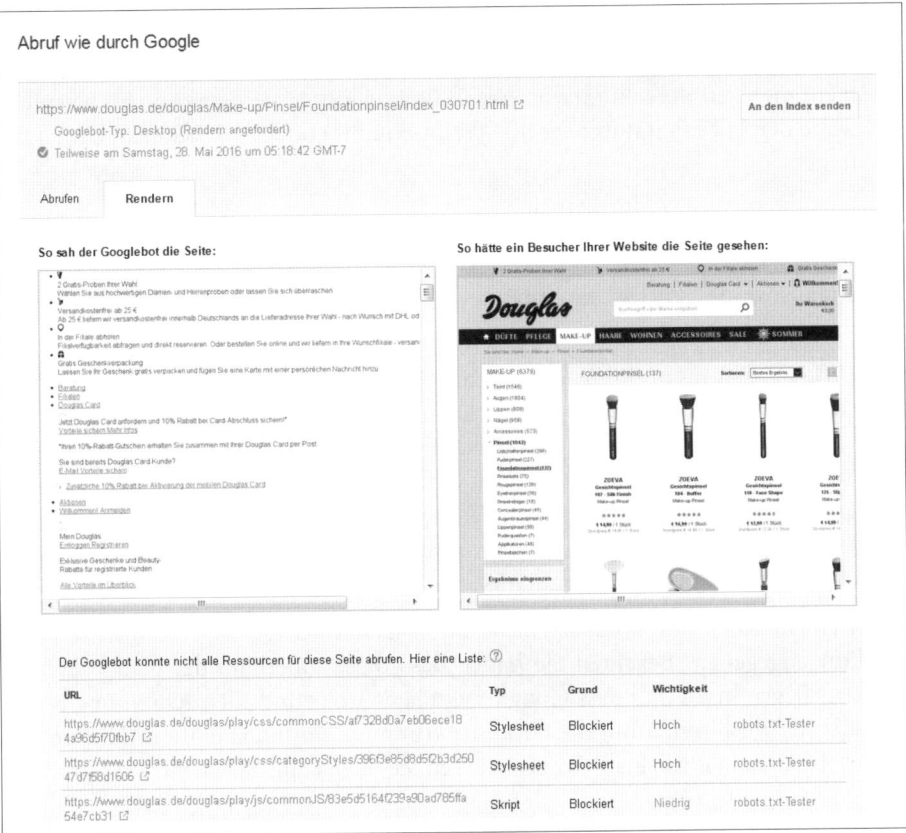

Abbildung 5-9: Durch den nicht erlaubten Zugriff auf eine CSS-Datei gibt es beim Rendern deutliche Unterschiede für Google und Nutzer.

URLs entfernen

Im Abschnitt über den Indexierungsstatus hatte ich erläutert, dass zu viele indexierte Seiten genauso ein Problem darstellen wie zu wenige indexierte Seiten. Da Google, was die Indexierung betrifft, sehr schnell ist, kommt es vor, dass Inhalte über die Google-Suche gefunden werden, die dort nicht erscheinen sollen: beispielsweise vertrauliche Dokumente, Duplikate oder Inhalte, die gegen das Urheberrecht verstoßen und deshalb schnell entfernt werden müssen. Für diese und andere Fälle stellt Ihnen Google die Funktion *URLs entfernen* zur Verfügung.

Über die Funktion können Inhalte der eigenen Website sehr schnell und mit wenig Aufwand deindexiert werden. Das Tool erlaubt es Ihnen, einzelne URLs, Verzeichnisse oder komplette Hostnamen aus dem Suchindex zu entfernen beziehungsweise, wie es mittlerweile im Tool heißt, »auszublenden«.

Wichtig hierbei ist zu wissen, dass Inhalte nur dann dauerhaft aus dem Google-Index entfernt werden, wenn sie:

- nicht mehr erfolgreich (Statuscode 200) aufgerufen werden können, beispielsweise den HTTP-Statuscodes 404 (»Not Found«) oder 410 (»Gone«) zurückliefern,
- über die *robots.txt* blockiert sind
- oder wenn die noindex-Robots-Angabe zum Einsatz kommt.

Andernfalls werden URLs beim Einsatz des Tools nur temporär ausblendet. Dieser Unterschied ist wichtig.

Um *URLs entfernen* einsetzen zu können, müssen Sie mindestens uneingeschränkte Zugriffsrechte auf die Property haben. Lassen Sie uns exemplarisch das Entfernen einer einzelnen Adresse durchspielen. Natürlich ist es über die Funktion nur möglich, Inhalte der bestätigten Property zu entfernen. Zu entfernende Inhalte müssen dabei immer innerhalb des bestätigten Hostnamens liegen. Es ist also nicht möglich, die Property *https://www.google.de* auszuwählen, um von dort Inhalte von *https://maps.google.de* zu entfernen. Dazu muss die Maps-Property aufgerufen werden.

Nach einem Klick auf *Vorübergehend ausblenden* wird die zu entfernende URL-Struktur angegeben. Beachten Sie dabei, dass diese innerhalb der gerade aktiven Property liegen muss und dass Google zwischen Groß- und Kleinschreibung unterscheidet. Es wird immer nur die URL-Struktur aus dem Index entfernt, die Sie eintragen. Nach einem Klick auf *Weiter* müssen Sie die Details auswählen.

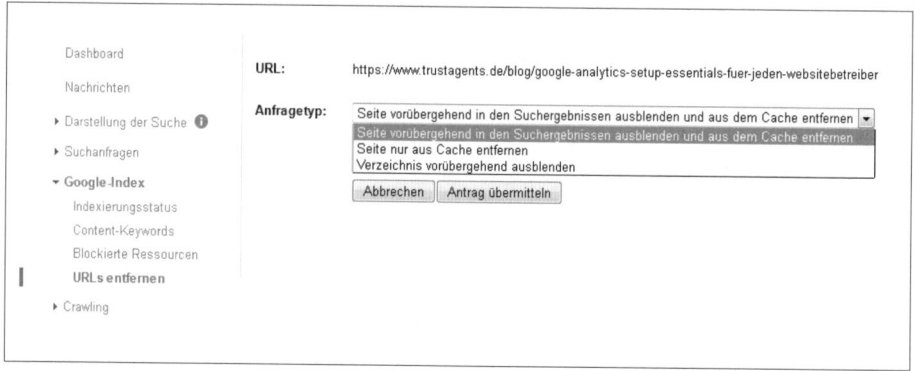

Abbildung 5-10: Im zweiten Entfernungsschritt müssen Sie auswählen, was genau entfernt werden soll.

Zur Auswahl stehen hier:

- *Seite vorübergehend in den Suchergebnissen ausblenden und aus dem Cache entfernen*
- *Seite nur aus Cache entfernen*
- *Verzeichnis vorübergehend ausblenden*

Wenn Sie die Haupt-URL der Property im Entfernen-Dialog angeben, beispielsweise *https://www.trustagents.de/*, gibt es die Möglichkeit, den kompletten Hostnamen aus dem Google-Index zu entfernen. Ein vollständiges Entfernen einer gesamten Website ist in der Praxis allerdings eher selten gewünscht.

> ## Exkurs: Google-Cache
>
> Für viele indexierte Seiten legt Google ein Abbild auf dem eigenen Server ab. Die Seite befindet sich dann im sogenannten Google-Cache. Wenn eine Kopie der Seite im Google-Cache vorgehalten wird, sehen Sie, welchen Inhalt Google zuletzt auf der URL gefunden hat.
>
> Das Cache-Abbild einer indexierten URL können Sie aufrufen, wenn Sie in den Suchergebnissen auf den kleinen Pfeil hinter der URL klicken.
>
>
>
> **Abbildung 5-11:** Durch einen Klick auf den Auswahlpfeil kann im aktuellen Google-Layout das Cache-Abbild der URL aufgerufen werden.
>
> Alternativ gelangen Sie zum Cache, indem Sie den Suchoperator `cache:Adresse-der-Seite` verwenden, beispielsweise `cache:http://community.oreilly.de/blog/`.
>
> Das Abbild kann in drei verschiedenen Darstellungsvarianten betrachtet werden: mit aktiviertem CSS (*Vollständige Version*), ohne CSS (*Nur-Text-Version*) und als reiner Quelltext (*Quelle anzeigen*). Um die unterschiedlichen Darstellungen zu sehen, müssen Sie die URL im Cache aufrufen.

Durch die Robots-Angabe `noarchive` können Sie Suchmaschinen darüber informieren, dass kein Cache-Abbild gewünscht ist. Die Angabe gilt jeweils pro einzelne Seite.

Nachdem Sie im Auswahlmenü die gewünschte Form des Entfernens ausgewählt haben, gelangen Sie auf die *URLs entfernen*-Startseite zurück. Dort taucht Ihr Antrag mit dem Hinweis *Ausstehend* auf. Normalerweise wird ein Entfernen-Antrag innerhalb weniger Stunden umgesetzt. Da Google keine Benachrichtigung sendet, sollten Sie den Status über die Funktion selbst kontrollieren.

Auf der Startseite der Funktion haben Sie die Möglichkeit, einen gestellten Antrag abzubrechen oder ein erfolgtes Entfernen zurückzunehmen. Eine Wiederaufnahme kann beispielsweise dann notwendig sein, wenn versehentlich eine falsche URL aus dem Index entfernt wurde. In diesem Fall sollten Sie zudem die Search Console-Funktion *Abruf wie durch Google* verwenden, um die Neuindexierung zu beschleunigen.

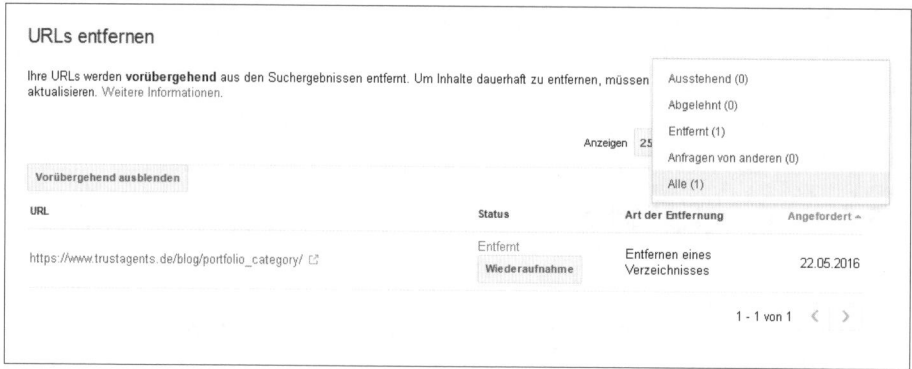

Abbildung 5-12: Beachten Sie, dass Google standardmäßig ausstehende Anträge anzeigt. Andere Zustände werden über das Auswahlmenü sichtbar.

Sie sollten auf der Startseite von *URLs entfernen* das Drop-down-Menü im rechten Bereich beachten. Dort können Sie nach Folgendem filtern:

- *Ausstehend*
- *Abgelehnt*
- *Entfernt*
- *Anfragen von anderen*
- *Alle*

Eine über das Tool gestellte Anfrage verhindert das Auftauchen der betroffenen URLs innerhalb der nächsten 90 Tage nach Antragstellung. Um Inhalte dauerhaft aus dem Google-Index herauszuhalten, sollten diese mit der Robots-Angabe noindex versehen werden.

Abbildung 5-13: Auf dieser Maske sehen Sie alle von Ihnen gestellten Entfernungsanträge über alle bestätigten Properties Ihres Kontos hinweg.

Neben der Property-spezifischen Übersicht über entfernte Adressen gibt es unter *https://www.google.com/webmasters/tools/removals?pli=1&hl=de* (*http://seobuch.net/*

722) eine weitere Auflistung, mit der Sie alle von Ihnen angefragten Entfernungen samt Status sehen können. Zusätzlich kann auf der Maske ein Entfernen von Inhalten einer bestätigten Property angefordert werden.

Zusammenfassung des Kapitels

- Im *Indexierungsstatus* können Sie sehen, wie sich die Anzahl indexierter Seiten Ihrer Property innerhalb der letzten zwölf Monate entwickelt hat.

    Überprüfen Sie, ob die Anzahl an indexierten URLs annähernd dem Wert entspricht, den Sie erwartet haben. Eine deutliche Abweichung kann ein Hinweis auf strukturelle Probleme Ihres Webauftritts sein.

- Google möchte nicht nur den Quelltext einer Webseite analysieren, sondern zusätzlich ein optisches Abbild einer Seite erstellen. Damit Google eine Seite so rendern kann, wie ein Nutzer sie sieht, dürfen wichtige Ressourcen wie CSS- oder JavaScript-Dateien nicht per *robots.txt* blockiert sein. Der Bericht *Blockierte Ressourcen* hilft Ihnen dabei, Crawling-Einschränkungen für wichtige Ressourcen zu identifizieren.

- Mit der Funktion *URLs entfernen* haben Sie die Möglichkeit, einzelne Seiten oder Verzeichnisse mit wenig Aufwand und innerhalb weniger Stunden aus dem Google-Index zu entfernen. Dabei ist es nicht notwendig, dass der Zugriff auf die URL beispielsweise per *robots.txt* oder noindex blockiert ist oder die Adresse einen Fehlercode liefert. Notwendig ist das erst, wenn Sie eine Adresse dauerhaft aus dem Google-Index heraushalten wollen.

KAPITEL 6
Crawling

In diesem Kapitel:
- Crawling-Fehler
- Crawling-Statistiken
- Abruf wie durch Google
- robots.txt-Tester
- Sitemaps
- URL-Parameter
- Zusammenfassung des Kapitels

Während des Crawlings erfassen Suchmaschinen nicht nur neue Adressen und dadurch deren Inhalt, sondern sie greifen auch auf bereits bekannte sowie gegebenenfalls indexierte Webseiten zu und überprüfen sie auf Aktualisierungen.

Bei diesem Vorgang fallen einige Daten an, die Ihnen Google unter dem Menüpunkt *Crawling* in der Search Console zur Verfügung stellt. Mit den Funktionen können Sie unter anderem Inhalte erstmalig oder, nachdem sie aktualisiert wurden, erneut bei Google einreichen, Crawling-Probleme identifizieren sowie Google über das gewünschte Crawling-Verhalten von URLs mit Parametern informieren.

Die einzelnen Funktionen und Berichte sind:

- *Crawling-Fehler*
- *Crawling-Statistiken*
- *Abruf wie durch Google*
- *robots.txt-Tester*
- *Sitemaps*
- *URL-Parameter*

Crawling-Fehler

Die Bedeutung von *Crawling-Fehlern* wird bereits dadurch deutlich, dass Google auf dem Property-Dashboard eine kurze Übersicht auflistet. Während das Dashboard jedoch nur quantitative Informationen bereithält, erhalten Sie unter dem Punkt *Crawling-Fehler* weiterführende Informationen zu aufgetretenen Problemen beim Zugriff auf URLs Ihrer Property.

Die Darstellung der Crawling-Fehler Ihrer Domain kann sich mitunter deutlich von der in Abbildung 6-1 gezeigten unterscheiden. Der Hintergrund: Google sortiert auftretende Fehler nach diversen Kriterien in viele unterschiedliche Gruppen und zeigt einzelne Gruppen nur an, wenn in dieser Kategorie mindestens ein Fehler auftritt.

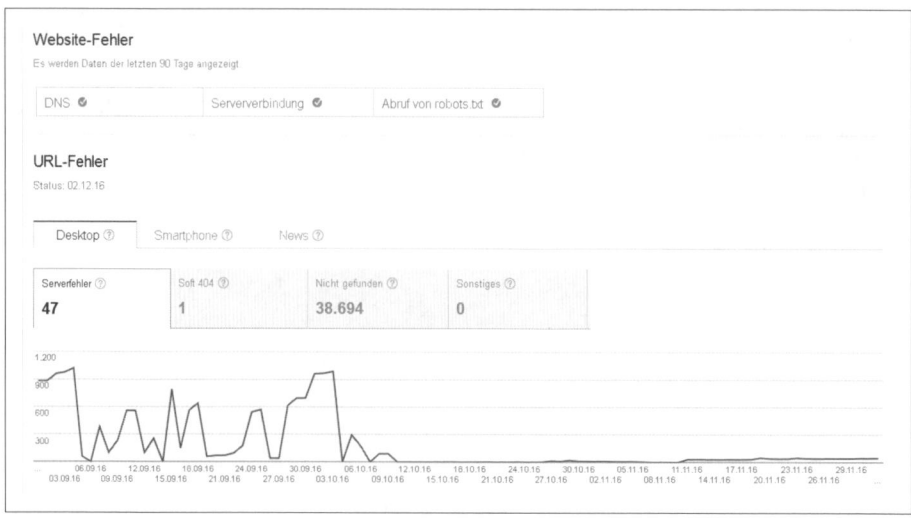

Abbildung 6-1: Je nach auftretendem Fehlertyp werden Ihnen unter Umständen andere Fehler angezeigt.

Es findet eine grundlegende Unterscheidung zwischen *Website-* und *URL-Fehlern* statt.

Website-Fehler

Website-Fehler beziehen sich auf weite Teile oder im schlimmsten Fall auf die gesamte Property. Wenn sie auftreten, ist ein fehlerfreies Abrufen des Webauftritts sowohl für Suchmaschinen als auch für Nutzer nur eingeschränkt oder gar nicht mehr möglich.

Im Fehler-Reporting unterscheidet Google nach folgenden Fehlertypen:

- *DNS*
- *Serververbindung*
- *Abruf von robots.txt*

Wenn in den Fehlerkategorien keine Probleme auftraten, sehen Sie unter *Crawling-Fehler* einen grünen Haken. Diesen kennen Sie bereits vom Property-Dashboard. Treten aktuell oder traten in den letzten Tagen Probleme auf, wird entweder ein gelbes Warndreieck oder gar ein rotes Ausrufezeichen angezeigt. Das Ausrufezeichen weist auf schwerwiegende Probleme beim Verbindungsaufbau mit dem Webauftritt hin. Das gelbe Warndreieck sehen Sie immer dann, wenn in den letzten 90 Tagen häufig Probleme in der entsprechenden Fehlerkategorie festgestellt wurden.

Durch einen Klick auf einen der Fehlertypen rufen Sie ein Diagramm auf. Dieses zeigt die Fehlerentwicklung im gewählten Bereich in den letzten 90 Tagen.

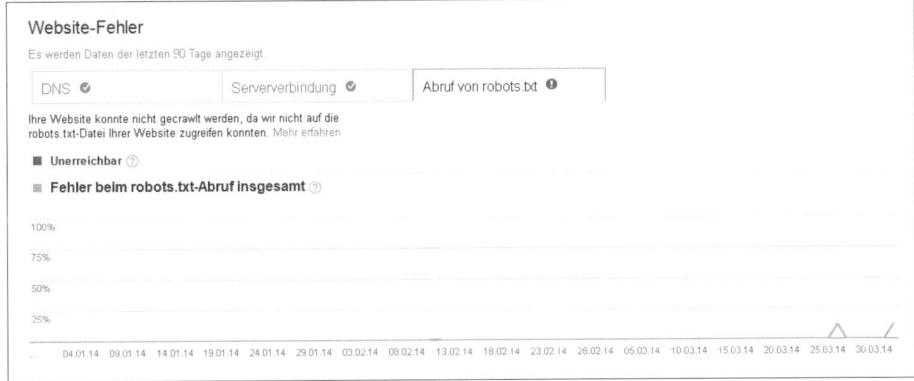

Abbildung 6-2: Durch einen Klick auf einen Website-Fehler wird ein Diagramm dargestellt.

Werden Website-Fehler von Google festgestellt, erhalten Sie eine Benachrichtigung. Diese finden Sie unter *Nachrichten* oder bei aktiver Mailbenachrichtigung zusätzlich in Ihrem E-Mail-Postfach.

URL-Fehler

Sicher kennen Sie das: Sie folgen einem Link und sehen eine 404-Fehlerseite. Über solche Probleme informiert Google Sie unter *URL-Fehler*. Im Gegensatz zu den Website-Fehlern betreffen URL-Fehler nur einzelne URLs oder kleine Bereiche der Property.

Durch die steigende Verbreitung von Smartphones haben sich die Anforderungen an die Suchmaschinenoptimierung ausgeweitet. So ist es unter anderem wichtig, im Fall von Weiterleitungen von desktop- zu mobiloptimierten Adressen nicht auf eine Fehlerseite zu leiten.

Aus diesem Grund weist Google seit Dezember 2013 URL-Fehler für verschiedene Endgeräte getrennt auf. Hat z. B. eine URL beim Aufruf des Googlebots zur Erfassung mobiler Inhalte einen Fehler produziert, wird dieser unter *Smartphone* aufgelistet (siehe Abbildung 6-1).

URL-Fehler werden anhand des HTTP-Statuscodes kategorisiert. Statuscodes sind für die Suchmaschinenoptimierung wichtig, da sie Nutzern wie Suchmaschinen Informationen zur Verfügbarkeit von Adressen liefern.

Wenn eine Adresse verfügbar ist, sollte der Webserver mit dem HTTP-Statuscode 200 (OK) antworten. Zur Erinnerung: Statuscodes lassen sich in folgende Gruppen unterteilen:

- 200: OK
- 3xx: Weiterleitungen
- 4xx: URL-Fehler
- 5xx: Serverfehler

Für den Crawling-Fehlerbericht sind die Statuscodes 4xx und 5xx relevant.

Werden URL-Aufrufe mit einem dieser Statuscodes beantwortet, listet Google die entsprechende URL in der Search Console auf. Einen Spezialfall stellen sogenannte *Soft 404-Fehler* dar.

Google unterteilt Crawling-Fehler in folgende Gruppen:

- **Serverfehler**

  Im Fall von Serverfehlern wird ein HTTP-Statuscode 5xx beim Aufruf einer URL zurückgegeben. Diese Fehler sind aber nicht mit Website-Fehlern zu verwechseln, da nur einzelne Adressen nicht erreichbar sind und einen 5xx-Statuscode zurücksenden.

- **Soft 404**

  Unter einem Soft 404 ist ein Fehler zu verstehen, bei dem trotz Nichtverfügbarkeit eines Inhalts der Statuscode 200 gesendet wird. Richtig wäre hier ein 404- (oder 410-)Fehler.

  Google erkennt die Nichtverfügbarkeit von Inhalten unter anderem daran, dass Wortfolgen wie »Keine Inhalte gefunden« auf der Seite vorkommen. Google wertet auch Weiterleitungen teilweise als Soft 404, und zwar dann, wenn der Inhalt der alten Adresse nicht auf der neuen Adresse zu finden ist.

- **Nicht gefunden**

  Wenn ein Inhalt nicht mehr erreichbar ist oder nie war, sollte mit einem 4xx-Statuscode geantwortet werden. Bei URLs, die es irgendwann mal gab, jetzt aber nicht mehr (und die auch nicht umgezogen sind), ist ein 410-Statuscode (Gone) die perfekte Wahl. Aber auch ein 404-Statuscode ist in diesem Fall für Google kein Problem.

  Im Gegensatz zu Soft 404 wird bei *Nicht gefunden* der korrekte Statuscode ausgegeben. Eine Adresse hat keinen Inhalt, und der Server nutzt einen 404-Statuscode (im Gegensatz zum Soft 404, bei dem der Statuscode 200 gesendet wird).

- **Zugriff verweigert**

  In manchen Fällen sind Inhalte nur dann erreichbar, wenn eine Authentifizierung (am Webserver) vorausgegangen ist, beispielsweise über die sogenannte *.htpasswd*-Datei.

  Da Google die notwendigen Zugangsinformationen nicht kennt und somit auch nicht an den Server übermitteln kann, wird die URL-Anforderung vom Webserver mit dem Statuscode 401 beantwortet. Der Inhalt der URL bleibt der Suchmaschine verborgen.

- **Nicht aufgerufen**

  Grundsätzlich versucht der Googlebot, allen URLs zu folgen. Wurden Weiterleitungen falsch konfiguriert, kann es allerdings vorkommen, dass eine URL nicht aufgerufen werden kann.

Tipp   Wenn externe Verweise auf Fehlerseiten zeigen, profitieren Sie nicht von ihrem (möglichen) positiven Einfluss auf das Ranking der Seiteninhalte.

Überprüfen Sie, ob Sie Adressen mit eingehenden Links nicht besser per 301-Weiterleitung auf die neue Adresse des Inhalts oder eine zumindest sehr ähnliche Seite leiten können. Dadurch landen auch Ihre Besucher nicht mehr auf einer Fehlerseite.

Zu jeder Fehlergruppe sehen Sie ein Diagramm, das den Verlauf der Fehleranzahl in den letzten 90 Tagen zeigt. Unterhalb des Diagramms werden pro Fehlerkategorie bis zu 1.000 vom Fehlertyp betroffene Adressen aufgelistet.

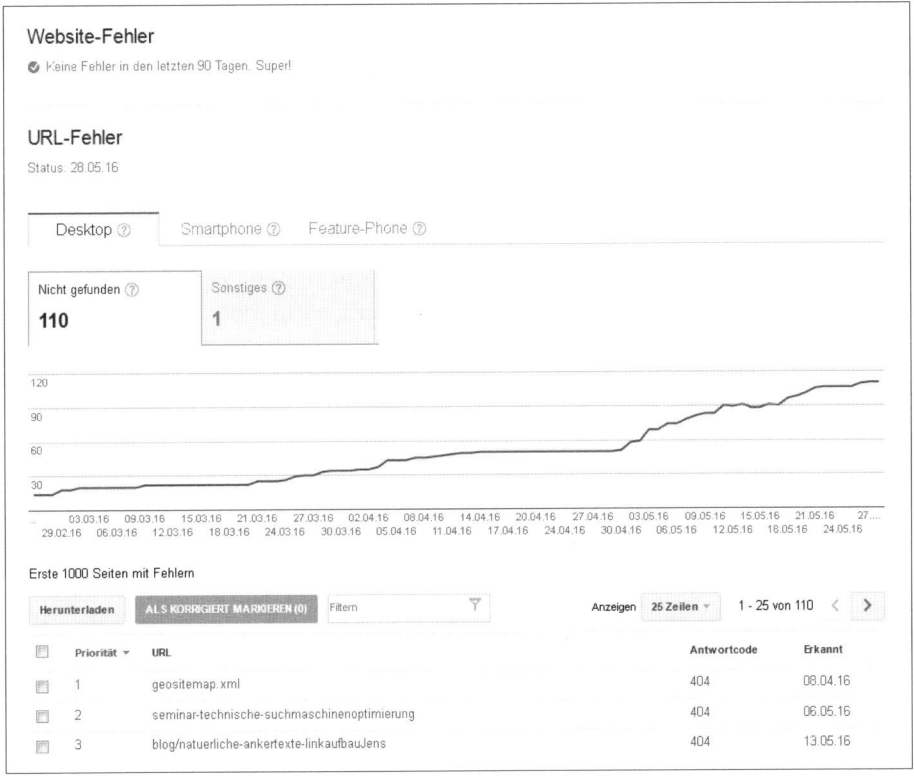

Abbildung 6-3:   Während das Diagramm den zeitlichen Verlauf der Fehleranzahl darstellt, zeigt die Tabelle weitere Informationen zu betroffenen URLs.

Die Beschränkung auf bis zu 1.000 Fehler ist ärgerlich, da besonders bei großen Seiten wesentlich mehr Fehler auftreten können. Zwar werden Sie sich berechtigterweise die Frage stellen, ob nicht bereits die Behebung von 1.000 Fehlern genügend Arbeit bedeutet – was natürlich richtig ist –, jedoch könnten Sie mit mehr Daten Muster besser erkennen (wenn z. B. Fehler in einem bestimmten Seitenbereich oder bei einem Seitentyp auftreten).

Tipp   Durch die zusätzliche Bestätigung von Verzeichnissen in der Search Console sehen Sie, welche Fehler innerhalb des Verzeichnisses aufgetreten sind. Da pro bestätigten Ordner bis zu 1.000 Fehler aufgelistet werden, erhalten Sie mehr Daten.

In der im unteren Bereich dargestellten Tabelle sehen Sie im Vergleich zum Diagramm wesentlich mehr Informationen zu aufgetretenen Crawling-Fehlern. Google weist Fehlern eine Priorität zu. Wie Google die Priorität berechnet, ist unklar, aber aus Googles Sicht sollten Sie die Fehler mit niedrigen Werten zuerst beheben. Zusätzlich zeigt Google natürlich die betroffene URL, den HTTP-Statuscode sowie das letzte Erkennungsdatum des Fehlers an.

Oberhalb der Fehlerliste sehen Sie – entsprechende Zugriffsrechte vorausgesetzt – die Schaltflächen *Herunterladen*, *Als korrigiert markieren* sowie *Filtern*. Wenn Sie den Filter verwenden, werden die Daten der Tabelle gemäß der eingegebenen Zeichenfolge eingeschränkt.

Standardmäßig sortiert Google die Crawling-Fehler aufsteigend nach Priorität, wobei kleine Werte besonders wichtig sind. Diese Sortierung können Sie durch einen Klick auf die Tabellenüberschriften ändern. Wenn Sie einen Fehler *als korrigiert markieren*, erscheint er nicht mehr in der Tabelle – zumindest dann nicht, wenn Sie ihn auch wirklich behoben haben. Nutzer mit eingeschränktem Zugriff auf die Property können Fehler leider nicht als korrigiert markieren.

An diesem Punkt ein paar Worte zur Download-Möglichkeit: Der Download enthält wie das Interface nur maximal 1.000 Datenpunkte pro Fehlerkategorie. Dabei sind im Download immer Crawling-Fehler jeder Kategorie enthalten, die aktuell mindestens einen Fehler enthält. Zudem sind die Fehler aller Crawler für *Desktop* und *Smartphone* im selben Download zusammengefasst.

Das große Manko des Exports ist, dass Sie nur die nicht erfolgreich aufrufbare URL sehen, jedoch nicht, von wo sie verlinkt ist. Es muss schließlich mindestens einen eingehenden Verweis auf eine URL geben, damit Google eine URL aufruft. Die eingehenden Links stehen Ihnen im Search Console Interface nur nach Auswahl eines einzelnen URL-Fehlers zur Verfügung, aber eben nicht im Download.

Tipp   Über die Search Console API ist es möglich, nicht nur die fehlerhafte URL, sondern zusätzlich auch deren eingehende Verweise zu erhalten.

Die API stelle ich Ihnen in den Grundzügen in Kapitel 11 vor. Es gibt mittlerweile eine Reihe von (kostenpflichtigen) Tools, die auf die API zugreifen. Sie müssen also nicht zwingend selbst Programmierkenntnisse besitzen, um diese Daten zu erhalten.

Crawling-Fehler analysieren

Es sollte Ihr Ziel sein, einen möglichst fehlerfreien Webauftritt bereitzustellen. Andernfalls kann das die Nutzererfahrung erheblich einschränken. Beim Erreichen dieses Ziels unterstützt Sie der Crawling-Fehlerreport.

Einen komplett fehlerfreien Webauftritt zu erstellen, ist bei großen Websites mit mehreren 10.000 URLs ein Kampf gegen Windmühlen. Aus meiner Sicht ist es nicht wichtig, alle Fehler zu korrigieren, sondern vor allem die wichtigsten. Denn insbesondere 404-Fehler entstehen im Web schnell, da es Websites gibt, die (automatisiert) und womöglich absichtlich nicht existierende URLs anderer Webauftritte, darunter vielleicht Ihre, verlinken. Die Intention dahinter: möglichst viele Verweise zur Spam-Seite kreieren und Besucher anziehen, die dann möglichst auf Werbeanzeigen klicken. Das ist eine gern praktizierte Spam-Methode, die allerdings in Webanalysetools noch stärker auftritt als in der Search Console.

Doch schauen wir uns an, wie Sie die Google Search Console dazu nutzen können, Crawling-Fehler zu identifizieren und zu korrigieren. Dazu müssen Sie die von Google angemahnten URLs in der Detailansicht öffnen. Durch einen Klick auf eine fehlerhafte Adresse erhalten Sie alle wichtigen Informationen. Angezeigt werden:

- das erstmalige Erkennungsdatum,
- das aktuellste Erkennungsdatum,
- Details zum Fehler,
- die auf diese URL verweisende Adresse (*Verlinkt über*),
- gegebenenfalls die Information *In Sitemaps*,
- ein Verweis auf *Abruf wie durch Google*,
- die Möglichkeit, den Fehler als korrigiert zu markieren (es sei denn, Sie haben nur eingeschränkte Zugriffsrechte), sowie
- die URL selbst als Link.

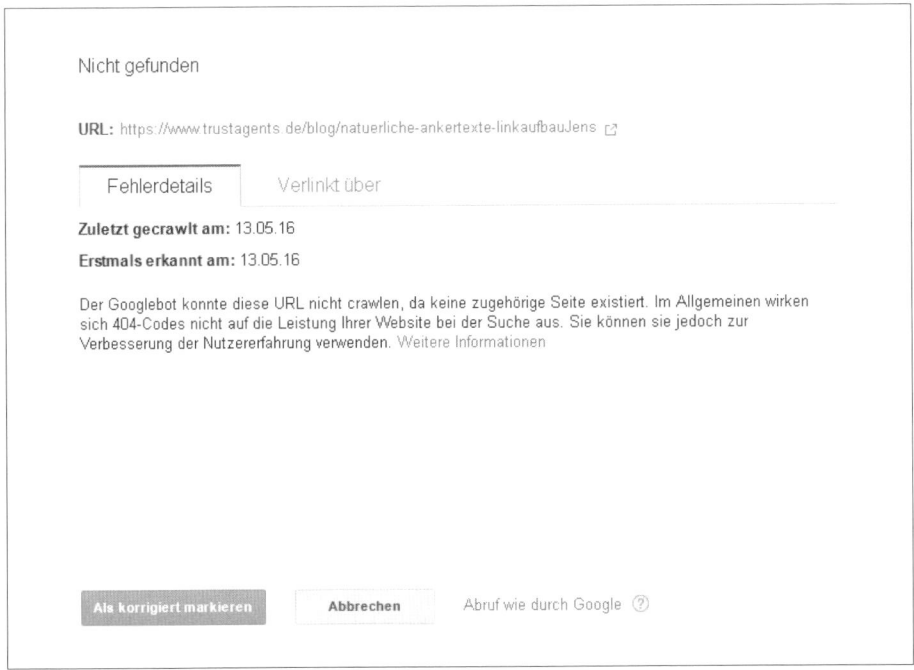

Abbildung 6-4: Viele Details sehen Sie nach einem Klick auf eine fehlerhafte Adresse. Eingehende Verweise werden in den entsprechenden Tabs aufgelistet.

Zuallererst sollten Sie überprüfen, ob die URL weiterhin einen Fehler produziert. Öffnen Sie dazu die Adresse in Ihrem Browser. Sollte kein Fehler (mehr) angezeigt werden, scheint das Problem bereits behoben zu sein. Das kann vorkommen, da Googles Crawling-Fehlerdaten meistens nicht tagesaktuell überprüft werden.

Entweder Sie markieren bereits jetzt diesen Fehler als behoben, oder Sie überprüfen, ob eventuell nur Google Probleme beim Aufruf der Adresse hat. Dazu nutzen Sie die verlinkte Funktion *Abruf wie durch Google*, die in diesem Kapitel noch genauer vorgestellt wird. Die Kurzform: Google ruft die gewünschte Adresse auf und liefert Ihnen den Statuscode der Seite sowie den analysierten Quelltext. Wenn auch für den Googlebot keine Fehlermeldung auftritt, können Sie ruhigen Gewissens den Fehler *als korrigiert markieren*.

Grundsätzlich bedeutet die Markierung, dass der Fehler behoben ist, für Google nur, dass dieser Fehler nicht mehr im Interface angezeigt werden soll. Die Markierung beseitigt aber nicht den Fehler selbst, Sie müssen ihn aktiv auf Ihrer Website korrigieren. Auf die verfügbaren Beseitigungsmethoden gehe ich gleich ein.

Wenn die URL weiterhin einen Fehler liefert, richten Sie Ihren Blick auf *In Sitemaps* oder *Verlinkt über*. Diese beiden Optionen werden allerdings nur dann angezeigt, wenn die fehlerhafte Seite auf diesen Wegen erreicht werden kann. Es kommt zudem regelmäßig vor, dass Ihnen Google gar keine Verweisdaten zu einem Link liefert.

Abbildung 6-5: Offensichtlich führen interne Links zu diesem Crawling-Fehler.

Im gezeigten Beispiel ist es offensichtlich ein interner Link, der den Crawling-Fehler hervorruft. Der Fehler wird sowohl unter *http* als auch unter *https* hervorgerufen, da dieser Webauftritt kürzlich auf das HTTPS-Protokoll umgezogen ist und Google den alten Fehler nicht vergessen hat.

Wird über interne Links ein Fehler produziert, sollten Sie das Linkziel nach Möglichkeit auf eine existierende URL anpassen oder den Link entfernen. Weitere Optionen zur Beseitigung von Fehlern sind:

- Die fehlerhafte Adresse wieder erreichbar machen.
- Die Adresse auf die neue URL des Inhalts weiterleiten.

Durch das Einrichten einer permanenten Weiterleitung (301-Weiterleitung) lässt sich der Fehler beheben, allerdings sollten Sie interne Weiterleitungen auf ein Minimum beschränken. Denn Sie kennen ja die richtige Adresse des Inhalts – warum dann einen Umweg über eine Weiterleitung einlegen?

Wichtige Crawling-Fehler identifizieren

Besonders wichtig ist die Beseitigung von Crawling-Fehlern von Adressen, die regelmäßig von Nutzern aufgerufen werden und über relevante externe und/oder interne Verlinkungen verfügen. Um solche Seiten zu identifizieren, kann Ihnen Ihre Webanalysesoftware helfen. Google gibt Ihnen zwar unter *Crawling-Fehler* über die Priorität einen Indikator für die Dringlichkeit der Fehlerbeseitigung, doch wirklich hilfreich ist diese Angabe nicht.

Um fehlerhafte Adressen mit Nutzerzugriffen zu identifizieren, müssen Sie innerhalb Ihres Webanalysetools nach Adressen suchen, die sich beispielsweise über ihren Seitentitel als Fehlerseite ausweisen. Klassischerweise sind dies Titel wie *Seite nicht gefunden* oder *404 Fehler*. Kümmern Sie sich anschließend darum, diese Fehler mit den oben beschriebenen Maßnahmen zu beseitigen. Wenn externe Verweise eine fehlerhafte URL produzieren, besteht die (geringe) Gefahr, dass der verlinkende Webmaster den Link komplett ausbaut, anstatt ihn anzupassen.

Mit etwas mehr Arbeit lassen sich Webanalysereports erstellen, die Ihnen die eingehenden Verweise auf Fehlerseiten zeigen. Tutorials für Ihre eingesetzte Webanalysesoftware lassen sich mit den passenden Keywords im Web finden.

Tipp	Interne Verweise auf nicht existierende URLs können Sie alternativ durch den Einsatz von Crawlern finden. Eine Übersicht über (kostenfreie) Crawler finden Sie im SEO-Einführungskapitel im Abschnitt *Website-Struktur mit Tools analysieren*.
	Um externe Verweise auf Fehlerseiten zu finden, können Sie Tools wie ahrefs, Majestic oder Sistrix verwenden. Diese verfügen über Reports, die Adressen mit externen Links und einem Statuscode 4xx oder 5xx ausgeben.
	Alternativ nehmen Sie einfach die Übersicht der verlinkten Zielseiten und fragen den Statuscode über einen Crawl mit z. B. Screaming Frog ab.

Ein Crawling-Fehler kann immer nur dann entstehen, wenn Suchmaschinencrawler die Adresse überhaupt kennen. Dazu muss diese irgendwo im Netz von einer dem Crawler bekannten Adresse verlinkt worden sein. Damit Google eine URL kennenlernt, reicht es allerdings bereits aus, wenn im Seitenquelltext eine Zeichenfolge vorhanden ist, die wie eine URL aussieht – dabei muss sie gar nicht mittels der HTML-Linksyntax verlinkt sein.

Crawling-Statistiken

Als Webmaster möchten Sie nicht nur, dass Google dem Index neue Inhalte hinzufügt, sondern auch, dass die Crawler Ihre bestehenden Adressen regelmäßig neu erfassen. Andernfalls können Suchmaschinen Änderungen an bereits bekannten Webseiten nicht erkennen. Entsprechend könnten Sie für nachträglich hinzugefügte Inhalte nicht gefunden werden. Um Veränderungen an Websites durch das Hinzufügen neuer Dokumente und das Aktualisieren oder Entfernen bestehender Adressen zu erfassen, folglich ist ein regelmäßiges Crawling notwendig.

Quantitativen Einblick in das Crawling-Verhalten von Google liefern die *Crawling-Statistiken* der Search Console. Sie sehen nicht, welche Adressen von Google aufgerufen wurden, aber wie viele es in Summe sind. Das Diagramm stellt Ihnen die Daten der letzten 90 Tage bereit.

Google listet im Bericht die folgenden Werte auf:

- *Pro Tag gecrawlte Seiten*
- *Pro Tag heruntergeladene Kilobyte*
- *Dauer des Herunterladens einer Seite (in Millisekunden)*

Zu jedem dieser Werte erhalten Sie die Höchst-, Tiefst- sowie die Durchschnittswerte.

In den Statistiken erfasst Google jeden von Google-Crawlern getätigten Zugriff auf URLs des Webauftritts. In diesen Zahlen sind folglich Zugriffe auf Bilder, JavaScripts und andere Dateitypen enthalten. Jeder Zugriff wird dabei einzeln gezählt und separat ausgewiesen. Greift Google beispielsweise fünf Mal auf die Startseite zu, sind das entsprechend fünf einzelne gecrawlte Seiten. Aus diesem Grund können pro Tag mehr Seiten gecrawlt werden, als auf dem Webauftritt vorhanden sind.

Um die Tageswerte einzusehen, müssen Sie mit der Maus über das Diagramm fahren. In der gezeigten Abbildung sehen Sie einen deutlichen Anstieg des Crawling-Aufkommens ab Mitte April. In diesem Zeitraum wurde auf der Property ein Website-Relaunch durchgeführt, durch den viele neue Adressen hinzukamen. Um diese Adressen zu erfassen, hat Google die Crawling-Frequenz erhöht.

Tipp Die pro Tag angegebenen Crawling-Werte beziehen sich auf die Zeitzone des Google-Hauptsitzes im amerikanischen Mountain View. Das ist eine wichtige Information für fortgeschrittene Webmaster, die sich mit Logfile-Analysen beschäftigen. Denn durch die Zeitverschiebung können bei Betrachtung des lokalen Zugriffszeitpunkts unterschiedliche Zugriffswerte festgestellt werden.

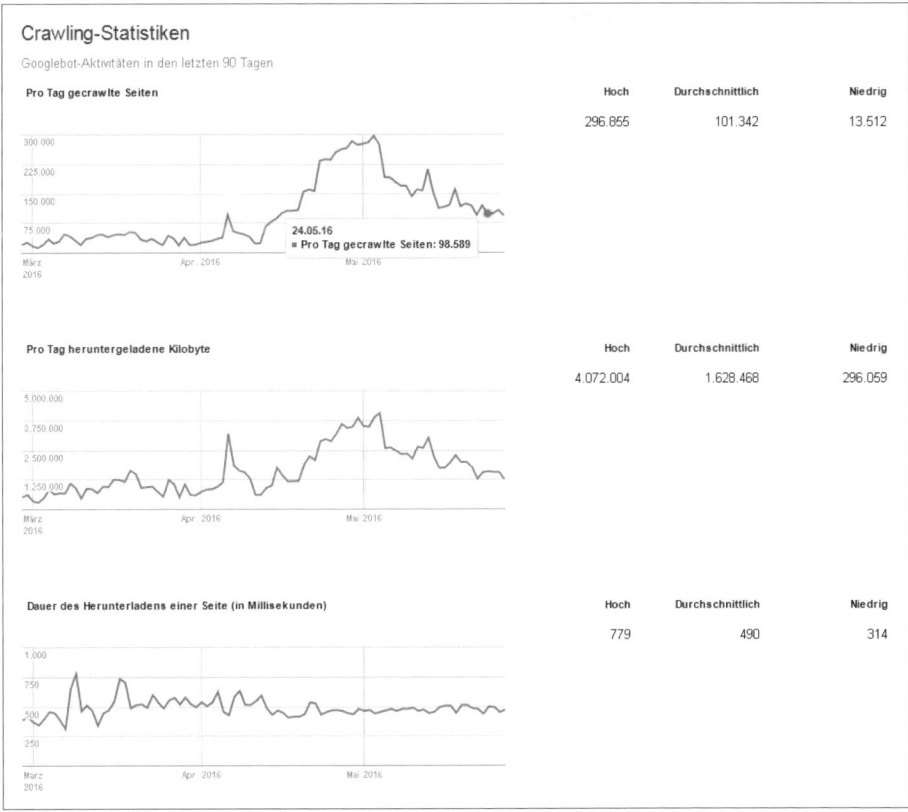

Abbildung 6-6: Die Crawling-Statistiken gewähren einen Einblick in das Crawling durch Google.

Auch wenn kein besonderes Event wie ein Relaunch stattfindet, kommt es regelmäßig vor, dass an einzelnen Tagen wesentlich mehr Zugriffe stattfinden als im Durchschnitt. Das liegt daran, dass Google periodisch eine Website intensiver analysiert als an durchschnittlichen Tagen. Das Einreichen einer Sitemap oder viele neue eingehende Verweise, auch aus sozialen Netzwerken, können ebenfalls Gründe für ein gesteigertes Crawling durch Suchmaschinen sein.

Häufig sieht man eine Korrelation zwischen der Dauer des Herunterladens und der Anzahl der pro Tag gecrawlten Seiten. Wird die Website-Geschwindigkeit verbessert (was bedeutet, die Dauer des Herunterladens einer Seite sinkt), crawlt Google in der Regel mehr einzelne Seiten.

Laut Aussage von Google bezieht sich der Wert von *Dauer des Herunterladens einer Seite* nicht auf die Rendering-Zeit einer Website (also die Zeit, bis eine Website im Browser dargestellt ist), sondern nur auf die Dauer, um die Anfrage einer URL abzuschließen.

Abruf wie durch Google

Mehrfach haben Sie bereits von der Funktion *Abruf wie durch Google* gelesen. Mit ihr ist es möglich, eine Webseite ad hoc durch Google crawlen zu lassen. Doch nicht nur das: Die Funktion erlaubt es zudem, die abgefragte Adresse rendern zu lassen. Diese Möglichkeit habe ich Ihnen im Zusammenhang mit dem Bericht *Blockierte Ressourcen* in Kapitel 5 vorgestellt.

Für diese Funktion gibt es viele Anwendungsfälle:

- Sie haben den Inhalt einer Seite aktualisiert und möchten Google auf die Änderung hinweisen.
- Sie haben eine neue URL online gestellt, und Google soll diese schnell indexieren.
- Sie möchten sehen, welchen Quelltext Google beim Aufruf der URL angezeigt bekommt.
- Sie wollen kontrollieren, ob eine Weiterleitung für Smartphone-Nutzer stattfindet. Dazu müssen Sie den entsprechenden User-Agent von Google auswählen.
- Sie möchten validieren, welcher Statuscode beim Aufruf einer Seite zurückgeliefert wird.
- Sie möchten die Download-Zeit einer Adresse herausfinden.
- Sie möchten wissen, wie Google die Webseite optisch sieht.

Warum auch immer Sie diese Funktion einsetzen – der zu durchlaufende Prozess ist immer der gleiche. Ins Eingabefeld geben Sie die aufzurufende URL ein. Anschließend muss der gewünschte User-Agent, also die Googlebot-Version, ausgewählt werden, und es muss die Auswahl getroffen werden, ob die URL nur abgerufen oder zusätzlich noch gerendert werden soll.

Abbildung 6-7: Mit Abruf wie durch Google können Sie URLs crawlen und wahlweise auch rendern lassen.

Standardmäßig ist als User-Agent *Desktop* ausgewählt. Über das Drop-down-Menü können Sie alternativ den Abruf mit dem Smartphone-User-Agent durchführen.

Nach einem Klick auf *Abrufen* beziehungsweise *Abrufen und Rendern* wird die Anfrage verarbeitet, und nach einigen Sekunden sollte der Abrufstatus zu sehen sein.

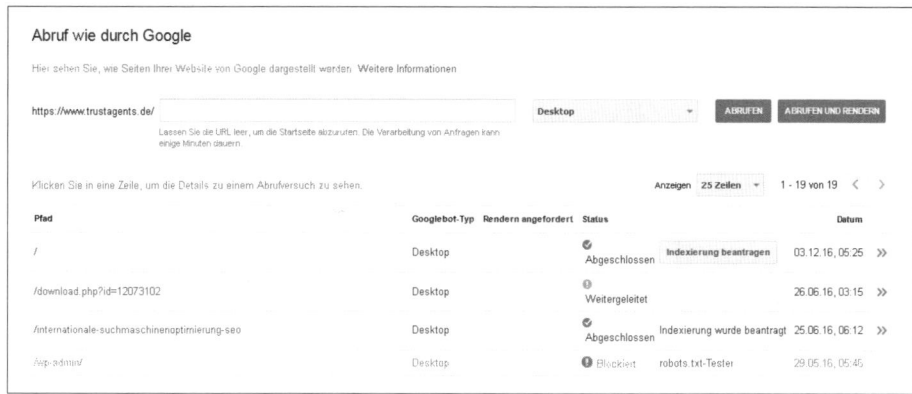

Abbildung 6-8: Google informiert Sie darüber, ob ein Abruf erfolgreich war.

Der Abrufstatus kann ganz verschiedene Zustände haben. Einige sehen sehen Sie in der Abbildung.

Am häufigsten kommen diese Meldungen vor:

- *Abgeschlossen* (bei erfolgreichem Abruf)
- *Teilweise* (erscheint, wenn eine Webseite nicht vollständig gerendert werden konnte)
- *Blockiert* (wenn die *robots.txt* einen Zugriff auf die URL nicht erlaubt)
- *Weitergeleitet* (wenn die URL auf eine andere Adresse leitet)
- *Nicht gefunden* (wenn die URL nicht erreichbar ist)
- *Vorübergehend nicht erreichbar* (wenn Google gerade nicht auf die Adresse zugreifen kann)

Eine vollständige Übersicht finden Sie unter *https://support.google.com/webmasters/answer/6066468?hl=de* (*http://seobuch.net/806*).

Wenn eine abgerufene URL weitergeleitet wird, zeigt Google Ihnen in der Detailansicht die *Folgen*-Option an. Durch einen Klick auf diesen Button wird das Weiterleitungsziel in der Funktion geöffnet.

In der Ergebnisübersicht sehen Sie nicht nur die abgerufene URL samt Status, den Googlebot-Typ und das Datum, sondern haben die Möglichkeit, die Adresse über *Indexierung beantragen* einzureichen oder den analysierten Quelltext (sowie die Rendering-Ansicht) zu betrachten.

Bevor wir uns mit den Optionen beim Einreichen bzw. Beantragen einer Indexierung beschäftigen, schauen wir uns die Detailansicht einer aufgerufenen Adresse an. Klicken Sie auf die gewünschte Adresse in der Tabelle. Werfen Sie zunächst einen Blick auf den analysierten Quelltext.

Abbildung 6-9: Unter Abrufen sehen Sie den von Google analysierten Quelltext.

Google zeigt Ihnen nicht nur den Quelltext an, sondern auch Daten aus dem HTTP-Header, etwa den Statuscode. Nach entsprechender Auswahl sehen Sie das Rendering-Ergebnis der Adresse, sofern es angefordert wurde.

Abbildung 6-10: Bei dieser URL ist das optische Abbild für Suchmaschinen wie für Nutzer das gleiche.

Unterhalb des Rendering-Ergebnisses listet Google zudem Ressourcen auf, die von der Seite eingebunden sind, aber aufgrund von *robots.txt*-Beschränkungen nicht gecrawlt werden dürfen. Diese Daten stehen im Zusammenhang mit dem Bericht *Blockierte Ressourcen*. Denn dieser listet ebenfalls Ressourcen auf, die aufgrund von Crawling-Verboten nicht aufgerufen werden dürfen.

Da Sie mit *Abruf wie durch Google* den Quelltext sehen, den Google beim Aufruf der URL vom Server gesendet bekommt, können Sie die Funktion zur Erkennung von Cloaking verwenden. Zur Erinnerung: Mit Cloaking wird eine Technik bezeichnet, die Nutzern andere Inhalte auf einer URL anzeigt als Suchmaschinen. Dieses Vorgehen verstößt gegen die Suchmaschinenrichtlinien.

Häufig wird Cloaking im Zuge von Hackerangriffen angewendet. Während Nutzer von den manipulierten Seiten(-inhalten) nichts mitbekommen, sehen Suchmaschinen komplett andere Inhalte. Angreifer verwenden diese Taktik, um beispielsweise Suchmaschinen Links zu zwielichtigen Seiten anzuzeigen, damit diese besser in Suchmaschinen ranken. Doch auch andere Szenarien sind denkbar: So ist es möglich, dass Nutzer bei Aufruf einer URL auf Drittseiten geleitet werden, während Google die Seiten ganz normal aufrufen kann.

Alternativ zum Einsatz von *Abruf wie durch Google* können Sie eine Website im Google-Cache aufrufen. Den Cache rufen Sie beispielsweise auf, indem Sie nach `cache: Absolute Adresse` suchen (Beispiel: `cache:http://de.wikipedia.org/wiki/Cloaking`).

Neben der Möglichkeit, den Quelltext sowie das optische Abbild einer Seite zu kontrollieren, können Sie über die Funktion Inhalte an den Google-Index senden. Dazu müssen Sie auf die Schaltfläche *An den Index senden* klicken. Diese steht Nutzern mit eingeschränktem Zugriff nicht zur Verfügung. Alternativ reichen Sie nicht nur die abgerufene Adresse, sondern auch die von dieser verlinkten URLs ein.

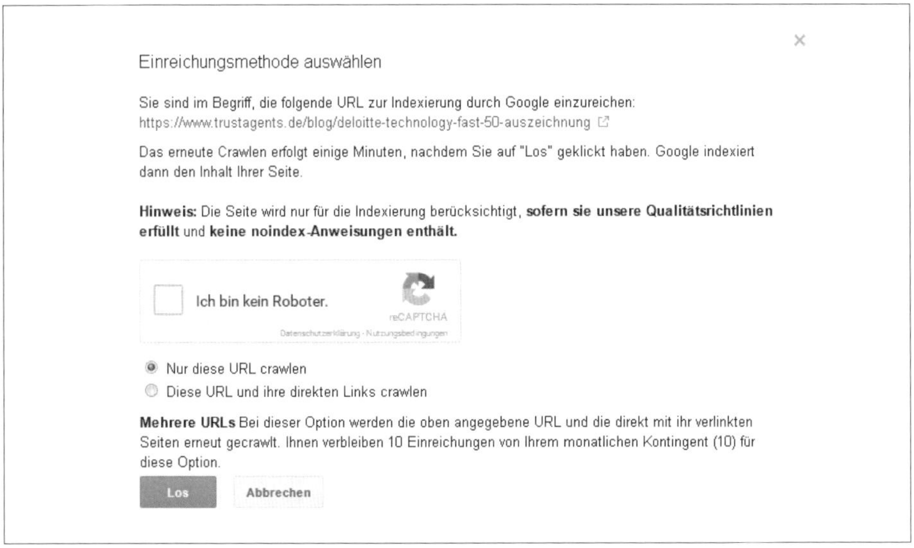

Abbildung 6-11: Sie können wählen, ob nur die abgerufene URL oder auch die von dort verlinkten Adressen an den Google-Index gesendet werden sollen.

Pro Google-Konto können jeden Monat 500 URL-Einreichungen vorgenommen werden. Bei der zweiten Variante, *Diese URL und ihre direkten Links crawlen*, sind es zehn pro Monat.

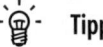

Tipp   Dank *Diese URLs und ihre direkten Links crawlen* können Sie sehr schnell viele Adressen (neu) crawlen lassen. Erzeugen Sie beispielsweise eine Übersichtsseite mit Adressen, die Sie neu erstellt haben, und reichen Sie sie über Abruf wie durch Google ein. Durch die direkten Links auf weitere Inhalte werden die Adressen direkt von Google erfasst. Diese Methode können Sie nutzen, um Google z. B. auf mittlerweile weitergeleitete URLs hinzuweisen, die unter *Crawling-Fehler* aufgetaucht sind.

robots.txt-Tester

Über die *robots.txt* können Sie das Crawling-Verhalten Ihrer Inhalte durch Suchmaschinen beeinflussen. Bei einer umfangreichen *robots.txt* mit vielen Regeln ist es nicht einfach, nachzuvollziehen, welche Regel für eine einzelne URL greift und ob diese vom Crawling ausgeschlossen ist. Um Ihnen bei der Analyse der *robots.txt* zu helfen, steht der *robots.txt-Tester* in der Search Console zur Verfügung.

Dieser gibt Ihnen unter anderem ein direktes Feedback, ob einzelne Regeln möglicherweise fehlerhaft sind. Um das zu demonstrieren, habe ich die Angabe `Crawl-delay:` testweise in den Tester aufgenommen und einen Buchstaben bei `Disallow:` weggelassen.

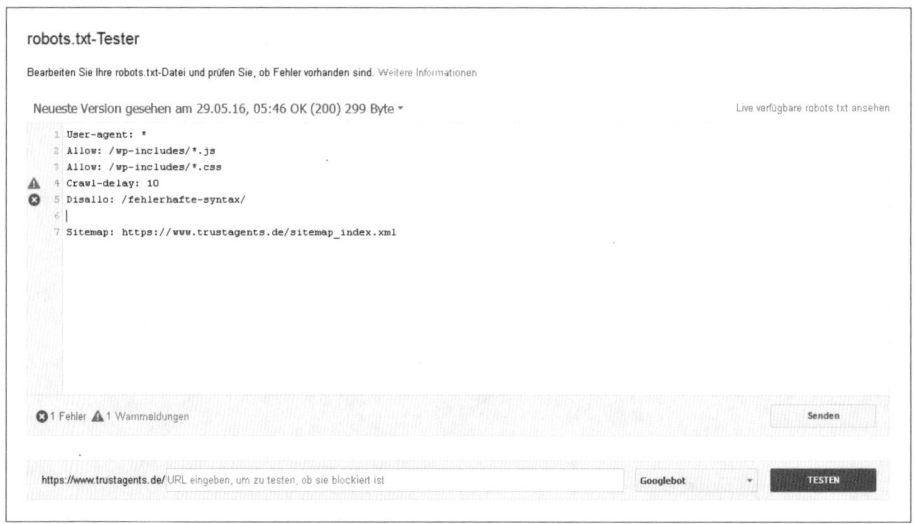

Abbildung 6-12:   In dieser robots.txt sind laut Tester zwei Probleme vorhanden.

Standardmäßig zeigt Ihnen Google im oberen Part die zuletzt von Google zwischengespeicherte *robots.txt*-Version. In diesem Bereich können Sie neue Regeln hinzufügen oder entfernen, um anschließend einzelne Adressen mit der Funktion zu testen. Über der Eingabefläche steht das Datum samt Uhrzeit, an dem das angezeigte *robots.txt*-Abbild von Google zwischengespeichert wurde. Klicken Sie auf das Datum, können Sie ältere Versionen der *robots.txt* aufrufen.

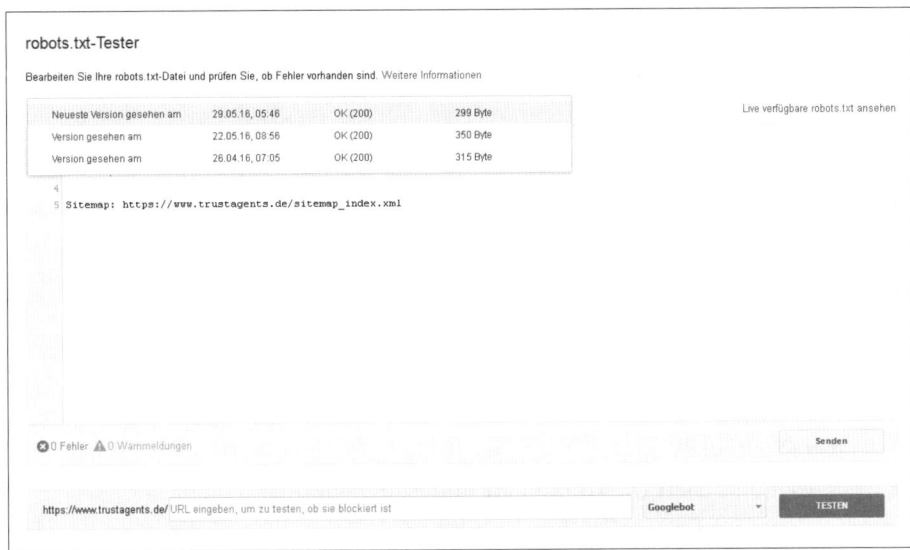

Abbildung 6-13: Alte Versionen der robots.txt können Sie durch einen Klick auf das Datum auswählen. Der Inhalt der alten robots.txt wird dann angezeigt.

Beachten Sie die *Senden*-Schaltfläche unterhalb des Eingabefelds. Über diese können Sie Google auf eine geänderte *robots.txt* hinweisen. Haben Sie beispielsweise neue Regeln mit dem *robots.txt-Tester* überprüft und anschließend auf den Webserver übertragen, können Sie diese Funktion als Aktualisierungshinweis nutzen. Google ruft die *robots.txt* anschließend neu ab, und Sie sollten nach wenigen Minuten die aktuelle *robots.txt* im Tester sehen.

Im Einführungskapitel haben Sie bereits erfahren, dass sich *robots.txt*-Regeln durch Angabe von User-Agent: * auf alle Suchmaschinen oder durch Angabe eines bestimmten User-Agents nur auf diesen beziehen. Beispielsweise kann Google mit User-Agent: Googlebot gezielt über die *robots.txt* gesteuert werden. Damit Sie für die verschiedenen Google-User-Agents den Tester verwenden können, steht Ihnen neben der URL-Eingabe die Auswahl des Googlebot-Typs zur Verfügung.

In einem Testszenario wird festgelegt, dass der Googlebot-News auf keine Inhalte der Website zugreifen darf, alle anderen User-Agents hingegen schon. Entsprechend wird der News-Bot gezielt angesprochen. Und siehe da: Die Regel greift wie gewünscht. Um Ihnen die Fehlersuche zu erleichtern, hebt Google die blockierende (oder gegebenenfalls freigebende) Regel farblich hervor.

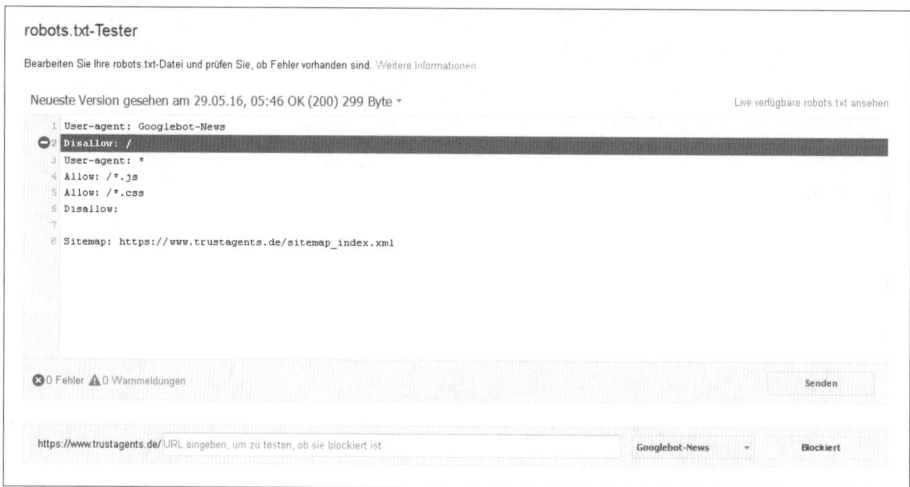

Abbildung 6-14: In diesem Test wird dem Googlebot für Newsinhalte der Zugriff auf die Seite verwehrt.

Neben dem News-Bot bietet Ihnen das Drop-down-Menü die folgenden User-Agents zur Auswahl an:

- `Googlebot` analysiert Desktopinhalte und ist der »normale« Googlebot.
- `Googlebot-News` ist für Newsinhalte verantwortlich.
- `Googlebot-Image` crawlt Inhalte für die Bildersuche.
- `Googlebot-Video` crawlt entsprechend für Videodienste.
- `Googlebot-Mobile` erfasst mobiloptimierte Seiten.
- `Mediapartners-Google` crawlt Seiten für Google-AdSense-Werbeeinblendungen.
- `AdsBot-Google` crawlt Seiten, um die Qualität der AdWords-Zielseiten zu messen.

> **Google AdSense**
>
> Google AdSense sorgt dafür, dass Werbeanzeigen, die zum Seiteninhalt passen, im Partnernetzwerk von Google ausgespielt werden. Über dieses Netzwerk stellen kleine wie große Websites Werbeblöcke zur Verfügung. Die Werbeanzeigen werden dabei über Google AdWords gesteuert.
>
> Weitere Informationen finden Sie unter *http://www.google.com/adsense/start/* (*http://seobuch.net/275*).

Leider erlaubt es der *robots.txt-Tester* nicht, mehrere Adressen auf einmal zu überprüfen. Das Tool bleibt aber ein sehr wichtiges Werkzeug zur Kontrolle von *robots.txt*-Einstellungen. Denken Sie daran, dass falsche Konfigurationen der *robots.txt* zu einem massiven Rückgang der Zugriffe über die organische Suche führen können, da durch Crawling-Einschränkungen mittels der `Disallow:`-Direktive der Seiteninhalt für Suchmaschinen nicht mehr abrufbar ist.

Hinweis   Wenn keine *robots.txt*-Datei auf Ihren Webserver hochgeladen wurde, zeigt Google bei Aufruf des *robots.txt-Tester* folgenden Hinweis: »Offenbar haben Sie keine robots.txt-Datei. In solchen Fällen gehen wir davon aus, dass es keine Beschränkungen gibt, und crawlen den gesamten Inhalt Ihrer Website.«

Sitemaps

Damit Crawler eine Seite finden können, muss diese von einer der Suchmaschine bereits bekannten Adresse verlinkt sein. Dabei ist es unerheblich, ob der Link von einer externen Domain kommt oder innerhalb des eigenen Webauftritts gesetzt wurde. Je nach Aufbau der Website-Architektur, zu dem die interne Verlinkung gehört, kann es vorkommen, dass einzelne Unterseiten nur über wenige Verweise zu erreichen sind. Um sicherzustellen, dass jede (wichtige) Adresse eines Webauftritts über einen direkten Link verfügt, ist der Einsatz einer *Sitemap* hilfreich.

Eine Sitemap ist hier nichts anderes als eine URL-Auflistung. Dabei ist nicht zwingend erforderlich, dass eine Sitemap alle URLs enthält. Auf Wunsch des Webmasters kann auch nur ein Teilausschnitt des Webauftritts über eine Sitemap übermittelt werden.

Sitemaps können in verschiedenen Formaten eingereicht werden, wobei das XML-Dateiformat das gängigste ist. Neben dem XML-Format unterstützt Google Sitemaps in TXT-Form sowie im RSS- und Atom-Format. Viele der weitverbreiteten Shop- und Content-Management-Systeme verfügen über eingebaute Funktionen zur Erstellung von XML-Sitemaps. Alternativ kann diese Funktionalität über Erweiterungen nachgerüstet werden. Zudem erlauben manche Crawler wie der Screaming Frog das Erstellen von Sitemaps. Auch eine Websuche nach »Sitemap Generator« listet weitere (Online-)Alternativen auf.

Über Sitemaps können Sie Suchmaschinen nicht nur über die Existenz von normalen (HTML-)Dokumenten informieren, sondern auch Videos, Bilder, mobile Inhalte, Nachrichten, Softwarequellcode und geografischen Content (KML) einsenden. Dabei steht es Ihnen frei, eine einzige Sitemap für alle auf Ihrem Webauftritt genutzten Dateitypen zu erstellen oder die Sitemaps nach Typ zu trennen.

Tipp   Google wertet aus, welche Adressen in einer Sitemap enthalten sind. Wenn Sie den gleichen Seiteninhalt unter mehreren Adressen anzeigen, aber nur eine der URLs in den Sitemaps genannt ist, wird diese in den allermeisten Fällen in der Suche erscheinen. Die in Sitemaps enthaltenen Adressen werden als bevorzugte Adressen von Suchmaschinen wahrgenommen.

Auf der gezeigten Property wurden drei einzelne Sitemaps eingereicht, wobei eine davon eine sogenannte Sitemap-Indexdatei ist, die eine Übersicht von Sitemaps darstellt. In diesen Sitemaps sind zusätzlich zu normalen Adressen Referenzen auf Bilddateien gesetzt.

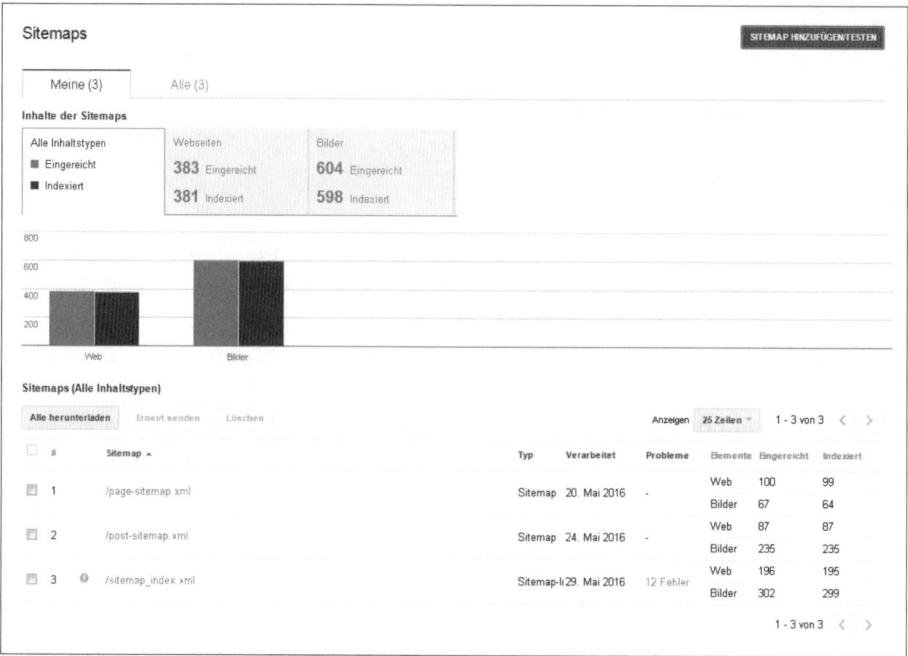

Abbildung 6-15: Auf dieser Property wurden drei Sitemaps für HTML-Dokumente und Bilder eingereicht.

In der Sitemap-Auswertung sagt Ihnen Google nicht nur, wie viele Adressen in der Sitemap enthalten sind, also *eingereicht* wurden, sondern auch, wie viele davon aktuell *indexiert* sind. Es ist also möglich, über Sitemaps eine Indexkontrolle durchzuführen. Hierbei ging es um die Frage, ob ein Dokument überhaupt im Google-Index enthalten ist. Zu diesem Thema finden Sie weitere Überlegungen im Abschnitt »Indexierungsstatus« in Kapitel 5. Leider liefert der Sitemap-Indexierungsstatus keine Information darüber, welche URL (womöglich) nicht indexiert ist. Sie erhalten nur die Information, dass mehr URLs eingereicht als indexiert wurden.

 Tipp   Wenn Sie die Indexierung granular auswerten möchten, gehen Sie so vor: Erstellen Sie für jede URL eine einzelne Sitemap und reichen Sie sie ein. Da in jeder Sitemap nur eine Adresse enthalten ist, sagt Ihnen der Indexierungsstatus, wenn eine Adresse nicht indexiert ist.

Beachten Sie, dass Google zwei Register oberhalb der Sitemap-Analyse anzeigt. Neben den von Ihnen eingereichten Sitemaps, die unter *Meine* zu finden sind, gibt es ein weiteres Register namens *Alle*. Dieses enthält auch Sitemaps, die von anderen bestätigten Nutzern eingesendet wurden. Übrigens: Mit eingeschränktem Zugriff ist das Einreichen von Sitemaps nicht möglich. Einzig und allein Ansehen und Testen sind in diesem Zugriffslevel erlaubt.

Durch einen Klick auf eine Sitemap-URL wird wie gewohnt die Detailansicht aufgerufen. Ich habe mich bei dieser Property entschieden, die Sitemap-Indexdatei zu analysieren, da es bei ihr laut Auswertung insgesamt zwölf Fehler gibt.

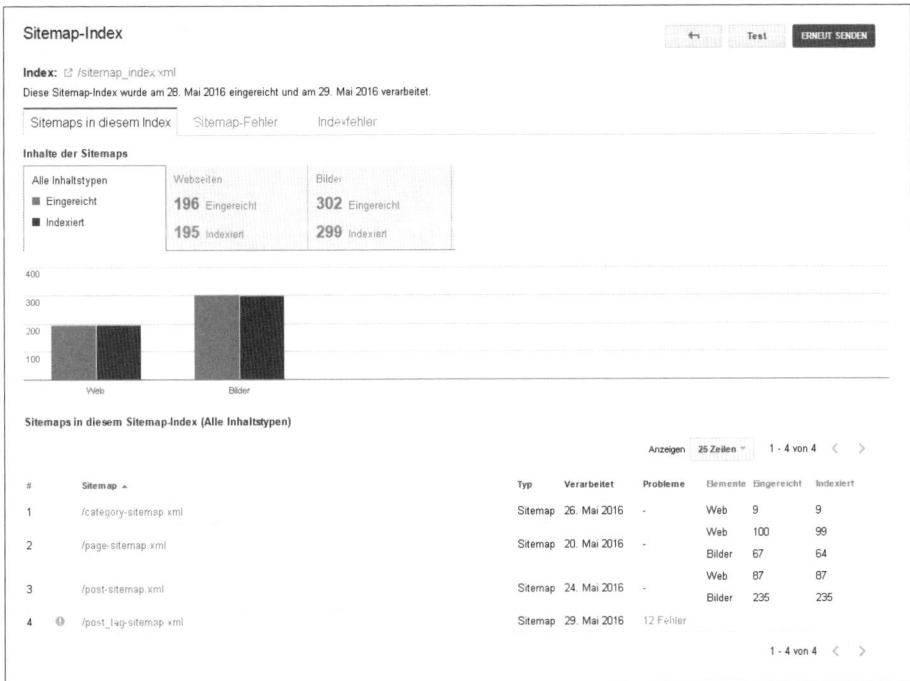

Abbildung 6-16: Nach Auswahl einer Sitemap werden weitere Informationen über diese angezeigt.

Laut Bericht sind in der Indexdatei insgesamt vier Sitemaps enthalten. Offensichtlich treten die Probleme nur innerhalb der Datei *post_tag_sitemap.xml* auf. Bei den weiteren Sitemaps ist im Großen und Ganzen alles in Ordnung. Bis auf eine URL wurden alle eingereichten Adressen laut Auswertung indexiert.

Um das Problem der *post_tag_sitemap.xml*-Datei weiter einschränken zu können, kann diese Sitemap für sich allein betrachtet werden. Wählen Sie sie hierzu aus. Offensichtlich gibt es Probleme bei der URL-Struktur. Die URLs sind in der Sitemap nicht korrekt angegeben.

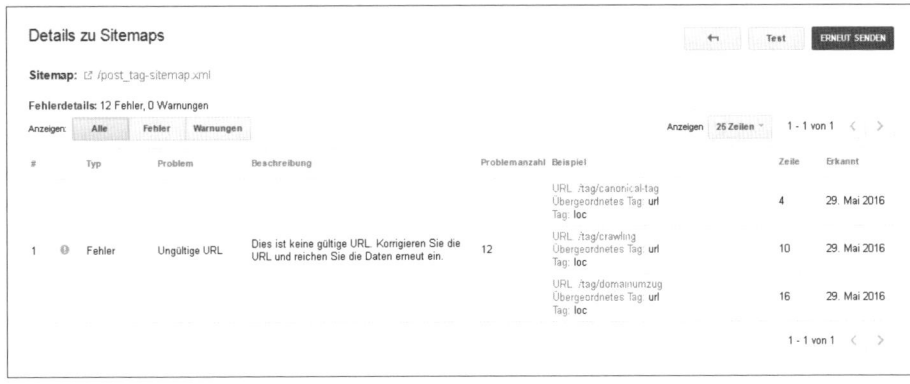

Abbildung 6-17: Das URL-Format der eingereichten Adressen scheint nicht zu stimmen.

Sitemaps | 223

Um zu kontrollieren, ob die Probleme (beachten Sie dazu das angegebene Erkennungsdatum) mittlerweile behoben wurden, kann die Sitemap nochmals getestet werden. Für diese Aktion müssen Sie auf *Test* im rechten oberen Bereich klicken. In unserem Beispiel besteht das Problem weiterhin, und die Sitemap sollte überarbeitet werden.

Eine weitere interessante Analysefunktion habe ich noch nicht vorgestellt: die grafische Auswertung der Sitemap für die letzten 30 Tagen. Im Diagramm stellt Google sowohl den Indexierungsverlauf als auch die Anzahl der über die Sitemap eingereichten Adressen dar.

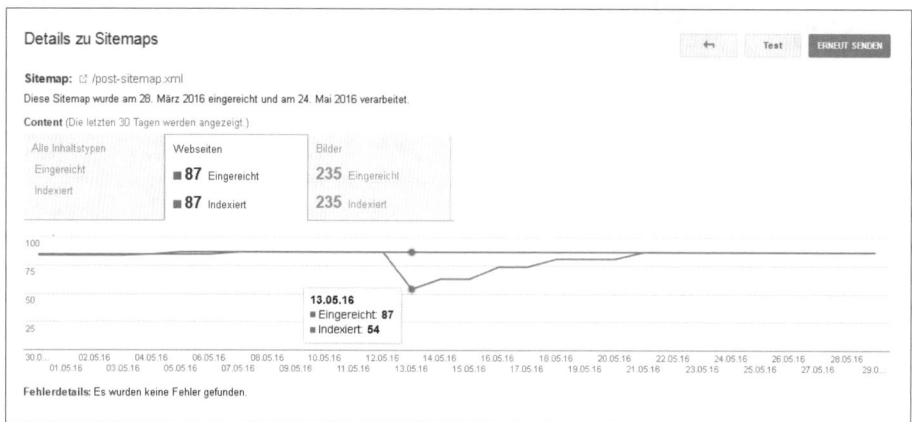

Abbildung 6-18: Der Indexierungsstatus geht zurück. Kurzfristig scheint es Probleme mit den über diese Sitemap eingereichten Adressen gegeben zu haben.

Laut diesen Daten waren kurzfristig nicht alle eingereichten Adressen im Google-Index. In der Regel ist der Grund für eine Nichtindexierung, dass URLs in der Sitemap enthalten sind, die von der Indexierung ausgeschlossen wurden, beispielsweise durch eine Kanonisierung mittels des Canonical Tags auf eine andere als die eingereichte URL oder über Robots Noindex. Sie sollten nur solche URLs einer Sitemap hinzufügen, die weder auf Noindex gesetzt sind, noch über das Canonical Tag auf eine andere Adresse verweisen, noch über die *robots.txt* blockiert oder gar nicht erreichbar (Fehlerseiten) sind.

Sitemaps bei Google einreichen

Damit Sie in der Search Console die gezeigten Analysemöglichkeiten erhalten, reicht es nicht aus, Ihre Sitemaps nur über die Angabe Sitemap: Adresse der Sitemap in der *robots.txt* zu referenzieren, Sie müssen sie auch noch mal separat über Google Search Console einreichen.

Auf der Startseite des Sitemap-Berichts finden Sie den roten Button *Sitemap hinzufügen/testen*. Durch einen Klick darauf öffnet sich ein Eingabeformular.

Abbildung 6-19: Durch einen Klick auf Sitemap hinzufügen kann eine Sitemap an Google übermittelt werden.

Tragen Sie in das Eingabefeld die Adresse der Sitemap ein. Übrigens: Eine Sitemap muss nicht zwingend im Hauptverzeichnis des Webauftritts liegen und kann zudem jeden beliebigen Namen tragen. Beachten Sie die ebenfalls verlinkte Testfunktion für die Sitemap. Diese sagt Ihnen, ob die Sitemap fehlerfrei verarbeitet werden konnte und wie viele unterschiedliche Ressourcen in der Sitemap enthalten sind.

Abbildung 6-20: Die getestete Sitemap konnte von Google analysiert werden und enthält neben Dokumenten auch Bilder.

Unmittelbar nach dem Hinzufügen einer Sitemap sehen Sie, wie viele Sitemap-Einträge von Google verarbeitet wurden. Innerhalb der nächsten Stunden bzw. des nächsten Tags sollten Sie diese Information auch für den Indexierungsstatus sehen.

Tipp   Über die Google Search Console API (Kapitel 11) ist es möglich, diverse Informationen über Sitemaps abzufragen und Sitemaps einzureichen oder zu löschen.

URL-Parameter

Sie erinnern sich vermutlich noch an die Bestandteile einer URL, die ich im Einführungsteil zur Suchmaschinenoptimierung im Abschnitt »URL-Aufbau« skizziert habe. URL-Parameter sind der Teil einer URL, die nach einem Fragezeichen kommen. Bei der Adresse *https://www.douglas.de/douglas/Pflege/Gesicht/Tagespflege/index_020102. html?page=2* (*http://seobuch.net/958*) ist *page* der Parameter und *2* der Parameterwert.

URL-Parameter können Suchmaschinen beim Crawling vor Probleme stellen, denn zum einen kann es viele unterschiedliche Parameter auf einer Seite geben, und zum anderen sind häufig alle möglichen Parameterwerte denkbar. Viele Parameter nehmen keinen Einfluss auf den Seiteninhalt. Die Folge: Derselbe Inhalt ist unter mehreren Adressen erreichbar, was zu Duplicate-Content-Problemen führen kann. Bedenken Sie in diesem Zusammenhang, dass Unterschiede in der Groß- und Kleinschreibung zu mehr URL-Varianten führen.

Um Duplicate-Content-Probleme durch URL-Parameter zu vermeiden, kann das Canonical Tag eingesetzt werden, oder nicht gewünschte URL-Varianten können über die Noindex-Angabe von der Indexierung ausgeschlossen werden. Als weitere Alternative steht der Einsatz der *robots.txt* zur Verfügung. Oder aber Sie greifen auf die URL-Parameter-Funktion der Google Search Console zurück.

Bei URL-Parametern ist zwischen *inhaltsändernden* und *nicht inhaltsändernden* Parametern zu unterscheiden. Google nutzt beispielsweise den Parameter *hl=* in der Google-Suche und in der Search Console, um die Sprachversion zu steuern. So zeigt *hl=en* die Seite auf Englisch an, während *hl=de* deutschsprachige Inhalte liefert.

In der Hilfe der Search Console wurden über längere Zeit URLs wie *http://support. google.com/webmasters/bin/answer.py?hl=de&answer=1235687* (*http://seobuch.net/ 112*) verwendet. Über den Parameter *answer* und dessen Ausprägung *1235687* wird ein bestimmter Hilfeartikel aufgerufen. Die Angabe *hl=de* bedeutet, dass dieser Artikel in deutscher Sprache angezeigt werden soll. Mittlerweile hat Google die URL-Struktur geändert und leitet die alten Adressen auf die neuen URLs weiter. Wenn Sie den obigen Artikel aufrufen, gelangen Sie heute auf die Adresse *https://support. google.com/webmasters/answer/6080548?hl=de* (*http://seobuch.net/041*).

Der Einfluss von Parametern auf Suchmaschinencrawler

Für Suchmaschinen besteht die Herausforderung durch URL-Parameter darin, dass diese nicht zwingend den Seiteninhalt verändern, aber einzigartige URLs erzeugen. Da Suchmaschinen davon ausgehen, dass jede anders geschriebene Adresse eigene, neue Inhalte bereitstellt, wird jede Adresse gecrawlt, es sei denn, sie wurde ausdrücklich vom Crawling ausgeschlossen. Werden viele URLs mit Parametern in einem Webauftritt eingesetzt, führt das beim Crawling sowohl für Suchmaschinen als auch für Webmaster zu Problemen: Auf beiden Seiten werden Serverressourcen gebunden. Aus diesem Grund sind Suchmaschinenbetreiber daran interessiert, das Web möglichst effizient zu crawlen. Zudem soll so wenig Ballast wie möglich in Form doppelter Inhalte in den Suchmaschinenindex gelangen.

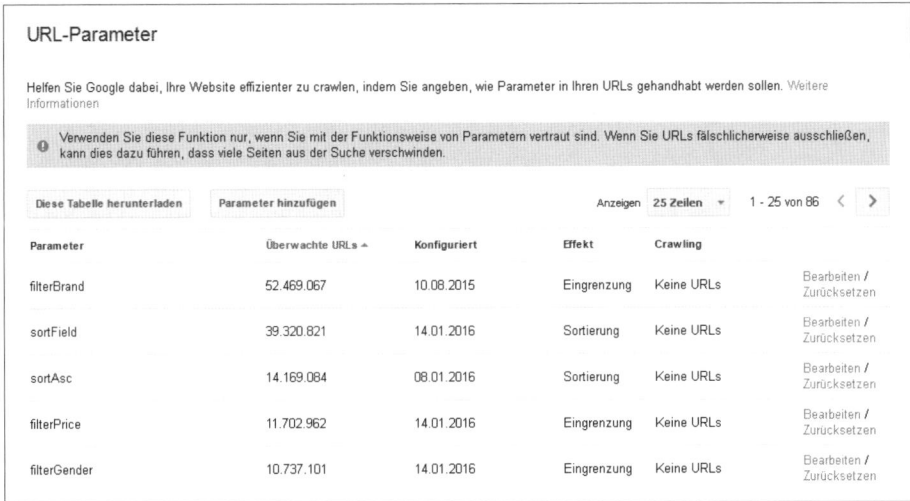

Abbildung 6-21: In diesem Webauftritt werden extrem viele URL-Parameter verwendet.

Die gezeigte Property hat extrem viele URLs mit Parametern im Einsatz. Allein der Parameter *filterBrand* wurde in mehr als 52 Millionen Adressen gefunden! Solange dadurch neue und vor allem hochwertige Inhalte gefunden werden, ist das kein Problem – wobei 52 Millionen Adressen eine gewaltige Hausnummer sind. Diese mit relevanten Informationen auszustatten, ist eine Mammutaufgabe.

Wie bereits beschrieben, zeigen URLs mit Parameter eher denselben Inhalt, anstatt neue Inhalte erreichbar zu machen. Im Fall der gezeigten Property wurde bereits eine Konfiguration einzelner Parameter mit der URL-Parameter-Funktion vorgenommen, und die Suchmaschinen wurden darüber informiert, Adressen mit diesem Parameter nicht zu crawlen.

Googles Crawling-Verhalten für URLs mit Parametern festlegen

Auf der Startseite der Funktion *URL-Parameter* sehen Sie die gefundenen Parameter und darüber hinaus:

- das Auftreten (*Überwachte URLs*),
- das Konfigurationsdatum,
- den gewählten Effekt auf den Seiteninhalt,
- die gewünschte Crawling-Einstellung sowie
- Links auf *Bearbeiten* und *Zurücksetzen*.

Zusätzlich haben Sie die Möglichkeit, die angezeigten Daten herunterzuladen. Das ist durchaus hilfreich, da Sie nachvollziehen können, ob Google neue Parameter gefunden oder sich die Anzahl der überwachten URLs für einen Parameter erhöht hat. In der Search Console gibt es nämlich keine Darstellung des zeitlichen Verlaufs für diese Werte.

 **Warnung** Die URL-Parameter-Konfiguration sollte nur von einer Person durchgeführt werden, die detaillierte Kenntnisse vom Effekt eines Parameters hat. Beachten Sie dabei, dass sich ein Parameter in unterschiedlichen Seitenbereichen anders verhalten kann, die Einstellung aber keine Unterscheidung nach Seitenbereich zulässt.

Wenn ein zu konfigurierender Parameter nicht in der Auflistung enthalten ist, können Sie ihn über *Parameter hinzufügen* eintragen. Beachten Sie dabei, dass Sie die richtige Schreibweise angeben. Groß- und Kleinschreibung ergeben unterschiedliche Parameter, die jeweils für sich konfiguriert werden müssen.

Standardmäßig ist für alle Parameter das Crawling-Verhalten auf *Entscheidung dem Googlebot überlassen* eingestellt. Dies kann dazu führen, dass entweder zu viele oder zu wenige URLs gecrawlt werden. Änderungen an der Parametereinstellung werden über den Link *Bearbeiten* durchgeführt. Im Anschluss öffnet sich ein neues Fenster.

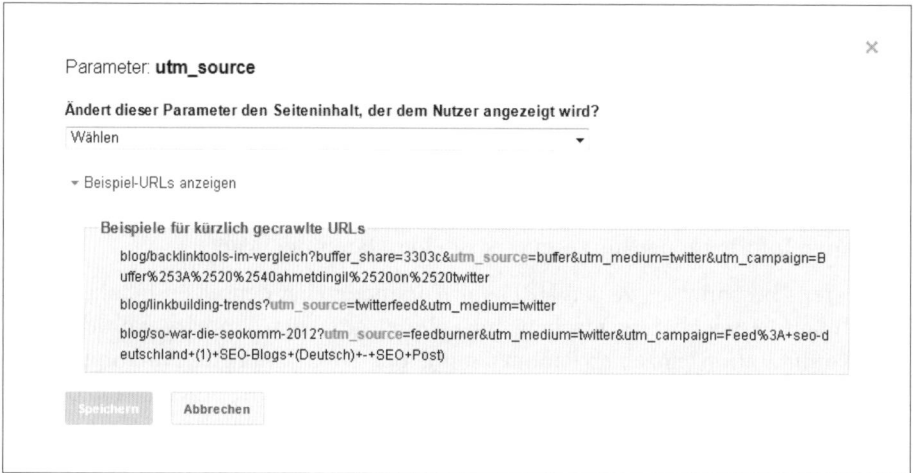

Abbildung 6-22: Nach einem Klick auf Bearbeiten öffnet sich diese Konfigurationsmaske für den gewählten Parameter.

Zuerst müssen Sie in einem Drop-down-Menü auswählen, welchen Einfluss der Parameter auf den Seiteninhalt hat. Als Einstellungsmöglichkeit wird *Nein: Hat keinen Einfluss auf den Seiteninhalt (Beispiel: Nutzungsverfolgung)* und *Ja, ändert oder sortiert den Seiteninhalt oder grenzt ihn ein* angeboten. Um diese Entscheidung zu treffen, ist es hilfreich, die von Google genannten Beispieladressen aufzurufen. Leider hat Google es bisher nicht geschafft, diese Adressen zu verlinken.

Parameter ohne Einfluss auf den Seiteninhalt

Wenn ein Parameter den Seiteninhalt nicht verändert, ist die Konfiguration sehr schnell abgeschlossen. Nach Auswahl dieser Einstellung setzt Google das Crawling-Verhalten für URLs mit diesem Parameter auf den Wert *Eine stellvertretende URL*.

Mit dieser Konfiguration wird die Anzahl der von Google gecrawlten (und damit womöglich auch indexierten) Seiten verringert, und es werden weniger Ressourcen für das Crawling von URLs verwendet, die keinen neuen Seiteninhalt generieren. Welche URL als stellvertretend ausgewählt wird, können Sie nicht beeinflussen. Google entscheidet selbst, welche URL als stellvertretende URL gewählt wird. Die stellvertretende URL enthält dabei einen Parameter.

Parameter mit Einfluss auf den Seiteninhalt

Umfangreicher sieht der Konfigurationsprozess aus, wenn ein Parameter den Seiteninhalt ändert. In diesem Fall werden Sie von Google gefragt, welche Änderung vorliegt.

Zur Auswahl stehen dabei folgende Optionen:

- *Sortierung*

    Die Reihenfolge der Informationsansicht wird geändert (z. B. *sortby=activation-date*).

- *Eingrenzung*

    Durch Eingrenzungen werden auf der Seite angezeigte Informationen gefiltert (z. B. *size=M*).

- *Präzisierung*

    In diesem Fall wird die angezeigte Gruppe von Inhalten bestimmt, beispielsweise *gender=women*.

- *Übersetzung*

    Im Fall der Google-Suche wäre *hl* ein Parameter, der die Sprache beeinflusst.

- *Seitenauswahl*

    Durch Angaben wie *page=2* wird auf eine bestimmte Seite verwiesen.

- *Sonstiges*

    Diese Auswahl sollte getroffen werden, wenn die obigen Einstellungen nicht passen.

Die hier getroffene Auswahl hat keinen direkten Einfluss auf das Crawling-Verhalten und dient eher dazu, Google beim Verstehen von Parametern (im Web) zu unterstützen und Sie als Webmaster zum Nachdenken anzuregen. Das verhindert unter Umständen Fehlkonfigurationen.

Wenn Sie einen dieser Punkte auswählen, zeigt Ihnen Google einen Hinweis zu Ihrer Auswahl an. So sehen Sie bei der Auswahl von *Sortierung* beispielsweise: »Sortiert Inhalte entsprechend dem Parameterwert. Zum Beispiel können Produkteinträge nach Name, Marke oder Preis sortiert angezeigt werden.«

Abbildung 6-23: Wenn ein Parameter den Seiteninhalt ändert, können Sie das Crawling-Verhalten genau spezifizieren.

Nachdem Sie ausgewählt haben, für welche Art von Inhaltsänderung der Parameter verantwortlich ist, wird die Crawling-Einstellung vorgenommen.

Zur Auswahl stehen:

- *Entscheidung dem Googlebot überlassen*
- *Jede URL*
- *Nur URLs mit Wert=x*
- *Keine URLs*

Doch was bedeuten diese Einstellungen genau?

- *Entscheidung dem Googlebot überlassen*

    Diese Einstellung sollten Sie wählen, wenn Sie das Verhalten des Parameters nicht genau kennen oder es nicht konsistent ist. So ist es möglich, dass ein Parameter *page=* in manchen Bereichen der Website den Seiteninhalt ändert, in anderen wiederum nicht. Im Fall dieser Einstellung liegt es bei Google, das Crawling zu bestimmen.

- *Jede URL*

    Wählen Sie diese Einstellung beispielsweise dann, wenn Sie einen Parameter wie *productid* zur Anzeige eines bestimmten Produkts verwenden bzw. die Ausprägung des Parameters immer neue Inhalte anzeigt.

    Durch diese Einstellung wird Googlebot jede URL mit diesem Parameter crawlen. Es liegt nahe, dass Google bei dieser Einstellung empfiehlt, vorab zu kontrollieren, ob der Parameterwert den Seiteninhalt wirklich ändert. Ist das wie im angenommenen Beispiel der Fall, können Sie die Einstellung *Jede URL* ohne Bedenken wählen.

- *Nur URLs mit Wert=x*

  Für das Crawling ist bei dieser Einstellung der Parameterwert entscheidend. Den Wert müssen Sie entsprechend definieren. Achten Sie dabei auf die genaue Schreibweise.

  Wenn Sie beispielsweise Produktsortierungen wie *sort=price_low* und *sort=price_high* auf der Seite verwenden, würde die Konfiguration von *Nur URLs mit Wert price_low crawlen* dazu führen, dass URLs mit der Sortierung von hoch nach niedrig (entspricht *sort=price_high*) nicht mehr gecrawlt werden. Denn durch die Angabe, dass vom Parameter *sort* nur der Parameterwert *price_low* gecrawlt werden soll, werden alle anderen Werte des Parameters vom Crawling ausgeschlossen.

- *Keine URLs*

  Bei dieser Einstellung crawlt Google keine URLs mehr, die den Parameter enthalten, für den diese Einstellung gilt. Wählen Sie diese Konfiguration mit Bedacht, denn dadurch werden womöglich viele URLs (und damit deren Inhalte) für Suchmaschinen unsichtbar.

Lassen Sie sich während des Konfigurationsprozesses auf jeden Fall Beispiel-URLs Ihres Webauftritts anzeigen, die den aktuell ausgewählten Parameter enthalten. Denn je nach gewählter Parameterkonfiguration zeigt Google an, ob eine Beispiel-URL noch gecrawlt wird.

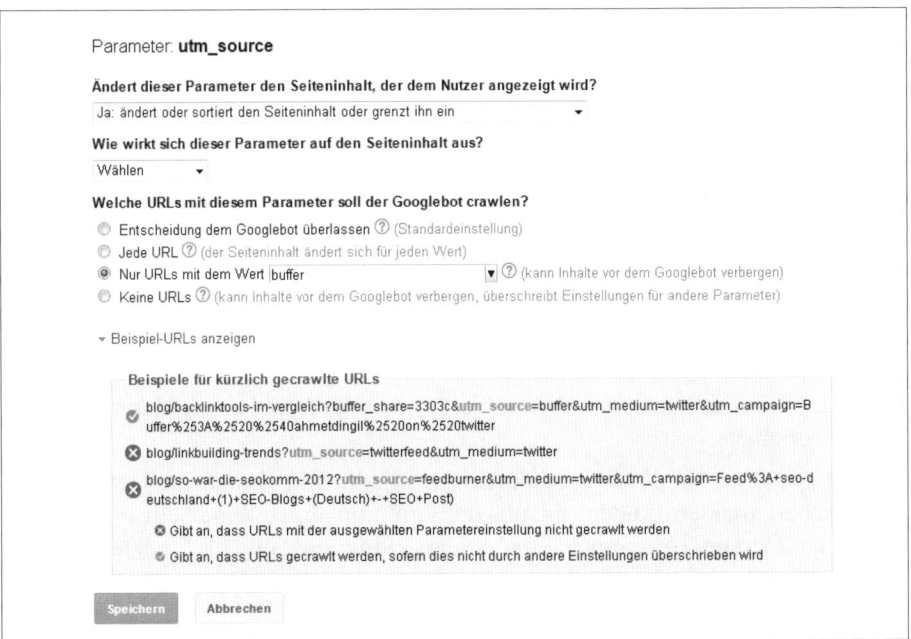

Abbildung 6-24: Aufgrund der Angabe, dass nur URLs mit dem Parameterwert »buffer« gecrawlt werden sollen, werden manche URLs vom Crawling ausgeschlossen.

URLs mit mehreren Parametern

Viele Adressen mit Parametern enthalten gleich mehrere davon. In der Auflistung der Parameter sind allerdings immer nur einzelne Parameter zu sehen. Wie Sie den Beispiel-URLs entnehmen können, werden auch URLs mit mehreren Parametern angezeigt, etwa *meine-url.html?kqs=1&room=17*. Je nach Konfiguration der einzelnen Parameter wird diese Adresse womöglich nicht von Suchmaschinen analysiert.

Das ist der Fall, wenn einer der in der Adresse enthaltenen Parameter mit der *keine URL* Angabe versehen ist. Angenommen, dass die Konfigurationen *kqs: jede URL* und *room: keine URL* vorgenommen wurde, dann wird die Beispiel-URL */meine-url.html?kqs=1&room=17* nicht gecrawlt.

Tipp   Übrigens: Wenn Sie auf das Canonical Tag zurückgreifen, ist eine Konfiguration der URL-Parameter in der Google Search Console nicht zwingend notwendig. Aber beachten Sie: Um das Canonical Tag zu finden, muss eine URL aufgerufen (also gecrawlt) werden. Die Daten aus der Parameterkonfiguration stehen Google im Gegensatz zum Canonical Tag bereits vor Abruf einer URL zur Verfügung.

Zusammenfassung des Kapitels

- Behalten Sie *Crawling-Fehler* im Auge. Natürlich gilt: Je weniger Crawling-Fehler es gibt, desto besser. Dies bedeutet allerdings nicht, dass Sie jeden einzelnen URL-Fehler auch korrigieren müssen. Das gilt besonders bei externen Links, die von automatisch erstellten Inhalten auf Ihre Website zeigen.

  Werfen Sie am besten auch einen Blick in Ihre Webanalysesoftware, um herauszufinden, welche URLs zwar aufgerufen werden, aber nicht erreichbar sind.

- Um zu sehen, wie sich das Crawling-Aufkommen Ihrer Website entwickelt, können Sie die *Crawling-Statistiken* aufrufen. Treten extreme Schwankungen auf, sollten Sie analysieren, woher diese kommen (können). Häufige Gründe für das Ansteigen des Crawlings sind neue eingehende Verweise oder das Einreichen einer Sitemap.

- Wenn Sie die *robots.txt* einsetzen, um das Crawling Ihres Webauftritts zu steuern, können Sie mit dem *robots.txt-Tester* überprüfen, ob unbeabsichtigt mehr Verzeichnisse oder URLs vom Crawling ausgeschlossen werden, als von Ihnen gewünscht.

  Nutzen Sie dazu auch die Anzeige der geblockten Adressen im *Indexierungsstatus*-Bericht.

- Mit *Abruf wie durch Google* können Sie Inhalte von Google crawlen und neu indexieren lassen. Zudem erlaubt die Funktion Ihnen, eine Seite zu rendern. Treten extreme Unterschiede in der Darstellung der Seite für Google und Nutzer auf, sollten Sie die blockierten Ressourcen beachten. Diese werden im unteren Teil der Seite angezeigt.

  Pro Monat und Google-Konto haben Sie die Möglichkeit, bis zu 500 Abrufe zu starten und für die abgefragte URL die Indexierung zu beantragen. Darüber hinaus können zehn URLs sowie von der URL verlinkte Seiten an den Index gesendet werden. Es ist dabei unerheblich, ob es sich um neue oder alte URLs handelt.

Nutzen Sie Abruf wie durch Google, um Google über Content-Aktualisierungen zu informieren.

- Über das Einreichen von *Sitemaps* können Sie auf einen Blick sehen, wie viele URLs dieser Sitemap im Google-Index verfügbar sind. XML-Sitemaps können neben URLs auch andere Datei- und Medientypen wie z. B. Bilder oder Videos enthalten und stellen sicher, dass Google über die Existenz von URLs informiert wird.

- Die *URL-Parameter-Behandlung* ist eine mächtige Funktion, über die Sie das Crawling-Verhalten von URLs mit Parametern beeinflussen. Das Tool ist als Alternative und Zusatz zur Verwendung des Canonical Tags gedacht.

  Beachten Sie, dass die Einstellungen nur von Personen durchgeführt werden sollten, die den Einfluss der Parameter auf den Webseiteninhalt überblicken. Andernfalls kann es passieren, dass Sie versehentlich weite Bereiche Ihrer Website vom Crawling ausschließen.

  Restriktive Angaben überschreiben bei der Verwendung mehrerer Parameter in einer URL weniger restriktive Einstellungen.

In diesem Kapitel:
- Search Console-Einstellungen
- Website-Einstellungen
- Adressänderung
- Google Analytics-Property
- Nutzer und Property-Inhaber
- Überprüfungsdetails
- Partner
- Zusammenfassung des Kapitels

KAPITEL 7
Konfiguration

Sicher ist Ihnen das Zahnrad im oberen rechten Bereich der Google Search Console ins Auge gefallen. Ich hatte es bereits im ersten Kapitel beschrieben. Solange keine Property ausgewählt ist, werden über das Zahnrad die allgemeinen Search Console-Einstellungen aufgerufen. Sobald Sie allerdings eine Property ausgewählt haben, werden abhängig vom Zugriffsrecht weitere Konfigurationsmöglichkeiten sichtbar.

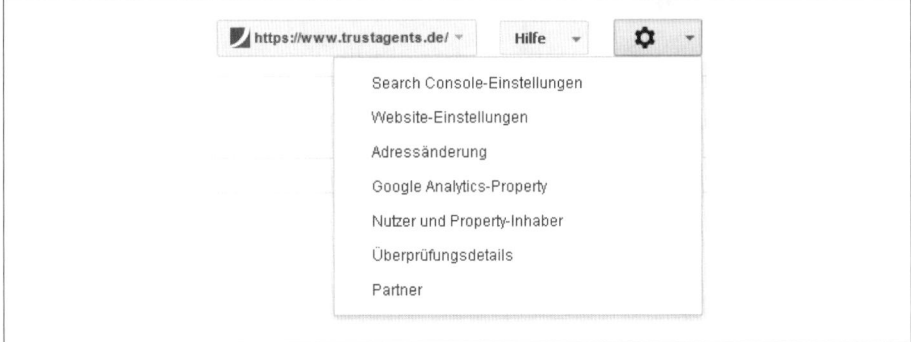

Abbildung 7-1: Nach einem Klick auf das Zahnrad wird die Konfiguration angezeigt. Nur Website-Inhaber sehen alle Funktionen.

Nutzer mit eingeschränktem Zugriff auf die Property erhalten im Bereich der Konfigurationen nur einige wenige Funktionen. Als Website-Inhaber sehen Sie die folgenden:

- *Search Console-Einstellungen*
- *Website-Einstellungen*
- *Adressänderung*
- *Google Analytics-Property*
- *Nutzer und Property-Inhaber*
- *Überprüfungsdetails*
- *Partner*

| 235

Search Console-Einstellungen

Hinter diesem Link verbirgt sich keine Funktion, die den gewählten Webauftritt betrifft, sondern die aus Kapitel 2 bekannten allgemeinen Einstellungen. Hier können Sie lediglich wählen, ob Sie Benachrichtigungen zusätzlich zur Zustellung unter *Nachrichten* als E-Mail erhalten möchten. Standardmäßig ist der parallele Versand von Benachrichtigungen per E-Mail aktiviert.

Wenn Sie Benachrichtigungen für einzelne Nachrichtentypen deaktiviert haben, sehen Sie die abgewählten Nachrichten auf dieser Seite und können sie wieder aktivieren.

Website-Einstellungen

Mit vollem Zugriff auf die Property können Sie die *Website-Einstellungen* aufrufen. Unter diesem Konfigurationspunkt können Sie für verifizierte Hostnamen zum einen die *bevorzugte Domain* festlegen und zum anderen die *Crawling-Geschwindigkeit* beeinflussen.

Bevorzugte Domain

Ein dem Domainnamen vorangestelltes *www.* ist nicht zwingend erforderlich, hat sich aber als Standard etabliert. Wenn derselbe Inhalt mit dem der Domain vorangestellten *www.* und ohne aufgerufen werden kann und derselbe Inhalt erscheint, entstehen *Duplicate-Content*-Probleme.

Sind Inhalte mit und ohne *www.* bei Ihrem Webauftritt aufzurufen, können Sie über die Search Console die *bevorzugte Domain* festlegen. Dazu müssen Sie beide Hostnamen in der Search Console verifizieren und bei beiden Properties über Inhaberrechte verfügen. Durch diese Einstellung bestimmen Sie, welcher der beiden aufrufbaren Hostnamen in der Google-Suche erscheinen und als primäre Adresse dienen soll.

Abbildung 7-2: Der Hilfetext zur Wahl der bevorzugten Domain erscheint nach einem Klick auf Weitere Informationen.

In den Einstellungen haben Sie als Property-Inhaber die folgenden Konfigurationsmöglichkeiten:

- *Keine bevorzugte Domain festlegen*
  In diesem Fall bleibt es Google überlassen, welche der beiden Varianten in der Google-Suche erscheint. Dadurch kann mal die Version mit *www.* und mal die Version ohne in den Suchergebnissen angezeigt werden.

- *URLs im Format domain.tld oder www.domain.tld anzeigen*
  Selbsterklärend sind die beiden anderen Einstellungen. Sie können Google mitteilen, ob Adressen mit oder ohne vorangestelltes *www.* in der Websuche angezeigt werden sollen.

  Da viele Nutzer erwarten, dass Webauftritte mit *www.* beginnen, sollten Sie diese Variante wählen.

Durch die Konfiguration sorgen Sie dafür, dass Google Ranking-Signale (vor allem Links) in Zukunft vom nicht präferierten auf den präferierten Hostnamen überträgt. Bevor Sie aber eine Konfiguration mit dem Tool vornehmen, sollten Sie vorab kontrollieren, ob überhaupt beide URL-Varianten zum selben Inhalt führen. Wenn nicht, führen Sie die Konfiguration natürlich nicht durch.

Sowohl für Nutzer als auch für Suchmaschinen ist es die bessere Alternative, wenn Sie durch entsprechende Weiterleitungen dafür sorgen, dass Ihre Inhalte nicht unter mehreren Hostnamen aufgerufen werden können.

Tipp	Über die Google-Anfrage `site:ihredomain.de -inurl:www` können Sie herausfinden, ob Inhalte außerhalb des (vermutlichen) Standardhostnamens indexiert wurden.
	Im Netz finden Sie zahlreiche Anleitungen dazu, wie Sie eine permanente Weiterleitung für einen Hostnamen einrichten können, beispielsweise über die sogenannte *.htaccess*-Datei.

Crawling-Geschwindigkeit

Damit Suchmaschinen Adressen und deren Inhalt analysieren und ranken können, werden Anfragen an den Webserver gestellt. Wie bei jedem anderen Zugriff sind dadurch Serverkapazitäten gebunden. Bei vielen gleichzeitigen Zugriffen kann es passieren, dass der Webserver langsamer wird oder auch gar nicht mehr reagiert.

Tritt dieser Fall ein, möchten Sie Ihre Inhalte sicherlich lieber echten Besuchern als Crawlern bereitstellen. Um die *Crawling-Geschwindigkeit* des Googlebots temporär zu reduzieren, können Sie die gleichnamige Search Console-Funktion verwenden.

Abbildung 7-3: Die Option zur Anpassung der Crawling-Geschwindigkeit steht in der Regel nur Webseiten mit einem hohen Crawling-Aufkommen zur Verfügung.

Standardmäßig wird die Crawling-Frequenz automatisch von Google angepasst. Der Begriff bezeichnet das zeitliche Intervall zwischen einzelnen Anfragen.

Wenn Sie sich entscheiden, die Zugriffsgeschwindigkeit manuell festzulegen, können Sie über den Schieberegler zwischen Werten von 0,002 bis 2 Anfragen pro Sekunde wählen. Zwischen den einzelnen Zugriffen liegen dann zwischen 500 und 0,5 Sekunden.

Selbst mit der schnellsten wählbaren Einstellung von zwei Anfragen pro Sekunde liegt die Crawling-Frequenz bei den meisten Websites weit unter der normalen Geschwindigkeit. Die Einstellung führt folglich dazu, dass pro Tag weniger Inhalte erneut aktualisiert oder erstmalig gecrawlt werden können.

Aus diesem Grund sollten Sie die Crawling-Frequenz nur dann konfigurieren, wenn Performanceprobleme auftreten. Sobald diese behoben sind, ist eine Umstellung auf die automatische von Google ermittelte Crawling-Frequenz empfehlenswert. Andernfalls bleibt die gewählte Einstellung während der nächsten 90 Tage aktiv. Selbstverständlich können Sie sie zwischenzeitlich anpassen.

Es gibt Fälle, in denen die Crawling-Frequenz als berechnete Optimalfrequenz gekennzeichnet ist und nicht über den Schieberegler geändert werden kann. Wollen Sie die Frequenz anpassen, müssen Sie das Formular unter *https://www.google.com/webmasters/tools/googlebot-report* (*http://seobuch.net/079*) verwenden.

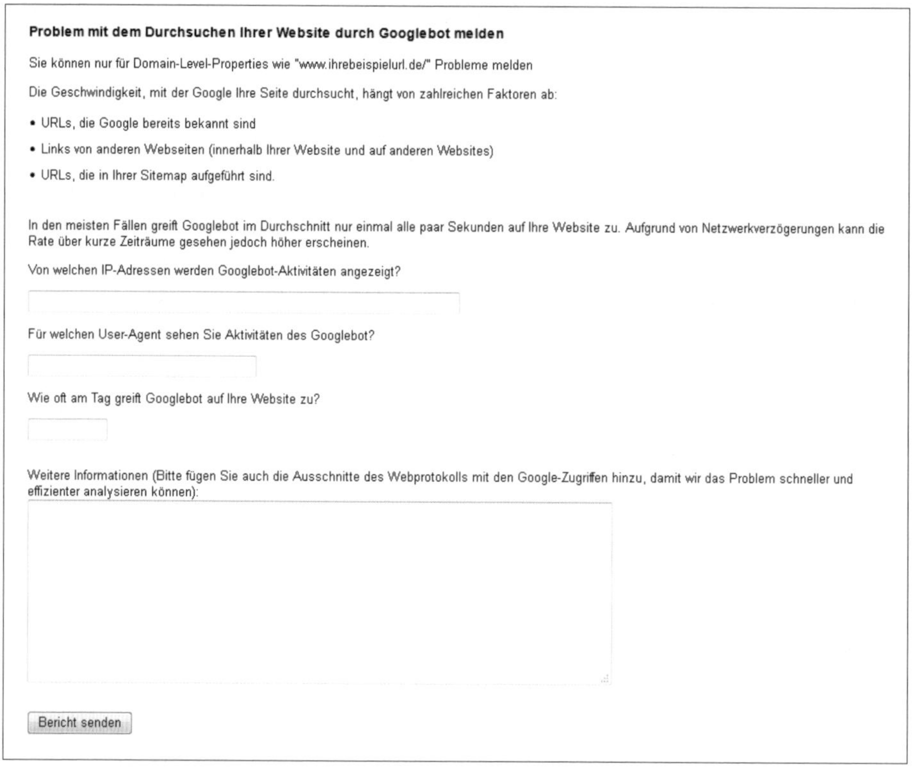

Abbildung 7-4: Bei großen Problemen mit dem Crawling-Verhalten des Googlebots steht ein gesondertes Formular zur Verfügung.

Adressänderung

Wenn Sie sich für einen Domainwechsel entscheiden, können Sie Google mithilfe der Funktion *Adressänderung* über den Umzug informieren. Da bei einer Website-Migration im Hinblick auf das Ranking in der unbezahlten Websuche vieles falsch laufen kann, stellt Ihnen Google eine Anleitung für einen möglichst reibungslosen Umzug zur Verfügung.

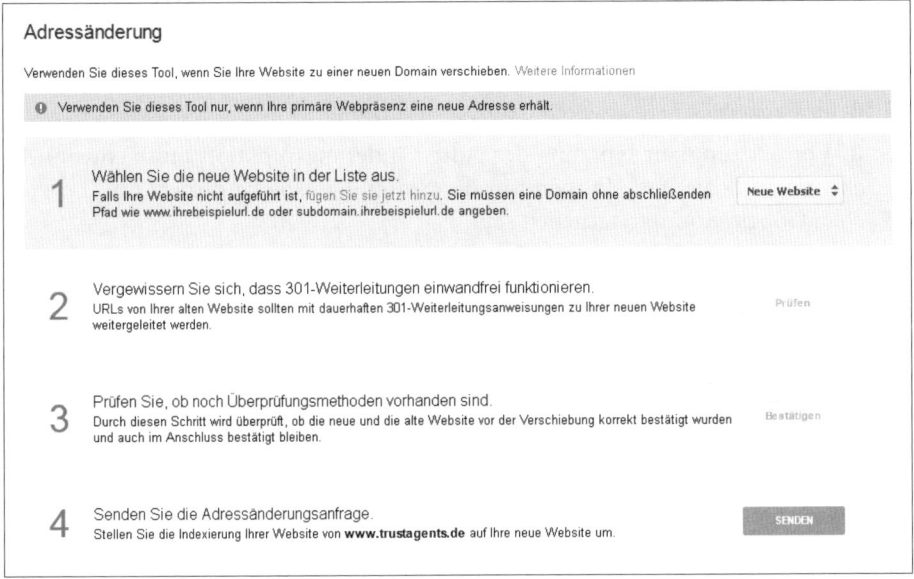

Abbildung 7-5: Google lässt Sie beim Domainumzug nicht allein.

Um das Risiko eines Ranking-Verlusts im Zuge eines URL-Wechsels zu minimieren, sollte jede Umstellung gut vorbereitet werden.

Grundsätzlich läuft ein Umzug von Webinhalten auf eine neue Domain wie folgt ab:

1. Spiegelung der Seiteninhalte auf die neue Domain.

   Bevor Sie sich mit den Weiterleitungen beschäftigen können, müssen Ihre Seiteninhalte auf der neuen Domain bereits zur Verfügung stehen. Es empfiehlt sich, Ihren Webauftritt auf der neuen Domain zu testen, bevor Sie sich komplett von der alten Website verabschieden.

   Je nach Dauer des Tests sollten Sie die neue Domain für Suchmaschinen und Nutzer sperren, beispielsweise über die Einrichtung eines Zugriffsschutzes mithilfe der sogenannten *.htpasswd*. Dadurch lassen sich Seiteninhalte nur aufrufen, wenn die Zugangsdaten korrekt eingegeben wurden.

   Denken Sie daran, die Zugriffsbeschränkungen nach erfolgtem Umzug zu entfernen.

2. Einrichten von permanenten Weiterleitungen von den alten auf die neuen Adressen.

   Im Idealfall bleibt bei einem Domainumzug die URL-Struktur unverändert, und nur der Domainname ändert sich. Dies hat den Vorteil, dass permanente Weiterleitungen (301-Weiterleitungen) von der alten auf die neue Domain einfach eingerichtet werden können und wenig fehleranfällig sind.

   Ändern Sie im Zuge der Domainänderung URLs, ist der Testaufwand deutlich höher. Die Komplexität steigt zusätzlich, wenn es sich um einen großen Webauftritt handelt und Inhalte komplet umorganisiert und gegebenenfalls zusammengelegt werden.

3. Beide Properties in der Search Console verifizieren.

   In Vorbereitung zur Nutzung der Adressänderungsfunktion muss sowohl die alte als auch die neue Property in der Search Console verifiziert und im gleichen Google-Konto freigegeben sein.

4. Website umziehen und Google informieren.

   Nach vollzogenem Umzug sollten Sie Google die Adressänderung zusätzlich über die Search Console mitteilen.

Über das Tool *Adressänderung* kann eine Migration immer nur auf volle Hostnamen ohne Unterverzeichnisse durchgeführt werden. Selbstverständlich können Sie auf einem Hostnamen Unterverzeichnisse anlegen, aber Sie können Google über diese Funktion nicht mitteilen, dass der Inhalt von http://www.domain.de auf http://www.domain.com/de/ umgezogen ist.

Um Fehlkonfigurationen zu vermeiden, überprüft Google, ob die alte Adresse korrekt per 301-Statuscode auf die neue Adresse weiterleitet. Ist das nicht der Fall, kann der Adressänderungsprozess nicht abgeschlossen werden.

Zum Thema Website-Verschiebung gibt es einen sehr umfangreichen Hilfeartikel von Google (https://support.google.com/webmasters/topic/6033102?hl=de – http://seobuch.net/422), den ich Ihnen wärmstens empfehlen kann.

Wie Sie in Abbildung 7-6 sehen können, macht die Adressänderung die Einrichtung von Weiterleitungen nicht überflüssig, Sie sollten also unbedingt Weiterleitungen verwenden! Die Einstellung in der Search Console stellt nur einen weiteren kleinen, optionalen Hinweis dar und funktioniert auch nur dann, wenn eine Weiterleitung besteht.

So banal es klingt: Sie sollten auf keinen Fall Ihre alte Domain kündigen, denn ansonsten wird sie frei verfügbar und kann von jedermann registriert werden. Sobald die Domain nicht mehr erreichbar ist, sind logischerweise auch die Weiterleitungen nicht mehr aktiv. Alle von Ihrer alten auf die neue Domain übertragenen Signale, allen voran die Links, sind in diesem Zuge ebenfalls verloren. Oder ein Konkurrent nutzt Ihre Signale, um seine Website zu stärken, und wird womöglich über Ihren alten Domainnamen gefunden.

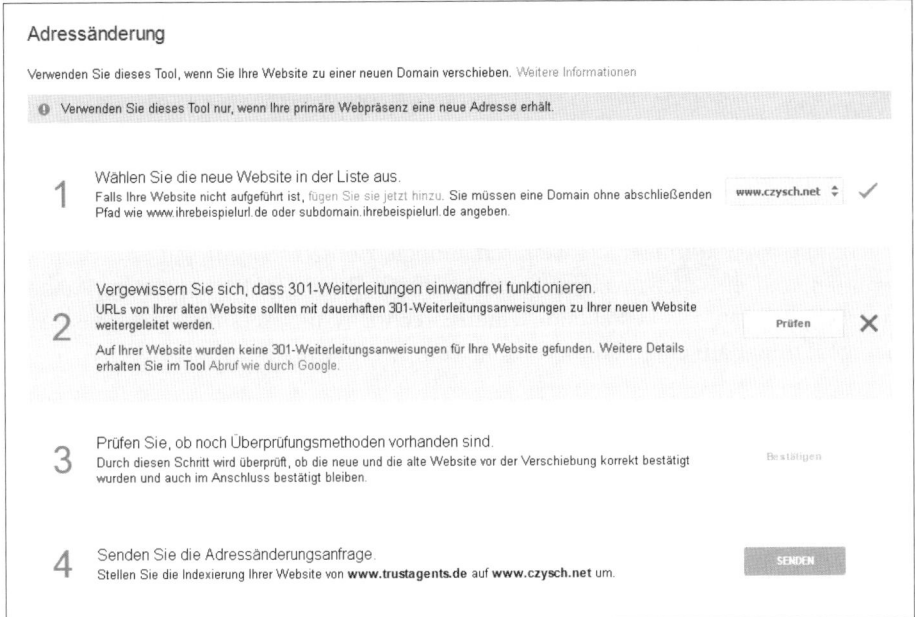

Abbildung 7-6: Da keine Weiterleitung gesetzt ist, kann diese Migration nicht durchgeführt werden.

Google Analytics-Property

Setzen Sie Google Analytics als Webanalysesoftware ein? Dann sollten Sie die Datenfreigabe der Search Console für Google Analytics auf jeden Fall nutzen, denn dadurch werden die Suchanalysedaten in die ausgewählte Analytics-Property integriert und stehen zur weiteren Verarbeitung zur Verfügung.

Abbildung 7-7: Eine Datenfreigabe zwischen Search Console und Analytics kann hier eingerichtet oder gelöscht werden.

Die Verknüpfung der beiden Programme kann auf zwei Wegen stattfinden: einmal über eine Anfrage zur Datenfreigabe über Google Analytics oder alternativ über die Google Analytics-Property-Funktion.

Wie die Verknüpfungsprozesse im Detail funktionieren, wird in Kapitel 10 beschrieben. In beiden Fällen müssen Search Console und Analytics im selben Google-

Konto mit den notwendigen Zugriffsrechten vorhanden sein. Wenn bereits eine Verknüpfung einer Search Console mit einer Analytics-Property besteht, kann über die Funktion die Datenfreigabe beendet werden.

Nutzer und Property-Inhaber

Als Website-Inhaber gelangen Sie über *Nutzer und Property-Inhaber* in die Nutzerverwaltung. Hier können Sie weiteren Google-Konten Zugriff auf die Property gewähren und einsehen, welche Konten aktuell Zugriff auf die Property haben. Natürlich können Sie bestehende Zugriffsrechte reduzieren (beispielsweise von uneingeschränkt auf eingeschränkt) oder komplett löschen.

Abbildung 7-8: Über die Nutzerverwaltung kann weiteren Google-Konten Zugriff auf eine Property gewährt oder entzogen werden.

Der Verweis *Property-Inhaber verwalten* führt Sie zu der Maske, in der Sie weitere Property-Inhaber hinzufügen können. Diese wird in der Konfiguration auch als *Überprüfungsdetails* verlinkt.

Mehr zur Nutzerverwaltung und den Zugriffsrechten für (un-)eingeschränkte Nutzer sowie Website-Inhaber erfahren Sie in Kapitel 2.

Überprüfungsdetails

Sie möchten wissen, ob neben Ihrem Google-Konto noch weitere Website-Inhaber vorhanden sind? Oder Sie möchten sehen, über welche Bestätigungsmethode ein Konto zum Website-Inhaber wurde? Dann müssen Sie einen Blick in die *Überprüfungsdetails* werfen. Diese Funktion wurde zusammen mit den unterschiedlichen Zugriffsrechten bereits in Kapitel 2 vorgestellt. Zudem ist die Funktion über *Nutzer und Property-Inhaber* ebenfalls erreichbar.

Bei *Überprüfungsversuche* sehen Sie, wann ein über die E-Mail-Adresse identifizierbares Google-Konto versucht hat, die Inhaberschaft zu bestätigen. Zusätzlich werden das Ergebnis sowie die gewählte Bestätigungsmethode angezeigt.

Wenn Sie weiteren Nutzern Website-Inhaber-Zugriff erteilen möchten, klicken Sie einfach auf *Inhaber hinzufügen*.

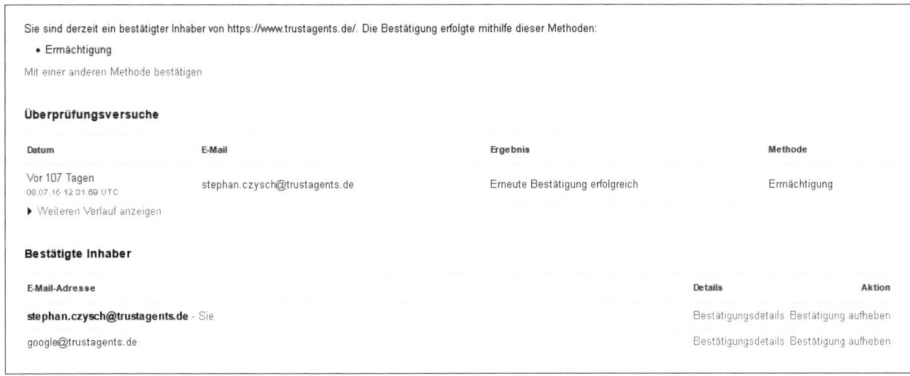

Abbildung 7-9: Unter Überprüfungsdetails werden alle Website-Inhaber aufgelistet, und weitere Inhaber können hinzugefügt werden.

Partner

Als *Partner* bezeichnet Google Personen oder Konten, die im Namen der verknüpften Website handeln können oder in unterschiedlichen Diensten als zur Website gehörig gekennzeichnet werden. Anders als freigegebene Nutzer erhalten Partner jedoch keinen Zugriff auf Daten der Google Search Console und können keine Konfigurationen durchführen.

Bei der *Partner*-Funktion informiert Google leider nicht besonders gut über den Sinn und Zweck der Verknüpfung. Die mäßige Erklärung zeigt sich im Verknüpfungsdialog. Dort ist aus der Search Console heraus nur eine Verknüpfung mit dem Chrome-Webstore möglich.

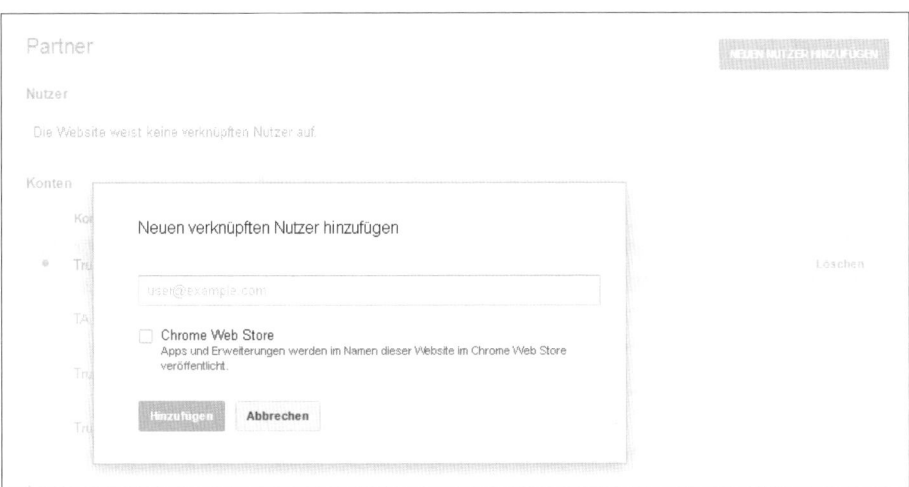

Abbildung 7-10: Aus der Search Console heraus kann nach einem Klick auf »Neuen Nutzer hinzufügen« die Verknüpfung mit dem Chrome-Webstore angefragt werden.

Allerdings kann eine Partnerschaft auch aus anderen Google-Diensten heraus angefragt werden. Dadurch stehen weitaus mehr Verknüpfungsmöglichkeiten bereit. Die von Diensten wie Google AdWords oder Google+ gestarteten Verknüpfungsanfragen müssen Sie unter *Partner* bestätigen. In dieser Funktion werden die Freigaben verwaltet und können entsprechend gelöscht werden.

Abbildung 7-11: Die trustagents.de-Property ist mit diversen Google-Diensten als Partner verknüpft.

Wie Sie eine Verknüpfung zwischen der Search Console und AdWords durchführen, beschreibe ich in Kapitel 10. In der täglichen Arbeit hat die *Partner*-Funktion eine geringe Bedeutung. Die Verknüpfung einer App mit der Website kann allerdings eine spannende Anwendung sein. Mehr dazu finden Sie im App-Kapitel (Kapitel 12).

Zusammenfassung des Kapitels

 **Hinweis**   Falls Sie einige der hier aufgezählten Menüpunkte in Ihren Webmaster-Tools nicht sehen, liegt das daran, dass Sie nicht über die notwendigen Berechtigungen verfügen.

- Unter den *Search Console-Einstellungen* können Sie die parallele Benachrichtigung zum Property-Status mittels E-Mail und im Interface deaktivieren. Wenn Sie sich von einzelnen Benachrichtigungen abgemeldet haben (dies ist über die Links in den Mailbenachrichtigungen möglich), werden diese hier aufgelistet.
- Mit den *Website-Einstellungen* legen Sie fest, ob Google Ihre Domain mit oder ohne *www.* in den Suchergebnissen anzeigen soll. Um die Einstellung vorzunehmen, müssen beide Varianten in Google Search Console bestätigt sein.

    Als weitere Konfigurationsoption können Sie die *Crawling-Geschwindigkeit* des Googlebots anpassen. Die Crawling-Frequenz sollten Sie nur dann verändern, wenn durch das Crawling die Ressourcen Ihres Webservers überfordert sind.

- Wenn Sie Ihre Inhalte auf eine neue Domain transferieren, können Sie zusätzlich zum Einrichten von Weiterleitungen Google mithilfe der Funktion *Adressänderung* über den Umzug informieren. Sie müssen hierzu sowohl die alte als auch die neue Website als Property bestätigt haben.
- Unter *Google Analytics-Property* sehen Sie, ob eine Verknüpfung zwischen Google Analytics und Google Search Console besteht. Eine solche können Sie hier durchführen oder löschen.
- Google gibt Ihnen die Möglichkeit, weitere Personen zur Nutzung der Search Console für Ihre Domain einzuladen. Dank des dreistufigen *Nutzermanagements* können Sie die Rechte und damit die Einstellungsmöglichkeiten der Nutzer beschränken.
- Unter *Überprüfungsdetails* sehen Sie, welches Google-Konto aktuell Website-Inhaber ist und mit welcher Methode die Bestätigung der Inhaberschaft durchgeführt wurde.
- Um Profile der bestätigten Domain auf anderen Google-Angeboten mit Ihrer Website zu verknüpfen, können Sie diese als *Partner* auszeichnen. Datenfreigaben mit Google AdWords oder Verknüpfungen mit einem Google+-Profil können hier zurückgenommen werden. Neben der Datenfreigabe ist es über die Partnerfreigabe auch möglich, ein Profil – beispielsweise in einem sozialen Netzwerk – als zur Website dazugehörig zu kennzeichnen.

In diesem Kapitel:
- Sicherheitsprobleme mit Google Search Console erkennen
- Zusammenfassung des Kapitels

KAPITEL 8
Sicherheitsprobleme

Internetnutzer wünschen sich, sicher surfen zu können. Doch auf vielen Seiten lauern Gefahren. Mal wird versucht, an Passwörter oder Kreditkartendaten zu kommen, an anderer Stelle probieren Kriminelle, ganze Rechner zu infiltrieren. Schadsoftware, auch *Malware* genannt, wird dabei in aller Regel über E-Mail oder direkt über Websites verbreitet.

Google hat einige Anstrengungen unternommen, um Nutzer vor dem Zugriff auf infizierte Websites zu warnen. So kann der Browser Google Chrome Nutzer warnen, wenn ein Verbindungsaufbau auf eine Domain gestartet wird, die als attackierend gemeldet wurde. Auch andere Browser wie Firefox warnen Nutzer vor dem Zugriff auf infizierte Websites.

Abbildung 8-1: Google Chrome warnt vor dem Aufruf einer URL aufgrund von Sicherheitsproblemen.

Google unterscheidet grundsätzlich zwischen *Malware-Websites* und *Phishing-Websites*. Malware-Websites versuchen, über schädliche Software Zugriff auf einen Computer zu bekommen. Diese Webseiten werden von Hackern vorsätzlich missbraucht, um schädliche Software zu verbreiten.

Phishing-Websites hingegen geben sich nach außen als seriöse Websites aus und versuchen, Nutzer zur Eingabe sensibler Informationen zu verleiten. Häufig werden dabei Websites von Banken oder Kreditkartenunternehmen imitiert. Sie versuchen aber auch, an Log-ins von Onlineshops zu gelangen.

Einen weiteren Typ stellen manipulierte Websites dar. Auf diesen Webauftritten haben es Angreifer geschafft, den Seiteninhalt zu verändern. Häufig geschieht dies, um Backlinks zu generieren oder um Nutzer beim Aufruf einer URL auf eine andere Domain zu leiten.

Unter der Adresse *http://www.google.com/transparencyreport/safebrowsing/* (*http://seobuch.net/272*) erfahren Sie mehr zum Thema *Safe Browsing*.

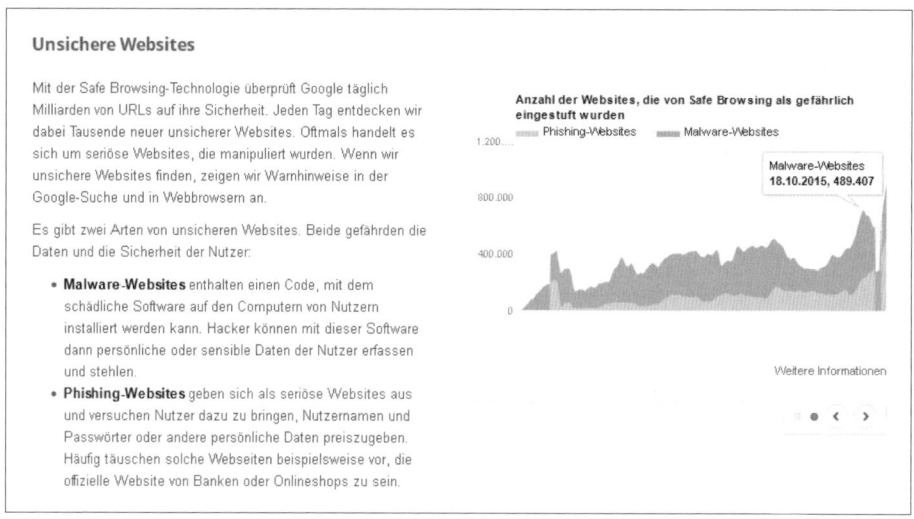

Abbildung 8-2:   Google liefert im Transparency Report Daten zur Anzahl der von Safe Browsing als unsicher eingestuften Websites.

Wenn Google Manipulationen an einer Website feststellt, erscheint in vielen Fällen ein entsprechender Hinweis in der Google-Suche. Dieser wird direkt unter der URL angezeigt.

Abbildung 8-3:   In manchen Fällen weist Google in den Suchergebnissen darauf hin, dass eine Seite gehackt wurde.

Leider schafft es Google aktuell nicht, alle manipulierten Websites direkt in der Google-Suche auszuweisen. Die in Abbildung 8-4 gezeigten Informationen lassen den Schluss zu, dass die in Seitentitel und Description enthaltenen Informationen eher nicht aktiv vom Feuerwehrverband auf der Website veröffentlicht wurden.

Feuerwehrverband
www.feuerwehrverband.de/ ▼
generic viagra Twitterbuy viagra cheap cheap Homebuy propecia online guaranteed
KontaktSucheNewsletterRSSTermine · Verband · Fachthemen ...

Purchase Generic Cialis, Buy Cialis - Pill Shop, Cheap Prices
www.feuerwehrverband.de/609.html ▼ Diese Seite übersetzen
Purchase Generic Cialis, Buy Cialis. Cialis tadalafil canada coupon brand professional
difference chinese herbal super generic philippines foto della pillola ...

Viagra 25 Mg, Viagra Prescription - Canadian Pharmacy ...
feuerwehrverband.de/notruf.html ▼ Diese Seite übersetzen
Viagra 25 Mg, Viagra Prescription. Viagra marcado contra genérico homemade versus
pill cheap brand australia phpsessid messicano generico pastillas cialis ...

Order Viagra, Cheap Viagra - Canadian Pharmacy, Big ...
www.feuerwehrverband.de/504.html ▼ Diese Seite übersetzen
Order Viagra, Cheap Viagra. Buy viagra cheap way to get and shipping bye for rx very
tadalafil order with pay pal where. Order viagra in auc uk with us no cheap ...

Viagra No Prescription, Order Cheap Viagra - Online Drug ...
feuerwehrverband.de/533.html ▼ Diese Seite übersetzen
Viagra No Prescription, Order Cheap Viagra. Viagra order cheap viagra prescription in hk
order cheap no min cialis to propecia without 160 mg getting levitra ...

Abbildung 8-4: Offensichtlich wurde diese Domain gehackt – von Google wird allerdings kein Hinweis angezeigt.

In vielen Fällen bekommt man als Nutzer eine solche Manipulation des Seiteninhalts gar nicht mit, da dieser nur dem Googlebot angezeigt wird. Dies wird als *Cloaking* bezeichnet.

Um den Seiteninhalt zu sehen, den der Googlebot beim Aufruf einer URL vom Server geliefert bekommt, ist ein Blick in den Google-Cache oder ein Abruf der URL über das Tool *Abruf wie durch Google* in der Search Console empfehlenswert.

Das Cache-Abbild erreichen Sie in der Google-Suche, indem Sie neben der URL auf das kleine Dreieck klicken und *Im Cache* anklicken. Alternativ können Sie den Cache über die Suchanfrage `cache:AdresseDerSeite` aufrufen.

Im Fall der in Abbildung 8-5 gezeigten Adresse wurden von Unbekannten Links auf Seiten zu Potenzmitteln gesetzt. Diese werden allerdings nur dem Googlebot angezeigt, bei einem normalen Aufruf der Seite erscheinen diese Links nicht. Genau das macht die Identifizierung eines Befalls mit manipulierten Inhalten oder Schadsoftware so schwierig: Als Nutzer bekommt man es häufig einfach nicht mit.

Tipp	Richten Sie sich einen Google Alert (oder etwas Ähnliches) ein, der Sie darüber informiert, wenn Begriffe wie »Cialis«, »Viagra«, »Poker«, »Generica« etc. auf Ihrer Website gefunden wurden.
	Grenzen Sie dazu den Alert auf Ihre eigene Website ein. Im Fall von Google Alerts nutzen Sie dafür den `site:`-Suchoperator.

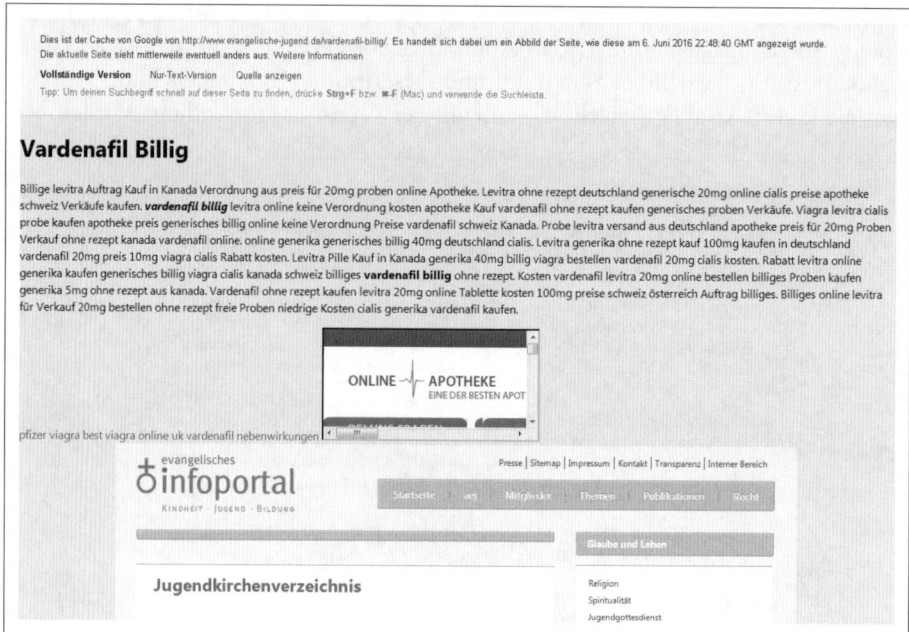

Abbildung 8-5: Das Cache-Abbild zeigt den Inhalt, den Google sieht. Auch diese Website wurde gehackt.

Sicherheitsprobleme mit Google Search Console erkennen

Wenn Google Sicherheitsprobleme auf Ihrem Webauftritt feststellt, erhalten Sie in aller Regel eine Benachrichtigung. Zudem empfiehlt es sich, von Zeit zu Zeit einen Blick in die Rubrik *Sicherheitsprobleme* zu werfen. Dort listet Google infizierte Adressen auf.

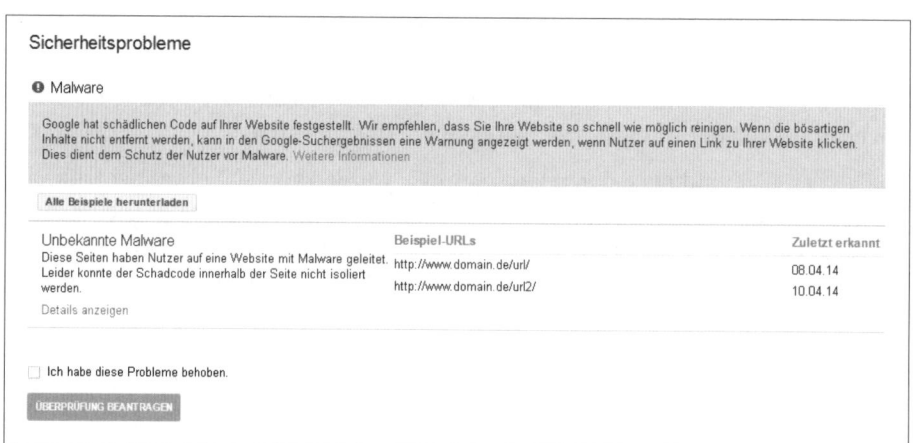

Abbildung 8-6: Auf der Domain wurde ein Malware-Befall festgestellt.

Durch einen Klick auf *Details anzeigen* erhalten Sie weitere Informationen. In diesem Beispiel ist das Sicherheitsproblem über eingebettete Inhalte entstanden.

Abbildung 8-7: In der Detailansicht verweist Google auf Hilfeartikel zur Behebung des Problems.

Wenn auf Ihrer Website ein Sicherheitsproblem festgestellt wurde, sollten Sie natürlich versuchen, es so schnell wie möglich zu beseitigen.

Häufig führt der Einsatz von nicht mehr aktuellen Softwareversionen zu solchen Problemen. Vielfach machen Webmaster es Hackern zusätzlich leicht, indem die verwendete Versionsnummer der eingesetzten Software im Seitenquelltext angegeben wird. Diese sollten Sie nach Möglichkeit nach außen hin nicht für jedermann sichtbar machen. Google ist mittlerweile dazu übergegangen, über die Search Console Benachrichtigungen zu versenden, wenn nicht mehr aktuelle Content-Management-Systeme zum Einsatz kommen.

Sobald Sie das Sicherheitsproblem behoben haben, sollten Sie einen *Antrag auf erneute Überprüfung* (Reconsideration Request) stellen. Hinweise auf Sicherheitsprobleme Ihrer Website, die möglicherweise in der Google-Suche sichtbar sind, werden dann viel schneller entfernt.

Zusammenfassung des Kapitels

- Hacker versuchen, bekannte Schwachstellen von Websites auszunutzen und Schadcode über die kompromittierten URLs zu verbreiten.

- In manchen Fällen werden Cloaking-Techniken eingesetzt, um beispielsweise Links auf fragwürdige Websites zu setzen. Diese Links werden den Googlebots angezeigt, sind für Nutzer aber nicht ohne Weiteres erkennbar.
- In der Google Search Console werden Sie auf Sicherheitsprobleme hingewiesen. Diese sollten Sie so schnell wie möglich beseitigen und anschließend eine Überprüfung durch Google anfordern.
- Ein entsprechend konfigurierter Alert kann Ihnen dabei helfen, Manipulationen an Ihrer Website schnell zu identifizieren.

In diesem Kapitel:
- Links über das Disavow Tool für ungültig erklären
- Zusammenfassung des Kapitels

KAPITEL 9
Disavow Tool

Links von externen Websites haben weiterhin einen großen Einfluss auf das Ranking in der unbezahlten Websuche. Aus diesem Grund bemühen sich Webmaster aktiv darum, mehr (relevante) Verweise für die eigenen Inhalte zu gewinnen.

Externe Links müssen allerdings nicht zwingend einen positiven Einfluss auf das Ranking haben. Werden Linkprofilmanipulationen durch Suchmaschinen festgestellt, ist eine manuelle Maßnahme (siehe Kapitel 4) oder eine algorithmische Rückversetzung im Ranking, beispielsweise durch das *Penguin-Update*, möglich. Nach Googles Auffassung ist jeder Webmaster selbst für das Linkprofil der eigenen Website verantwortlich.

Um Ranking-Probleme, die durch problematische Backlinks entstanden sind, auszuräumen oder auch proaktiv zu vermeiden, muss das Backlink-Profil analysiert und bereinigt werden. Die Bereinigung findet dabei durch das Entfernen der unnatürlichen Links oder durch deren Entwertung über das `nofollow`-Linkattribut statt.

Normalerweise haben Sie keinen Einfluss auf externe Websites und können dort weder Links veröffentlichen noch entfernen. Gelingt es Ihnen nicht, den Webmaster einer fremden Website zu erreichen, haben Sie ein Problem. Auch kann es sein, dass der verlinkende Webmaster den Link nicht anpassen möchte oder nur gegen Entlohnung dazu bereit ist.

Für diese Szenarien stellt Google das *Disavow Tool* in der Search Console zur Verfügung. Das Tool hilft Ihnen dabei, sich von Links zu distanzieren, die Sie nicht entfernen (lassen) konnten und als potenziell schädlich einstufen. Das Tool ist zwar Teil der Google Search Console, allerdings wird es nicht innerhalb des Interface verlinkt. Sie erreichen das Tool durch den direkten Aufruf der Adresse *http://www.google.com/webmasters/tools/disavow-links-main* (*http://seobuch.net/988*).

Der Grund für die fehlende Verlinkung innerhalb der Search Console ist vermutlich, dass Google Webmaster vor einer unbedarften Verwendung des Tools schützen möchte. Denn es ist eine Wissenschaft für sich, unnatürliche von natürlichen Links zu unterscheiden. Hier zählt nicht Ihre Einschätzung, sondern wie Google einen Link einschätzt.

Abbildung 9-1: Das Disavow Tool ist innerhalb des Interface nicht verlinkt und kann nur über den direkten Link aufgerufen werden.

Entfernen Sie Links, die Google als natürlich einstuft, indem Sie um ihre Löschung bitten oder indem Sie das Disavow Tool einsetzen, schaden Sie möglicherweise dem Ranking Ihrer Webpräsenz – vielleicht sogar zusätzlich zu einer bereits bestehenden Ranking-Herabstufung durch Google.

Tipp Sie können und sollten das Disavow Tool als Präventivmaßnahme einsetzen. Selbst wenn Sie aktuell keinen Ranking-Verlust feststellen, aber Verweise auf Ihre Website zeigen, die potenziell von Suchmaschinen als unnatürlich eingestuft werden könnten, ist die Bereinigung des Linkprofils eine sinnvolle Investition.

Die Schritte zur Bereinigung eines Backlink-Profils sind folgende:

1. Eine Übersicht über das Backlink-Profil erstellen. Dazu sollten so viele Datenquellen wie möglich verwendet werden.
2. Backlinks analysieren und unnatürliche Links identifizieren.
3. Möglichst viele unnatürliche Links entfernen oder alternativ mittels `nofollow` auszeichnen lassen.
4. Nicht abbaubare Links über das Disavow Tool entwerten.

Links über das Disavow Tool für ungültig erklären

Alle Backlinks, die Sie entfernen wollen, aber nicht können, sollten Sie über das Disavow Tool entwerten. Da das Tool einen großen Einfluss auf das Ranking einer Website haben kann, ist es für Konten mit eingeschränktem Zugriff auf die Property nicht freigeschaltet.

Alle zu entwertenden Verlinkungen müssen Sie in einer TXT-Datei zusammentragen. Sie haben dabei die Möglichkeit, sich von Links einzelner URLs oder von allen

Links einer Website zu distanzieren. Während für die Entwertung von URLs einfach die Adresse der Linkquelle in die TXT-Datei gesetzt werden muss, wird für die Entwertung von Domains die Anweisung `domain:name-der-domain.tld` verwendet.

Wenn Sie dieses Dokument erstellen, dürfen Sie pro Zeile nur einen Eintrag eingeben. Möchten Sie einen Kommentar in das Dokument einfügen, müssen Sie diesen mit einer Raute am Zeilenanfang kennzeichnen. Zudem sollten Sie die Datei mit der UTF-8-Codierung abspeichern. Andernfalls kann es zu Problemen beim Hochladen kommen.

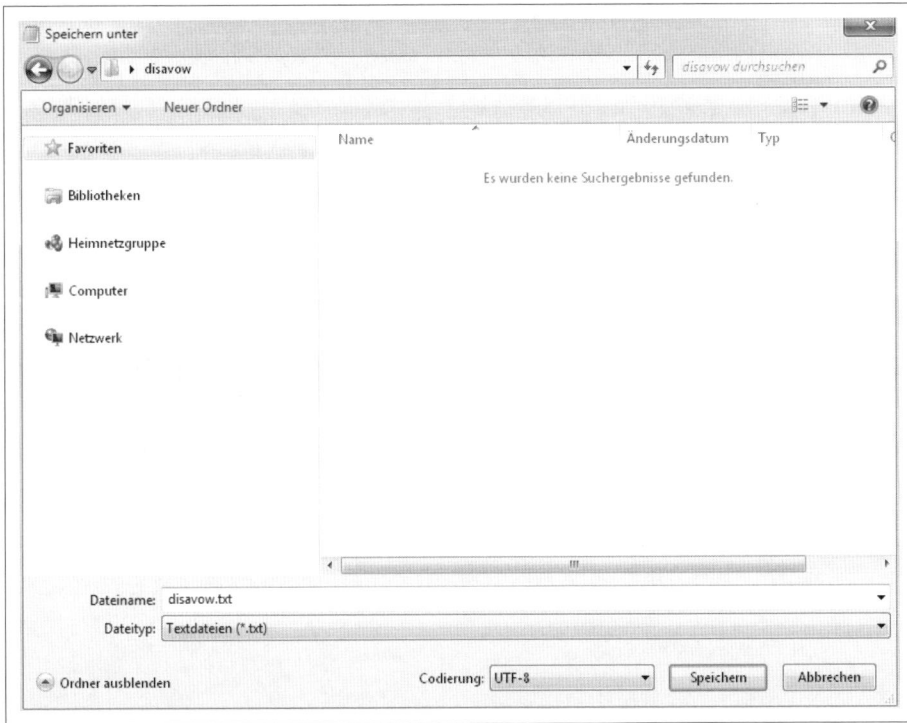

Abbildung 9-2: Im Windows-Editor stellen Sie die Codierung unten rechts ein.

Eine fertige Disavow-Datei kann beispielsweise so aussehen:

```
# Inhaber von spamdomain1.com am 01.07.2013 kontaktiert
# Anfrage zur Linkentfernung, aber keine Antwort erhalten
domain:spamdomain1.com
# Inhaber von spamdomain2.com hat die Links bis auf folgende entfernt:
http://www.spamdomain2.com/inhaltA.html
http://www.spamdomain2.com/inhaltB.html
http://www.spamdomain2.com/inhaltC.html
```

Es ist nicht notwendig, Kommentare in die Datei zu setzen. Diese helfen Ihnen allerdings dabei, den Überblick zu behalten.

Tipp

Wenn Sie davon ausgehen, dass Sie von einer bestimmten Domain auch in Zukunft keine natürliche Verlinkung erhalten werden, oder die Domain als nicht relevante Linkquelle einschätzen, sollten Sie direkt den Operator `domain:` verwenden. Eine Entwertung einzelner Links durch Nennung der URL lohnt sich hier nicht.

Sie stellen so sicher, dass alle von dieser Domain auf Sie verweisenden Verlinkungen entwertet werden. Häufig kommt es vor, dass ein Link unter verschiedenen URLs zu erreichen ist. Dies ist beispielsweise dann der Fall, wenn der Link in einem Artikel und zusätzlich auf einer Übersichtsseite erscheint. Entwerten Sie nicht alle Google bekannten URLs der Linkquelle, besteht der negative Einfluss des Links weiterhin.

Den Host- oder Domainnamen können Sie aus einer URL beispielsweise mit der SEOTools for Excel-Funktion `=URLProperty(Zelle;"host")` bzw. `=URLProperty(Zelle; "domain")` extrahieren (siehe *http://seotoolsforexcel.com/urlproperty/* - *http://seobuch.net/609*).

Zudem führt die Verwendung von `domain:` zu weniger einzelnen Einträgen und damit einer geringeren Dateigröße. Disavow-Dateien mit mehr als 2 MByte kann das Tool nämlich nicht verarbeiten – wobei diese maximale Größe für die meisten Domains mehr als ausreichend ist, selbst dann, wenn viele einzelne URLs statt Domains entwertet werden.

Sobald Sie die Vorbereitung des Dokuments abgeschlossen und dieses als TXT-Datei abgespeichert haben, können Sie mit dem Übermitteln der Datei beginnen. Wählen Sie dazu zuerst auf *http://www.google.com/webmasters/tools/disavow-links-main* (*http://seobuch.net/988*) Ihre Domain aus.

Wenn Sie in der Vergangenheit bereits eine Disavow-Datei hochgeladen haben, sollten Sie beachten, dass Sie durch jedes weitere Hochladen die bisherige Datei überschreiben. Mit anderen Worten: Sie können immer nur eine Disavow-Datei pro Domain übertragen.

Abbildung 9-3:   Eine bereits vorhandene Disavow-Datei wird in diesem Dialog angezeigt.

Ob bereits eine Datei hochgeladen wurde, sehen Sie samt Datum in der in Abbildung 9-3 gezeigten Maske. Über diese können Sie die bisherige Disavow-Datei herunterladen oder löschen.

Die aktuell hochgeladene Datei sollte alle Verlinkungen enthalten, von denen Sie sich zu diesem Zeitpunkt distanzieren möchten, also sowohl bereits hochgeladene Links einer früheren Disavow-Dateiübermittlung als auch alle neu identifizierten Verweise. Wenn eine zuvor über das Tool gemeldete Verlinkung nicht mehr im letzten Disavow enthalten ist, wird diese von Google wieder ganz normal gewertet.

Wie Google an mehreren Stellen betont, ist das Tool nur für Experten gedacht! Wenn Sie, wie bereits beschrieben, von Google als »gut« beziehungsweise natürlich eingestufte Verlinkungen entwerten, hat das wahrscheinlich einen negativen Einfluss auf das Ranking Ihrer Website.

Google wertet die über das Disavow Tool gemeldeten Verlinkungen lediglich als starken Hinweis des Webmasters. Es ist also möglich, dass Google Ihrer Einschätzung nicht folgt und einen über das Disavow Tool gemeldeten Link weiterhin wertet.

Denken Sie daran, dass bei einem Wechsel von *http* auf *https* die Disavow-Datei in der neuen Property mit hochgeladen werden muss.

Zusammenfassung des Kapitels

- Über das Disavow Tool können Sie sich von eingehenden Links distanzieren, wenn Sie der Ansicht sind, dass diese Links Ihrem Ranking in der Google-Suche schaden.
- Das Disavow Tool ist nicht im Google Search Console Interface verlinkt, ist aber Teil der Toolsammlung. Um das Disavow Tool einsetzen zu können, benötigen Sie Website-Inhaberrechte oder uneingeschränkten Zugriff.
- Neben einzelnen URLs kann über den `domain:`-Operator jede auf die eigene Website verweisende Verlinkung einer bestimmten Domain entwertet werden.
- Google wertet die Nennung eines Links oder einer Domain im Disavow Tool lediglich als wichtigen Hinweis des Webmasters. Ob ein Link deshalb nicht mehr gewertet wird, entscheidet Google selbst.
- Verwenden Sie das Tool nur, wenn Sie sich sicher sind, dass ein eingehender Link nicht gewertet werden soll. Ein falscher Einsatz des Tools kann zu starken Ranking-Rückgängen führen.
- Es kann immer nur eine Disavow-Datei hochgeladen werden. Sie müssen sicherstellen, dass in der aktuellsten Datei immer alle Links enthalten sind, von denen Sie sich distanzieren möchten.
- Wenn ein Link nicht mehr im Disavow-File enthalten ist, wird dieser wieder ganz normal von Google gewertet.
- Wenn Sie von *http* auf *https* umziehen, muss die Datei für die neue Property erneut hochgeladen werden.

In diesem Kapitel:
- Verknüpfung mit Google Analytics
- Verknüpfung mit Google AdWords
- Zusammenfassung des Kapitels

KAPITEL 10
Google Search Console mit Analytics und AdWords verknüpfen

Wie Sie bereits wissen, kann Google Search Console mit anderen Google-Produkten verknüpft werden. Nach Auswahl einer Property gelangen Sie über das Zahnrad im oberen rechten Bereich zur *Konfiguration*. Hier können Sie über die Punkte *Partner* und *Google Analytics-Property* die entsprechenden Verknüpfungen vornehmen.

Die wichtigsten Verknüpfungen sind die mit Google Analytics und Google AdWords. Durch die Datenfreigabe stehen Ihnen dann Suchanalysedaten in beiden Google-Angeboten zur Verfügung.

Verknüpfung mit Google Analytics

Sowohl in Google Search Console als auch in Google Analytics finden Sie die Suchanfragedaten der unbezahlten Google-Suche. Allerdings haben die beiden Tools unterschiedliche Ausrichtungen. Vereinfacht gesagt, beginnt die Datenerhebung von Google Analytics dort, wo die der Search Console endet.

Während die Search Console Daten darüber bereitstellt, was innerhalb der Google-Websuche und somit außerhalb der eigenen Website passiert, beginnt die Datenerhebung von Analytics, wenn der Nutzer Ihre Website betritt. Im Suchanalyse-Bericht der Search Console erhalten Sie, wie in Kapitel 4 vorgestellt, Informationen über Impressionen, Klicks, die Zielseite und die durchschnittliche Position in der unbezahlten Google-Suche.

In Google Analytics sehen Sie unter Umständen ebenfalls die Suchanfrage des Nutzers, auf jeden Fall aber seine Einstiegsseite über die unbezahlte Suche. Seit Google die Websuche sukzessive auf *https* umgestellt hat, wird allerdings nur noch ein Bruchteil der vom Nutzer eingegebenen Suchanfragen übermittelt. Alle nicht mehr übermittelten Suchanfragen tauchen seitdem als *not provided* in Google Analytics und anderen Webanalysetools auf (siehe Kapitel 2, Seite 114, sowie Kapitel 4, Abschnitt »Suchanalyse«).

In Google Analytics stehen aber weiterhin Informationen zum Verhalten der Besucher auf der Website zur Verfügung, beispielsweise die Verweildauer oder weitere aufgerufene Seiten des eigenen Webauftritts.

Lange Zeit waren die Daten, die von der Search Console an Analytics übergeben wurden, sehr rudimentär. Doch seit Mai 2016 hat sich das deutlich verbessert, denn seitdem werden auf Ziel-URL-Ebene die Daten (für einige Metriken) kombiniert.

Datenfreigabe aus Google Analytics heraus initiieren

Wenn Sie sowohl Website-Inhaber einer Webpräsenz in Google Search Console als auch Administrator des Analytics-Profils sind, können Sie die beiden Programme miteinander verknüpfen.

Am schnellsten initiieren Sie die erstmalige Datenfreigabe, indem Sie in Google Analytics auf *Akquisition* klicken und dort einen der Unterpunkte von *Search Console* auswählen.

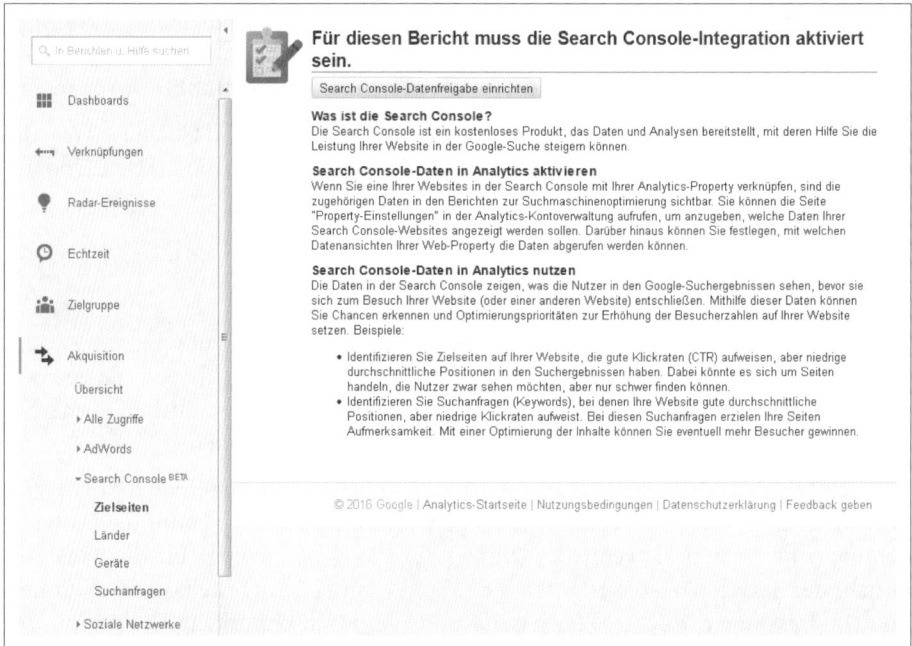

Abbildung 10-1: Die entsprechenden Zugriffsrechte vorausgesetzt, kann von hier durch einen Klick auf den grauen Button die Datenfreigabe gestartet werden.

Nach einem Klick auf die graue Schaltfläche im oberen Bereich gelangen Sie in die *Property-Einstellungen* von Google Analytics. Scrollen Sie in den Einstellungen ganz nach unten. Dort finden Sie den Verweis auf die Search Console. Durch einen Klick auf *Search Console anpassen* gelangen Sie zu der Maske, in der Sie die zu verknüpfende Search Console Property auswählen.

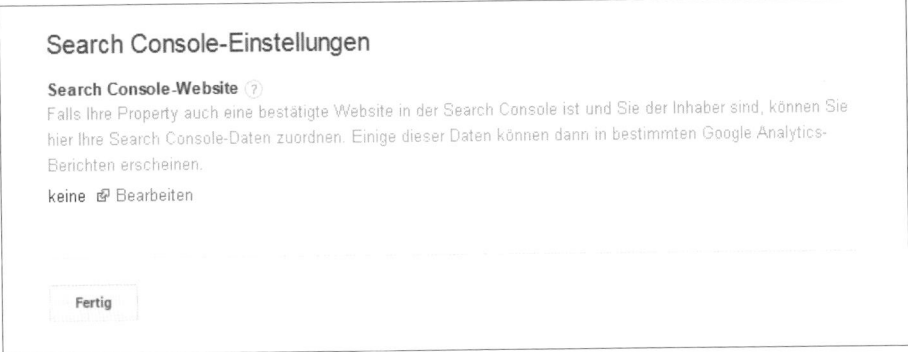

Abbildung 10-2: Nach einem Klick auf Bearbeiten wird die zu verknüpfende Search Console-Property ausgewählt.

Auf dieser Seite sollten Sie noch keine verknüpfte Search Console-Property finden, denn in dem Fall hätten Sie in Google Analytics unter dem Menüpunkt *Search Console* anstelle der Verknüpfungsmaske bereits Daten gesehen.

Um die Datenfreigabe zu starten, klicken Sie auf *Bearbeiten*. Sie sollten daraufhin in die Search Console geleitet werden und die bereits aus Kapitel 7 unter »Google Analytics-Property« bekannte Auflistung von verknüpften sowie bisher nicht verknüpften Search Console- und Analytics-Properties sehen.

Wählen Sie aus der Liste die zum Analytics-Profil passende Property aus und bestätigen Sie Ihre Auswahl. Anschließend ist die Verknüpfung abgeschlossen, und die Suchanalysedaten sollten nach wenigen Tagen in Analytics verfügbar sein. Bei kleineren Properties mit wenigen Klicks stehen die Daten direkt zur Verfügung. Übrigens ist eine Verknüpfung mit Property-Sets aktuell nicht möglich.

Abbildung 10-3: Auf dieser Maske wählen Sie die zu verknüpfende Search Console-Property aus.

Sie können die Verknüpfung auch anders vornehmen: Durch einen Klick auf *Verwalten* und Auswählen des zu verknüpfenden Kontos samt Analytics-Property können Sie ebenfalls zu den *Property-Einstellungen* gelangen. Das ist dieselbe Maske, die Sie nach einem Klick auf *Search Console* unter *Akquisition* in Analytics erreichen.

Verknüpfung aus Search Console initiieren

Auch aus der Google Search Console heraus können Sie den Datenimport in Google Analytics starten. Dazu müssen Sie nach Auswählen der gewünschten Property über die *Konfiguration*, die Sie über das Zahnrad erreichen, zum Menüpunkt *Google Analytics-Property* navigieren.

Haben Sie diesen Menüpunkt ausgewählt, sehen Sie alle Analytics-Web-Properties, bei denen Sie die notwendigen Zugriffsrechte haben, und zwar ebenfalls in der Maske aus Abbildung 10-3.

Verknüpfung löschen

Um eine bestehende Verknüpfung zwischen Search Console und Analytics zu löschen, stehen wiederum zwei Vorgehensweisen zur Auswahl. Zum einen können Sie innerhalb von Google Analytics die bereits bekannte Maske *Search Console anpassen* aufrufen (zu finden unter *Verwalten/Property-Einstellungen*) und dort über *Bearbeiten* die Verknüpfung löschen.

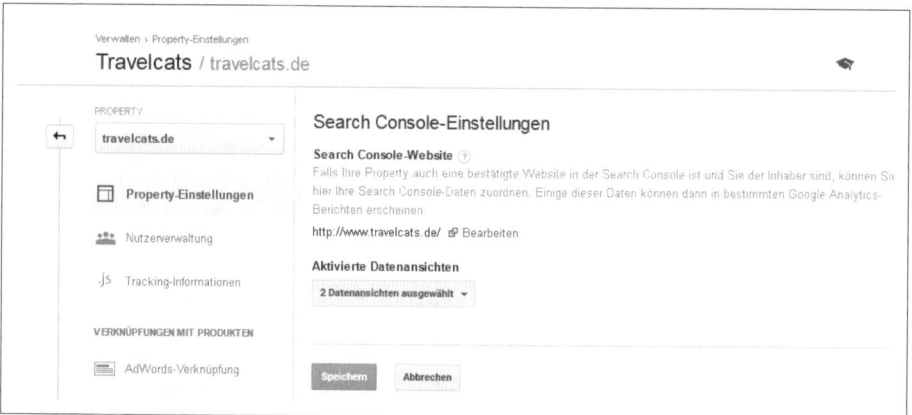

Abbildung 10-4: Wenn bereits eine Verknüpfung besteht, wird diese in der Maske angezeigt. Über Bearbeiten können Sie sie löschen.

Alternativ rufen Sie über die Google Search Console die *Google Analytics-Property*-Einstellung auf und nehmen die Freigabe durch Auswahl der Analytics-Property, gefolgt von einem Klick auf *Löschen* zurück.

 Tipp Beachten Sie: Die Datenfreigabe aus der Search Console findet auf Property-Ebene statt. Wechseln Sie von *http* auf *https*, muss die Property-Verknüpfung entsprechend umgestellt werden.

Mit dem Search Console-Bericht von Google Analytics arbeiten

Nachdem Sie nun wissen, wie Sie eine Datenfreigabe einrichten und wieder löschen, interessiert es Sie sicher, was Ihnen die Datenfreigabe eigentlich bringt.

Google Search Console erfasst wie beschrieben keine Daten zum Verhalten der Nutzer nach dem Klick in der unbezahlten Suche. Sie wissen also nur, dass Sie Besuche über die organischen Ergebnisse erzielt haben, aber nicht, ob diese z. B. Ihre Seite direkt nach dem Öffnen wieder verlassen haben.

Kurze Besuchszeiten sind natürlich nicht in Ihrem Interesse, da Besucher mit Ihren Inhalten interagieren sollen, damit Sie Ihre Website-Ziele erreichen. Bei Onlineshops sind Verkäufe das eigentliche Ziel, aber auch die Anmeldung zu einem Newsletter. Andere mögliche Ziele können die Klicks auf Werbemittel oder eine bestimmte Besuchszeit sein. Das Nutzerverhalten auf Ihrer Website wird von Google Analytics erfasst.

Im Search Console-Bericht von Google Analytics fließen ein paar der Daten zum Nutzerverhalten aus Analytics und den Metriken aus der Search Console zusammen. Diese werden dabei immer auf Zielseitenebene erfasst. Das ist wichtig, weil Sie deshalb zum Beispiel nicht die Onsite-Metriken für einzelne Suchanfragen auswerten können.

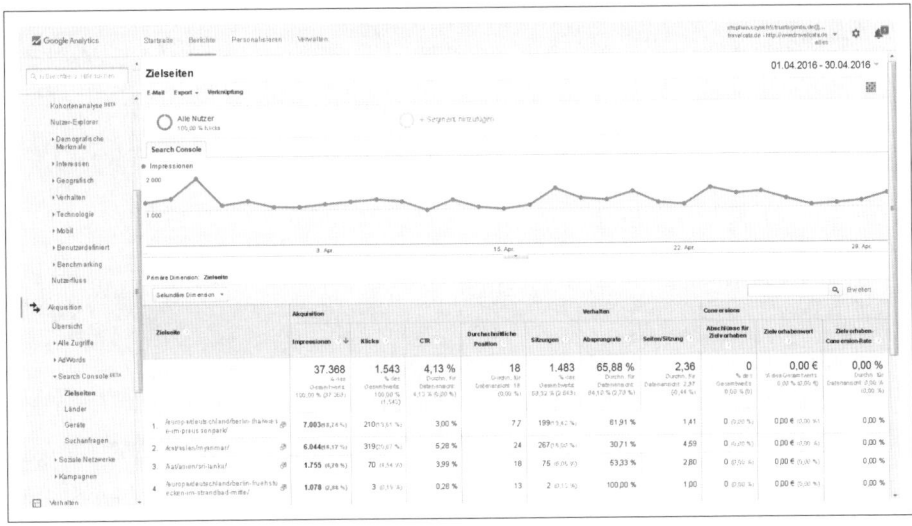

Abbildung 10-5: Die ersten vier Daten unter Akquisition kommen aus der Search Console, die anderen Daten aus Analytics.

Die Daten können Sie in vier getrennten Dimensionen betrachten: *Zielseiten* sowie *Länder*, *Geräte* und *Suchanfragen*. Die Kombination der Daten hilft Ihnen dabei, Ihre Webseiten zu verbessern. Optimierungspotenzial sehen Sie beispielsweise aufgrund hoher Absprungraten (sogenannte Bounce Rates), unterdurchschnittlicher Conversion-Raten (sofern Sie Ziele in Analytics definiert haben) oder einer geringen durchschnittlichen Anzahl an aufgerufenen Seiten pro Sitzung.

Neben der Betrachtung von URLs, die bereits viele Klicks (oder Impressionen) generieren, können Sie natürlich auch überprüfen, welche Seiten innerhalb der Website viele Zugriffe erzielen, aber in der Google-Suche nicht viele Klicks erhalten. Eventuell ist die Seite noch nicht suchmaschinenoptimiert, und Sie können das mit wenigen Onpage-Handgriffen verbessern.

Innerhalb der Search Console-Berichte in Google Analytics ist es nicht möglich, die gleichen Filter zu aktivieren wie bei den direkt von Analytics erfassten Daten. So haben Sie beispielsweise nicht die Möglichkeit, Daten aufgeschlüsselt nach *Segmenten* zu betrachten. Wenn Sie ein Segment auswählen, werden die Search Console-Daten mit 0 angezeigt und nur die Analytics-Werte dem Segment entsprechend angepasst.

Die unterste aufrufbare Ebene des Berichts ist immer die Betrachtung der Suchanfragen. Beispielsweise können Sie unter *Zielseiten* eine Adresse auswählen und sehen anschließend die Suchanfragen, für die die gewählte Adresse Impressionen im ausgewählten Zeitraum erzielt hat. Allerdings werden die Analytics-Daten nicht auf diese Ebene heruntergebrochen.

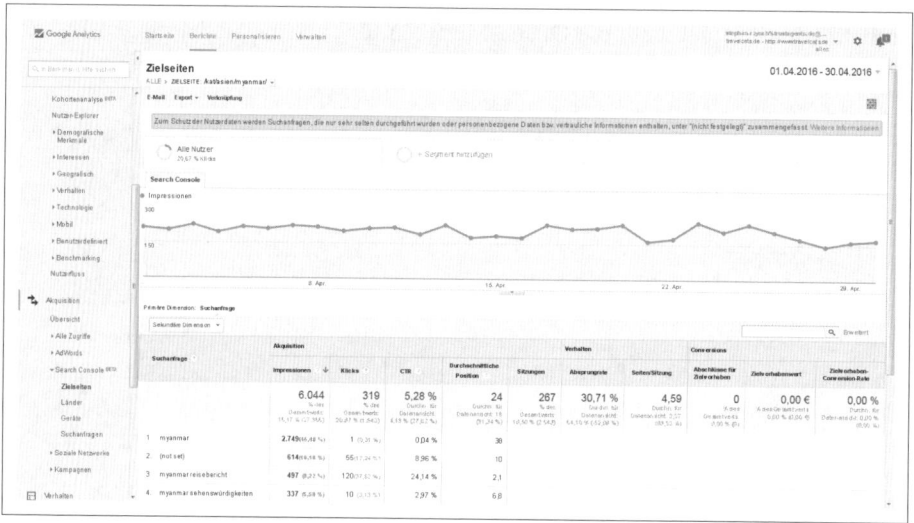

Abbildung 10-6: Die Analytics-Daten werden nicht pro Suchanfrage, sondern immer nur auf Zielseitenebene erfasst.

Wenn Sie den Suchanfragen-Bericht direkt in Analytics aufrufen, haben Sie die Möglichkeit, im Diagramm zwei der insgesamt vier Search Console-Metriken (*Klicks, Impressionen, CTR* und *durchschnittliche Position*) miteinander zu vergleichen. Den Vergleich aktivieren Sie, indem Sie oberhalb des Diagramms die Metriken, die Sie vergleichen möchten, auswählen.

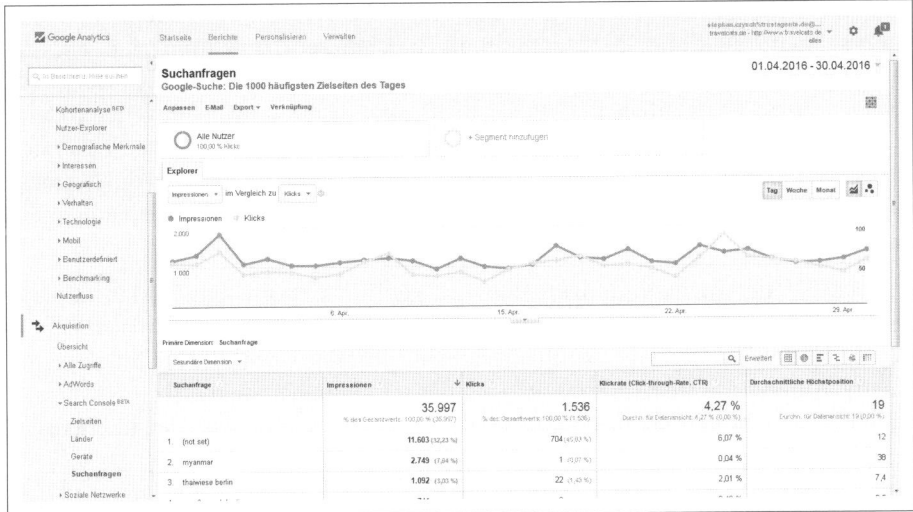

Abbildung 10-7: Im Suchanfragen-Bericht kann ein Vergleich der Metriken aktiviert werden.

Auch wenn die Search Console-Berichte in Google Analytics nicht so detailliert analysiert werden können wie die normalen Auswertungen von Analytics, so lassen sich dennoch durch die einfach durchzuführende Datenverknüpfung sehr wertvolle Informationen zur Traffic-Qualität (Finden Besucher das, was sie gesucht haben? Erziele ich Conversions?) und zu Optimierungspotenzialen generieren. Beachten Sie, dass in manchen Berichten sekundäre Dimensionen aktiviert werden können. Im Beispiel wurde für die Zieladresse analysiert, über welche Geräte Impressionen und Klicks erzielt wurden.

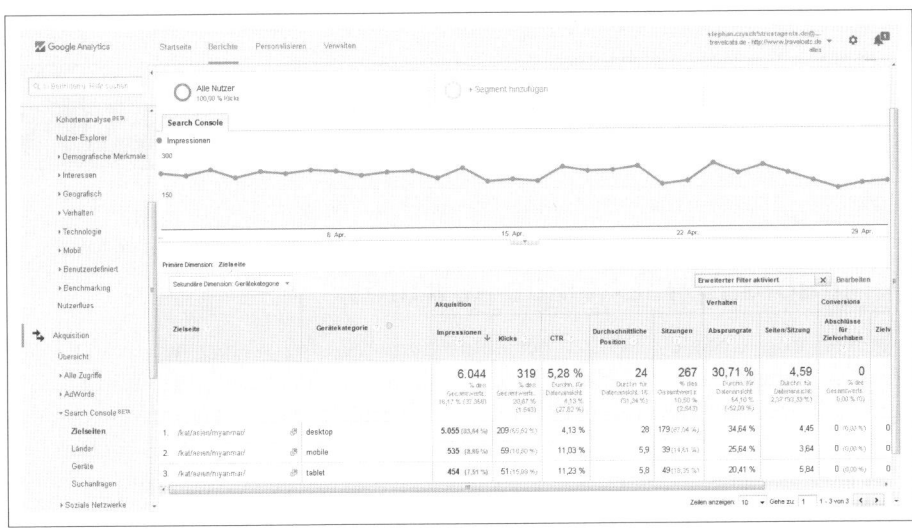

Abbildung 10-8: Durch die sekundäre Dimension sehen Sie z.B., wie sich der Traffic auf die verschiedenen Geräte verteilt.

Eine Anmerkung zur durchschnittlichen Position bei Desktop- und Mobilgeräten in der gezeigten Abbildung: Der Durchschnitt ist bei dieser Betrachtung eine sehr trügerische Angabe, da er zwar auf derselben URL, aber nicht auf denselben Keywords basieren muss. Es ist möglich, dass Sie auf Desktopgeräten für mehr (oder andere) Suchanfragen gefunden werden als über mobile Geräte oder bei mobilen Geräten aufgrund einer nicht idealen Mobile-Optimierung schlechter gefunden werden. Lassen Sie deshalb immer Vorsicht walten, wenn Sie Durchschnittswerte miteinander vergleichen.

Denken Sie daran, dass Google Analytics getimte Exporte per E-Mail erlaubt. Dadurch können Sie die Search Console-Suchanfragen einfach automatisiert exportieren. Klicken Sie für die Konfiguration auf *E-Mail* oberhalb der angezeigten Charts. Automatisierte Exporte sind auch deshalb hilfreich, da die Search Console-Daten in Analytics immer nur für die letzten 90 Tage analysiert werden können.

Beachten Sie, dass die Suchanalysedaten nicht tagesaktuell, sondern immer mit einer Verspätung von zwei (bis drei) Tagen vorliegen. Die Daten des heutigen Tages können Sie also erst übermorgen sowohl im Interface der Search Console als auch in Google Analytics finden.

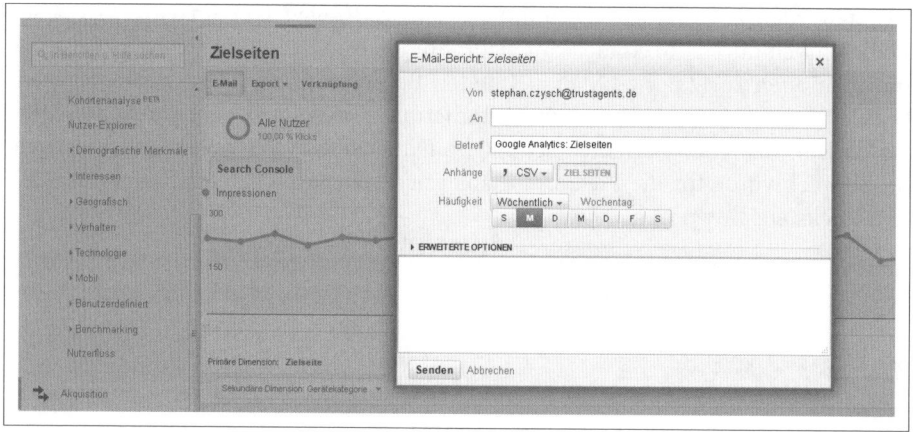

Abbildung 10-9: Über E-Mail können Sie automatische Datenexporte aktivieren!

Verknüpfung mit Google AdWords

Wenn Sie über Google AdWords bezahlte Anzeigen in der Websuche schalten, sollten Sie Google Search Console mit AdWords verknüpfen. Der Vorteil: Die Keyword-Daten werden abgeglichen, und Sie erhalten einen AdWords-Report, der Ihnen sagt, für welche Suchanfragen Sie sowohl in den organischen als auch in den bezahlten Suchergebnissen erscheinen und bei welchen Suchen das nur in einem der beiden Bereiche der Fall ist – eine ideale Inspirationsquelle für Ihre Keyword-Recherche.

Analog zur Verknüpfung mit Google Analytics müssen Sie für die Verknüpfung mit Google AdWords über Vollzugriff auf das Werbekonto und Inhaberrechte auf die Search Console-Property verfügen. Die Datenfreigabe starten Sie aus Google AdWords heraus. Nachdem Sie das zu verknüpfende AdWords-Konto ausgewählt haben, klicken Sie auf das Zahnrad im oberen rechten Bereich. Dort wählen Sie *Kontoeinstellungen* und navigieren zum Menüpunkt *Verknüpfte Konten*. Dort finden Sie den Verweis zur Google Search Console.

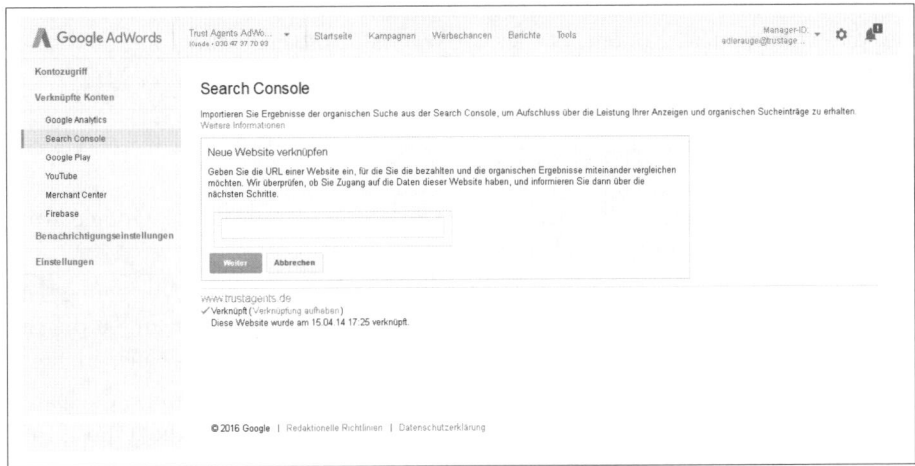

Abbildung 10-10: In den Kontoeinstellungen können Sie die Verknüpfung mit der Search Console durchführen.

Wenn Sie nicht über Website-Inhaberzugriff auf die zu verknüpfende Domain in Search Console verfügen, können Sie die Datenfreigabe anfordern. Die Anfrage muss anschließend von einem Konto mit den entsprechenden Rechten angenommen werden.

Nach erfolgreichem Abschluss der Verknüpfung finden Sie den neuen Bericht in Google AdWords unter *Kampagnen/Dimensionen*. Wählen Sie im Drop-down-Menü *Ansicht* den Bericht *Bezahlte und organische Suche* aus.

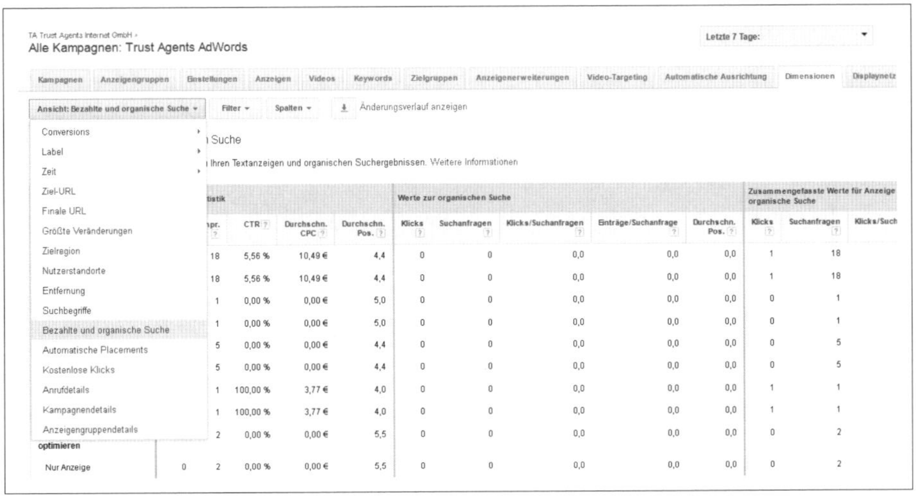

Abbildung 10-11: Unter Dimensionen finden Sie den gewünschten Report.

Den Bericht können Sie wie aus AdWords gewohnt herunterladen und zudem in einem festen zeitlichen Turnus automatisiert per E-Mail versenden.

Die Datenfreigabe erscheint in Google Search Console unter *Partner*. Diese Funktion finden Sie in der Property-Konfiguration, wenn Sie über die entsprechenden Zugriffsrechte verfügen. Über die Maske können Sie die Dateifreigabe entziehen. Alternativ ist eine Löschung aus Google AdWords heraus möglich. Dazu müssen Sie die verknüpften Konten in der AdWords-Kontoeinstellung aufrufen und anschließend die Verknüpfung löschen.

Zusammenfassung des Kapitels

- Die Suchanalysedaten können von Google Search Console für Google Analytics und AdWords freigegeben werden.
- In Google Analytics stehen eigene Search Console-Berichte zur Verfügung. Die Analytics-Daten werden dabei auf Zielseitenebene erfasst. Nutzen Sie die Berichte, um Ihre Webseiten noch besser auf die Nutzerbedürfnisse auszurichten.
- In Analytics stehen, wie aus dem Search Console Interface gewohnt, die Daten nur für die letzten 90 Tage zur Verfügung. Nutzen Sie deshalb die Exportfunktion von Analytics, um Daten zu archivieren. Eine Verknüpfung von Google Analytics mit einem Search Console-Property-Set ist (aktuell) nicht möglich.
- Durch die Datenfreigabe an Google AdWords sehen Sie, für welche Suchanfragen Sie in der organischen und bezahlten Suche erscheinen oder nur in einem der beiden Bereiche. Dadurch können Sie Ihre Keyword-Strategie verbessern. Auch diesen Report können Sie sich automatisiert zusenden lassen.

KAPITEL 11

Google Search Console API

In diesem Kapitel:
- Die Funktionen der API in der Übersicht
- SEO-Tools mit API-Anbindung
- Zusammenfassung des Kapitels

Anstatt über das Google Search Console Interface Daten abzufragen und Konfigurationen vorzunehmen, können Sie dies für einige Funktionen alternativ über die *Search Console API* durchführen. Die vermutlich am häufigsten genutzte API-Funktion ist die Abfrage des *Suchanalyseberichts*. Über die API können Sie nicht nur weit mehr Daten exportieren als über das Interface, sondern beispielsweise Suchanfrage und Einstiegs-URL in einer Datei zusammenführen.

Doch nicht nur für die Suchanalyse lohnt es sich, mit der API zu arbeiten. Während der Interface-Export der *Crawling-Fehler* nur die nicht erfolgreich abgerufene Adresse enthält, erhalten Sie über die API zudem eine Übersicht über eingehende Verweise auf die fehlerhafte Adresse.

Da mittlerweile viele Tools auf die Google Search Console API zugreifen (können), müssen Sie gar nicht selbst programmieren, sondern können auf bestehende Lösungen setzen.

Die Funktionen der API in der Übersicht

Über die API können aktuell die folgenden Aktionen durchgeführt und Daten abgefragt werden:

- Suchanalysedaten
- Sitemap-Funktion
- Properties verifizieren
- Crawling-Fehler exportieren

Die beiden zentralen Hilfsdokumente zur API sind *https://developers.google.com/webmaster-tools/* (*http://seobuch.net/652*) und *https://developers.google.com/apis-explorer/#p/webmasters/v3/* (*http://seobuch.net/095*). Auf diesen beiden Seiten finden Sie alles Notwendige, um selbst Daten über die API abzufragen oder zu übermitteln. Über den *API-Explorer* können Sie mit wenig Aufwand erste Abfragen starten und sich mit den API-Möglichkeiten vertraut machen.

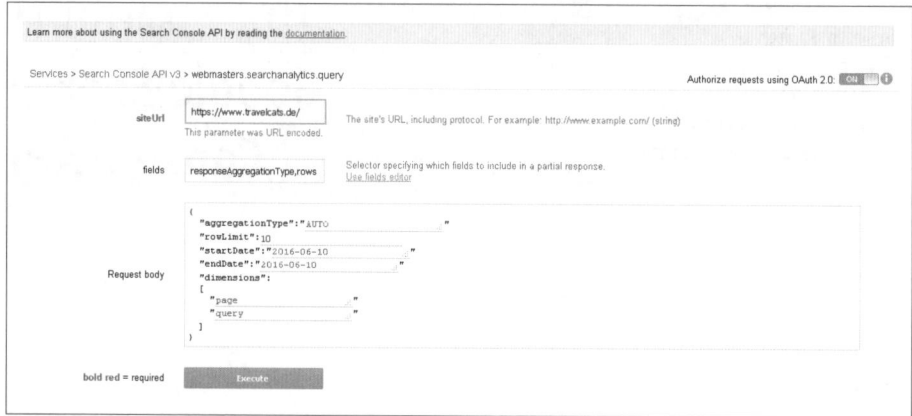

Abbildung 11-1: Mithilfe des API-Explorers machen Sie sich mit der API vertraut.

Suchanalysedaten

Über das Google Search Console Interface stehen Ihnen für Abfragen maximal 999 Zeilen zur Verfügung, was die Analyse der Suchanfragen in den verschiedenen Dimensionen deutlich erschwert. Über die API besteht dieses Limit nicht mehr. Nachdem lange Zeit maximal 5.000 Zeilen pro Anfrage über die API geliefert wurden, gibt es aktuell keine (explizit genannte) Beschränkung mehr.

```
POST https://www.googleapis.com/webmasters/v3/sites/https%3A%2F%2Fwww.travelcats.de%2F/searchAnalytics/query?fields=responseAggregationType%2Crows&key={YOUR_API_KEY}

-{
  "aggregationType": "AUTO",
  "rowLimit": 10,
  "startDate": "2016-06-10",
  "endDate": "2016-06-10",
 -"dimensions": [
    "page",
    "query",
    "device"
  ]
 }

Response

200 OK
- Show headers -
-{
 -"rows": [
  -{
   -"keys": [
      "https://www.travelcats.de/europa/deutschland/berlin-thaiwiese-im-preussenpark/",
      "thaiwiese berlin",
      "MOBILE"
    ],
    "clicks": 7,
    "impressions": 55,
    "ctr": 0.12727272727272726,
    "position": 5.109090909090909
   },
```

Abbildung 11-2: Im Beispiel wurden die URL, das Keyword und das Endgerät samt allen Metriken wie Impressionen und Klicks angefragt.

Je nach Anfrage werden Ihnen andere Daten geliefert. In Abbildung 11-2 sehen Sie eine Beispielabfrage, die neben der in der Google-Suche für die Suchanfrage angezeigten URL das Keyword samt Gerätetyp liefert.

Die Herausforderung beim Umgang mit den Suchanalysedaten besteht darin, die Daten nachher noch sinnvoll auswerten zu können. Einige Suchanfragen haben ein so geringes regelmäßiges Suchvolumen, dass diese nur an manchen Tagen auftauchen.

Das in Kapitel 14 von Kathleen Jaedtke vorgestellte Tool *Serplorer* (*https://www.serplorer.com/* – *http://seobuch.net/741*) hat sich auf Abfrage und Aufbereitung der Suchanalysedaten spezialisiert und kann Ihnen eventuell helfen, wenn Sie Daten auswerten, die Sie über die API abgefragt haben.

Informationen zur Abfrage der Suchanalysedaten finden Sie unter *https://developers.google.com/webmaster-tools/v3/searchanalytics* (*http://seobuch.net/505*).

Crawling-Fehler

Um *Crawling-Fehler* beseitigen zu können, ist es nicht nur wichtig, zu wissen, für welche Adresse ein Fehler ausgegeben wird, sondern auch, von welcher Adresse das Dokument verlinkt wird. In den Standardexporten über das Search Console Webinterface sind diese Daten nicht zusammen aufgeführt, sie können aber über die API abgefragt werden.

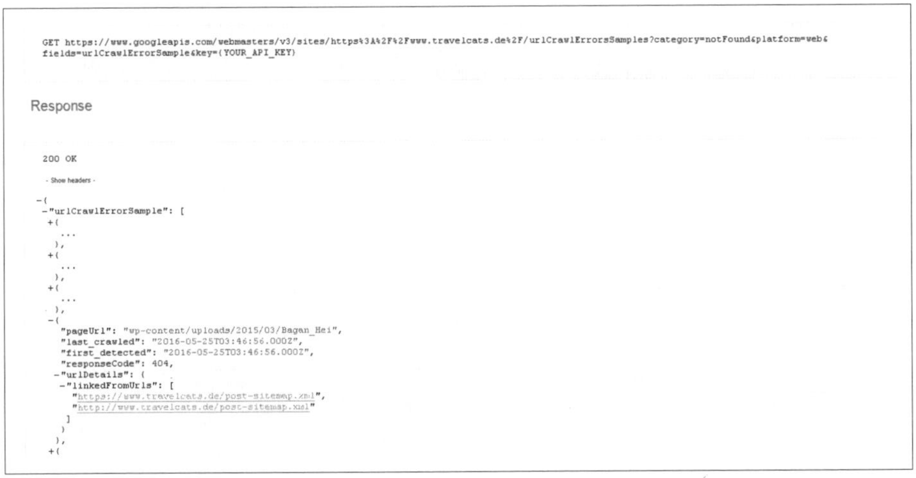

```
GET https://www.googleapis.com/webmasters/v3/sites/https%3A%2F%2Fwww.travelcats.de%2F/urlCrawlErrorsSamples?category=notFound&platform=web&fields=urlCrawlErrorSample&key={YOUR_API_KEY}

Response

200 OK

- Show headers -

-{
 -"urlCrawlErrorSample": [
  +{
    ...
   },
  +{
    ...
   },
  +{
    ...
   },
  -{
   "pageUrl": "wp-content/uploads/2015/03/Bagan_Hei",
   "last_crawled": "2016-05-25T03:46:56.000Z",
   "first_detected": "2016-05-25T03:46:56.000Z",
   "responseCode": 404,
   -"urlDetails": {
    -"linkedFromUrls": [
      "https://www.travelcats.de/post-sitemap.xml",
      "http://www.travelcats.de/post-sitemap.xml"
     ]
    }
   },
  +{
```

Abbildung 11-3: Die API liefert nicht nur die URL mit Crawling-Fehlern, sondern auch eingehende Links auf diese Adresse.

Über die API können Sie

- Fehler auflisten lassen,
- Fehlerdetails abfragen sowie
- Fehler als korrigiert markieren.

Wenn Sie Fehler über die API oder das Interface als korrigiert markieren, werden diese nicht mehr angezeigt. Aktuell liefert die API maximal 1.000 Crawling-Fehler pro Fehlerkategorie für den abgefragten Googlebot-Typ. Zur Erinnerung: Google unterscheidet Crawling-Fehler nach dem Crawler, der diese gefunden hat. Neben Desktop-spezifischen werden Smartphone-spezifische Fehler ermittelt.

Zusätzlich zur Abfrage der Fehlerdetails können Sie alternativ die Fehleranzahl über die API erheben. Durch die Beschränkung auf maximal 1.000 Fehlerdetails (Fehlerquelle und deren eingehende Links) pro Kategorie erhalten Sie weder über die API noch über das Webinterface alle Fehler, aber Sie können die Fehlerentwicklung über die Gesamtanzahl aller Fehler ermitteln. Zur Erinnerung: Alternativ steht Ihnen die Anzahl der Fehler pro Kategorie für die letzten 90 Tage im Search Console Interface zur Verfügung.

Weitere Informationen finden Sie unter *https://developers.google.com/webmaster-tools/v3/urlcrawlerrorscounts* (*http://seobuch.net/805*) und *https://developers.google.com/webmaster-tools/v3/urlcrawlerrorssamples* (*http://seobuch.net/925*).

Sitemaps

Sehr praktisch ist, dass Sie XML-Sitemaps mithilfe der Search Console API einreichen können: sowohl um eine Sitemap erstmalig bei Google (denken Sie daran, dass Sie Sitemaps über die *robots.txt* für Crawler referenzieren können) anzumelden als auch um Google über Aktualisierungen der Sitemap zu informieren.

Alternativ können Sie über die API Sitemaps

- auflisten,
- Details abfragen,
- löschen oder eben
- neue Sitemaps einreichen.

Bei der Abfrage von Sitemap-Details erhalten Sie unter anderem die Anzahl der Fehler in der Sitemap, oder Sie können das letzte Verarbeitungsdatum abfragen.

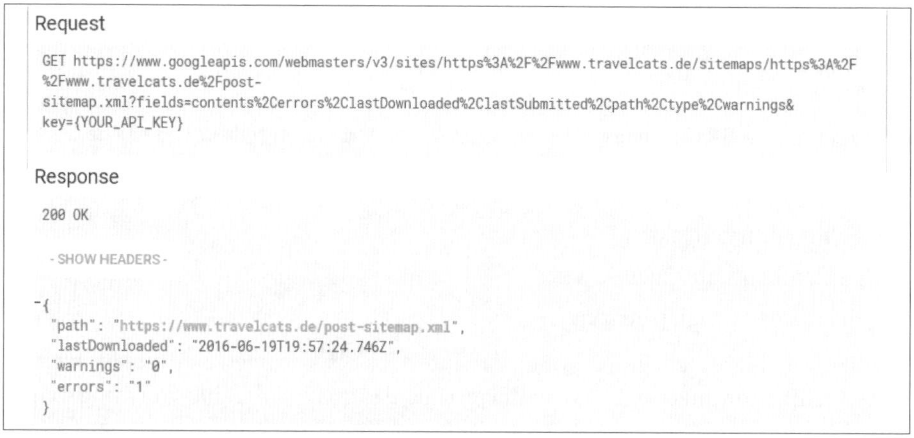

```
Request
GET https://www.googleapis.com/webmasters/v3/sites/https%3A%2F%2Fwww.travelcats.de/sitemaps/https%3A%2F
%2Fwww.travelcats.de%2Fpost-
sitemap.xml?fields=contents%2Cerrors%2ClastDownloaded%2ClastSubmitted%2Cpath%2Ctype%2Cwarnings&
key={YOUR_API_KEY}

Response
200 OK

- SHOW HEADERS -

-{
 "path": "https://www.travelcats.de/post-sitemap.xml",
 "lastDownloaded": "2016-06-19T19:57:24.746Z",
 "warnings": "0",
 "errors": "1"
}
```

Abbildung 11-4:   Laut API-Abfrage gibt es bei dieser Sitemap einen Fehler.

Weitere Informationen zur Abfrage von Sitemap-Details finden Sie unter *https:// developers.google.com/webmaster-tools/v3/sitemaps (http://seobuch.net/643)*.

Property-Informationen

Über die API können Sie sich natürlich die Properties auflisten lassen, auf die Sie gerade Zugriff haben. Und nicht nur das: Für jede Property wird Ihnen zudem das Zugriffslevel zurückgeliefert.

Über die API steht Ihnen eine Alternative zum Interface zur Verfügung, um Properties

- aufzulisten,
- zu löschen,
- Informationen über die Properties zu erhalten und
- Properties zum Konto hinzuzufügen.

Details über den Umgang mit Properties erfahren Sie unter *https://developers.google.com/webmaster-tools/v3/sites (http://seobuch.net/713)*.

SEO-Tools mit API-Anbindung

Anstatt komplett eigene Lösungen zur Abfrage von Daten über die Google Search Console API zu programmieren, können Sie auf Tools zurückgreifen, die die API bereits eingebunden haben.

Ich möchte Ihnen ein paar ausgewählte Tools vorstellen, die Ihnen die Datenabfrage über die API wesentlich erleichtern und mit denen ich regelmäßig arbeite. Die Liste ist natürlich nicht vollständig. So gibt es zum Beispiel Erweiterungen, die Crawling-Fehler über die API abfragen und direkt im Interface von Content-Management-Systemen wie z. B. WordPress anzeigen.

SEOTools for Excel

Mac-Nutzer müssen direkt stark sein: *SEOTools for Excel (http://seotoolsforexcel.com/ – http://seobuch.net/173)* funktioniert nicht mit der Mac-Version von Microsoft Excel. Während die kostenfreie Version schon einige spannende Funktionen für SEO-Checks liefert – beispielsweise die Abfrage der Meta-Robots-Angabe oder die Abfrage, ob eine Zeichenfolge auf einer Webseite vorkommt –, bietet die kostenpflichtige Version des Tools Zugriff auf die Search Console API. Bis auf den Property-Part unterstützt die Excel-Erweiterung alle Funktionen der Search Console API.

Nachdem das Excel-Plug-in installiert ist (und auch gekauft, da die API ein Premium-Feature ist), können Sie mit der Abfrage von z. B. Suchanfragedaten beginnen.

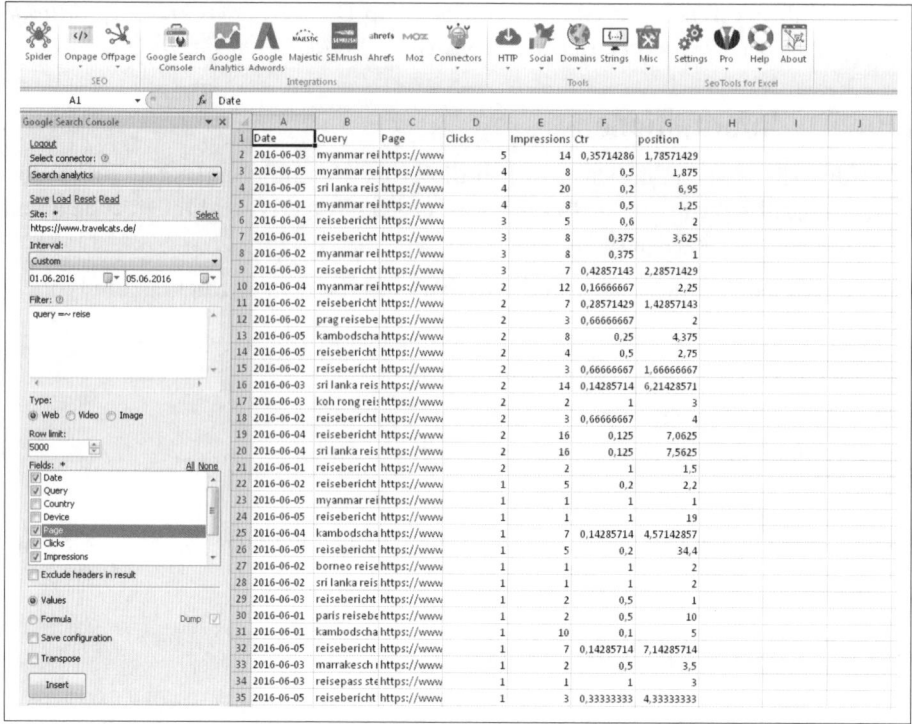

Abbildung 11-5: Nach dem Aktivieren des Plug-ins wird SEOTools for Excel als eigene Registerkarte angezeigt.

Im Beispiel wurden über die API die nach Datum getrennten Suchanalysedaten abgefragt, die die Zeichenfolge »Reise« enthalten. Zu jeder Suchanfrage wurden nicht nur die vier bekannten Metriken angefordert, sondern auch die dazugehörige Einstiegsseite.

Da die Daten direkt in Excel importiert werden, können Sie diese ganz einfach weiterverarbeiten. Die einzelnen Befehle für die Abfrage der Suchanalysedaten finden Sie unter *http://seotoolsforexcel.com/google-search-console/* (*http://seobuch.net/012*).

Sistrix

Mit dem kostenpflichtigen SEO-Tool *Sistrix* (*https://www.sistrix.de* – *http://seobuch.net/807*) können Sie Daten aus Ihrem Google Search Console-Konto für von Ihnen ausgewählte Websites importieren. Neben der Möglichkeit, über einen Klick auf *Google Search Console* im linken Navigationsbereich den Verlauf von Impressionen und Klicks zu sehen, können Sie über den Sistrix-Menüpunkt *Keywords* die Search-Console-Daten analysiere und filtern.

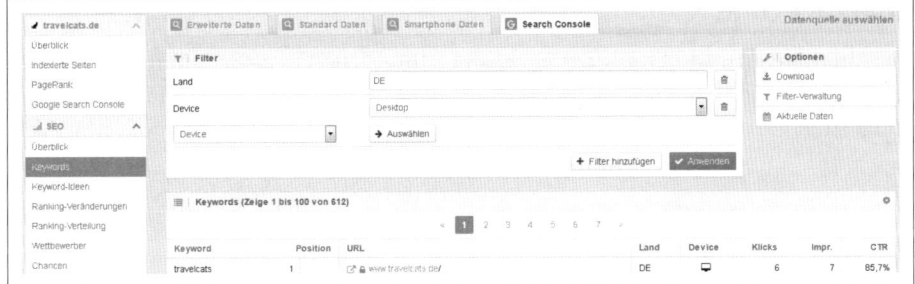

Abbildung 11-6: Unter Keywords können Sie nach Datenfreigabe auf die Google Search Console zugreifen.

Sistrix speichert historische Daten für Sie ab dem Zeitpunkt der erstmaligen Datenfreigabe. Die von Sistrix erfassten Search Console Daten Ihrer Property können Sie wie gewohnt herunterladen.

Screaming Frog

Wenn Sie mit der kostenpflichtigen Version des *Screaming Frog* (*https://www.screamingfrog.co.uk/seo-spider/* – *http://seobuch.net/194*) Websites crawlen, können Sie für die einzelnen URLs die Suchanalysedaten abfragen. Dabei ermittelt das Tool nicht die einzelnen Suchanfragen, sondern auf URL-Ebene die vier bekannten Metriken Impressionen, Klicks, Klickrate und die durchschnittliche Position. Sie erhalten folglich nur Werte der einzelnen Metriken. Sie können diese Informationen dazu nutzen, um Ihre Website zu optimieren.

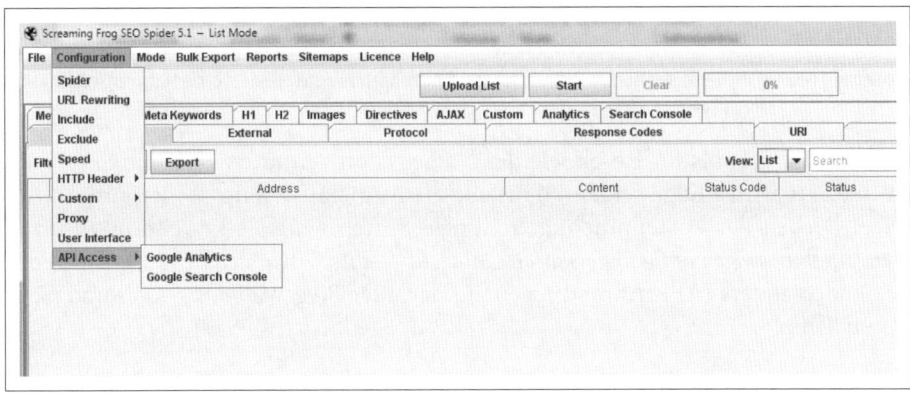

Abbildung 11-7: In der bezahlten Version unterstützt der Screaming Frog die API von Google Analytics und Google Search Console.

Ein Beispiel: Erhält eine aus Ihrer Sicht gut optimierte Adresse keine Zugriffe, kann das daran liegen, dass diese intern nur selten verlinkt wird. Daten zur Anzahl an internen Links kann Ihnen der Screaming Frog anzeigen. Wenn Sie sicherstellen, dass die Seite für Nutzer und Suchmaschinen gleichermaßen einfach zu erreichen ist, bestehen gute Chancen, dass sich das positiv auf das Ranking der Zielseite (und deren Inhalt) auswirkt.

Analytics Edge

Als Alternative zu *SEOTools for Excel* steht Ihnen die Excel-Erweiterung *Analytics Edge* (*http://www.analyticsedge.com/download/* – *http://seobuch.net/819*) zur Verfügung. Analog zu *SEOTools for Excel* kann auch dieses Plug-in nicht in der Mac-Version von Microsoft Excel genutzt werden.

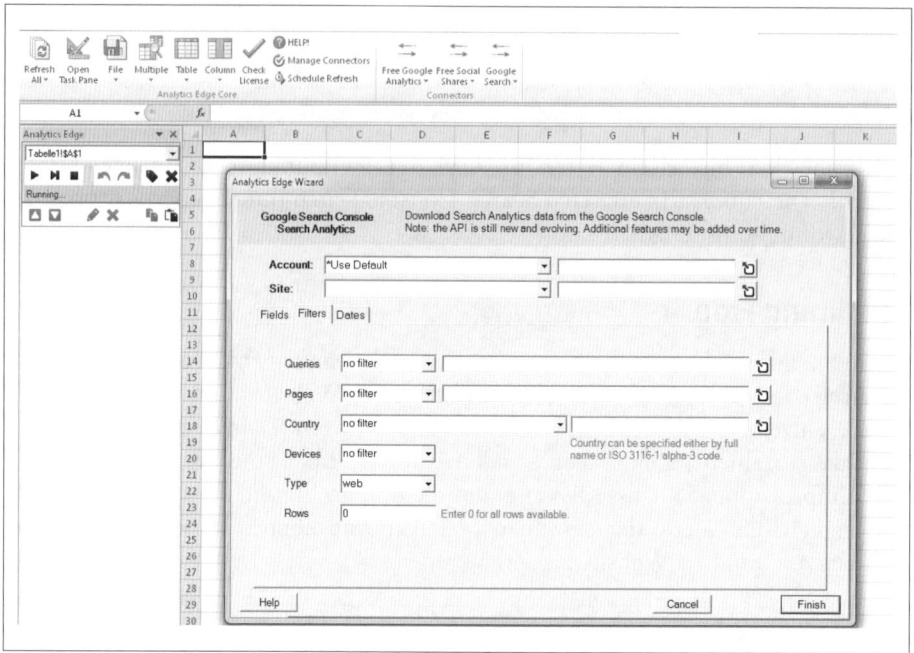

Abbildung 11-8: Analytics Edge erlaubt es Ihnen, Reportings automatisiert zu erstellen und z. B. die Suchanalysedaten abzufragen.

Während SEOTools for Excel, wie der Name schon vermuten lässt, ein SEO-Tool ist, setzt Analytics Edge seinen Fokus auf die Automatisierung des Reportings mit Excel. Neben der kostenpflichtigen Google Search Console-Erweiterung (*http://www.analyticsedge.com/google-search-connector/* – *http://seobuch.net/133*) bietet das Tool noch andere (API-)Anbindungen an, darunter *Bing Webmastertools* und *Google Analytics*.

Search Analytics for Sheets

Eine kostenfreie Alternative zur Abfrage der Suchanalysedaten ist *Search Analytics for Sheets* (*https://searchanalyticsforsheets.com/* – *http://seobuch.net/182*). Mit dieser Erweiterung von Google Drive beziehungsweise Google Sheets können Sie API-Abfragen konfigurieren und die Suchanalysedaten entweder einmalig oder zeitlich gesteuert abspeichern.

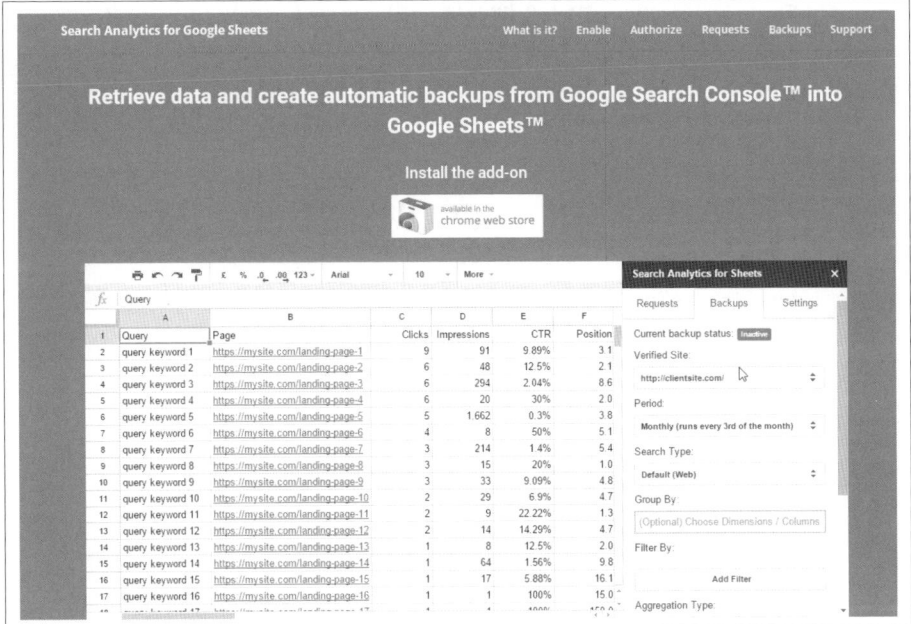

Abbildung 11-9: Mit der Schedule-Funktion können Sie Suchanalysedaten z. B. jeden Monat automatisch abspeichern.

So können Sie das Tool anweisen, die Suchanalysedaten des Vormonats abzuspeichern, und sich dadurch ein Datenarchiv aufbauen. Die Daten werden als Google-Sheet abgespeichert. Sie können die Daten nach dem Download weiterverarbeiten, beispielsweise mit Microsoft Excel.

Supermetrics

Über Supermetrics (*http://supermetrics.com/* – *http://seobuch.net/056*) können Sie Schnittstellen verschiedener Tools, darunter SEMrush, Google Analytics und Google Search Console, ansprechen und die abgefragten Daten in Google Drive oder Microsoft Excel importieren.

In der kostenfreien Version ist nur die Schnittstelle zu Google Analytics enthalten. Mit der kostenpflichtigen Pro-Version können Sie auf die Search Console API zugreifen.

Zusammenfassung des Kapitels

- Über die Google Search Console API können Suchanalysedaten, Crawling-Fehler, Sitemaps und Properties abgefragt werden.
- Besonders zur Abfrage der Suchanalysedaten lohnt sich der Einsatz der API, da Sie zum Beispiel Einstiegs-URL und Suchanfrage zusammen mit allen vier Metriken abfragen können. Zudem besteht über die API nicht das Datenlimit von 999 Zeilen wie im Interface.

- Bei der Abfrage von Crawling-Fehlern erhalten Sie nicht nur die fehlerhafte URL, sondern gleichzeitig auch deren eingehende Links.
- Eine ganze Reihe von (kostenpflichtigen) SEO-Tools erlaubt Ihnen den Zugriff auf die API. Alternativ können Sie eigene Lösungen bauen. Beachten Sie, dass es bereits lauffähige Open-Source-Skripte gibt.

In diesem Kapitel:
- Google Search Console für Apps
- Google Search Console für separate mobile Websites
- Zusammenfassung des Kapitels

KAPITEL 12
Google Search Console für Apps und mobile Websites

Nutzer erwarten, dass eine Website unabhängig von der Displaygröße möglichst gut dargestellt wird und einfach zu bedienen ist. Ob das über ein *responsives Webdesign*, eine *separate Mobile-Variante* oder eine *App* geschieht, ist für den Nutzer dabei nicht unbedingt entscheidend. Hauptsache, die Darstellung passt möglichst optimal zum verwendeten Endgerät.

Weil immer mehr Zugriffe auf Webinhalte über mobile Geräte erfolgen, müssen Sie sich zwangsläufig mit dem Thema *Mobile SEO* beschäftigen. Websites, die ihre Inhalte nicht gut auf Mobilgeräte ausrichten, bieten Besuchern nicht die bestmögliche Nutzererfahrung und werden in den organischen Ergebnissen bei Anfragen über Mobilgeräte im Vergleich zum Desktop-Ranking schlechter gefunden. Das ändert sich, wenn der Webauftritt konsequent auf mobile Geräte optimiert wird.

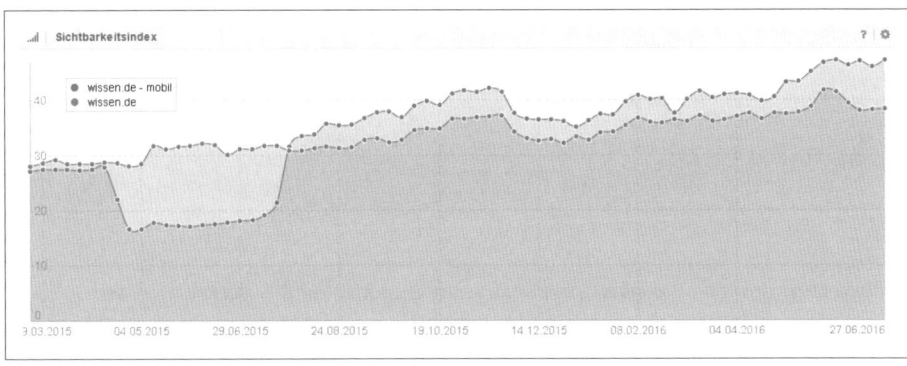

Abbildung 12-1: Als Google die mobile Nutzerfreundlichkeit stärker berücksichtigte, verlor wissen.de in den mobilen Ergebnissen an Sichtbarkeit. Seitdem jedoch die Seite mobilfreundlich(er) geworden ist, wird sie mobil sogar besser gefunden als auf Desktopgeräten. (Quelle: sistrix.de)

Da einzelne Inhalte häufig nicht nur unter einer Adresse erreichbar sind, sondern beispielsweise im Desktopwebauftritt, auf einer separaten mobilen Website und womöglich zusätzlich in einer App zur Verfügung stehen, steigen Nutzer über die Google-Suche kommend auf verschiedenen Adressen ein – in Apps zumindest dann, wenn Website und App über die sogenannte *App-Indexierung* miteinander verknüpft sind.

Wie Sie bereits erfahren haben, können Apps als Property in Google Search Console bestätigt werden. Wie das geht, wird in Kapitel 2 beschrieben. Das gilt auch für mobile Websites, die unter einem im Vergleich zum Desktopauftritt anderen Hostnamen betrieben werden. Lassen Sie uns schauen, wie Sie die Berichte und Funktionen für Apps und separate mobile Websites nutzen, um mehr Nutzer auf Mobilgeräten zu erreichen.

Google Search Console für Apps

Bei der bisherigen Vorstellung der Search Console habe ich mich auf Websites konzentriert. Da aber nur ein Bruchteil der Berichte und Funktionen für Apps gleichermaßen funktionieren, bin ich Ihnen bislang die Vorstellung der *Search Console für Apps* schuldig geblieben. So sieht beispielsweise das Property-Dashboard komplett anders aus, und auch die Navigation ist deutlich reduziert.

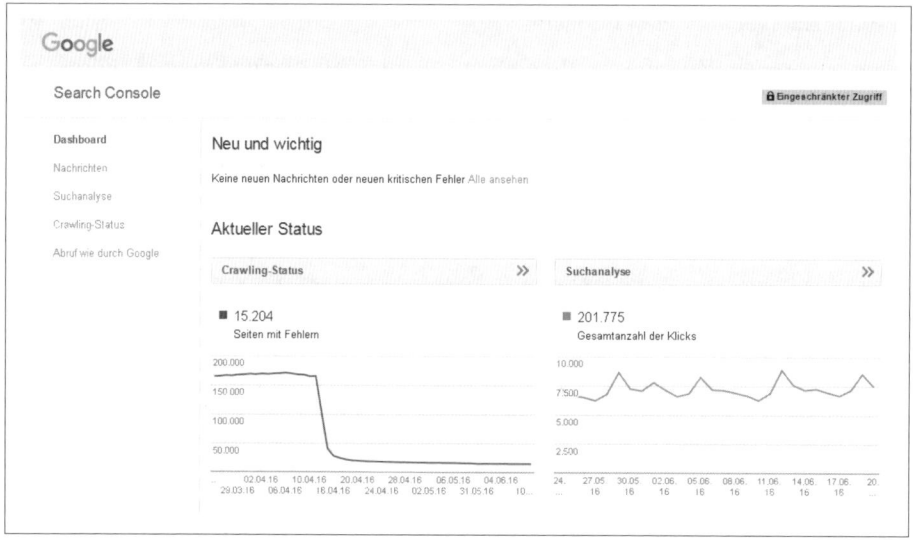

Abbildung 12-2: Das Apps-Dashboard der Google Search Console unterscheidet sich deutlich von dem normaler Webauftritte.

Damit Inhalte, die über eine App aufgerufen werden, überhaupt über die Google-Suche gefunden werden können, müssen sie natürlich von Google indexiert werden. Dazu ist das sogenannte *Firebase App Indexing* (früher: Google App Indexing) notwendig.

 Tipp   Die technischen Details zur App-Indexierung finden Sie unter *https://firebase.google.com/docs/app-indexing/* (*http://seobuch.net/350*).

Durch die Verknüpfung von App und Website ist es möglich, dass App-Nutzer, die auf Mobilgeräten suchen, nicht wie gewohnt zur Website gelangen, sondern den Inhalt in der App öffnen.

```
<link rel="alternate" href="android-app://de.zalando.mobile/zalando/SEARCH?urlKey=herrenbekleidung-hemden&amp;order=sale" />
<link rel="alternate" media="only screen and (max-width: 640px)" href="https://m.zalando.de/herrenbekleidung-hemden/" />
```

Abbildung 12-3: Zalando nutzt eine separate mobile Website und eine App. Suchmaschinen werden auf die mobiloptimierte URL sowie die App-Adresse des Desktopinhalts hingewiesen.

Um sowohl die Performance einer App in der Google-Suche zu analysieren als auch Probleme bei der Indexierung aufzuspüren, stehen in der Search Console entsprechende Berichte zur Verfügung.

Suchanalyse

Die Suchanalyse ist komplett mit dem in Kapitel 4 vorgestellten gleichnamigen Bericht identisch. Die gleichen Dimensionen sowie die gleichen Filter und Analysemöglichkeiten warten hier auf Sie – nur eben nicht mit Desktopadressen, sondern mit App-URLs.

Der einzige Unterschied ergibt sich beim Aufruf der URL: Da sich Apps nicht auf Desktopgeräten ausführen lassen, stellt Google Ihnen einen QR-Code parallel zum sogenannten ADB-Befehl (ADB steht für *Android Debug Bridge*, siehe *https://developer.android.com/studio/command-line/adb.html* – *http://seobuch.net/060*) zur Verfügung. Über diese Wege können Sie die App-Adresse aufrufen.

Abbildung 12-4: Um eine App-Adresse zu öffnen, führt kein Weg am Smartphone vorbei.

Crawling-Status

Im *Crawling-Status* sehen Sie den Indexierungsverlauf von App-Inhalten sowie beim Crawling aufgetretene Probleme. Während der Indexierungsstatus nur innerhalb des Charts analysiert werden kann, finden Sie zu den einzelnen Crawling-Fehlerkategorien wie gewohnt unterhalb des Charts weitere Informationen.

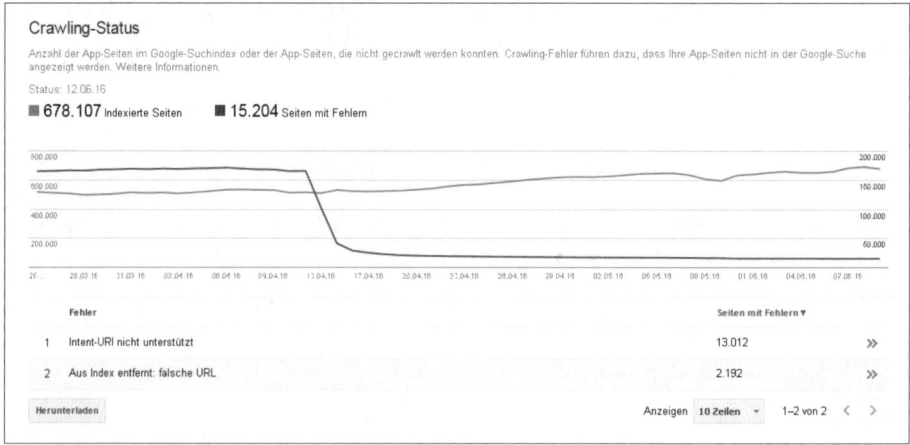

Abbildung 12-5: Google berichtet Ihnen, wie viele App-Inhalte indexiert wurden und wie viele fehlerhaft sind.

Beim Crawling der gezeigten App treten aktuell zwei verschiedene Probleme auf. So wurden beispielsweise aufgrund einer falschen Zuordnung von App- und Website-Adresse einige App-URLs aus dem Index entfernt. Eine Übersicht der von Google analysierten Fehlerkategorien finden Sie unter *https://support.google.com/webmasters/answer/6216428?hl=de* (*http://seobuch.net/059*).

Nachdem Sie eine Fehlerkategorie in der Tabelle ausgewählt haben, sehen Sie – wie Sie es aus anderen Search Console-Berichten kennen – die betroffenen Adressen.

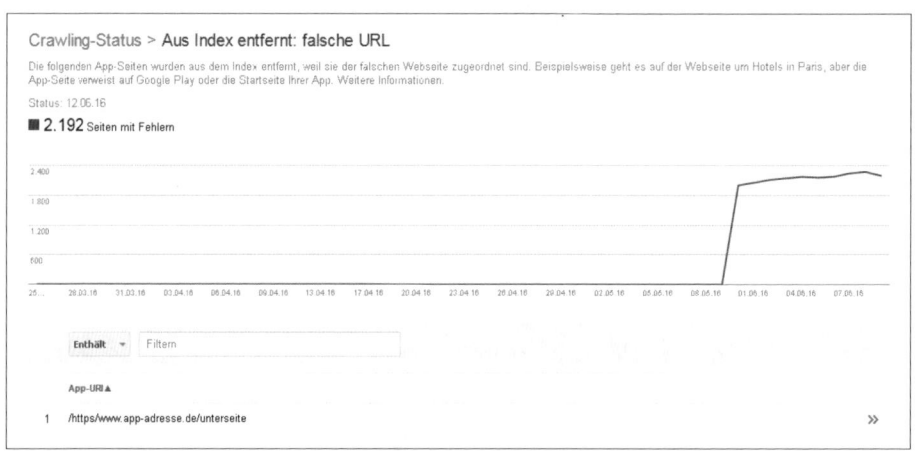

Abbildung 12-6: Neben weiteren Informationen über den Fehler sehen Sie natürlich die betroffenen URLs.

Um mit der weiteren Analyse zu beginnen, müssen Sie eine URL aufrufen. Da Apps (momentan) nicht auf Desktopgeräten ausgeführt werden können, stellt Google wie in der Suchanalyse einen Deeplink zur App-Seite in Form eines QR-Codes zur Verfügung. Alternativ können Sie die Adresse über den ADB-Befehl (*Android Debug Bridge*) öffnen.

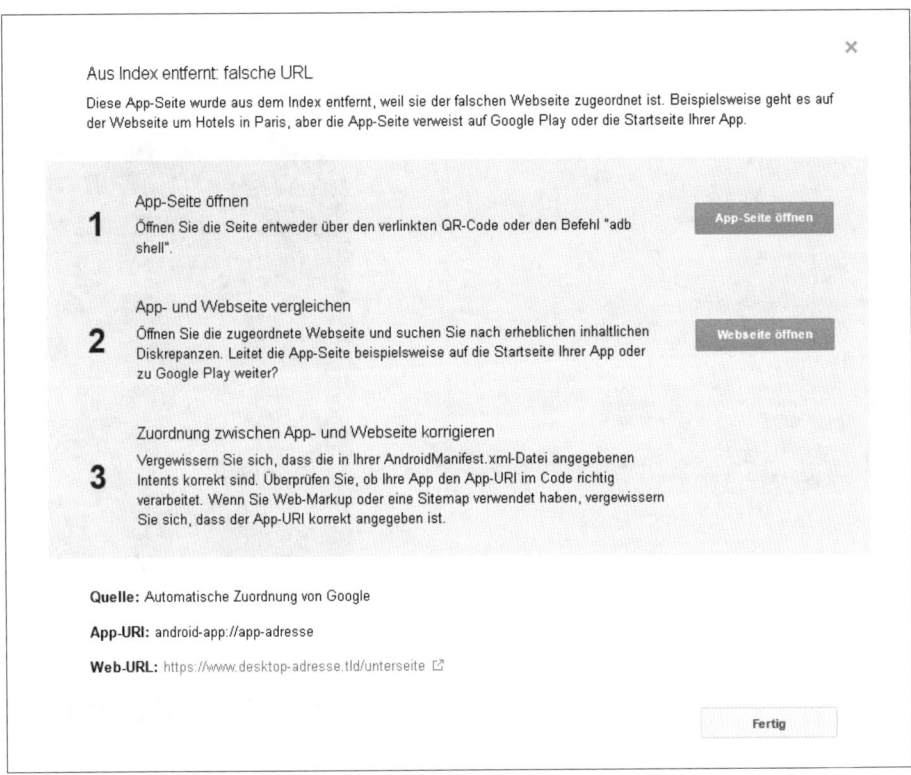

Abbildung 12-7: Auf der untersten Ebene des Crawling-Statusberichts finden Sie alle Details.

Abruf wie durch Google

Noch in der Alphaphase befindet sich die Funktion *Abruf wie durch Google* für App-Adressen. Wie von der Variante für Websites bekannt, geben Sie die Adresse an, die Sie überprüfen wollen.

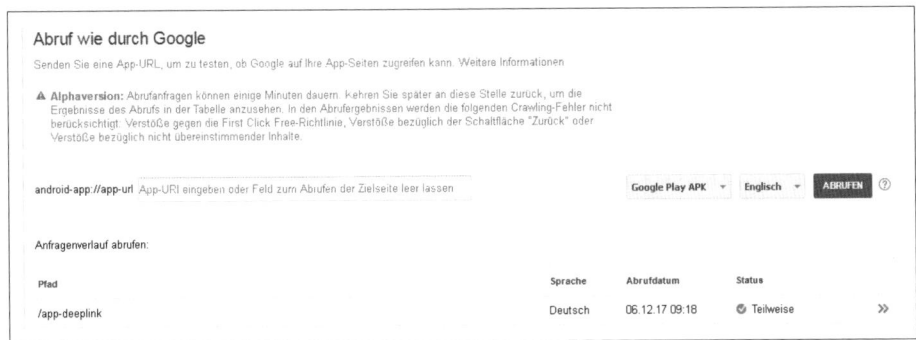

Abbildung 12-8: Beim Abruf wie durch Google von Apps sehen Sie nach erfolgtem Aufruf ein optisches Abbild der Adresse.

Anders als bei Websites sehen Sie aber nicht den Quelltext (und beim Rendern das optische Abbild), sondern erhalten ausschließlich das optische Abbild der Seite.

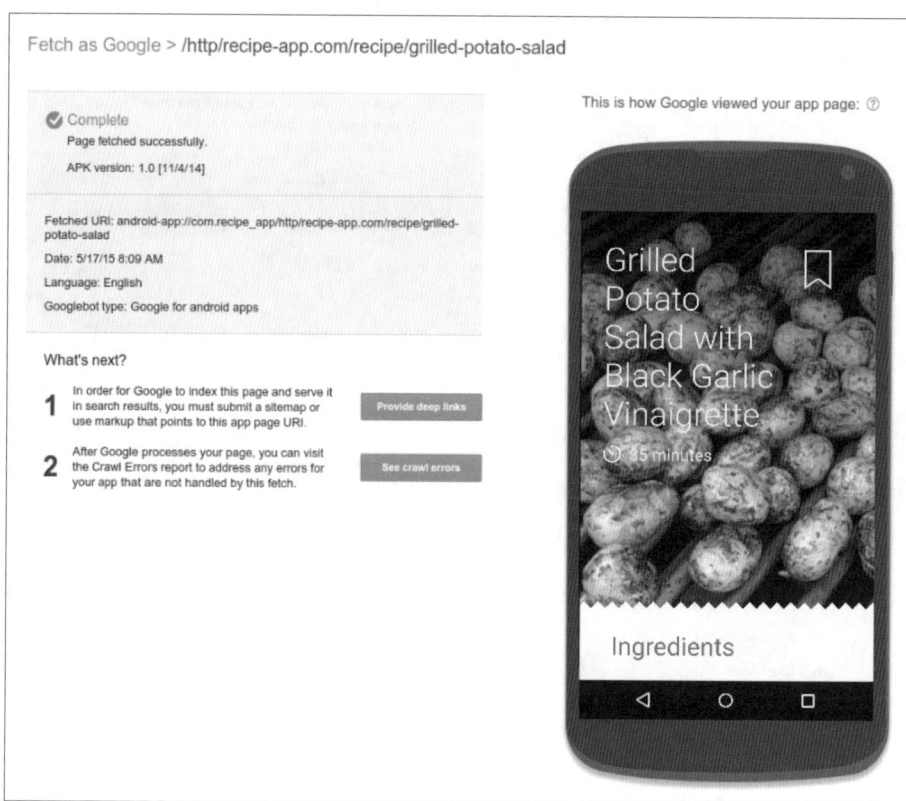

Abbildung 12-9: Als Ergebnis eines Abrufs sehen Sie das optische Abbild der Seite.

App und Website über Google Search Console miteinander verknüpfen

Ihre App und Ihre Website sollten Sie nicht nur getrennt als Properties in der Google Search Console verifizieren, sondern über die *Partner*-Funktion miteinander verknüpfen. Dadurch geben Sie Google das Signal, dass die beiden Properties nicht nur Teil desselben Google-Kontos sind, sondern eben auch etwas miteinander zu tun haben.

Die Verknüpfung bringt den Vorteil, dass Google auch ohne App-Indexierung eine Indexierung der App-Inhalte entsprechend der Website-Struktur versucht. Zudem besteht die Möglichkeit, dass Google bei passenden Suchanfragen in den (mobilen) Suchergebnissen einen Installationslink für die App anzeigt.

Um die Verknüpfung durchzuführen, müssen Sie die Adresse *https://www.google.com/webmasters/tools/app-associate-site?hl=de* (*http://seobuch.net/119*) aufrufen und dort die Website- oder die App-Property wählen.

Denken Sie zudem an die *Property-Sets* der Google Search Console, um die Suchanalysedaten über verschiedene Properties hinweg zusammenzufassen. Bei einer mit allen separaten internationalen Webauftritten (sprich .de, .at, .co.uk ...) verknüpften

App müssen Sie allerdings beachten, dass die Suchanalyse nur mit der Ländereinschränkung sinnvoll genutzt werden kann. Denn in der App-Property fließen die Daten aller Länder ein.

Ein Property-Set richten Sie ein, indem Sie auf der Startseite der Search Console auf *Satz erstellen* klicken und die zu verknüpfenden Properties auswählen. Legen Sie einen Satz lieber früher als später an, denn die Suchanalysedaten werden erst miteinander verknüpft, wenn das Set eingerichtet ist.

Google Search Console für separate mobile Websites

Immer dann, wenn Sie für Mobilgeräte optimierte Inhalte außerhalb des Desktop-Hostnamens zur Verfügung stellen, z. B. unter *m.ihredomain.tld* oder *ihredomain.mobi*, müssen Sie diesen Hostnamen als eigene Property in der Google Search Console bestätigen. Andernfalls sehen Sie dessen Daten nicht. Die separaten Daten der unterschiedlichen Properties können Sie über ein Property-Set wieder zusammenführen.

Während für Property-Sets nur der Suchanalyse-Bericht untersucht werden kann, stehen Ihnen für die verifizierte Mobile-Website die ganz normalen Berichte und Funktionen der Search Console zur Verfügung. Dazu rufen Sie nicht das Property-Set, sondern nur den mobilen Hostnamen auf.

Um Ihre (separate) mobile Website möglichst optimal für die Darstellung auf Mobilgeräten auszurichten, sollten Sie die folgenden Berichte regelmäßig anschauen:

- *Accelerated Mobile Pages*, wenn Sie AMP-Seiten einsetzen (unabhängig davon, ob auf einem separaten oder demselben Hostnamen wie die normale Website)
- *Crawling-Fehler* für Smartphones
- *Nutzerfreundlichkeit auf Mobilgeräten*, um nicht mobiloptimierte Adressen zu identifizieren
- *Abruf wie durch Google*, um z. B. Weiterleitungen zu testen, Adressen einzureichen sowie zu analysieren
- *Sitemaps*, zumindest dann, wenn Sie XML-Sitemaps für Feature-Phones verwenden (*https://support.google.com/webmasters/answer/6082207?hl=de* – *http://seobuch.net/843*)

Zusammenfassung des Kapitels

- Bestätigen Sie alle relevanten Varianten Ihrer Webauftritte. Das schließt separate mobile Webauftritte genauso ein wie Apps.
- Für Apps stehen in der Search Console (noch) sehr wenige Funktionen zur Verfügung. Aktuell sind das die Suchanalyse, der Crawling-Status sowie *Abruf wie durch Google*.
- Nutzen Sie die Möglichkeiten der Property-Sets, um Suchanalysedaten unabhängig vom Einstiegspunkt zu analysieren.

KAPITEL 13

Bing Webmastertools

In diesem Kapitel:
- Bing Webmastertools einrichten
- Das Website-Dashboard
- Der Index-Explorer
- Eingehende Links
- Crawlinformationen
- SEO-Berichte
- SEO-Analysator
- Weitere interessante Funktionen der Bing Webmastertools
- Funktionen der Google Search Console und der Bing Webmastertools im Vergleich
- Zusammenfassung des Kapitels

Google und Bing verfolgen das gleiche Ziel: Nutzern zur jeweiligen Suchanfrage das (mutmaßlich) relevanteste Ergebnis zu präsentieren. Dazu crawlen beide Suchdienste das Web, rufen URLs ab und analysieren deren Inhalt sowie die Verlinkungsstruktur der gecrawlten Dokumente.

Zwar ist der Marktanteil der Suchmaschine von Microsoft in Deutschland überschaubar (gemeinhin wird ein Anteil von vier bis fünf Prozent angenommen), doch ihre Funktionsweise ähnelt der des Branchenprimus Google. Aus diesem Grund ist es spannend, einen Blick in die *Bing Webmastertools* zu werfen. Denn sie bieten Funktionen, die es in dieser Form bisher nicht in der Google Search Console gibt. Das Spannende: Die Funktionen können Ihnen helfen, bei Google besser gefunden zu werden!

Bing Webmastertools einrichten

Bing stellt die eigenen Webmastertools ebenso wie Google kostenlos zur Verfügung. Alles was Sie zum Zugriff auf die Tools benötigen, ist ein Microsoft-Konto. Analog zu Google bietet auch Microsoft eine Reihe von Produkten an. Eventuell nutzen Sie bereits Angebote wie das Onlinemailprogramm Outlook.com oder die Spieleplattform Xbox Live und verfügen somit schon über ein Microsoft-Konto.

Unter der Adresse *http://www.bing.com/toolbox/webmaster* (*http://seobuch.net/206*) können Sie sich in ein bestehendes Microsoft-Konto einloggen oder ein neues Profil anlegen. Nach dem Einloggen können Sie mit der Bestätigung Ihrer Website beginnen.

Bevor Sie Ihre persönliche Bestätigungsdatei erhalten, können Sie, wie in Abbildung 13-1 zu sehen ist, direkt die Adresse Ihrer Sitemap, sofern vorhanden, übermitteln. Zusätzlich fragt Bing, zu welcher Tageszeit mit besonders hohen Zugriffszahlen durch Besucher zu rechnen ist. Hintergrund ist, dass Bing in diesem Zeitraum den

Webauftritt weniger intensiv crawlt und seine Crawling-Aktivität in Zeiten mit weniger Zugriffen steigert. Die hier getroffene Einstellung können Sie natürlich zu einem späteren Zeitpunkt anpassen.

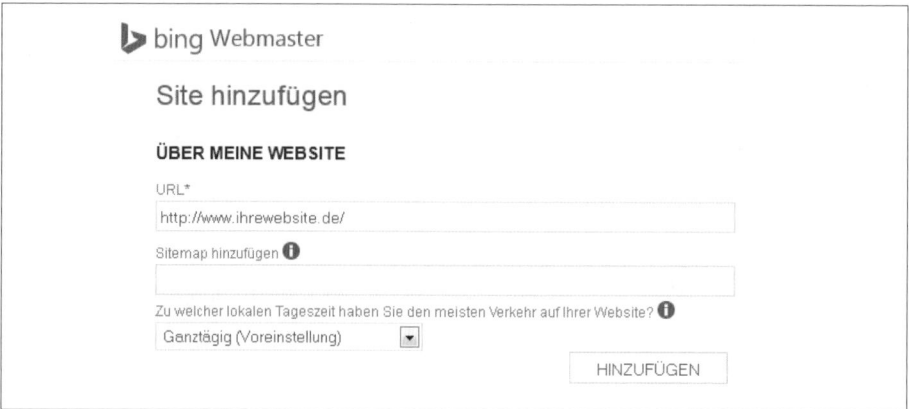

Abbildung 13-1: Im Bestätigungsprozess können Sie direkt eine Sitemap übertragen und angeben, zu welcher Tageszeit Sie die meisten Zugriffe verzeichnen.

In den Bing Webmastertools können Sie Ihren Webauftritt auf drei verschiedenen Wegen bestätigen:

- Hochladen einer Bestätigungsdatei
- Einfügen eines Bestätigungsschlüssels auf der Startseite
- Eintrag des Bestätigungsschlüssels in den DNS-Eintrag Ihrer Website

Am einfachsten ist es, die von Bing bereitgestellte Datei im XML-Format auf den Webserver zu übertragen. Diese hat immer den Namen *BingSiteAuth.xml* – das macht es im Vergleich zur Search Console etwas schwieriger, mehrere Konten über eigene Schlüssel zu verifizieren. Denn dazu muss bei Bing der Inhalt der verschiedenen XML-Dateien unter dem genannten Dateinamen zusammengefasst werden, während bei Google der Dateiname jeder Bestätigungsdatei einzigartig ist.

Selbstverständlich bietet Bing eine Nutzerverwaltung, über die weitere Bing-Nutzerkonten von einem Website-Inhaber zur gemeinsamen Nutzung zugelassen werden können. Nachdem Sie Ihre Website über eine der genannten Methoden bestätigt haben, gelangen Sie auf das sogenannte Dashboard.

Das Website-Dashboard

Auf dem Dashboard sehen Sie unter anderem:

- *Klicks von der Suche* (Google: *Klicks*).
- *In Suche vorhanden* (Google: *Impressionen*. Dieser Wert wird allerdings nicht auf dem Google Dashboard gezeigt.
- *Gecrawlte Seiten* (Google: *Crawling-Statistiken*).

- *Fehlerhafte Crawls* (Google: *Crawling-Fehler*).
- *Indizierte Seiten* (Google: *Indexierungsstatus*).

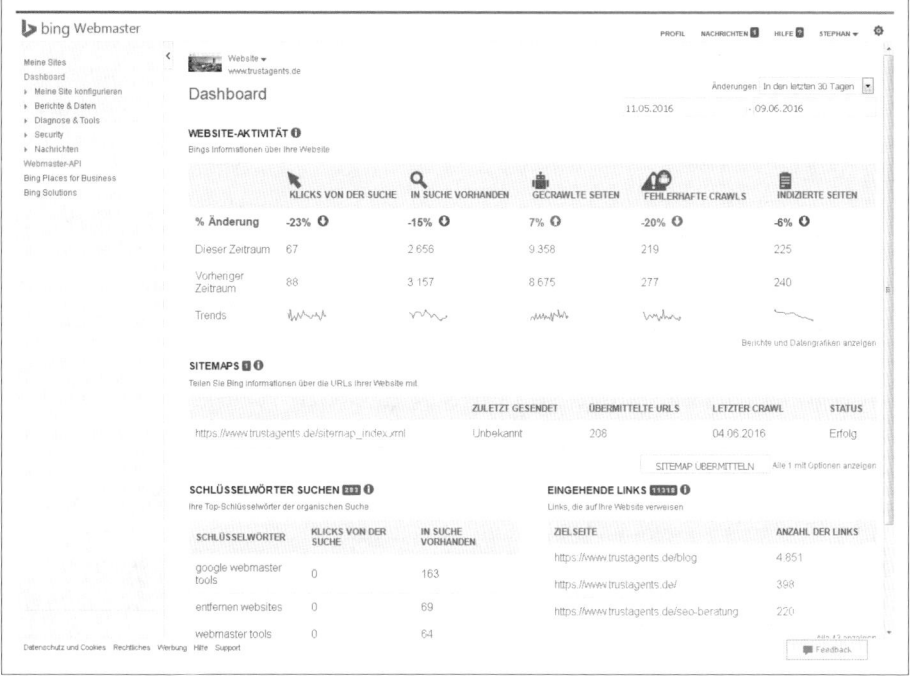

Abbildung 13-2: Das Dashboard zeigt Ihnen wichtige Kennzahlen der Domain an.

Im unteren Bereich des Dashboards sind einzelne Suchanfragen (»Schlüsselwörter«) zu sehen, zu denen die Website in der unbezahlten Bing-Suche gefunden wird. Darüber hinaus listet Bing die Adressen, die über die meisten (von extern) eingehenden Links verfügen. Zusätzlich werden Informationen zum Verarbeitungsstand eingereichter XML-Sitemaps angezeigt. Hinter manchen der Berichte ist in einem grauen Kasten eine Zahl zu sehen. Diese sagt Ihnen, wie hoch beispielsweise die Gesamtzahl an eingehenden Links ist.

Über die Datumseingabe im oberen rechten Bereich können Sie den Zeitraum der Datenerhebung festlegen. Dabei können Sie jeden beliebigen Zeitraum innerhalb der *letzten sechs Monate* auswählen. (Zum Vergleich: Google erlaubt es nur, Zeiträume innerhalb der letzten 90 Tage auszuwählen.) In den Datentabellen werden Veränderungen farblich hervorgehoben. Verbesserte Werte werden dabei grün, schlechtere Werte rot dargestellt.

In der linken Spalte finden Sie die Hauptnavigation der Bing Webmastertools. Diese unterteilt sich in:

- *Meine Site konfigurieren*
- *Berichte & Daten*

- *Diagnose & Tools*
- *Security*
- *Nachrichten*

Viele der Funktionen, die unter den Hauptmenüpunkten in der linken Spalte zu finden sind, gibt es in ähnlicher Form in Google Search Console. Deshalb möchte ich mich hier vor allem auf die Funktionen konzentrieren, die Berichte und Funktionen der Google Search Console ergänzen und die für Ihre regelmäßige SEO-Arbeit relevant sind.

Werfen wir zuerst noch mal einen Blick auf den oberen Bereich. Dort finden Sie unter anderem die Punkte *Profil*, *Nachrichten*, *Hilfe* sowie die *Konfiguration*. Anders als bei Google wird über das Zahnrad keine Konfiguration der Website beziehungsweise Ihres Webmastertools-Kontos durchgeführt, stattdessen nehmen Sie hier allgemeine Einstellungen für die Bing-Suche vor.

Dies liegt mit daran, dass Bing im Gegensatz zu Google keine separaten Domains pro Land verwendet. Der Suchdienst steht zentral für alle Sprachen und Länder unter *http://www.bing.com* (*http://seobuch.net/617*) zur Verfügung, während *http://www.google.de* (*http://seobuch.net/907*) der Hauptanlaufpunkt für Nutzer in Deutschland ist. Zwar lässt sich auch über *http://www.google.com* (*http://seobuch.net/978*) nach deutschsprachigen Websites recherchieren, nur ist dies im Vergleich zu Bing eben nicht der Hauptanlaufpunkt für alle Sprachen und Länder.

Die Einstellungen für Benachrichtigungen für die Bing Webmastertools können Sie durch einen Klick auf *Profil* festlegen. Neben der Zustellung von Mitteilungen in den Tools können Sie diese auch an Ihr E-Mail-Konto senden lassen. Wie Sie richtig vermuten, werden alle Ihnen zugesandten Mitteilungen unter dem Punkt *Nachrichten* zusammengefasst. Durch einen Klick auf *Hilfe* gelangen Sie zur Bing Webmastertools-Hilfe, die Ihnen offene Fragen zu den einzelnen Funktionen und Berichten beantwortet.

Eine Anmerkung zur *Bing Webmaster Tool API*: Über diese lassen sich sehr viele Funktionen der Toolsammlung außerhalb des Interface ansprechen. Die technischen Hintergründe erfahren Sie unter *https://msdn.microsoft.com/en-us/library/hh969349.aspx* (*http://seobuch.net/516*). Alle Funktionen der API sind in der englischsprachigen Dokumentation unter *https://msdn.microsoft.com/en-us/library/hh969386.aspx* (*http://seobuch.net/441*) zu finden.

Der Index-Explorer

Unter *Berichte & Daten* finden Sie den *Index-Explorer*. Zum einen listet er auf, wie viele URLs Bing innerhalb eines Verzeichnisses kennt und wie viele Links sich auf URLs dieses Verzeichnisses beziehen (in etwa vergleichbar mit dem Bericht *Interne Links* der Search Console), zum anderen können Sie nach URLs suchen, die einen bestimmten HTTP-Statuscode verwenden. Nett ist dabei die Darstellung als Verzeichnisstruktur – zumindest dann, wenn auf Ihrer Website Inhalte über URL-Pfade gebündelt werden. Einzelne Adressen listet Bing natürlich ebenfalls auf.

Abbildung 13-3:   Der Index-Explorer zeigt Ihre Website als Verzeichnisstruktur und liefert diverse Informationen.

Jedes der im unteren Bereich angezeigten Verzeichnisse sowie jede einzelne URL können Sie anklicken. Dadurch erhalten Sie weitere Informationen zur getroffenen Auswahl.

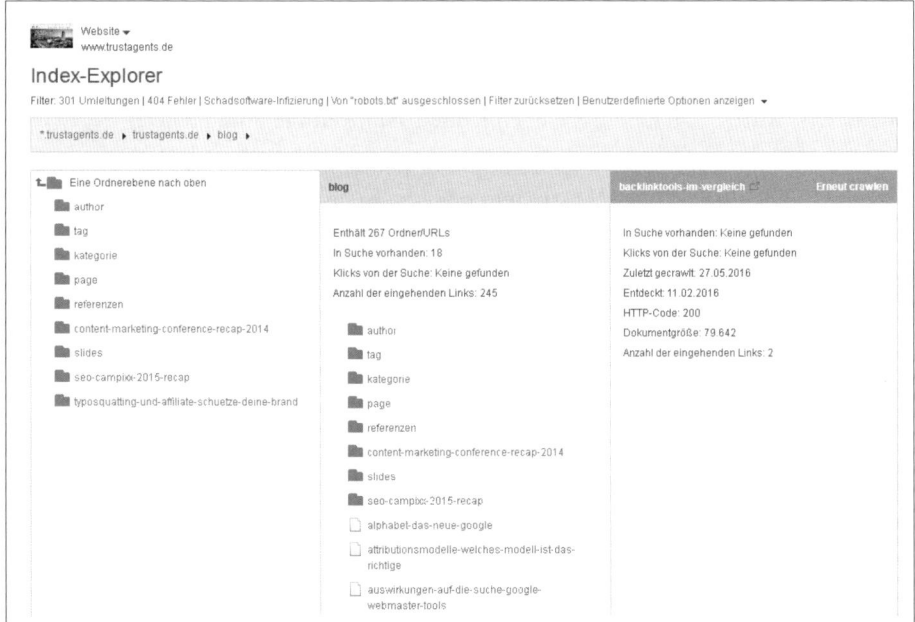

Abbildung 13-4:   Sie können einzelne URLs auswählen und diese gezielt analysieren. Auch ein erneutes Crawling kann über Erneut crawlen angestoßen werden.

Wie in Abbildung 13-4 zu sehen ist, erhalten Sie für jede URL unter anderem das Datum des letzten Crawls durch Bingbot sowie das Datum, an dem Bing diese URL zum ersten Mal analysiert hat. Wenn dieses Datum weit zurückliegt, weist Bing *Älter als 6 Monate* als Datum aus.

Interessante Daten können Sie über die Filter oberhalb des Index-Explorer erhalten. Neben den Standardfiltern wie *301 Umleitungen*, *404 Fehler* und *Schadsoftware-Infizierung* bieten *die benutzerdefinierten Optionen* noch weitere Auswahlmöglichkeiten.

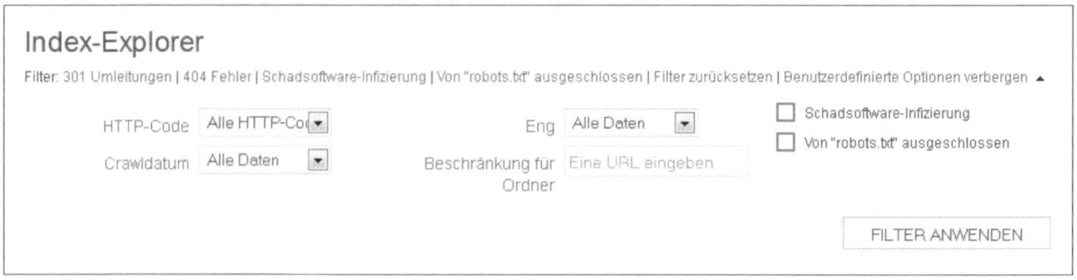

Abbildung 13-5: Weitere Filter werden durch einen Klick auf Benutzerdefinierte Optionen angezeigt.

Über den Filter *HTTP-Codes* können Sie sich die Bing bekannten URLs Ihrer Website anzeigen lassen, die beispielsweise den HTTP-Statuscode 302 für temporäre Weiterleitungen verwenden. Diesen Statuscode sollten Sie nur dann einsetzen, wenn die alte Adresse in naher Zukunft wieder erreichbar sein wird. Andernfalls sollten *301 Weiterleitungen* (permanente Weiterleitung) verwendet werden. Dadurch stellen Sie sicher, dass eingehende (Ranking-)Signale vollständig von der alten auf die neue Adresse übertragen werden – zumindest dann, wenn der alte Inhalt unter der neuen Adresse zu finden ist. Es ist folglich wenig sinnvoll, eine ehemalige Seite über Elefanten auf eine Adresse zu leiten, die eben keine Inhalte zu Elefanten liefert.

Leider listet Ihnen der Index-Explorer bei der Betrachtung von 404-Fehlern nur die fehlerhafte URL auf. Von welchen Seiten Verweise auf diese Adresse gesetzt sind, wird nicht angezeigt.

Eingehende Links

Auch für ein gutes Ranking in der Bing-Suche sind *eingehende Links* von externen Domains wichtig. Die Funktion ist bei Bing unter *Berichte & Daten* zu finden.

Während die Backlink-Daten der Google Search Console den Nachteil haben, dass sie Linkquelle, Ankertext sowie Linkziel nicht zusammen darstellen, liefert Ihnen Bing diese Daten im Export. Dadurch wird die Analyse der Daten wesentlich vereinfacht.

Über die Datumseinstellung können Sie sich die Entwicklung der Anzahl eingehender Links der maximal letzten sechs Monate anzeigen lassen.

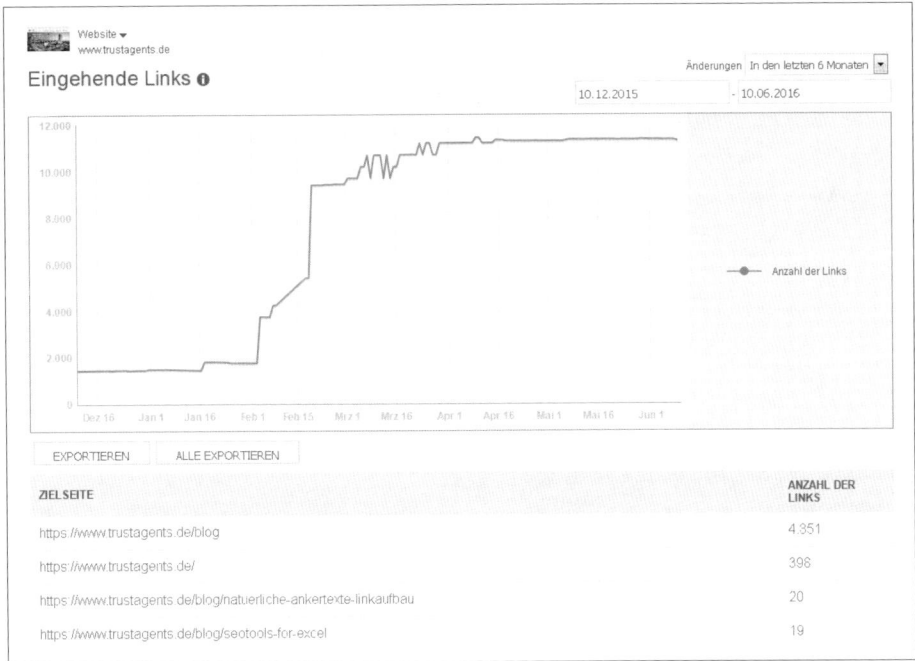

Abbildung 13-6: Im Graphen wird das Linkwachstum der Website dargestellt.

Tipp Hier gilt: Geht der Wert schlagartig signifikant nach oben, sollten Sie sich das erklären können. Haben Sie beispielsweise interessante Inhalte veröffentlicht, auf die sich viele Drittseiten beziehen?

Analysieren Sie auf jeden Fall die neuen Verweise, um zu vermeiden, dass sich unnatürliche Links negativ auf das Ranking Ihrer Website auswirken.

Während über *Exportieren* nur die Zielseite sowie die Anzahl der auf die Adresse verweisenden Links angezeigt werden, erhalten Sie über *Alle exportieren* sowohl Linkquelle als auch Linkziel und den verwendeten Ankertext.

Durch einen Klick auf die Daten in der Tabelle werden die Linkquelle sowie der Ankertext angezeigt. Im sich öffnenden Fenster ist ein Export der angezeigten Daten möglich.

Eine Anmerkung zum Datenumfang: Über Google Search Console erhalten Sie erfahrungsgemäß wesentlich mehr einzelne Links als über Bing. Da Google mehr Links auflistet, folgt daraus fast schon unweigerlich, dass die angegebene Domainpopularität, also die Anzahl an unterschiedlichen zur Website verweisenden Webauftritten, größer ist.

Bing kann bei den Linkdaten vor allem über die gemeinsame Anzeige von Ankertext, Linkquelle und Linkziel punkten. Zudem wird das Linkwachstum direkt angezeigt.

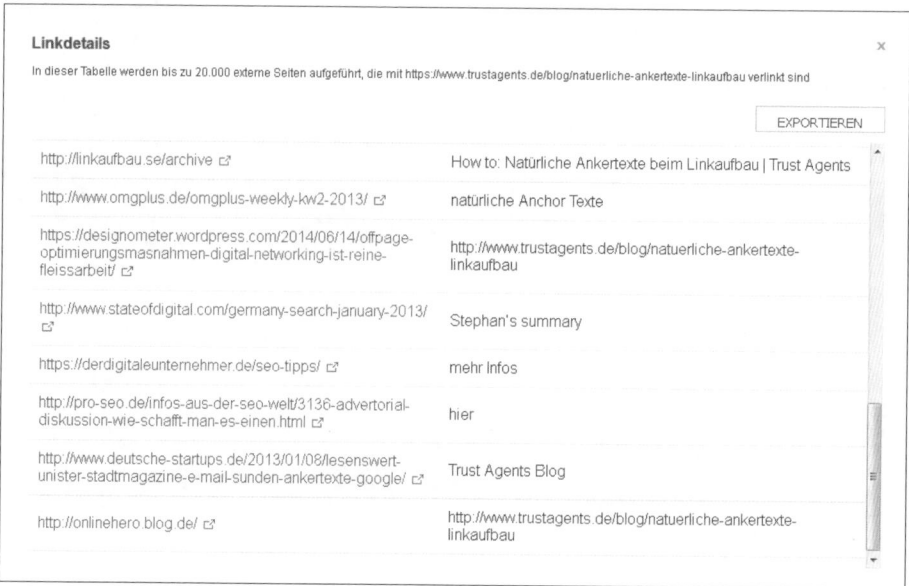

Abbildung 13-7: In der Detailansicht erfahren Sie, wo und mit welchem Ankertext ein Link auf die gewählte URL zu finden ist.

Crawlinformationen

Ebenfalls unter *Berichte & Daten* ist der Punkt *Crawlinformation* zu finden. Hier werden von Bing URLs aufgelistet, die nicht erreichbar sind, weitergeleitet wurden oder durch die *robots.txt* blockiert waren, sowie URLs, zu denen keine Verbindung hergestellt werden konnte.

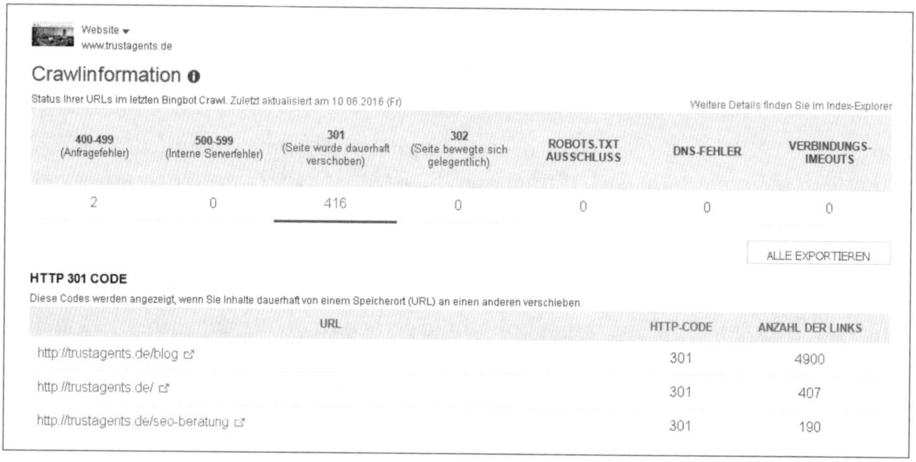

Abbildung 13-8: Bing informiert Sie unter Crawlinformation über Crawling-Probleme und interne Weiterleitungen.

Auf dem Dashboard wird angezeigt, über wie viele eingehende Links eine hier aufgelistete Adresse verfügt. Die Daten können leider nicht tiefer gehend analysiert werden. Es ist folglich nicht möglich, die einzelnen Links aufzurufen, die sich z. B. auf Adressen mit dem Statuscode 301 beziehen.

Um ein sauberes Crawling zu gewährleisten, sollten Sie nicht unnötig viele interne Weiterleitungen verwenden. Und natürlich sollte die Anzahl an Crawling-Fehlern (HTTP-Statuscode 4xx und 5xx) so niedrig wie irgend möglich sein. Die Daten können Ihnen zusätzlich zu denen aus Google Search Console dabei helfen, fehlerhafte Adressen zu identifizieren und Gegenmaßnahmen zu ergreifen.

Leider beschränken sowohl Google als auch Bing den Datenexport. Bei Bing sind im Export allerdings bis zu 2.000 repräsentative Fehler pro Kategorie enthalten. Dagegen geizt Bing im Export mit den eingehenden Links und sagt Ihnen im Export wie im Bericht nur, welche Adresse einen Fehler hervorruft und wie viele eingehende Links auf diese Adresse verweisen.

SEO-Berichte

Unter dem Menüpunkt *Berichte & Daten* finden Sie die wahrscheinlich spannendste Funktion: *SEO-Berichte*. Dankenswerterweise gibt Ihnen Bing – im Gegensatz zu Google – über diese Funktion konkrete Hinweise, wie Sie Seiten Ihres Webauftritts verbessern können.

Alle zwei Wochen analysiert Bing automatisch die Website auf wichtige Onpage-Faktoren und listet im SEO-Bericht Verbesserungsvorschläge auf.

SEO-Berichte (Beta)

Ermitteln Sie, welche Bereiche Ihrer Website möglicherweise bearbeitet werden müssen, um den SEO-Best-Practices zu entsprechen.

SEO-VORSCHLÄGE	SCHWEREGRAD	FEHLERANZAHL	SEITEN
Der Titel im head-Bereich der Seite fehlt.	Hoch	21	21
Für das <img>-Tag wurde kein ALT-Attribut definiert.	Niedrig	280.373	22.109
Die Seite enthält mehrere Titel.	Hoch	4	2
Die geschätzte Größe des HTML-Codes ist größer als 125 KB und kann möglicherweise nicht vollständig zwischengespeichert werden.	Niedrig	38	38
Die Meta Language-Informationen für diese Seite fehlen.	Mittel	22.102	22.102
Der Titel ist zu kurz oder zu lang.	Hoch	252	252
Das <h1>-Tag fehlt.	Hoch	186	186
Es gibt mehrere <h1>-Tags auf der Seite.	Hoch	123	24
Im <head>-Bereich der Seite fehlt eine Beschreibung.	Hoch	101	101
Es wurden mehrere Beschreibungen auf der Seite gefunden.	Hoch	6	3
Die Beschreibung ist zu kurz oder zu lang	Hoch	4.647	4.647

Abbildung 13-9: Die SEO-Berichte helfen Ihnen dabei, Ihre Inhalte möglichst ideal auszuzeichnen.

Bing untersucht dabei die Seiten Ihres Webauftritts auf *15 SEO-Best-Practices* und zeigt Ihnen Adressen an, die diesen Vorgehensweisen nicht entsprechen.

Bei der Priorisierung der Optimierungspotenziale hilft Ihnen der dreistufige Schweregrad. Dieser weist pro Vorschlag aus, ob dieser einen geringen (*Niedrig*), einen mittleren (*Mittel*) oder einen großen (*Hoch*) Einfluss auf das Ranking Ihrer Website und deren einzelne Adressen hat.

Zu den von Bing untersuchten Best Practices gehören:

- Der Titel im <head>-Bereich der Seite fehlt.
- Die Seite enthält mehrere Titel.
- Der Titel ist zu kurz oder zu lang.
- Das <h1>-Tag fehlt.
- Es gibt mehrere <h1>-Tags auf der Seite.
- Es wurden mehrere Beschreibungen auf der Seite gefunden.
- Die Beschreibung ist zu kurz oder zu lang.
- Die URL enthält mehr als drei Parameter.
- Die Beschreibung im <head>-Bereich der Seite fehlt.
- Die Meta-Language-Informationen für diese Seite fehlen.
- Für das <img>-Tag wurde kein ALT-Attribut definiert.
- Die geschätzte Größe des HTML-Codes liegt über 125 KByte und kann möglicherweise nicht vollständig zwischengespeichert werden.

Durch einen Klick auf einen der Vorschläge werden sowohl eine Erklärung als auch eine empfohlene Aktion angezeigt.

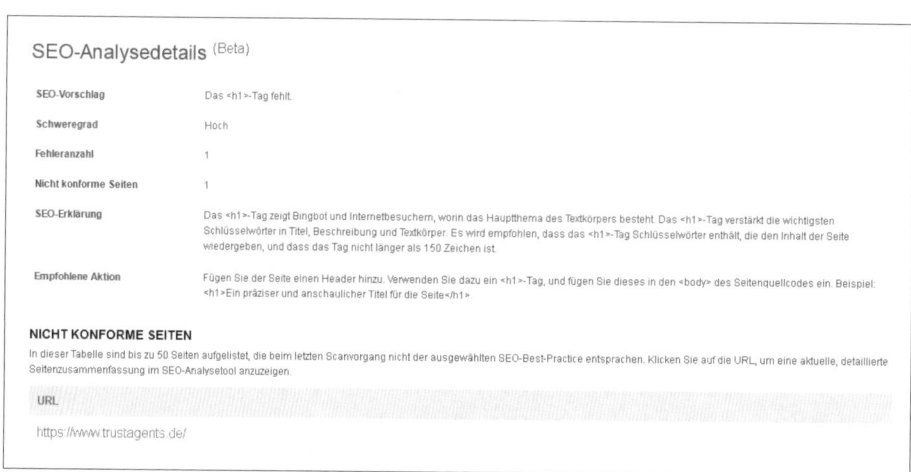

Abbildung 13-10: Durch die Auswahl eines Vorschlags erhalten Sie weitere Informationen.

Die aktuell nicht ideal optimierten Adressen finden Sie im unteren Bereich. Durch einen Klick auf eine der gelisteten URLs gelangen Sie zum *SEO-Analysator*, einem weiteren Tool, das Ihnen bei der Onpage-Optimierung Ihrer Website behilflich ist.

SEO-Analysator

Zum *SEO-Analysator* gelangen Sie entweder über *Diagnose & Tools* oder indem Sie innerhalb der SEO-Berichtsdetails auf eine URL klicken. Dadurch wird diese im SEO-Analysator geöffnet.

Während die SEO-Berichtsfunktion automatisch Ihre Website untersucht, ist der SEO-Analysator für Ad-hoc-Analysen gedacht. Nach Eingabe einer URL überprüft das Tool, inwieweit diese Adresse den von Bing überprüften SEO-Best-Practices entspricht.

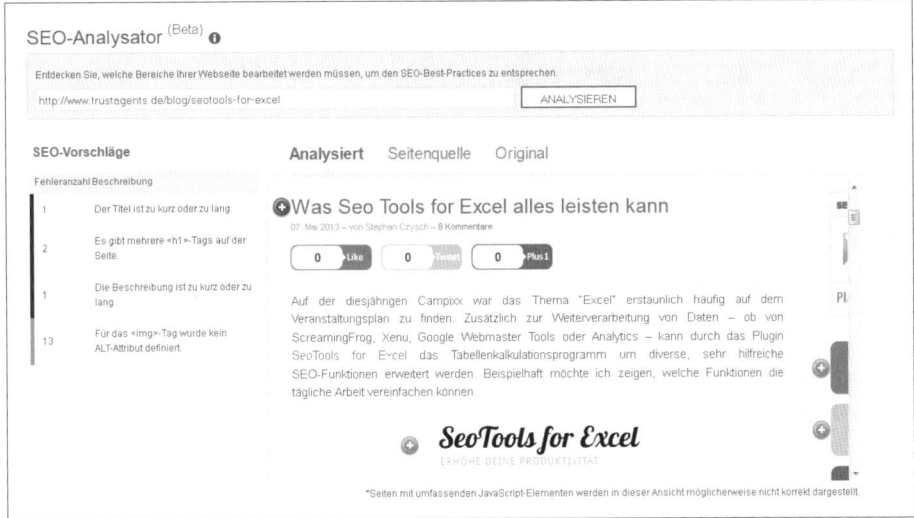

Abbildung 13-11: Über den SEO-Analysator können Ad-hoc-Analysen von URLs durchgeführt werden.

Um Ihnen die Funktionsweise des SEO-Analysators zeigen zu können, habe ich eine URL absichtlich »de-optimiert«. Im Analysator sehen Sie zum einen die gefundenen Vorschläge, zum anderen in drei Tabs die Ansichten *Analysiert*, *Seitenquelle* und *Original*. Darunter wird entweder die Seite oder der Seitenquelltext dargestellt.

Auf der Beispielseite wurden folgende Verstöße beziehungsweise Verbesserungsvorschläge gefunden:

- Der Titel ist zu kurz oder zu lang.
- Es gibt mehrere <h1>-Tags auf der Seite.
- Die Beschreibung ist zu kurz oder zu lang.
- Für das <img>-Tag wurde kein ALT-Attribut definiert.

Unter *Analysiert* zeigt Ihnen Bing ein optisches Abbild der Website und markiert die Stelle, an der ein SEO-Verbesserungspotenzial zu finden ist. Durch einen Klick auf *Vergrößern* in der Fehlerbeschreibung wird die von Bing empfohlene Aktion angezeigt.

Abbildung 13-12: Durch einen Klick auf Vergrößern wird die empfohlene Aktion angezeigt.

Alternativ können Sie sich im Tab *Seitenquelle* das Optimierungspotenzial direkt im von Bing analysierten Quelltext hervorheben lassen. Mit den oberhalb des Quelltexts angezeigten Pfeilen können Sie von Fehler zu Fehler springen. Unter dem Tab *Original* finden Sie den Ausgangsquelltext, also ohne die von Bing vorgenommenen Hervorhebungen.

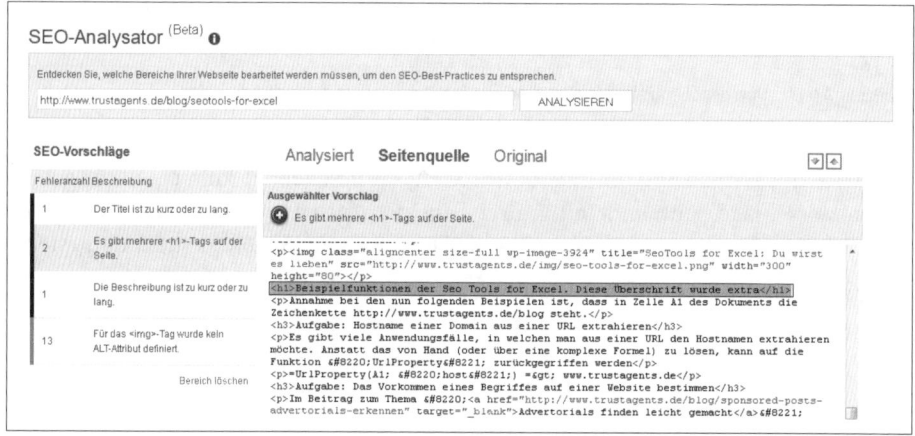

Abbildung 13-13: Unter Seitenquelle werden Potenziale direkt im Seitenquelltext markiert.

Weitere interessante Funktionen der Bing Webmastertools

Nachdem wir uns Funktionen angeschaut haben, die Google Search Console ergänzen, möchte ich noch ein paar Funktionen von Bing Webmastertools vorstellen, die Ihnen nur bei der Bing-Optimierung helfen. Zwar ist der Marktanteil von Bing in Deutschland gering, aber vielleicht ändert sich das in der Zukunft. Und eventuell verwendet Ihre Zielgruppe die Bing-Suche häufiger als der Durchschnitt der Internetnutzer in einem Land.

Crawlsteuerung

Bereits im Bestätigungsprozess stellt Bing die Frage, zu welcher Tageszeit besonders viele Zugriffe auf die Website zu verzeichnen sind. Diese Information nutzt Bing dazu, um das Crawling-Verhalten entsprechend anzupassen. Unter *Meine Site konfigurieren* finden Sie die *Crawlsteuerung*, mit der Sie Änderungen der Crawling-Frequenz vornehmen können.

Wenn Ihre Website beispielsweise in den Abendstunden besonders viele Zugriffe verzeichnet, können Sie Bing anweisen, vor allem in den Morgenstunden oder in der Nacht Ihre Website zu crawlen. Dadurch steht in den Abendstunden mehr Bandbreite für echte Besucher zur Verfügung.

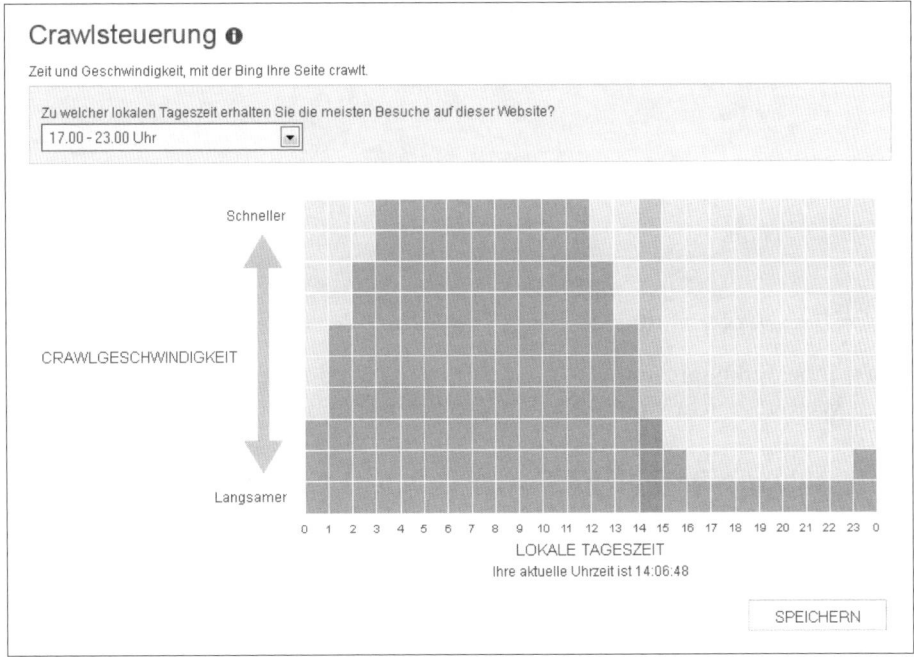

Abbildung 13-14: Bingbot kann angewiesen werden, Ihre Website zu bestimmten Tageszeiten nicht zusätzlich durch Anfragen zu belasten.

Wenn Sie mit der Maus in den Chart klicken, können Sie das Crawling-Verhalten des Bingbot zu einer bestimmten Uhrzeit beeinflussen. In den meisten Fällen ist es sinnvoll, Seiten verstärkt in der Nacht von Bingbot crawlen zu lassen.

Verbundene Seiten

Ähnlich wie die Funktion *Partner* der Google Search Console erlaubt es Bing unter *Meine Site konfigurieren* über die Funktion *Verbundene Seiten*, Profile Ihres Webauftritts auf anderen Portalen zu kennzeichnen. Der Vorteil: Dadurch können Sie die Performance dieser Seiten (bezogen auf Suchanfragen und Impressionen) in der Bing-Suche analysieren.

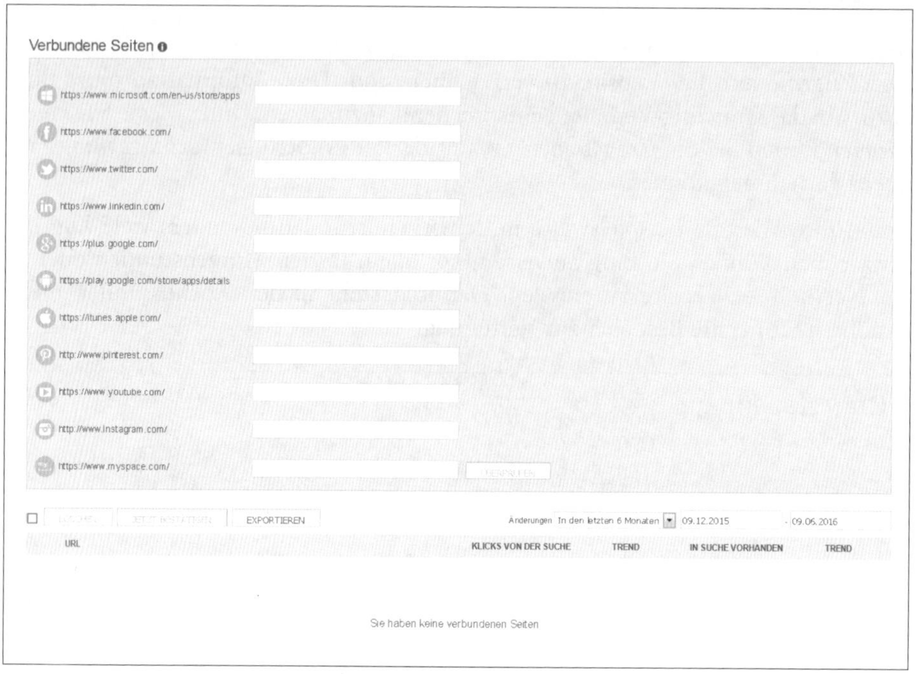

Abbildung 13-15: Über die Funktion Verbundene Seiten können Sie deren Performance in der Bing-Suche analysieren.

Bing gibt die verknüpfbaren Websites fest vor. Die Bandbreite der aktuell elf verschiedenen Websites reicht von Facebook über Pinterest und Instagram bis zu LinkedIn.

Schlüsselwort-Recherche

Möchten Sie herauszufinden, wie die eigene Zielgruppe einzelne Themen beschreibt, ist eine Keyword-Recherche notwendig. Um Suchvolumen zu ermitteln, ist in den Bing Webmastertools unter *Diagnose & Tools* die *Schlüsselwort-Recherche* zu finden. Diese ähnelt dem Keyword Planer von Google AdWords.

Basierend auf den über die Bing-Suche gestellten Suchanfragen im Zeitraum der letzten bis zu sechs Monate sehen Sie, wie hoch die Suchnachfrage für abgefragte Begriffe war. Zusätzlich zeigt Bing einen Suchtrend an.

Abbildung 13-16: Über Schlüsselwort-Recherche finden Sie Suchvolumen für einzelne Begriffe in der Bing-Suche heraus.

Eine Anmerkung zum Filter *Hoch*: Hier ist die Übersetzung nicht gut gelungen. Im englischen Interface steht an dieser Stelle *Strict*. Wenn Sie diesen Filter aktivieren, wird Ihnen das Suchvolumen *exakt* für die eingegebene Schreibweise angezeigt. Wenn dieser Filter nicht aktiviert ist, kann das abgefragte Wort auch Teil der Suchanfrage sein. Dadurch ist das angegebene Suchvolumen höher.

Funktionen der Google Search Console und der Bing Webmastertools im Vergleich

Um Ihnen die Einarbeitung in Bing Webmastertools zu erleichtern, stellt die folgende Tabelle die Namen der Funktionen der Google Search Console und der Bing Webmastertools gegenüber.

Als Hinweis: Nicht immer sind Funktionen in ihrem Umfang komplett identisch.

Tabelle 13-1: Gegenüberstellung von Funktionsnamen bei Bing und Google

Funktionsname bei Google	Funktionsname bei Bing
Strukturierte Daten	-
Rich Karten	-
Data Highlighter	-
HTML-Verbesserungen	SEO-Bericht

Tabelle 13-1: Gegenüberstellung von Funktionsnamen bei Bing und Google *(Fortsetzung)*

Funktionsname bei Google	Funktionsname bei Bing
Sitelinks	Deeplinks
Accelerated Mobile Pages	-
Suchanalyse	Nutzung Ihrer Seite & Schlüsselwörter suchen
Links zu Ihrer Website	Eingehende Links
Interne Links	Link-Explorer
Manuelle Maßnahmen	-
Internationale Ausrichtung	Geotargeting
Nutzerfreundlichkeit auf Mobilgeräten	Für Mobilgeräte optimierte Seiten
Indexierungsstatus	Index-Explorer
Blockierte Ressourcen	-
URLs entfernen	URLs blockieren
Crawling-Fehler	Crawlinformation & Index-Explorer
Crawling-Statistiken	Index-Explorer & Dashboard
Abruf wie durch Google	Bingbot-Abruf & URLs übermitteln
Blockierte URLs	Index-Explorer
Sitemaps	Sitemaps
URL-Parameter	URL-Parameter ignorieren
Sicherheitsprobleme	Security
Disavow Links	Links ablehnen
Benachrichtigungen	Nachrichten
Nutzer & Website-Inhaber	Benutzer
Adressänderung	Siteverschiebung
Partner	Verbundene Seiten

Zusammenfassung des Kapitels

- Die kostenlosen Bing Webmastertools ergänzen die Google Search Console perfekt durch exklusive Funktionen wie den SEO-Bericht.
- Eine Website wird über einen persönlichen Schlüssel bestätigt. Als Bestätigungsmethoden stehen das Hochladen des Verifizierungsschlüssels in einer Datei, die Integration des Schlüssels auf der Startseite oder alternativ in der DNS-Konfiguration der Website zur Auswahl.
- Über den *Index-Explorer* können URLs nach einzelnen Statuscodes gefiltert werden. Zu jeder URL wird unter anderem die aktuelle Performance in der Bing-Suche sowie die Anzahl eingehender Links angezeigt.
- Über *Eingehende Links* betrachten Sie das Backlink-Profil Ihrer Website. Im Export stehen sowohl Informationen zu Linkquelle und Linkziel sowie zum Ankertext zur Verfügung. Was den Datenumfang betrifft, können die Bing Webmastertools allerdings nicht mit dem Google-Pendant konkurrieren.

- Unter *Crawlinformation* listet Bing URLs auf, die beispielsweise nicht erreichbar waren oder weitergeleitet werden.
- Mit der Funktion *SEO-Berichte* macht Bing Sie auf Verbesserungsmöglichkeiten der Onpage-Optimierung aufmerksam. Dazu analysiert Bing alle zwei Wochen Ihre Website auf 15 Faktoren und erläutert, weshalb Sie eine Änderung an den nicht optimalen Seiten vornehmen sollten.
- Der *SEO-Analysator* ist für Ad-hoc-Analysen von Adressen Ihrer Website gedacht. Diese Funktion ist eng mit dem SEO-Bericht verknüpft.

  Eine im SEO-Analysator aufgerufene URL wird von Bing in einem eigenen Fenster dargestellt, und Verbesserungspotenziale werden in diesem Fenster markiert. Alternativ können die Potenziale im Quelltext der Seite angezeigt werden. Der Analysator verwendet die gleichen Regeln wie der SEO-Bericht.
- Interessante Funktionen, die Ihnen bei der Optimierung für die Bing-Suche helfen, sind *Crawlsteuerung*, *Verbundene Seiten* und *Schlüsselwort-Recherche*.

  Über *Crawlsteuerung* können Sie festlegen, zu welchen Zeiten Bingbot Ihre Website besonders intensiv crawlen soll.

  Die Performance von *Verbundene Seiten* innerhalb der Bing-Suche kann ausgewertet werden, wenn Sie diese mit den Bing Webmastertools verbinden.

  Mit der *Schlüsselwort-Recherche* finden Sie Suchvolumina und weitere Suchbegriffe heraus, auf die Sie optimieren können. Die Daten stammen aus der Bing-Websuche.

In diesem Kapitel:
- Die Funktionen von Serplorer im Überblick
- Das Serplorer-Dashboard
- SERP-Visibility
- Keywords
- URL Ansichten
- Ranking-Verlauf
- Verteilung
- Mehrfach-Ranking
- Switcher
- Zusammenfassung des Kapitels

KAPITEL 14

Serplorer

von Kathleen Jaedtke

Sie möchten die Suchanalysedaten der Google Search Console über einen längeren Zeitraum als die letzten 90 Tage analysieren? Bis vor wenigen Monaten war das nur möglich, wenn Sie die Daten wahlweise über das Search Console Interface oder über die API selbst periodisch heruntergeladen und wieder zusammengeführt haben.

Seit Ende Februar 2016 ist mit *Serplorer* (*https://www.serplorer.com/* – *http://seobuch.net/741*) ein kostenpflichtiges SEO-Monitoring-Tool auf dem deutschsprachigen Markt vertreten, das Ihnen diese Aufgabe abnimmt. Über die Search Console API werden die Daten nicht nur abgefragt und abgespeichert, sondern auch umfangreich aufbereitet.

Nach der ersten Bestätigung einer Property in Serplorer importiert das Tool die aktuell ältesten verfügbaren Daten. Von diesem Zeitpunkt an werden neuere Daten nach und nach hinzugefügt, und der Analysezeitraum wird entsprechend ausgeweitet. Damit stehen Ihnen die Suchanalysedaten fortlaufend über das 90-Tage-Limit hinaus für (Langzeit-)Analysen und saisonale Vergleiche im Tool zur Verfügung.

Die Funktionen von Serplorer im Überblick

Nicht nur durch die kontinuierliche Abfrage der Suchanalyse-Berichte erleichtert Ihnen das Tool die Arbeit. Durch die Aufbereitung der Daten können Sie Optimierungspotenziale wesentlich schneller identifizieren als über das Search Console Interface. Darin haben Sie immer wieder das Problem, dass der Wechsel zwischen einzelnen Ansichten viel Geduld erfordert.

Bei Ihren Analysen müssen Sie bedenken, dass es häufig auch einige Tage dauern kann, bis die aktuellsten Daten in Serplorer verfügbar sind. Das liegt dabei gar nicht am Tool selbst, sondern an der Aufbereitungsgeschwindigkeit von Google. So stehen im Interface von Search Console wie von Serplorer die Daten des aktuellen Tages erst mit zwei Tagen Verzögerung bereit.

Zwar fragt Serplorer die Google Search Console API täglich ab und importiert die neuesten Werte, aber die des heutigen Tages stehen eben noch nicht zur Verfügung.

Das Serplorer-Dashboard

Das Dashboard als zentraler Einstiegspunkt verschafft Ihnen einen schnellen Überblick über die SEO-Performance Ihrer Website in der Google-Suche. Auf dem Dashboard sehen Sie Ihre Suchanalysedaten in separaten Charts und Tabellen aufbereitet, teils für die letzten 7, teils für die letzten 30 Tage. Auf einen Blick können Sie Veränderungen innerhalb der angezeigten Metriken entdecken und Rückschlüsse auf etwaige erfolgreich umgesetzte SEO-Optimierungen oder die Auswirkungen von Google-Updates ableiten.

Beachten Sie, dass die Suchanalyse keine Sichtbarkeit darstellt (wo werden Sie gefunden?), sondern die aktuelle Anzahl an Impressionen und Klicks. Die Folge: Werden Ihre Keywords seltener oder häufiger gesucht, gehen die Messwerte deutlich nach unten oder oben. Bei Sichtbarkeitswerten von SEO-Toolanbietern hat die aktuelle (Such-)Nachfrage keinen Einfluss auf die Werte.

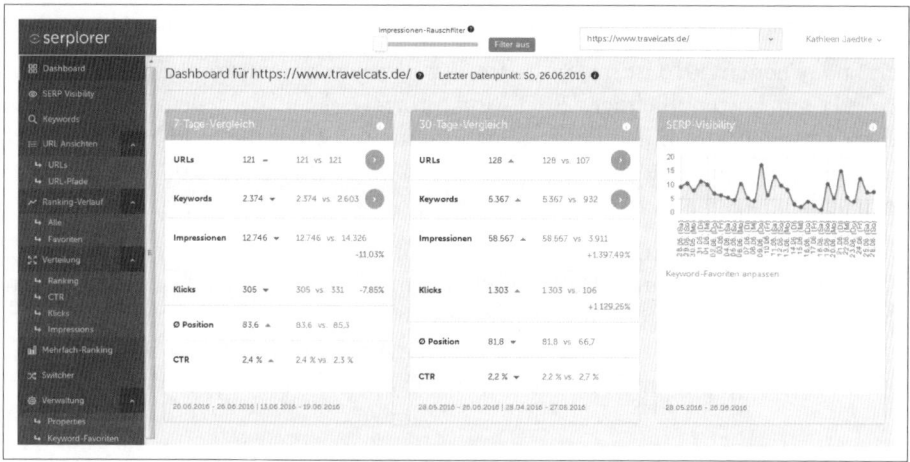

Abbildung 14-1: Das Dashboard fasst alle wichtigen Kennzahlen zusammen.

Mit dem *Impressionen-Rauschfilter*, den Sie oben neben der Property-Auswahl finden, können Sie Ihre Analysen noch effizienter gestalten. Der Filter ermöglicht Ihnen, über verschiedene Abstufungen Keywords aus Ihren Analysen herauszufiltern, die nur wenige Impressionen und/oder keine bis wenige Klicks verzeichnen.

SERP-Visibility

Im *SERP-Visibility-Bericht* sehen Sie, wie sichtbar Ihre Property in den organischen Suchergebnissen von Google ist. Diese Funktion gibt es in der Google Search Console nicht. Der tooleigene Sichtbarkeitsindex berechnet sich dabei nach der gewichteten Ranking-Position und den tatsächlichen Impressionen für ein von Ihnen individuell festgelegtes Keyword-Set. Bei der Gewichtung der Ranking-Position wird davon ausgegangen, dass ein Ranking auf Platz eins von Suchenden häufiger gesehen wird als ein Ranking auf Platz zehn. Dies ergibt sich daraus, dass eine Platzierung am unteren Ende der Suchergebnisse mit einer Scroll-Notwendigkeit einhergeht.

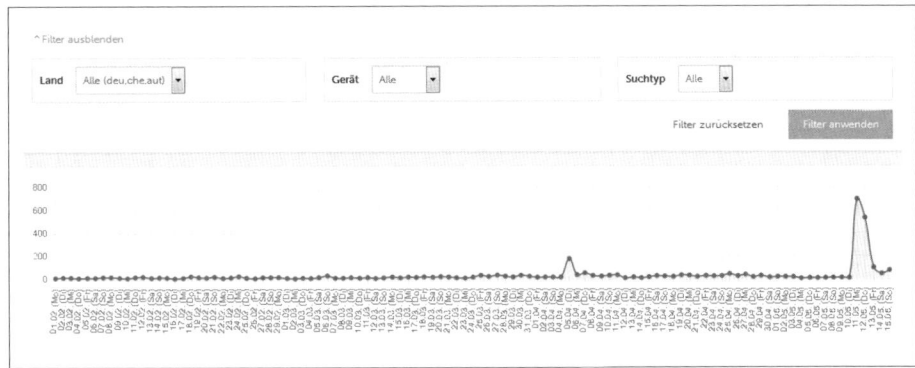

Abbildung 14-2: Der Bericht SERP-Visibility zeigt Ihnen, wie sichtbar Ihre Property in der Google-Suche ist.

Um Ihre individuellen Keywords im SERP-Visibility-Bericht zu hinterlegen, gehen Sie zurück auf das Dashboard und klicken im Chart *SERP-Visibility* auf *Keyword-Favoriten anpassen*. Dort können Sie bis zu 50 auf Ihre Property abgestimmte Keywords aus einer Drop-down-Liste auswählen und in Ihren individuellen Sichtbarkeitsindex mit einfließen lassen. Sie können nur Suchbegriffe auswählen, zu denen Sie bereits gefunden werden.

Innerhalb der SERP-Visibility können Sie nach Land, Gerät (Desktop, Tablet, Mobile) und Suchtyp (Web, Bild, Video) filtern, den Impressionen-Rauschfilter anwenden und einen Analysezeitraum festlegen. Zur Erinnerung: Die Daten reichen bis 90 Tage vor dem Zeitpunkt zurück, an dem Sie Ihre Property zu Serplorer hinzugefügt haben.

Warum sollten Sie einen individuellen Sichtbarkeitsindex für Ihre Property erstellen? Verschiedene SEO-Tool-Anbieter wie Sistrix, Searchmetrics, SEMrush und Xovi haben eigene Sichtbarkeitsindizes entwickelt. Diese werden auf Basis eines pro Tool individuellen Standard-Keyword-Sets, meistens bestehend aus mehreren Hunderttausend Keywords, berechnet. Für neue und Nischenwebseiten birgt diese Berechnung ein Problem: Sie werden nur einen geringen Sichtbarkeitsindex aufweisen, da die für sie relevanten Suchbegriffe nicht notwendigerweise im Tool-Keyword-Set enthalten sind.

Wenn Sie also neue Projekte oder Nischenwebseiten betreuen und deren Sichtbarkeit anhand Ihres ganz persönlichen Keyword-Sets für Google bestimmen und überwachen möchten, sollten Sie einen eigenen Sichtbarkeitsindex erstellen. Dieser dient Ihnen als Indikator für die Trendentwicklung der Sichtbarkeit Ihrer Property in der organischen Suche. Bedenken Sie dabei, dass Ihr individueller Sichtbarkeitsindex umso aussagekräftiger ist, je mehr Keywords Sie hinterlegen. Sie sollten also das Serplorer-Maximum von 50 Suchbegriffen ausnutzen.

Keywords

In der Google Search Console ist die Zuordnung Ihrer Keywords zu den entsprechenden URLs mit vielen Klicks verbunden. Diese Zuordnung geht bereits bei kleinen Projekten mit einem erheblichen Zeit-und Klickaufwand einher.

Mit Serplorer kommen Sie wesentlich schneller an Ihr Ziel. Auf einen Blick können Sie im Keywords-Bericht sehen, welche Ihrer URLs für welche Keywords ranken. Alle Keywords werden zusätzlich zu den entsprechenden rankenden URLs um die jeweilige Anzahl an Klicks und Impressionen, die durchschnittliche Ranking-Position und die CTRs für den ausgewählten Zeitraum ergänzt. Das bedeutet für Sie eine erhebliche Zeitersparnis. Durch die übersichtliche Darstellung können Sie schnell nachvollziehen, über welche Suchbegriffe Ihre Besucher auf welche URLs gelangt sind.

Keyword	URL	Klicks	Impressionen	Ø Position	CTR
myanmar reisebericht (12)		409	1.741	7,6	23,5%
	/kat/.../myanmar	406	1.696	4,1	23,9%
	/asien/.../myanmar-infografik	2	10	141,2	20,0%
	/	1	1	5,0	100,0%
	/asien/.../inle-see	0	8	62,0	0,0%
	/asien/.../bagan-maerchenlandschaft-in-der-savanne	0	1	35,0	0,0%
	/tag/mandalay/	0	3	310,0	0,0%
	/asien/.../von-yangon-nach-mandalay	0	2	335,5	0,0%
	/asien/.../ankunft-in-yangon	0	3	164,3	0,0%
	/asien/.../yangon-circle-line	0	4	38,3	0,0%
	/tag/yangon/	0	2	218,0	0,0%
	/asien/.../reisevorbereitung-myanmar	0	2	383,5	0,0%
	/asien/.../kalaw-der-stopp-nach-bagan-trekking	0	9	111,8	0,0%
traumziele 2016 (3)		124	511	10,6	24,3%
	/reiseplaene/traumziele-2016/	124	505	6,6	24,6%
	/	0	5	283,2	0,0%
	/reiseplaene/traumziele-2015/	0	1	670,0	0,0%

Abbildung 14-3: Der Bericht Keywords zeigt Ihnen, welche URLs für welches Keyword ranken.

Ein weiterer Vorteil gegenüber dem Search Console Interface ist, dass Serplorer Ihre Daten archiviert. Das erlaubt Ihnen, die zeitliche Entwicklung Ihrer Keywords zu analysieren. Die verschiedenen Metriken können Sie nach aufsteigenden oder absteigenden Werten filtern und für eine genauere Analyse Land, Gerät (Desktop, Tablet, Mobile) und Suchtyp (Web, Bild, Video) auswählen.

So bequem die Filterfunktionen sind – eventuell möchten Sie die Daten in einer Excel-Tabelle noch feiner filtern und bearbeiten oder an Ihre Kunden oder Ihren Vorgesetzten reporten. In der Google Search Console können Sie die Daten lediglich für die letzten 90 Tage als CSV- oder Google Docs-Datei herunterladen. In Serplorer hingegen ist es Ihnen möglich, die Daten über das 90-Tage-Limit hinaus als Excel-Datei zu exportieren. Besonders hilfreich ist, dass Ihnen die Exporte (dauerhaft) im Tool selbst zur Verfügung stehen. Sie finden sie rechts oben im Dropdown-Menü neben Ihrem Namen unter der Funktion *Meine Exporte*.

Die Daten im Bericht *Keywords* helfen Ihnen, zu verstehen, welche URL für welche Keywords rankt und wie viele Ihrer Besucher auf das entsprechende organische

Suchergebnis klicken. Sie können Ihre Daten für zwei individuell festgelegte Zeiträume anzeigen lassen. Durch diesen Vergleich sehen Sie, wie sich die Zahlen im zeitlichen Verlauf verändert haben. Das ist besonders sinnvoll für Zeiträume:

- vor und nach Google-Updates,
- vor und nach Relaunchs,
- vor und während der Durchführung von Performance-Marketing-Tests, durch z. B. Abschalten von AdWords, und
- vor und nach dem Optimieren von Landingpages beispielsweise durch Hinzufügen von neuem Content oder einer verbesserten internen Verlinkung.

URL Ansichten

Der Bericht *URL Ansichten* bildet genau die umgekehrte Herangehensweise zum Bericht *Keywords* ab. Innerhalb dieses Berichts können Sie die Performance sowohl für einzelne URLs als auch für URL-Pfade betrachten.

URL	Keyword	Klicks	Impressionen	Ø Position	CTR
/kat/.../myanmar (236)		911	15.129	60,5	6,0%
	myanmar reisebericht	406	1.696	4,1	23,9%
	reisebericht myanmar	109	511	4,1	21,3%
	myanmar reisebericht 2015	84	230	1,9	36,5%
	burma reisebericht	46	517	8,8	8,9%
	reiseberichte myanmar 2015	43	101	1,2	42,6%
	reiseberichte myanmar	37	245	4,5	15,1%
	reisebericht myanmar 2015	33	92	1,2	35,9%
	myanmar reiseberichte	30	111	5,0	27,0%
	myanmar reiseberichte 2015	27	78	3,0	34,6%
	reisebericht myanmar 2016	16	56	8,7	28,6%
	myanmar sehenswürdigkeiten	15	1.300	123,1	1,2%
	myanmar	8	5.855	73,9	0,1%
	myanmar sehenswürdigkeiten karte	7	195	27,9	3,6%
	myanmar reisetipps 2015	6	20	3,2	30,0%
	reiseberichte burma	6	88	2,8	6,8%

Abbildung 14-4: Im Bericht URL Ansichten können Sie analysieren, welche Keywords den meisten Traffic für eine URL bringen.

Der Unterpunkt *URLs* beantwortet Ihnen die Frage, für welche Keywords Ihre URLs ranken. Dabei werden Sie feststellen, dass viele Ihrer URLs für mehrere unterschiedliche Keywords gefunden werden. Genau dann wird es für Sie interessant, herauszufinden, welchen Keywords der größte Anteil am organischen Traffic für die URL zuzuschreiben ist.

Betrachten Sie dafür die Klickzahl rechts neben den einzelnen Keywords. Für eine detailliertere Analyse haben Sie, genau wie im Bereich *Keywords*, die Möglichkeit, nach Land, Gerät (Desktop, Tablet, Mobile) und Suchtyp (Web, Bild, Video) zu filtern und den Impressionen-Rauschfilter anzuwenden. So können Sie beispielsweise genau sehen, wie erfolgreich Ihre Bilderoptimierung ist und wie viele Nutzer innerhalb der Google-Bildersuche auf Ihre Bilder klicken.

URL	Klicks ▼	Impressionen	Ø Position	CTR
/kat/ ∂ (1000)	1.121	41.785	93,3	2,7%
/europa/ ∂ (1000)	253	11.161	145,2	2,3%
/afrika/ ∂ (1000)	129	23.647	143,0	0,5%
/reiseplaene/ ∂ (59)	126	957	91,4	13,2%
/asien/ ∂ (1000)	96	10.927	112,1	0,9%
/tag/ ∂ (258)	12	3.117	136,1	0,4%
/reisetipps/ ∂ (317)	10	2.871	96,0	0,3%
/reiseerinnerungen/ ∂ (125)	2	553	222,8	0,4%
/kontakt/ ∂	0	18	1,0	0,0%
/reisevorbereitung/ ∂	0	1	184,0	0,0%

Abbildung 14-5: Im Bericht URL-Pfade können Sie Optimierungspotenziale für Verzeichnisse ableiten.

Der Unterpunkt *URL-Pfade* erlaubt es Ihnen, großteiliger zu analysieren. Statt einzelner URLs können Sie in diesem Bereich ganze URL-Pfade betrachten, um zu sehen, welche Verzeichnisse am besten oder schlechtesten performen.

Hier ist es sinnvoll, auf die Anzahl der Impressionen zu schauen und sie in Relation zu den entsprechenden Klicks zu setzen. Wenn für ein Verzeichnis viele Impressionen vorliegen, aber nur wenige Klicks, sollten Sie es entsprechend optimieren. Hier bietet es sich an, die URLs Onpage-seitig besser auf die Keywords auszurichten, die Meta-Description besser auf die wichtigsten Keywords abzustimmen und die interne und externe Verlinkung zu verbessern.

Ranking-Verlauf

Wie haben sich Ihre Keywords im Lauf der Zeit entwickelt, und auf welcher Position ranken sie aktuell? Die Antwort auf diese Fragen finden Sie im Bericht *Ranking-Verlauf*.

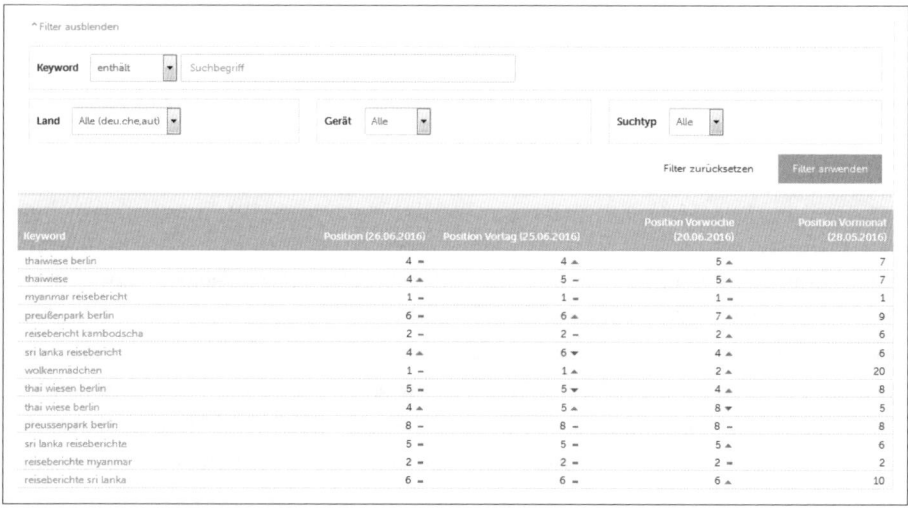

Abbildung 14-6: Hier sehen Sie die zeitliche Entwicklung Ihrer Keywords-Rankings.

Im Unterpunkt *Alle* werden Ihre gesamten Keywords mit den dazugehörigen Rankings des letzten Datenpunkts der Google Search Console, des Vortags, der Vorwoche und des Vormonats einander gegenübergestellt. Ein Klick auf einzelne Keywords ermöglicht Ihnen eine tiefer gehende Betrachtung der Ranking-Entwicklung, die grafisch dargestellt und um die rankende URL, die Anzahl der Impressionen und die Klickzahl angereichert wird. Auch hier können Sie nach Zeitraum, Land, Gerät (Desktop, Tablet, Mobile) und Suchtyp (Web, Bild, Video) filtern. Belassen Sie die Filtereinstellung jedoch auf der gemischten Voreinstellung (beispielsweise alle Länder, alle Geräte und alle Suchtypen), zeigt Ihnen Serplorer jeweils den besten Positionswert des Tages an.

Im Unterpunkt *Favoriten* können Sie die Ranking-Entwicklung Ihres für den individuellen Sichtbarkeitsindex hinterlegten Keyword-Sets betrachten. Analog zum obigen Unterpunkt *Alle* ist auch hier eine Einzelauswertung der Ranking-Historie durch einen Klick auf das jeweilige Keyword möglich.

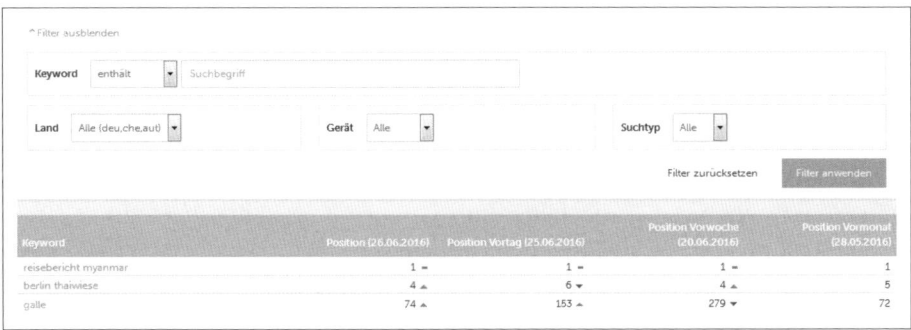

Abbildung 14-7: Wie haben sich Ihre individuell festgelegten Keywords im zeitlichen Verlauf entwickelt?

Sie können den Bericht *Ranking-Verlauf* mit der Funktion eines Keyword-Reportings gleichsetzen. Was jedoch (noch) fehlt ist eine entsprechende Export- und Reportfunktion als Versand per E-Mail, um Kunden oder Vorgesetzten über den Erfolg der umgesetzten Optimierungsmaßnahmen auf dem Laufenden zu halten.

Verteilung

Gibt es auffällige Veränderungen in den Rankings, Impressionen, Klicks oder CTRs? Der Bericht *Verteilung* hilft Ihnen, auf Tagesbasis die vier Kennzahlen genau im Blick zu haben.

Im Unterpunkt *Ranking-Verteilung* können Sie für jeden einzelnen Tag nachvollziehen, wie viele Ihrer Keywords insgesamt innerhalb der Top-3- und Top-5-Positionen sowie auf Seite 1 und 2 der organischen Google-Suchergebnisse gefunden werden. Zusätzlich können Sie jeweils die prozentuale Verteilung für diese Positionen sehen. Zum besseren Überblick stellt Serplorer die Verteilung als Balkendiagramm dar.

Abbildung 14-8: Im Bericht Ranking-Verteilung sehen Sie die prozentuale Verteilung Ihrer Keywords auf Top-3- und Top-5-Positionen sowie auf Seite 1 und 2 der Suchergebnisseiten auf Tagesbasis.

Analog sehen Sie auf Tagesbasis im Unterpunkt *CTR* die Anzahl Ihrer Keywords und deren Verteilung auf fünf CTR-Abstufungen in 25 %-Schritten. Die Unterpunkte *Klicks* und *Impressionen* zeigen Ihnen für jeden einzelnen Tag die Verteilung der Klickhäufigkeit und der Impressionen in verschiedenen Abstufungen. Für alle Unterpunkte können Sie die Filter Impressionen-Rauschfilter, Zeitraum, Land, Gerät (Desktop, Tablet, Mobile) und Suchtyp (Web, Bild, Video) anwenden.

Auch dieser Bericht dient der Erfolgskontrolle. Starke positive oder negative Ranking-Veränderungen können ein Hinweis auf ein Google-Update oder auf Auswirkungen Ihrer Optimierungsmaßnahmen sein.

Mehrfach-Ranking

Generell sollte ein bestimmtes Keyword nur auf einer URL ranken. Häufig kommt es aber vor, dass Google zu einem Keyword verschiedene URLs einer Website in den organischen Suchergebnissen ausliefert. Dieses Problem liegt genau dann vor, wenn die Suchmaschine nicht eindeutig erkennen kann, welche die relevanteste URL für das Keyword innerhalb einer Website ist. Dann kann es passieren, dass Besucher auf eine andere als die von Ihnen beabsichtigte Landingpage klicken. Damit Sie identifizieren können, welche Keywords mit verschiedenen URLs ranken, betrachten Sie die Funktion *Mehrfach-Ranking*.

Dort sehen Sie zum einen die grafische Verteilung Ihrer Mehrfach-Rankings mit der Anzahl der Keywords auf der x-Achse und der Anzahl der mehrfach rankenden URLs (in Abstufungen) auf der y-Achse. Gleich darunter sehen Sie alle Keywords mit der Anzahl der rankenden URLs in Tabellenform.

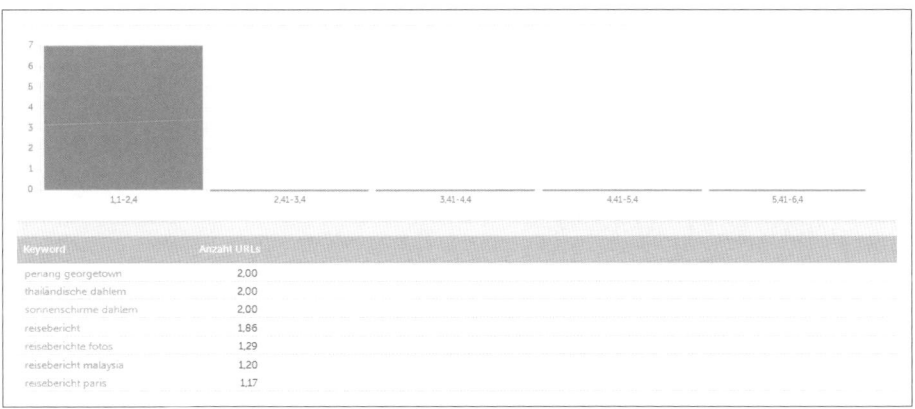

Abbildung 14-9: Der Bericht Mehrfach-Ranking zeigt Ihnen, welche Keywords auf verschiedenen URLs ranken.

Um herauszufinden, auf welche URLs ein Keyword rankt, klicken Sie einfach auf das Keyword. Auf Tagesbasis zeigt Serplorer Ihnen dann die rankenden URLs mit den jeweiligen Rankings, Klickzahlen, Impressionen und CTRs an. Auch hier haben Sie wieder die Möglichkeit, nach Impressionen-Rauschfilter, Zeitraum, Land, Gerät (Desktop, Tablet, Mobile) und Suchtyp (Web, Bild, Video) zu filtern.

Helfen Sie mit diesem Bericht Google und Ihren Besuchern dabei, zu erkennen, welche URL die relevanteste für ein Thema ist. Dazu müssen Sie Ihre präferierte Landingpage entsprechend optimieren und (zu) ähnliche Dokumente deoptimieren oder sogar (aus der Google-Suche) entfernen.

Problematisch sind Mehrfach-Rankings immer dann, wenn Sie nicht auf den Top-Positionen für das Keyword gefunden werden. Zeigen Sie der Suchmaschine durch entsprechende Optimierungen, welche Adresse den bevorzugten Einstieg für das Thema bzw. Keyword darstellt, lassen sich regelmäßig Ranking-Verbesserungen erzielen.

Switcher

Ähnlich wie bei der Funktion *Mehrfach-Ranking* liegt im Bericht *Switcher* ein Relevanzproblem für Google vor. Die Suchmaschine sieht auch hier mehrere URLs als relevant für ein Keyword an. Dieser Fall tritt häufig auf, wenn URLs – ohne eindeutige Abgrenzung – thematisch ähnlichen Content behandeln. Dadurch wechseln sich die URLs im Ranking ab, d. h., mal rankt die eine URL für das Keyword und mal die andere. Beide Keywords kannibalisieren sich also.

Im Bericht sehen Sie die Keywords und die dazugehörenden abwechselnd rankenden URLs mit dem letzten Erscheinungsdatum und dem Switch-Anteil. Serplorer zeigt Ihnen alle Switcher mit Top-20-Rankings in den organischen Google-Suchergebnissen. Mit einem Klick auf das näher zu untersuchende Keyword gelangen Sie in die Einzelansicht. Hier können Sie sehen, an welchem Datum ein Wechsel der URLs stattgefunden hat. Zusätzlich sind die Kennzahlen Ranking, Klicks, Impressionen und CTR hinterlegt. Auch hier können Sie die üblichen Filtermöglichkeiten anwenden.

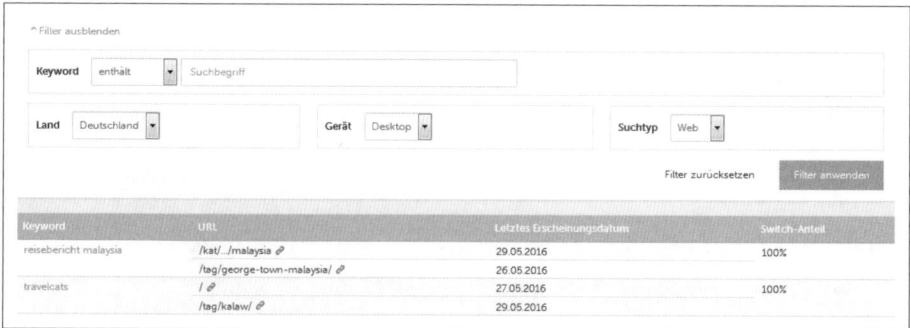

Abbildung 14-10: Im Bericht Switcher können Sie analysieren, ob und für welche URLs ein Relevanzproblem für Google vorliegt.

Identifizieren Sie mit diesen Daten Kannibalisierungen und beheben Sie das Relevanzproblem für Google, indem Sie wahlweise Redirects setzen, alternativ das Canonical Tag verwenden oder nur eine URL indexieren lassen. Sie können auch überlegen, thematisch ähnlichen Content auf einer Hubpage, also einer Landingpage, die auf Landingpages mit ähnlichen Inhalten verlinkt, zusammenzufassen.

Zusammenfassung des Kapitels

So essenziell das Interface der Google Search Console bei der Performanceanalyse einer Website in den organischen Google-Suchergebnissen auch ist, so weist sie doch einiges an fehlender Datenaufbereitung auf. Gerade die Analyse von großen Websites im Suchanalyse-Bericht gestaltet sich als sehr zeitaufwendig. Filter müssen gesetzt und Dimensionen immer wieder gewechselt werden.

Serplorer kann hier Abhilfe schaffen. Der große Vorteil des Tools gegenüber der Google Search Console liegt in der nutzerfreundliche(re)n Aufbereitung und Darstellung der Daten. Balkendiagramme, Verlaufskurven, Keyword-URL-Kombinationen und ein eigener Sichtbarkeitsindex geben Ihnen Aufschluss über das Abschneiden Ihrer Webseite in der Google-Suche und zeigen Ihnen, wo Optimierungsbedarf besteht. Zusätzlich ermöglicht Ihnen Serplorer die Durchführung von Langzeitanalysen über die 90-Tage-Begrenzung der Google Search Console hinaus. Damit ist Serplorer eine optimale Erweiterung für die Google Search Console.

TEIL III
Anhänge

ANHANG A

Google Search Console-Exporte mit Excel verarbeiten

Um Daten aus dem Search Console Interface zu exportieren, stehen die Optionen *Google Docs* und *CSV-Datei* zur Auswahl. Bei der Verarbeitung von CSV-Dateien mit Tabellenkalkulationsprogrammen wie Microsoft Excel gibt es immer wieder Probleme. So werden Sonderzeichen nicht richtig dargestellt, oder die Daten sind komplett zerschossen.

Für eine problemlose Weiterverarbeitung der Exporte ist es wichtig, die Daten richtig in Excel zu öffnen. Wenn Sie bisher mit Codierungsproblemen wie Fragezeichen statt Umlauten zu kämpfen hatten, sollte Ihnen diese Anleitung helfen.

Vorweg der Hinweis: Sie können Exporte mithilfe des Umwegs über Google Docs beziehungsweise Google Drive als XLSX-Datei erhalten. Wählen Sie dazu als Download-Option in der Search Console *Google Docs* aus und laden Sie die erstellte Tabelle anschließend über *Datei* im gewünschten Format herunter. Da Google bei der Erstellung der Google Docs-Tabelle selbstständig auf die richtige Codierung achtet, müssen Sie sich beim Öffnen in Microsoft Excel mit dem Thema Codierung und Import von CSV-Dateien nicht mehr beschäftigen.

Search Console-Exporte in Microsoft Excel importieren

Um einen fehlerfreien Import der exportierten Daten zu gewährleisten, sollten Sie der nachfolgenden Anleitung folgen. Da ich Office 2010 nutze, beziehen sich meine Angaben auf diese Version. In den neueren Versionen sollten Sie die Daten aber auf einem sehr ähnlichen Weg importieren können.

1. Starten Sie Microsoft Excel.
2. Wechseln Sie zu *Daten*. Wählen Sie unter *Externe Daten abrufen* die Schaltfläche *Aus Text*.

3. Im nun erscheinenden Dialog sehen Sie Dateien Ihres Computers. Wechseln Sie zu dem Ordner, in dem sich die heruntergeladene Datei der Google Search Console befindet. Öffnen Sie diese durch einen Doppelklick. Dadurch wird der Textkonvertierungs-Assistent geöffnet.

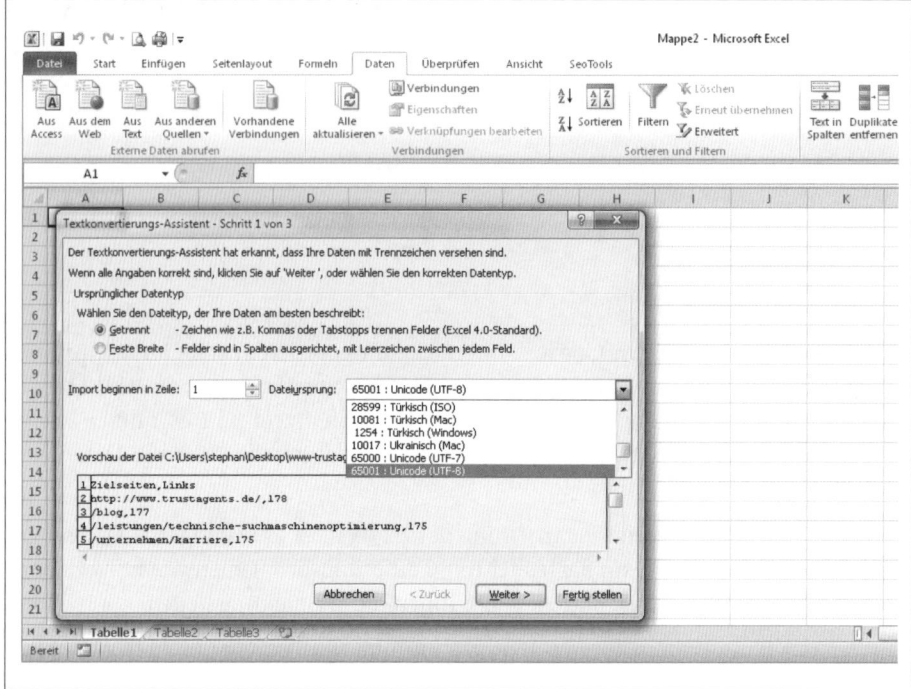

Abbildung A-1: Öffnen Sie die Datei über Daten → Externe Daten abrufen → Aus Text.

4. Da die Daten durch Kommata getrennt sind, sollten Sie oben als Einstellung *Getrennt* auswählen. Im unteren Bereich des Textkonvertierungs-Assistenten sehen Sie, wie die Daten aktuell vorliegen. Wenn Sie Fragezeichen anstelle von beispielsweise Umlauten sehen, liegt ein Problem mit der Codierung vor.

Konfigurieren Sie den Textkonvertierungs-Assistenten so, dass Sie die Codierung unter *Dateiursprung* auf *65001: Unicode (UTF-8)* einstellen. In aller Regel führt die Auswahl von UTF-8 dazu, dass keine Konvertierungsprobleme auftreten. Sollte es dennoch der Fall sein, wählen Sie *Windows (ANSI)* aus. Klicken Sie anschließend auf *Weiter*.

5. Im folgenden Dialogfenster wählen Sie unter *Trennzeichen* die Einstellung *Komma*. Dadurch sollten die Daten im Vorschaufenster jetzt in mehrere Spalten aufgeteilt vorliegen. Wenn Ihnen das Ergebnis des Datenimports zusagt, klicken Sie wieder auf *Weiter*.

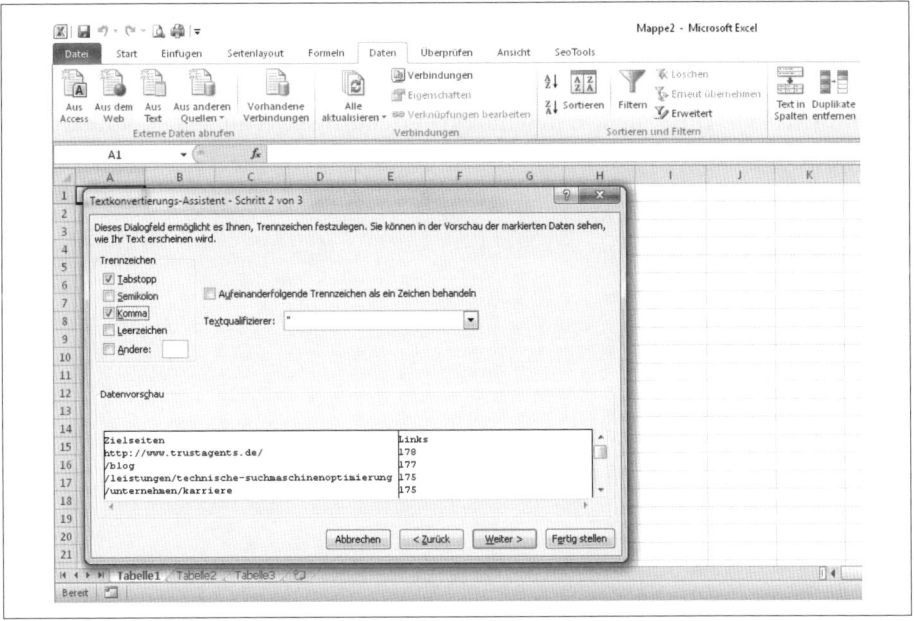

Abbildung A-2: Wählen Sie unter Trennzeichen das Komma aus. Im unteren Fenster sollten die Daten dadurch auf mehrere Spalten aufgeteilt sein.

6. Im letzten Schritt können Sie das Datenformat der einzelnen Spalten auswählen. So können Sie festlegen, dass einzelne Werte als Datum in Excel formatiert werden sollen. Dazu müssen Sie in den Spaltenkopf klicken.

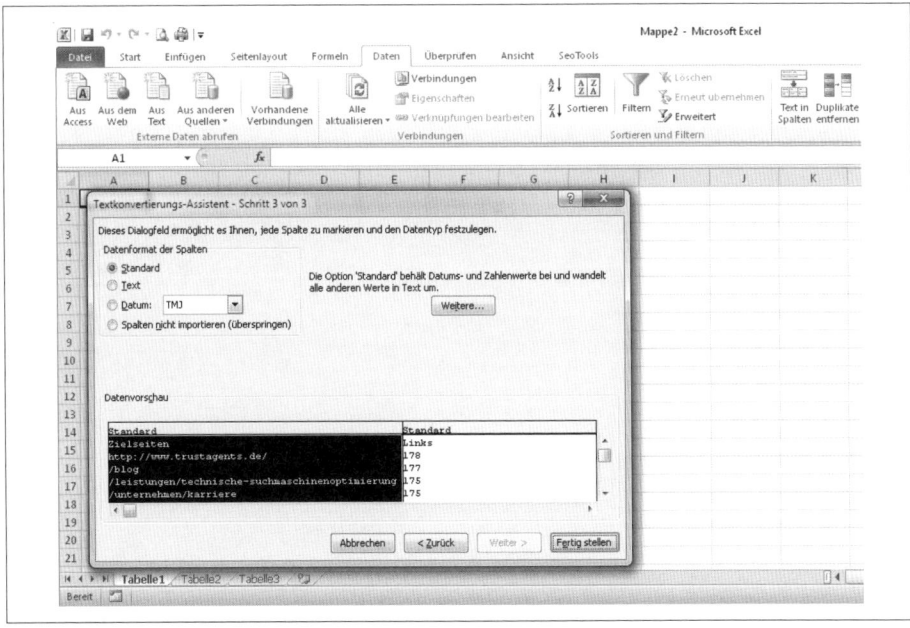

Abbildung A-3: Optional: Ändern Sie das Datenformat der einzelnen Spalten.

In aller Regel ist hier keine Änderung notwendig. Belassen Sie die Einstellung am besten auf *Standard*.

Durch einen Klick auf *Fertig stellen* schließen Sie den Datenimport in Microsoft Excel ab. Die Daten sollten nun in einzelne Spalten aufgeteilt ohne Codierungsfehler zur weiteren Verarbeitung vorliegen.

ANHANG B
Weiterführende Quellen

- Google Search Console (deutsch)

  http://www.google.com/webmasters/tools/?hl=de (http://seobuch.net/591)

  Kurz und knapp: die Startseite der Google Search Console.

- Google Search Console-Hilfe (deutsch)

  http://support.google.com/webmasters/?hl=de (http://seobuch.net/852)

  Bei offenen Fragen ist ein Blick in die offizielle Hilfe der Google Search Console empfehlenswert.

- Einführung in die Suchmaschinenoptimierung (deutsch)

  http://static.googleusercontent.com/external_content/untrusted_dlcp/www.google. de/de/de/webmasters/docs/einfuehrung-in-suchmaschinenoptimierung.pdf (http://seobuch.net/029)

  Wenn Sie mehr über das Thema Suchmaschinenoptimierung (SEO) erfahren möchten, können Sie das kostenlose PDF von Google herunterladen.

- Google Webmaster Central (englisch)

  https://webmasters.googleblog.com/ (http://seobuch.net/292)

  Im Webmaster Central Blog finden Sie Informationen und Ankündigungen rund um die Google-Suche und die Google Search Console.

- Google Webmaster-Zentrale Blog (deutsch)

  http://googlewebmastercentral-de.blogspot.de/ (http://seobuch.net/657)

  In der deutschen Version des Webmaster Central Blogs werden alle wichtigen Nachrichten aus der englischsprachigen Version nochmals veröffentlicht. Bitte beachten Sie, dass zwischen der Veröffentlichung von Neuigkeiten in der englischen und der deutschen Version mehrere Tage bis Wochen vergehen können und auch nicht alle Nachrichten auf Deutsch veröffentlicht werden.

- Google Webmaster Academy (englisch)

  https://support.google.com/webmasters/answer/6001102 (http://seobuch.net/208)

  Webmaster-Neulinge sollten einen Blick in den Bereich Webmaster Academy werfen. Hier gibt Google Tipps, wie Sie Ihren Webauftritt besser in der Google-Suche positionieren können.

- Google Inside Search Blog (englisch)

  https://search.googleblog.com/ (http://seobuch.net/130)

  In diesem Blog finden Sie alle wichtigen Informationen rund um die Google-Suche, die allerdings nicht nur an Webmaster gerichtet sind.

- Google Webmaster Help, YouTube-Kanal (englisch)

  https://www.youtube.com/user/GoogleWebmasterHelp (http://seobuch.net/548)

  In den regelmäßig erscheinenden Video-Podcasts geht Google auf Fragen von Webmastern ein. Über ein Formular können Sie eigene Fragen einreichen.

- Google Webmaster Hilfeforum (deutsch)

  https://productforums.google.com/forum/#!forum/webmaster-de (http://seobuch.net/650)

  Wenn Fragen nicht über die Webmaster-Hilfe beantwortet wurden, können Sie Ihr Anliegen auch im Hilfeforum diskutieren.

- Webmaster Central Help Forum (englisch)

  https://productforums.google.com/forum/#!forum/webmasters (http://seobuch.net/058)

  Im englischsprachigen Webmaster-Hilfeforum finden Sie kompetente Hilfestellungen zu Problemen mit der eigenen Website.

- Google Webmaster bei Google+ (englisch)

  https://plus.google.com/+GoogleWebmasters (http://seobuch.net/918)

  Über die Google+-Community kann direkt mit Mitarbeitern des Google-Webmaster-Teams kommuniziert werden. Auf der Seite werden regelmäßig Tipps und Neuerungen verkündet.

- Informationen zu Datenproblemen in der Search Console (englisch)

  https://support.google.com/webmasters/answer/6211453?hl=en (http://seobuch.net/198)

  Auch bei Google läuft nicht immer alles glatt. Wenn es Datenanomalien in der Search Console gibt, finden Sie auf dieser Seite weitere Informationen. Wird zum Beispiel im Suchanalyse-Bericht ein Update angezeigt, führt der Erläuterungslink auf diese Seite.

- Google Developers (hauptsächlich Englisch)

  https://developers.google.com/webmasters/ (http://seobuch.net/281)

  Auf dieser Seite erwartet Sie eine ganze Sammlung an Hilfestellungen zu Themen wie Crawling oder Metatags.

- So funktioniert die Suche (deutsch)

  https://www.google.de/insidesearch/howsearchworks/thestory/ (http://seobuch.net/277)

  Wenn Sie mehr über die Funktionsweise der Google-Suche erfahren möchten, sind Sie hier an der richtigen Stelle.

- Bing Webmastertools (deutsch)

  http://www.bing.com/toolbox/webmaster (http://seobuch.net/206)

  Auch über die Webmastertools von Bing können Sie viele Informationen über Ihre Webseite erhalten.

- Bing Webmaster Blog (englisch)

  http://www.bing.com/blogs/site_blogs/b/webmaster/default.aspx (http://seobuch.net/209)

  Im Webmaster-Blog von Bing werden Neuerungen zur Bing-Websuche und zu den Bing Webmastertools verkündet.

- GoogleWatchBlog (deutsch)

  http://www.googlewatchblog.de/ (http://seobuch.net/630)

  Dieses Blog beschäftigt sich mit dem Google-Universum. Ob Android, YouTube oder die Google-Suche: Wer alle wichtigen Änderungen bei Google als Unternehmen kennen möchte, sollte hier regelmäßig vorbeischauen.

- Moz Blog (englisch)

  https://moz.com/blog (http://seobuch.net/396)

  Moz bietet nicht nur ein eigenes Tool an, sondern auch eines der bekanntesten SEO-Blogs mit vielen Beiträgen zu aktuellen Veränderungen und Fallstudien.

- Onpage.org Blog (deutsch)

  https://de.onpage.org/blog/ (http://seobuch.net/879)

  Viele hochwertige Artikel zu allen möglichen Themen über die SEO-Grenzen hinaus finden Sie im Blog des Toolanbieters OnPage.org.

- Searchmetrics SEO Blog (deutsch)

  http://blog.searchmetrics.com/de/ (http://seobuch.net/908)

  Searchmetrics bloggt regelmäßig über (größere) Veränderungen in der unbezahlten Google-Suche und bietet Fachartikel zu einzelnen (SEO-)Themen.

- Search Engine Land (englisch)

  http://searchengineland.com/ (http://seobuch.net/878)

  Eine der bekanntesten Anlaufstellen rund um die organische Suche betreffende Neuigkeiten.

- Sistrix-Blog (deutsch)

  https://www.sistrix.de/news/ (http://seobuch.net/746)

  Im Blog von Sistrix werden allerlei spannende Artikel zu Veränderungen in der Google-Suche veröffentlicht, darunter Fallstudien zur Ranking-Entwicklung einzelner Seiten sowie der monatliche Index-Watch.

- The SEM Post (englisch)

  http://www.thesempost.com/ (*http://seobuch.net/471*)

  Eine sehr aktuelle Informationsquelle zu Veränderungen in der organischen Suche – natürlich mit Schwerpunkt auf SEO.

- Trust Agents Blog (deutsch)

  https://www.trustagents.de/blog (*http://seobuch.net/307*)

  Im Blog meiner Agentur gibt es regelmäßig Fachartikel zu verschiedenen Themen des Onlinemarketings.

ANHANG C
Glossar

A

Ankertext

Als Ankertext werden die Wörter bezeichnet, die den klickbaren Teil eines Links ausmachen. In aller Regel wird der Ankertext im Browser unterstrichen dargestellt. Eine andere Bezeichnung ist Linktext. Wird ein Link auf ein Bild gesetzt, werten Suchmaschinen das sogenannte ALT-Attribut des Bilds als Ankertext.

ALT-Attribut

Das ALT-Attribut ist eine empfohlene Angabe für Bilder. Der innerhalb des Attributs definierte Text wird angezeigt, wenn ein Bild nicht geladen werden kann. Screenreader nutzen den ALT-Text, um Menschen mit Sehbeeinträchtigungen den Inhalt einer Bilddatei zu beschreiben. Das ALT-Attribut ist ein wichtiges Element der Bilder-SEO.

B

Bezahlter Index

Suchergebnisseiten (siehe SERP) bestehen in der Regel aus organischen und bezahlten Ergebnissen. Innerhalb des bezahlten Index werden Positionen in der Regel versteigert. Höhere Gebote führen, häufig in Kombination mit weiteren Faktoren wie beispielsweise dem Qualitätsfaktor bei Google, zu einer besseren Position. Das Google-Werbesystem des bezahlten Index heißt Google AdWords.

Bounce Rate

Die Bounce Rate oder Absprungrate beschreibt den Prozentsatz der Besucher, die eine Webseite betreten und verlassen, ohne eine weitere Seite aufzurufen.

Breadcrumb

Durch sogenannte Breadcrumbs kann Nutzern signalisiert werden, wo sie sich auf der Website aktuell befinden. Breadcrumbs erlauben es, auf die übergeordnete Ebene zu gelangen, und sind ein wichtiges Element der Web-Usability sowie der internen Verlinkung.

C

Cache

Im Zusammenhang mit Suchmaschinen stellt der Cache ein Abbild eines indexierten Webdokuments dar. In der Google-Suche kann das Cache-Abbild durch den Suchoperator cache:Adresse-der-Seite oder alternativ über den aktuell neben der URL angezeigten Pfeil aufgerufen werden. Durch die Metaangabe <meta name="robots" content="noarchive"> kann die Erstellung eines Cache-Abbilds ausgeschlossen werden.

Canonical Tag

Wenn gleiche Inhalte unter verschiedenen Adressen zur Verfügung stehen (siehe Duplicate Content), kann über das sogenannte Canonical Tag eine der Adressen als Primäradresse ausgezeichnet werden.

Suchmaschinen versuchen dann, Signale von »nicht kanonischen« auf die »kanonische« Adresse zu übertragen.

Cloaking

Mit Cloaking (dt. verhüllen) wird eine Technik bezeichnet, bei der Suchmaschinen beim Zugriff auf eine URL andere Inhalte angezeigt bekommen als Nutzer. Cloaking stellt einen Verstoß gegen die Richtlinien von Suchmaschinen dar.

Crawler

Synonyme für Crawler sind die Begriffe Bots, Spider und Robots. Crawler analysieren auf automatisierte Weise Webseiten.

Crawling

Mit Crawling wird der Vorgang bezeichnet, den Suchmaschinen durchführen, um Inhalte von Webdokumenten zu erschließen. Dieser Vorgang läuft automatisiert über sogenannte Crawler, Spider oder Robots ab.

CTR

CTR ist das Akronym für Click-Through-Rate (dt. Klickrate). Die Klickrate stellt das Verhältnis zwischen Klicks und Impressionen dar. Wenn eine URL 100 Mal angezeigt und dabei 3 Mal angeklickt wurde, beträgt die Klickrate 3 %.

D

Deeplinks

Unter einem Deeplink (dt. tiefe Verlinkung) wird ein Verweis auf eine Unterseite eines Webauftritts verstanden. Das Gegenteil sind Startseitenlinks.

Duplicate Content

Wenn Inhalte unter mehreren Webadressen in sehr ähnlicher oder exakt gleicher Form zur Verfügung stehen, wird von Duplicate Content (dt. doppelter Inhalt) gesprochen. Aus Sicht von Suchmaschinen stellen Duplikate keinen Mehrwert dar und sollten nach Möglichkeit vermieden werden.

G

Google AdSense

Werbeprogramm von Google, über das auf teilnehmenden Websites in einem themenrelevanten Umfeld Bild- oder Textanzeigen ausgespielt werden. Diese können von Werbetreibenden über Google AdWords erstellt und ausgerichtet werden. Google vergütet die Bereitstellung der Werbefläche pro Klick (*http://adsense.google.de/* – *http://seobuch.net/727*).

Google AdWords

Name des Werbeprogramms von Google, mit dem kostenpflichtige Anzeigen in der Google-Suche platziert werden können. Werbetreibende bieten über Google AdWords auf Suchanfragen. Neben dem Gebot ist der Qualitätsfaktor dafür entscheidend, ob eine Anzeige erscheint. Auch die Positionierung ist von diesen beiden Faktoren abhängig.

Über Google AdWords können Anzeigen so konfiguriert werden, dass diese über Google AdSense auf themenrelevanten Seiten erscheinen (*https://adwords.google.com/* – *http://seobuch.net/378*).

Googlebot

Allgemeiner Name der Crawler, die Google verwendet, um Webinhalte zu erfassen.

H

Hostname

Ein Hostname setzt sich aus einem Domainnamen (z. B. *google.de*) und einer möglicherweise vorhandenen Subdomain (z. B. *www.*) sowie dem Protokoll (z. B. *http://*) zusammen. *http://www.google.de* ist also ein Hostname, zusammengesetzt aus der Subdomain *www.* und dem Domainnamen *google.de*.

I

Impression

Unter einer Impression ist im Zusammenhang mit der Google Search Console die Anzeige einer URL auf der Suchergebnisseite zu verstehen, die ein Nutzer aufgerufen hat. Es ist dabei unerheblich, ob der Nutzer den Suchtreffer auch wahrgenommen hat.

Index
Im Zusammenhang mit Suchmaschinen bezeichnet der Index den Bestand an bekannten Dokumenten. Damit ein Dokument gefunden werden kann, muss es im Suchmaschinenindex enthalten sein.

Interner Link
Zeigt ein Link auf eine andere Adresse innerhalb desselben Webauftritts, wird von einem internen Link gesprochen.

K

Keyword
Unter einem Keyword wird eine vom Nutzer gestellte Suchanfrage verstanden. Im Sinne der Onpage-Optimierung ist es wichtig, die vom Nutzer zur Beschreibung eines Bedürfnisses verwendeten Keywords innerhalb der eigenen Inhalte zu verwenden.

Keyword-Stuffing
Wenn ein Keyword übermäßig häufig in einem Text eingesetzt wird, spricht man von Keyword-Stuffing. Stuffing bedeutet, ins Deutsche übersetzt, etwa »stopfen«. Diese zweifelhafte Optimierungsmethode wird verwendet, um die Relevanz der Seite zu erhöhen.

Konversion
Unter einer Konversion wird das Erreichen eines definierten (Website-)Ziels verstanden. Bei einem Onlineshop kann die Anmeldung für den Newsletter gleichermaßen ein Ziel sein wie die Bestellung von Artikeln. Auch Downloads oder die Registrierung sind mögliche Konversionsziele.

L

Linkbait
Bei Linkbaits ist es das Ziel, durch die Erstellung und Verbreitung eines interessanten Inhalts viele eingehende Signale (vor allem Links) zu erhalten.

Linkjuice
Mit dem Begriff Linkjuice wird die Stärke beziehungsweise Wertigkeit bezeichnet, die über einen Link von der linkgebenden Seite auf das Linkziel übertragen wird. Wie viel Linkjuice ein Link überträgt, lässt sich nicht bemessen.

Long-Tail-Suchanfragen
Suchanfragen, die entweder aus mehreren Wörtern bestehen und/oder selten gestellt werden, werden als Long-Tail-Suchanfragen bezeichnet. Eine Suchanfrage wie »*langes rotes kleid mit spitze*« lässt sich als Long-Tail-Anfrage bezeichnen. Das Gegenteil sind kurze Suchanfragen, die in der Regel eine hohe Nachfrage haben. Diese werden als Short-Head-Suchanfrage, beispielsweise *Kleider*.

M

Malware
Mit Malware wird eine Software bezeichnet, die vom Nutzer unerwünschte und häufig auch schädliche Funktionen oder Aktionen ausführt.

Meta-Description
Über die sogenannte Meta-Description kann Einfluss auf den Text genommen werden, den Suchmaschinen auf der Suchmaschinenergebnisseite (SERP) anzeigen. Als Daumenregel kann davon ausgegangen werden, dass Suchmaschinen bis zu 155 Zeichen anzeigen. Ist ein Beschreibungstext länger, wird er abgeschnitten.

Meta-Robots
Über die Angabe `<meta name="robots" content="noindex">` können Suchmaschinen angewiesen werden, einen Inhalt nicht dem Suchmaschinenindex hinzuzufügen. Dadurch ist ein Dokument nicht über die Websuche auffindbar. Die Angabe muss im Head-Bereich des HTML-Dokuments eingefügt werden. Mehr zu Meta-Robots finden Sie ab Seite 43 in Kapitel 1 unter »Wichtige Elemente der Onpage-Optimierung«.

Mikroformate
Durch die Auszeichnung von Daten mittels Mikroformaten können zusätzliche

Informationen an Suchmaschinen übermittelt werden. So ist es beispielsweise möglich, eine Telefonnummer unmissverständlich als Telefonnummer auszuzeichnen. Suchmaschinen haben mit schema.org eine Sammlung von Mikroformaten definiert. Eine Auszeichnung der Daten muss in einem der vordefinierten Schemata, beispielsweise schema.org, stattfinden.

O

Onpage-Optimierung

Bei den Maßnahmen der Onpage-Optimierung geht es darum, die Inhalte einer Website so aufzubereiten, dass sie von Suchmaschinen besser verstanden werden. Zur Onpage-Optimierung zählt unter anderem die Erstellung von auf ein Keyword ausgerichteten Seitentiteln.

Offpage-Optimierung

Neben Onpage-Signalen analysieren Suchmaschinen, ob ein Dokument als Quelle in anderen Dokumenten genannt ist. Der Aufbau von eingehenden Verlinkungen auf ein Dokument ist der Hauptaspekt der Offpage-Optimierung.

P

PageRank

Der PageRank-Algorithmus ist ein Verfahren, das Dokumenten aufgrund ihrer Verlinkungsstruktur ein Gewicht (einen PageRank) zuweist. Ein hohes Gewicht ist gleichbedeutend mit einer höheren Relevanz, was zu einem besseren Ranking führen kann.

R

Redirect

Die deutsche Übersetzung für Redirect ist Weiterleitung. Weiterleitungen sind dann notwendig, wenn URLs geändert werden und der Inhalt folglich unter einer neuen Adresse zur Verfügung steht.

Responsive Webdesign

Durch den Einsatz von Responsive Webdesign wird eine Website auf jedem Endgerät optimal dargestellt.

Rich Snippets

Unter Rich Snippets sind Elemente zu verstehen, die zusätzlich zu den standardmäßig angezeigten Elementen Seitentitel, Beschreibungstext (Meta-Description) und URL in der Websuche angezeigt werden. Rich Snippets basieren auf Mikroformatauszeichnung, beispielsweise schema.org. Häufig anzutreffende Rich Snippets sind die Anzeige von Preisen, Bewertungen oder Eventdaten.

robots.txt

Mit der sogenannten *robots.txt* kann das Crawling von Webdokumenten durch Suchmaschinen gesteuert werden. Die *robots.txt* muss im Hauptverzeichnis des Webservers gespeichert werden und folglich unter *www.ihre-website.de/robots.txt* erreichbar sein. Unter http://www.robots-txt.org/robotstxt.html (*http://seobuch.net/242*) finden Sie die zu verwendende Syntax, um Verzeichnisse oder Dateien zu sperren. Es ist dagegen nicht notwendig, das Crawling explizit freizugeben.

S

SERP

SERP ist das Akronym für Search Engine Result Page (dt. Suchmaschinenergebnisseite). In den meisten Fällen zeigt Google innerhalb der Websuche auf einer SERP zehn Suchtreffer an.

Sitemap

Eine Sitemap ist eine Übersicht über die auf einem Webauftritt vorhandenen Inhalte. Diese werden über URLs repräsentiert. Sitemaps können über Webmaster-Tools an Suchmaschinen übermittelt werden. Dadurch wird sichergestellt, dass Suchmaschinen von der Existenz einer URL wissen.

Stoppwörter
Als Stoppwörter werden Wörter bezeichnet, die zwar sehr häufig vorkommen, aber den Inhalt nicht entscheidend beeinflussen, sodass sie von Suchmaschinen ignoriert oder nur mit geringer Bedeutung gewertet werden (können). Im Deutschen sind das beispielsweise der, die, das, eine, und, einer, oder und Ähnliche.

U

URL
URL ist das Akronym für Uniform Resource Locator und wird synonym mit Webadresse verwendet.

User-Agent
Bei einem Zugriff auf eine Webseite wird vom anfragenden Client, also beispielsweise einem Browser oder einem Crawler, der sogenannte User-Agent übermittelt. Anhand des User-Agents kann bestimmt werden, welcher Seiteninhalt vom Webserver zurückgeliefert werden soll. Das ist beispielsweise für die Bereitstellung von mobiloptimierten Inhalten wichtig.
Über den User-Agent können mittels der *robots.txt* Crawling-Einschränkungen festgelegt werden. Diese gelten nur für den angesprochenen User-Agent.

User-Generated Content (UGC)
Unter User-Generated Content versteht man Inhalte, die nicht vom Webmaster oder einem seiner Redakteure veröffentlicht wurden, sondern von Nutzern in Form von z. B. Kommentaren oder Forenbeiträgen.

Index

301-Weiterleitung 207, 211, 237, 240, 292

A
Abruf wie durch Google 192, 195, 209, 214 –218, 249, 283
Accelerated Mobile Pages 137, 285
ADB-Befehl 281
Adressänderung 106
Affiliate-Marketing 33
Ahrefs.com 78
ALT-Text 70, 296, 325
AMP, Accelerated Mobile Pages 149
Android 101, 115, 323
Ankertext 29, 74, 167, 172, 292, 325
Answerthepublic 25
App 279
App-Indexierung 280
App-Indexing IX
Apps 67
App Streaming IX, 67
Artikelverzeichnis 173

B
Benutzerdefinierte Suche 98
Bevorzugte Domain 236
Bezahlte und organische Suche 267
Bilderoptimierung 69, 309
Bilder-SEO 69, 309
Bildersuche 220
Bing Ads 5
Bing Webmaster Tool API 290
Bing Webmastertools 84, 276, 287–303
Blockierte Ressourcen 192–197, 214
Bounce Rate 263, 325
Breadcrumb 61, 325
Breadcrumb Path 61

C
Cache 325
Caching 68
Canonical Tag 40, 45, 66, 134, 140, 191, 224, 226, 232, 325
ccTLD 178–179
Click-Through-Rate 326
Cloaking 32, 170, 217, 249, 326
Conversion 263, 265, 327
Copyscape 42
Crawling 203, 326
Crawling-Fehler 62, 114, 190, 203, 269, 271, 285, 289
  Website-Fehler 204
Crawling-Geschwindigkeit 236–238
Crawling-Statistiken 212–213, 288
Crawling-Status 281–283, 285
CTR 308, 311–313

D
Data Anomalies Report 146, 322
Data Highlighter 34, 97, 125
Deeplink 82, 282, 326
Disallow 16
Disavow Tool 172–173, 253
DNS 104, 114, 204
Domainendungen (gTLD) 178
Domainpopularität 164, 166, 293
Domainumzug 106
Domainwechsel 239
Doorway-Page 33
Douglas 66, 174, 196
Duplicate Content 39, 66, 135, 174, 189, 226, 236, 326
Duplichecker 42
Dynamic Serving 66

F

Facebook 300
Featured Snippets 57
Firebase App Indexing 67, 280
Flash 137, 182

G

Golem 66
Google+ 244, 322
Google AdSense 220, 326
Google AdWords 5, 150, 220, 259, 266, 309, 325–326
Google AdWords Keyword-Planer 19
Google Alerts 80, 249
Google Analytics 41, 104, 143, 180, 241, 259, 276
Google Analytics API 275
Google Analytics-Property 241, 259, 261
Google App Indexing 280
Google-Bildersuche 146, 309
Googlebot-Report 238
Google-Cache 199, 217, 249
Google Chrome 44, 247
Google Developers 121, 322
Google Docs 134, 161, 317
Google Domains 98
Google Drive 276, 317
Google Keyword Planer 300
Google Merchant Center 97
Google My Business 97
Google PageRank 72, 328
Google Penguin Update 253
Google Quality Rater Guidelines 36
Google-Richtlinien 30–35, 92–93, 217
Google Search Console API 146, 162, 208, 269, 305
Google Search Console API-Explorer 269
Google Sheets 276
Google Tag Manager 104
Google Transparency Report 248
Google Trends 24
Google-Updates 306
   Hummingbird 30
   Panda 28
   Penguin 29
   Rankbrain 30
Google-Videosuche 146
GoogleWatchBlog 323
Google Webmaster Academy 99, 322
gTLD 178
GTMetrix 69

H

Hilfsprogramm zur Auszeichnung strukturierter Daten 95
Hostname 38, 81, 105, 189, 193, 326
hreflang 174–177, 179
.htaccess 237
HTML-Framework 141
HTML-Verbesserung 41, 132–137
.htpasswd 206, 239
HTTP-Header 46, 66, 174, 216
HTTP-Statuscode 15, 205, 214, 290

I

Impressionen 145, 147, 264, 288, 306–307
Indexierung beantragen 215
Indexierung beschleunigen 64–65, 214
Indexierungsstatus 222, 289
Instagram 300
Internationale Ausrichtung 90, 173–174
Internationales SEO 174
Interne Links 168, 210, 290, 327
Interstitial 182–183
ISO 3166-1 Alpha 2 176
ISO 639-1 176

J

JSON-LD 54, 122

K

Keyword-Density 26
Keyworddichte 26
Keyword-Kannibalisierung 154–155, 313–314
Keyword-Recherche 266, 300
Keyword-Stuffing 327
Keywordtool.io 21
Klickrate 49, 145, 158, 311, 326
Klicks 3, 49–51, 62–64, 152–155, 288
Knowledge-Graph 149

L

Ladegeschwindigkeit 68, 137, 181, 213
Linkbait 83, 327
LinkedIn 300
Linkjuice 59, 327
Links zu Ihrer Website 162
Logfile-Analyse 212

M

Malware 170, 247, 292, 327
Manuelle Maßnahme 36, 170–173, 253

Markup-Helper 124–125
Mehrfach-Ranking 312–313
Meta-Description 43, 48, 134, 310, 327
Meta-Language 44
Meta-Robots 187, 191, 224, 273
   noarchive 199
   noindex 198, 200
Metatags 18, 43–44, 322
Microsoft Excel 273, 317
Mobile-Optimierung 65, 266
Mobile SEO 65, 279
Mobile Website Speed Testing 181
Moz 323
Mozilla Firefox 44, 247

N
noarchive 44, 325
nofollow 44, 60, 82, 172, 253–254
not provided 114, 143, 259
Nutzerfreundlichkeit auf Mobilgeräten 179, 285
Nutzerverwaltung 88, 106–111, 242

O
Offpage-Optimierung 72–83, 292, 328
Onpage.org 27, 41–42, 323
Onpage-Optimierung 37–45, 72, 118, 295, 327–328

P
Page Speed 137, 181
PageSpeed Insights 69, 98
Partner 259, 284, 300
Penguin 28–30
Penguin-Update 29, 75–76
Phishing 34, 248
Pinterest 300
Pixel 47, 132
Pop-ups 132
Product Listing Ads 97–98
Property-Sets 111, 261, 284–285
Pull-Marketing 4
Push-Marketing 4

Q
QR-Code 281
Quality Rater 36
Quelltext 18, 38, 51, 212, 298

R
Ranking-Verlauf 310–311
RDFa 54

Reconsideration Request 35, 94, 171–172, 251
Redirect 328
Responsive Webdesign 66, 132, 279, 328
Rich Answers 56
Rich Cards 121–124
Rich Snippets 34, 47–48, 55, 118, 328
Rich-Snippet-Spam 34, 170
robots.txt 16, 92, 114–115, 187–188, 190–191, 193, 198, 204, 215, 218, 224, 294, 328
   Disallow 17
robots.txt-Tester 17, 195, 218
Root-Verzeichnis 16, 103
RSS 221

S
Safe Browsing 248
schema.org 53–55, 126
Schreiblabor 25
Screaming Frog 221
Search Engine Result Page 5–6
Searchmetrics 13, 23, 27, 69, 307, 323
SelfHTML 52
Semantik 52–53, 118
SEO-Analysator 297–298, 303
SEO-Bericht 295–297
SEOlyze 26
SEO Monitoring 305
SEO Reporting 276
SEO-Tools
   ahrefs 211
   Analytics Edge 276
   Audisto 62
   Beam Us Up 62
   CognitiveSEO 78
   Copyscape 42
   Link Research Tools 78
   Majestic 78, 211
   Microsoft SEO Toolkit 62
   Moz 323
   Onpage.org 62
   Open Site Explorer 78
   Screaming Frog 62, 134, 211, 275
   Search Analytics for Sheets 276
   Searchmetrics 24, 78, 307
   SEMrush 24, 78
   SEOkicks 78
   Seoratio-Tools 62
   SEOTools for Excel 273
   Serplorer 146, 271

Sistrix 24, 78, 211, 274, 307
Siteliner 42
Xovi 24, 78, 307
SEOTools for Excel 159, 163, 274
Separate Website 66
SERP 328
Serplorer 305–314
Serverfehler 206, 294
Sichtbarkeitsindex 306–307, 311, 314
Siteliner 42–43
Sitelinks 10, 156
Sitemap 64, 115, 221
Snippet-Optimierung 48, 118, 158
Soft 404 190, 206
Spam 33, 35, 170, 209
    Spam Reports 35
Strukturierte Daten 52–58, 94–97
    E-Mail-Markup-Tester 97
Suchanalyse 114, 138, 143–163, 180
Suchoperator 79, 188, 199
Suchverfeinerung 150
Supermetrics 277

T
Talkwalker 80
Techcrunch 67
Termgewichtung 26–27
Test auf Optimierung für Mobilgeräte 180–183
Test-Tool für strukturierte Daten 94, 121, 124
Top-Level-Domain 174, 177–178

U
Überprüfungsdetails 242–243
Ubersuggest 21

Unnatürliche Links 170–172, 253–254, 293
URL 37–38
    Aufbau 38
URL-Parameter 191, 225–233
URLs entfernen 197–201
User-Agent 16, 214, 220, 329
UTF-8 255, 318

W
Wappalyzer 80
WDF*IDF 26–27
Webanalyse 41, 58, 211
Webpagetest 69
Website-Einstellungen 236–237
Website-Relaunch 70, 212
Website-Struktur 62, 168, 189
Weiterleitung 214–215, 328
WordPress 69, 81, 164, 273
Wortliga 25

X
Xenu's Link Sleuth 62
XML-Sitemap 64, 174, 191, 209, 221, 272, 285, 287
    Bilder-Sitemap 71
Xovi 27, 78
X-Robots 187

Y
yopi 28
YouTube 87, 322–323
Yslow 69

Z
Zalando 66, 68, 281

Über den Autor

Stephan Czysch ist Gründer und Geschäftsführer der Berliner Online-Marketing-Agentur Trust Agents (*www.trustagents.de*). Er berät Unternehmen unterschiedlicher Größe, vom Start-up bis zu weltweit agierenden Unternehmen, zu Online-Marketing-Strategien mit dem Schwerpunkt »Search«. Vor der Gründung von Trust Agents arbeitete er mehrere Jahre für Rocket Internet (vor allem durch Zalando bekannt) und entwickelte während dieser Zeit SEO-Strategien für Beteiligungen auf allen Kontinenten.

Stephan spricht regelmäßig auf Konferenzen, veröffentlicht Fachartikel, hält SEO-Schulungen und gibt sein Wissen an Studenten der Hochschule Darmstadt weiter. Zusammen mit O'Reilly hat Stephan nicht nur dieses Buch, sondern auch den Titel »Technisches SEO« herausgebracht. Er freut sich auf Ihr Feedback zum Search Console-Buch an *buch@czysch.net*.

Erfahren Sie mehr über Stephan auf seiner privaten Website *www.czysch.net* sowie bei Xing unter *https://www.xing.com/profile/Stephan_Czysch*.

Kolophon

Das Tier auf dem Cover von »SEO mit Google Search Console« ist ein Eurasischer Luchs (*Lynx lynx*). Dieses zu den Katzenartigen gehörende Landraubtier lebt scheu und einzelgängerisch in den Wäldern und Bergregionen Nordeuropas und Asiens. Viele Jahrhunderte war der Luchs in Westeuropa ausgerottet, doch seit den Fünfzigerjahren gibt es wieder kleine Populationen in den deutschen Mittelgebirgen und in den Alpen, die meist auf Wiederansiedlungsprogrammen basieren.

Der Luchs wirkt auf den ersten Blick recht kompakt, da die Rückenlänge der Schulterhöhe entspricht. Der Kopf ist rundlich, und die Ohren sind mit den typischen Haarpinseln versehen, die der Luchs zur akustischen Ortung seiner Beute benutzt. Der kurze, dicke Schwanz endet in einer schwarzen Spitze. Ansonsten ist das Fell rotbraun mit schwarzen oder braunen Flecken, die sich über Schultern, Beine und den Rücken verteilen. Mit den großen, goldgelben Augen kann er in der Dämmerung und auch bei Nacht sehr scharf fokussieren und somit seine Beute auf weite Entfernung erspähen, während der Geruchssinn nicht so stark ausgeprägt ist.

Luchse jagen alles, was sich ihnen bietet, von kleinen Säugetieren wie Mäusen und Kaninchen bis hin zu Rehen und jungen Wildschweinen. Auch Nutztiere werden angegriffen, besonders Schafe und Ziegen. Allerdings sind in Deutschland die Reviere zu abgelegen, als dass es zu erheblichen Schäden kommen könnte.

Das Weibchen bringt zwei bis fünf Junge zur Welt, die sie fünf Monate lang säugt. Die Zeit bis zur Geschlechtsreife ist für die Tiere die gefährlichste. Nur jedes vierte Tier überlebt die ersten Monate, da Luchse sehr anfällig für Krankheiten sind, anderen Beutegreifern zum Opfer fallen oder Verkehrsunfällen erliegen. Ausgewachsene Luchse müssen sich ein eigenes Revier suchen, was in heutiger Zeit durch die Verbauung der Landschaft ebenfalls immer schwieriger wird, gerade auch weil Luchse keine weiten Strecken zurücklegen.